# 天津湿地生物多样性

主编　莫训强　李洪远　孟伟庆　贺梦璇

天津出版传媒集团

天津科学技术出版社

**图书在版编目（CIP）数据**

天津湿地生物多样性 / 莫训强等主编 . -- 天津：
天津科学技术出版社, 2023.8
ISBN 978-7-5742-1424-8

Ⅰ.①天… Ⅱ.①莫… Ⅲ.①沼泽化地—生物多样性
—研究—天津 Ⅳ.①Q16

中国国家版本馆CIP数据核字(2023)第133318号

天津湿地生物多样性
TIANJIN SHIDI SHENGWU DUOYANGXING

| 策划编辑： | 方　艳 |
| 责任编辑： | 胡艳杰 |
| 责任印制： | 兰　毅 |
| 出　　版： | 天津出版传媒集团 |
| | 天津科学技术出版社 |
| 地　　址： | 天津市西康路35号 |
| 邮　　编： | 300051 |
| 电　　话： | (022)23332695 |
| 网　　址： | www.tjkjcbs.com.cn |
| 发　　行： | 新华书店经销 |
| 印　　刷： | 天津午阳印刷股份有限公司 |

开本 710×1000　1/16　印张 22.5　字数 300 000
2023年8月第1版第1次印刷
定价:128.00元

# 前　言

　　大自然是人类赖以生存和发展的共同家园。尊重自然、顺应自然、保护自然，是我国全面建设社会主义现代化国家的内在要求，必须牢固树立和践行绿水青山就是金山银山的理念，站在人与自然和谐共生的高度谋划发展。习近平总书记在党的二十大报告中明确指出：要提升生态系统多样性、稳定性、持续性；加快实施重要生态系统保护和修复重大工程；推进以国家公园为主体的自然保护地体系建设；实施生物多样性保护重大工程；生物多样性是生态系统稳定性、持续性的基本保障。加强生物多样性监测、保护与管理，对实现人与自然和谐共生至关重要。

　　天津湿地资源丰富多样，湿地类型包含了近海与海岸带湿地、河流湿地、湖泊湿地、沼泽湿地、人工湿地五大类型中的11个湿地型。近40年间，天津市的天然湿地面积不断减少，人工湿地尤其是水产养殖水面不断增加，湿地景观类型日趋单一，自我调节能力和恢复能力有所减弱，给湿地生物多样性带来了巨大威胁。近年来，天津市积极响应和落实党中央、国务院关于推进生态文明建设的战略部署，先后制定了《天津市湿地自然保护区规划》和4个重要湿地规划，严守生态红线，落实管护举措，加大问责力度，确保湿地面积不减、功能不降，不断加固绿色发展的生态屏障，保障了湿地生态环境质量的稳定和生态系统服务功能的有效发挥。科学开展湿地生态监测、保护和修复工作，依然任重道远。

　　本书利用ENVI软件和Landsat遥感影像对天津湿地进行了分类，明确了天津各湿地类型的面积和景观格局变化趋势。本书作者结合多年来从事湿地生物资源调查和研究所积累的大量第一手资料，详细阐述了天津湿地生物多样性的总体情况以及4块重要湿地自然保护区的生物多样性概况。重点对天津湿地植物多样性状况进行了阶段性的系统总结，全面反映了目前天津湿地植物的种类组成、区系成分构成、植被类型等方面的特点。结合多次重要湿地自然保护区综合科学考察、野生动物专项调查及监测的相关成果，对兽类、两栖爬行类、鱼类、鸟类及其他野生动物类群的资源及多样性状况进行了系统总结。在此基础上，评估了天津湿地自然保护区在维持生物多样性方面的生态系统服务价值，并提出了有针对性的保护和管理建议。

本书编者在长期开展天津湿地生物多样性调查研究的基础上,对不同时期天津湿地的生物多样性研究工作进行了系统回顾,重点梳理了植物和鸟类这两个生物类群的主要研究脉络。书中除了阐述主要研究工作的时间节点、关键人物、主要事件和重要成果产出外,还补充了较为重要的科学考察和调查监测等活动信息,以便更为全面地展现该领域的研究进展,方便读者快速准确地捕捉学科前沿和研究热点,为今后的湿地生物多样性研究、保护和科普教育提供了有益参考。

本书的基础数据和图表来源于编者及所在团队20多年来针对天津湿地生物多样性野外调查和研究的主要成果。调查、研究及本书的编写工作得到百名以上老师和硕博士研究生们的协助,限于篇幅,不能一一列出,谨在此致以诚挚的感谢!

感谢刘冰副研究员、林秦文博士、汪远先生、孙李光先生等人在植物资料收集和物种分类与鉴定方面给予的大力支持和无私奉献。

感谢黄瀚晨博士、Paul Holt先生、阙品甲博士、危骞先生、吴岚博士、Terry Townshend先生、齐硕博士、严莹女士、王建民先生、王建华先生、王玉良先生、马井生先生、娄方洲先生、沈岩和郑秋旸伉俪、章麟先生、陈腾逸先生、吴哲浩先生、陈景云女士、戎志强先生、栾殿玺先生、孙敬文先生、于增会先生、于伯军先生、董居会先生、王洪峰先生、年爱军女士、王崇义先生等人在野生动物资料收集和物种分类与鉴定方面给予的大力支持和无私奉献。

感谢天津市规划和自然资源局(原天津市林业局、原天津市海洋局)、天津市七里海湿地自然保护区管理委员会、天津市北大港湿地自然保护区管理委员会、天津大黄堡湿地自然保护区管理委员会、天津市团泊鸟类自然保护区管理委员会等单位在湿地生物多样性调查和研究中给予的大力支持和帮助。

由于条件和水平所限,本书中可能还存在遗漏和讹误,恳请广大读者批评指正,我们将在后续研究中不断补充和修正。

期待着本书的出版,能够为科学合理地保护湿地资源和维持湿地生物多样性提供参考,能够在推进天津市生态文明建设进程中发挥积极的作用。

编 者

2023年8月15日(首个全国生态日)

# 目 录

# 1 天津湿地概况

## 1.1 天津的自然概况

### 1.1.1 地理位置

天津市位于华北平原东北部,海河流域下游。北起蓟州区古长城脚下黄崖关以北,南至滨海新区翟庄子以南的沧浪渠,南北长189千米;东起滨海新区洒金坨以东陡河西排干渠,西至静海区子牙河畔王进庄,东西宽117千米。其地理坐标介于北纬38°34′~40°15′和东经116°43′~118°04′之间。

全市总面积11 919.7平方千米,其中平原面积占95%以上,疆域周长约1 290.8千米,海岸线长153千米,陆界长1 137.48千米。市中心区东距渤海50千米,西北距北京120千米,东北距唐山市125千米,西距保定市150千米。

天津市的山区面积为727平方千米,占全市总面积的6.1%。就其地势来看,呈北高南低的趋势。蓟州区北半部为基岩山地,属燕山山脉,市内最高峰为九山顶,海拔1078.5米。山脉呈东西走向,一般海拔100~200米,山区南侧紧邻开阔的平原地区,属华北平原的一部分,地势平坦,自西北向东南缓缓侧斜,海拔在8米以下,一般为3~5米。平原地区河流水渠纵横交错,呈低平多洼淀特征,如蓟州区境内的青甸洼和太合洼,宝坻区的黄庄洼和里子沽洼,宁河区的七里海,静海区的团泊洼和贾口洼等。这些洼淀除了改建成平原水库外,其余大都被开垦为农田。

天津市地处华北最大的水系——海河水系的入海口,海河纵贯市区,南运河、子牙河、大清河、永定河和北运河五大支游汇入海河,并经滨海新区大沽口入渤海。天津市也是子牙新河、独流减河、永定新河、潮白新河和蓟运河等河流的入海地,可谓"河海之要冲"。

天津市是首都北京的门户,北方重要的经济中心,也是华北地区的交通枢纽

和内外贸易集散地。京山和津浦两大铁路干线在市内相交,为我国东北和西北交通之咽喉,南下华东和华中之要路,这里也是远洋交通的重要港口。铁路、公路、海运、内河和航空运输已形成系统的运输网络。

### 1.1.2 地质地貌

天津市北部地处纬向构造体系与新华夏构造体系的结合部,以及华北平原沉降带的东北部;中部和南部以新华夏构造体系为主纵贯南北。另外,还有祁吕贺兰山字形构造东翼反射弧和马兰峪山字形的西翼反射弧存在。

区内出露或埋藏地层自老至新有太古界、元古界、古生界、中生界和新生界。其中成岩地层除太古界在蓟州区北部山区有局部出露外,其余均未见出露。古生界缺失上奥陶—下石炭系,中生界缺失三叠系,新生界缺失第三系古新统地层,其他地层均有分布。第四系松散岩层层位齐全,成因复杂,广布于平原地区。

区内的岩浆岩伴随着各期大地构造运动,以侵入和喷出的形式,出露于不同地质时期,岩性从基性到碱性均有分布,说明了本区岩浆活动强烈,其中以燕山期岩浆活动最为强烈。如天津市著名的风景游览区——盘山花岗岩地貌景区中的花岗岩体就是该时期的产物。喜山运动对本区地质地貌的发生和发展起到了主导作用。

本区按其地貌形态自北而南划分为基岩山地、堆积平原和海岸潮间带,根据成因形态又可进一步划分为几个次级单元。

1)基岩山地:此类地貌按其形态和成因划分为以下次级单元。

①构造剥蚀中低山区:分布在蓟州区山区北部,由石灰岩、石英岩、砂岩、硅质白云岩和花岗岩组成,标高在200米以上,最高达1 076米,相对高差200~400米;山势高峻陡直、巍峨挺拔、峰峦迭起、沟谷狭窄、下切严重、峪岭交错。因本区坡度较大,滑坡和崩塌现象时有发生。此区位于靠山集—下营—孙各庄一线以北,面积约120平方千米。

②侵蚀剥蚀低山丘陵区:由硅质白云岩夹碎屑岩组成。平均海拔400~500米,最高峰为盘山的挂月峰,海拔高度为857米,坡度20°左右。河谷较宽,阶地发育完整,间歇河流作用强烈。此区分布在靠山集—下营—孙各庄一线以南,面积达450平方千米。

③剥蚀侵蚀丘陵区:分布地区由硅质白云岩组成,山体呈浑圆状,平均海拔为300米,最高峰为大转山,海拔395米。冲沟呈宽阔的U形。此区分布于于桥水库南侧,面积为145平方千米。

④剥蚀堆积山间盆地区:由硅质白云岩构成,盆地内基底为白云岩,上覆厚度不等的松散地层,盆地中心地面标高25~50米,地势呈北高南低趋势,坡降为

1‰~2‰。此区分布在蓟州区东部且向遵化市方向伸延,面积约380平方千米。

2)堆积平原区:此区地貌按其形态特征和成因可划分为以下次级单元。

①山前洪积冲积扇形倾斜平原区:北部以基岩山区倾没线为界,南缘大致以刘顶子—泗溜—礼明庄为界,沿山前呈扇形分布,由间歇性河流搬运堆积碎石、砾石和黏性土堆积而成。地面标高10~50米,由北至南递减,坡降为5‰~8‰。

②洪积冲积平原区:由沟河和州河冲积而成,表层岩性以亚砂土为主,地面标高4~5米,地势平坦,坡度小于0.5‰。

③冲积平原区:分布在武清区和宝坻区,由永定河和潮白河搬运堆积而成,表层岩性以亚砂土为主,兼有河泛堆积砂类土和粉细砂,地面标高4~8米,坡降小于0.5‰。

④海积冲积平原区:由近代海侵层和河流冲积而成,地势平坦,标高2~4米。河流水系发育完全,河间洼地较多;静海地区埋藏有浅层古河道,并有岛状盐渍土分布和存留三道海生"贝壳堤",其形成时间是距今3 400年左右。

⑤冲积、海积平原区:沿海岸呈条带状分布,标高1~2米,地形微倾向海面,多盐滩和盐渍荒地。地带岩性以淤泥质亚黏土为主。

3)海岸潮间带区:主要由潮汐作用形成,兼有黄河、海河和滦河入海口堆积作用。按其部位划分为潮间带和水下岸坡带。前者位于高潮线和低潮线之间,又称海涂或海滩,潮差1.5~2.2米,滩宽2~4千米,坡面倾向海外,坡降为2‰~4‰,以泥沙堆积为主;水下岸坡带大致以低潮线为界,一般不出露海平面,以稳定的黏泥为主,坡降为0.5‰~1‰。

### 1.1.3 土壤

天津市土壤的形成和演变是多种自然条件综合作用的结果,同时又受人类生产活动的影响和制约。自然成土条件包括地形、成土母质、气候、水文、生物、成土时间等;人类因素主要指农业生产活动对土壤的影响,如整地改土、耕作施肥、灌溉排水、植树造林等。在上述多种成土条件的相互作用下,天津市土壤经过比较复杂的成土过程(如淋溶过程、钙积过程、黏化过程、潮土化过程、沼泽过程与脱沼泽过程、盐渍过程及人为熟化过程等),形成各种性质不同、结构不同、肥力不同、利用价值不同的土壤类型。天津市土壤分布从山地、丘陵、平原到滨海,依次为棕壤、褐土、潮土、水稻土、沼泽土、湿土和盐土,共17个亚类,55个土属,459个土种。

1)褐土:褐土是天津的地带性土类,主要分布在蓟州区海拔10米以上,750米以下的低山、丘陵和山前洪积冲积扇形倾斜平原区。褐土发育在富含碳酸钙的母质上,成土母质有基岩风化的残积物、坡积物、黄土状物质、红色黏土、河流

冲积、洪积物。天津褐土的土体多为褐色,发育层次明显,心土层比较黏重,有不同程度的淋溶,一般无石炭性反应,土壤多呈中性至微碱性反应。天津北部山区的地带性土壤主要为褐土,约占总面积的6.47%。

2)棕壤:棕壤分布在八仙山、九山顶、梨木台的海拔750米以上的较高山区,均是未被开垦土壤,面积约为1 088公顷。棕壤分布区的林下土壤表面有枯枝落叶层覆盖,中层为黑色或灰褐色腐殖层,下部为棕色淋溶层。土体中夹有半风化的石块,紧接着是母岩(基岩),土层厚度一般不足50厘米,土壤成团粒结构;因降水较多,淋溶作用较强,无石灰性反应,土壤呈微酸性,pH为5.86~6.63。

3)潮土:潮土是一种非地带性土壤,直接发育在第四纪河流冲积母质上,是在地下水直接作用下形成的半水成土壤。在天津市的广大平原地区,地势平坦低洼,河渠洼淀纵横,地下水埋藏较浅,地下水沿毛细管上升到达地表而使土壤发潮即形成了潮土。潮土的颜色发暗且多灰棕色,一般石灰反应强烈。天津除蓟州区和滨海新区外,其余县区的土壤大部分均为潮土,约占总面积的72%。

4)滨海盐土:滨海盐土分布在海陆交接过渡的渤海湾西岸滨海平原区,成土母质为河流沉积与海相沉积物交错组成,颗粒较细,质地黏重,含盐量较高,矿化度均在10克/升以上,最高可达46克/升。地下水的盐分可沿毛细管上升至地表,加之海水的侵袭,土壤含盐量大多高于1%。因盐分组成以氯化钠和氯化钾为主,故得名滨海盐土。滨海盐土约占总面积的6.97%。未经改造的滨海盐土,农作物难以生长,但个别地方经修筑台田和条田改良后,也能种植作物。

5)水稻土:水稻土是在长期水耕耙和施肥等农业措施的影响下,特别是在漫水灌溉影响下形成的一种独特的土壤,其形成和分布主要集中在水稻种植区,故而得名水稻土。水稻土的层次基本可分为耕作层、犁底层、淀积层、还原淀积层和潜育层。水稻土土壤质地黏重,养分含量高,适合种植水稻。天津一带种植水稻有悠久的历史,近郊、汉沽和宁河等地有较大面积的水稻种植区,小站稻和芦台稻驰名中外。

6)沼泽土:天津地势低洼,湖洼众多,在有季节性积水但无排水出路的区域生长着芦苇(*Phragmites australis*)、扁秆藨草(*Scirpus planiculmis*)、水烛(*Typha angustifolia*)和稗(*Echinochloa crus-galli*)等水生植物。由于土壤长期积水,土壤中含氧量低,植物残体和其他有机质分解较慢,在土壤中不断积累形成了腐殖质层,并逐渐发育成了沼泽土。在地势稍高的地区,土壤同时具有草甸化和盐渍化的过程,故沼泽土又分为腐殖质沼泽土和草甸盐化沼泽土。

### 1.1.4 气候

天津市气候属暖温带半湿润大陆性季风气候,具有如下显著特点:①季风显著,气温年变化大;②四季分明,长短悬殊;③降水较少,分配不均;④日照时间长,太阳辐射强。各季节的持续时长差异较大,全年以冬季最长,可有156~167天;夏季次之,有87~103天;春季为56~61天;秋季最短,仅为50~55天。各季节的气候特点具体表现为:①春季干旱多风。春季气温变化较不稳定,春季月平均气温由3月份的4摄氏度至5摄氏度猛升到4月份的12摄氏度至13摄氏度,继而又升到5月份的19摄氏度至20摄氏度。春季降水量平均为50毫米至60毫米,仅占全年降水量的9%~10%;同时春季多风少雨,蒸发量大,空气干燥,因而易形成春旱。②夏季炎热多雨。夏季受太平洋暖湿气团控制,盛行东南风,气温高,降水多。各月平均气温均在23摄氏度以上,以7月份最高,为26摄氏度左右,极端最高气温常出现在6月份。6月下旬至7月上旬雨季开始,降水明显增多,季降水日数为35天左右,降水量为434毫米至533毫米,约占全年降水量的74.76%;其中在7月至8月多达370毫米至450毫米,且大部分暴雨集中在7月至8月。③秋季晴朗凉爽。天津市从9月开始进入秋季,大气层结构稳定,冷暖适中,天气以晴为主。这是天津市"秋高气爽"天气的主要原因。与夏末相比,秋季暖空气势力减弱,冷空气开始活跃,气温明显下降。9月的月平均气温比8月下降4摄氏度至5摄氏度,10月下旬至11月上旬一般日平均最低气温可降至0摄氏度以下,季平均气温为12摄氏度至14摄氏度。天津秋季的降水量为60毫米左右,仅占全年降水量的12%~14%。④冬季寒冷干燥。冬季从蒙古冷高压爆发的极地大陆气团寒冷干燥,南下侵入华北地区,导致冬季天津各月平均气温均在0摄氏度以下,其中1月最冷,平均气温为−6摄氏度至−4摄氏度,极端最低气温为−27.4摄氏度。天津市冬季降水稀少,季降水量为9毫米至14毫米,仅占全年降水量的1%~3%。

据《天津统计年鉴》2009—2020年间的统计数据,天津市在此12年间的平均气温为13.7摄氏度,平均最高气温为38.8摄氏度,平均最低气温为−13.9摄氏度,平均相对湿度为56.3%,平均年日照时长为2 332.9小时,平均年降水量为550.4毫米,平均单日最大降水量为125.2毫米,平均风速为1.9米/秒。

### 1.1.5 水文

天津山区的地下水以裂隙水为主,多以泉水形式出露,涌水量为1升/秒至4升/秒,水质良好,重碳酸盐钙钠型。平原地下水分为淡水区和咸水区两部分:淡水区分布于北部蓟州区平原、宝坻区、武清区和宁河区的北部;咸水区的浅层仍可能有淡水。全市地下水可开采量约为8.7亿立方米/年。目前农业用水量15.13亿立方米/年。除蓟州区平原外,普遍供水紧张。无论地表水还是地下水均有不同程度的污染。

天津市一级河道共有19条,总长度为1 095.1千米;二级河道79条,总长度为1 363.4千米,形成了纵横交错的平原河网。全市境内还分布着大小不同、深度不一的洼淀和水库约60座,其中较大的有于桥水库、尔王庄水库、北大港水库、团泊洼、黄庄洼和七里海等。

天津市地表水资源主要来源于上游各河流来水和本区降水。

## 1.2 湿地的定义

湿地是一种特殊的自然综合体。由于其成因和类型不同,人们认识上的差异及目的不同,对湿地的理解也不同。"湿地"一词源自英文"wetland",原意为潮湿的土地。我国历史上不同时代、地域、类型的湿地名称也不相同。譬如把常年积水、湖滨和浅湖地带称作"沮泽";地表临时积水或过湿的地带称为"卑湿""泽国";滨海滩涂和沼泽称作"斥泽""斥卤"或"泻卤";森林或迹地的过湿地带称为"窝稽""沃沮"。在一些古代作品中也有关于湿地的论述,如《徐霞客游记》中有"前麓皆水草沮洳";《黑龙江外记》中有"山中林木翁蔚水泽沮洳之区号窝集";《宋史》有"濒海斥卤,地形沮洳"等。

1956年,为保护候鸟及鱼类资源,美国渔业和野生动物局(Fish and Wildlife Service)提出了"湿地"的最早定义:"湿地指的是被浅水、暂时或间歇水体所覆盖的低地……它包括以出露植被为明显特征的浅湖和池塘;但是不包括永久性河流、水库和深湖泊的水面,以及对湿地植被生长没有作用的暂时性水面。"这一定义列出了湿地的两个基本特征,即湿地水文和湿地植被。1979年,加拿大国家湿地工作组(Canadian National Wetlands Working Group)对湿地进行了如下定义:"湿地是指那些水位在地表、接近或高于地表,因而使得土壤在相当长的时间内处于饱和状态的地带。这些条件促成了湿地即水生过程,具体表现为湿地土壤、水生植物和各种适于潮湿环境的生物活动。"同年,美国渔业和野生动物局对湿地的定义进行了补充修改:"湿地是指从陆地系统向水系统过渡的地带,其地下水位通常是处于或接近地表,或整个地带被浅水覆盖。"湿地应至少具备下面3项特征中的一个:①至少间歇地支持以湿地植物为主的植被;②基层主要是未被排水的湿地土壤;③如基层不是土壤,则在每年生长期的一段时间内处于饱和状态或被浅水所覆盖。与加拿大的湿地定义相比,渔业和野生动物局的定义有2处较大的改动:一是湿地不必常年支持湿地植物;二是湿地可以在特殊条件下只具有3项指标中的一个。美国水资源保护中具有里程碑地位的《净水法案(Clean Water Act,1977)》第404条将湿地定义为:"能够在一定的保证率情况下,在特定的

时段内被地表或地下水淹没或饱和的地带,并且在正常情况下支持适宜于饱和土壤条件下生活的植被生长……"此后,湿地的3个特征,即湿地水文、湿地植物和湿地土壤就成为识别湿地的重要依据,且遵循下列3个基本原则:①湿地以水的存在为特征,无论在地表,还是在植物的根区;②湿地的土壤条件通常不同于临近的高地,多为水成土;③湿地植被以适合于湿润环境的植物组成,但缺乏耐受洪水胁迫的植物。

20世纪20年代开始,我国一直使用"沼泽"这一概念,且在20世纪50年代就开始了大规模的沼泽研究,并取得了较大进展。直到20世纪80年代中期,湿地概念才得以广泛推广。由于沼泽是最典型的湿地类型,我国学者对湿地概念的接受是一个渐进的过程。由于湿地生态系统类型多样、功能复杂,加之研究目的和知识背景不一,目前研究者对湿地的定义仍未达成统一共识,在学术界影响较大的湿地定义约有60种,如动力地貌学领域认为湿地是区别于其他地貌系统(如河流地貌系统、海湾、湖泊等水体)的、具有不断起伏的水位和水流缓慢的浅水地貌系统;生态学认为湿地是陆地与水体生态系统之间的过渡地带,其地表被浅水覆盖或者其水位在地表附近。

在实际应用当中,湿地的定义又可分为狭义定义和广义定义。

(1)狭义定义:研究者根据其不同的研究领域给出的定义,如沼泽的定义就包括从水文学、植物学、泥炭地质学和景观学等方面给出的定义。

(2)广义定义:当前世界各国认可度最高、最具代表性的广义定义就是《湿地公约》给出的定义——湿地为"天然或者人工、长久或者暂时性的沼泽地、泥炭地或水域地带,静止或流动的淡水、半咸水、咸水水体,包括低潮时水深不超过6米的水域;同时,还包括临近湿地的河湖沿岸、沿海区域,以及位于湿地范围内的岛屿或低潮时水深不超过6米的海水水体。"

《湿地公约》提出的湿地定义将湿地的外延扩大了。例如根据《湿地公约》,水深超过6米以上的水域通常也被认为属于湿地范畴,因此也包括了河流、海岸、珊瑚礁等众多湿地类型;同时,定义中人工湿地与天然湿地无论在形式上还是在功能上都不能相提并论,所谓的"人工湿地",尽管具备湿地的一些特征,但已经与天然湿地差异很大了;"人工湿地"与国际上习用的"人工建成的湿地(Constructed Wetlands)"是两个完全不同的概念,前者是指如水渠、水库、稻田、虾蟹池这样的人工系统,而后者是指在人为因素下建成的"自然"湿地系统。

由于《湿地公约》中所定义的湿地范围广泛、概念清晰、界定明确,同时也比较适合我国湿地的特征,因此被广泛采用。原国家林业局将湿地定义为:"湿地系指天然或人工、长久或暂时性沼泽地、湿原、泥炭地或水域地带;带有静止或流动淡水、半咸水、咸水水体者,包括低潮时水深不超过6米的海域。"这与《湿地公约》的定义较为接近,建议在相关研究和管理工作中推广普及。

# 1.3 天津湿地的形成过程

湿地是地球表面陆地和水体之间相互演化的产物,是地球表面生态系统演化过程中的重要过渡阶段。湿地的发生、发展和消亡过程是各种自然和人为因素综合作用的结果。归纳起来,湿地的发育和演化模式有3种:水体湿地化、陆地湿地化和海岸带湿地化。

本书总结了天津湿地的发育演化模式和形成变化过程,其关键节点如下。

1)节点1:根据现存的古贝壳堤等证据推测,在约6 000亿年前的地质历史时期,天津地区曾经是一片茫茫的浅海,海相沉积的过程缓慢但持续进行着。

2)节点2:在约19.5亿年前,由于强烈的地壳运动,山脉隆起,海水退去,之后又几经沉降和隆起,天津北部一带的燕山山脉隆起成陆,天津地区北高南低的整体格局初步形成。

3)节点3:在距今约7 500年的新石器时代,在一次剧烈的陆地沉降之后,天津地区北部、西部的陆地形成。也就是在这个时期,古黄河3次北徙,在天津地区注入黄渤海。

4)节点4:古黄河持续多次改道,记载最早的一次古黄河改道发生在3 400年前的夏商之际,而最后一次改道迁离天津地区发生在南宋淳熙十一年(即1 184年)。古黄河裹挟着大量泥沙从天津地区入海,造陆能力极强,这对天津冲积平原的形成起了很大作用。

5)节点5:西汉末期,渤海地区经历了一次灾难性的海侵。据《汉书·天文志》记载,公元前47年,渤海水大溢,"一年中地再动。北海水溢,流杀人民"。另据《汉书·沟洫志》记载:"天尝连雨东北风,海水溢,东南出浸数百里,九河之地已为海所焉。"今天的北抵宝坻、西至武清、南至静海、东至宁河的4米等高线以下地区大部分被淹成为湿地,天津中部、东部和南部的湿地格局雏形基本形成。

6)节点6:在汉唐之际,海河入海口退到今东丽区军粮城一带,天津地区大片平原基本形成,天津就这样在海面回降和黄河入海泥沙冲积造陆的相互作用下成陆,但今天的滨海新区还没有完全形成。成陆之初,河流纵横,泽淀棋布,地势低洼,坑塘星罗。据先秦《禹贡》中记载"北过降水至于大陆;又北,播为有九河"。"九河"即子牙河、独流减河、潮白河、蓟运河、海河、南运河、大清河、永定河和北运河。天津"九河下梢"的美誉即来源于此。

7)节点7:据史料记载,直至20世纪初期,天津地区水域连片、河流纵横,拥有广阔的典型湿地生态系统。天津平原湿地的形成源于漫长的历史演变过程。在没有人类干扰的状态下,自然景观的演变是相对稳定的,其内部的自然更替较为缓慢。天津因其优越的地理位置与交通条件,在历史上很早就成为重要的商业城镇,但由于人口较少和科学技术不发达,直至20世纪初期,天津平原大部分地区仍是没有受到人为破坏的自然状态。进入20世纪中叶以来,随着人口扩张和人类活动逐渐加剧,天津湿地的景观格局发生了剧烈变化。

天津湿地形成过程的关键节点如图1所示。

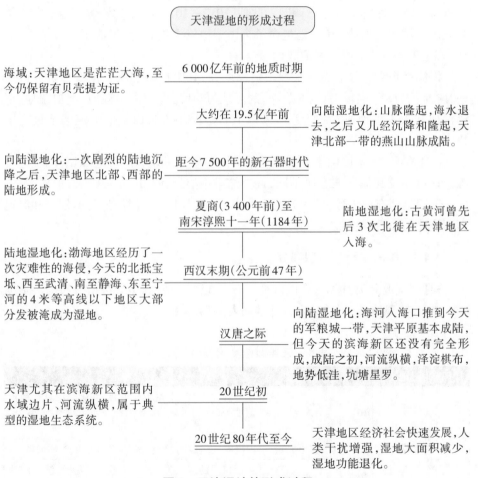

**图1 天津湿地的形成过程**

湿地是天津地区典型且重要的自然生态系统。自一万年前以来,天津湿地经历了多次海侵和洪水淹没,海侵期间发生陆地湿地化,海退和洪水退却时发生水体湿地化,如此复杂的形成过程,造就了现代天津湿地的基本面貌。

# 1.4 天津湿地的现状

为查清我国湿地资源的现状,掌握湿地资源动态变化,原国家林业局组织开展了两次全国湿地资源调查工作,即:1995—2003年,开展了第一次全国湿地资源调查(相关结果简称"湿地一调");2009—2013年,开展了第二次全国湿地资源调查(相关结果简称"湿地二调")。此外,2017—2019年,自然资源部组织开展了第三次全国国土调查,其中也包含了全国湿地资源调查,并形成了调查结果(简称"第三次全国国土调查湿地数据")。

天津市也参与了上述3次湿地资源调查,其中在第二次全国湿地资源调查中,对面积为8公顷以上(含8公顷)的湿地(包括近海与海岸湿地、湖泊湿地、沼泽湿地和人工湿地)以及宽度10米以上、长度5 000米以上的河流湿地进行了普查。

由于"第三次全国国土调查湿地数据"与"湿地一调"和"湿地二调"的湿地资源统计口径及其他标准有所不同,调查结果中湿地面积的差别较大;加之"第三次全国国土调查湿地数据"尚未完全公布,因此本书中天津湿地类型划分和湿地面积统计仍采用"湿地二调"的结果。

## 1.4.1 天津湿地的类型划分

根据《湿地分类》标准,全国湿地划分为5类34型,其中天津市分布的湿地为5类11型,各湿地类、型及其划分标准如表1所示。

### 表1　天津湿地类、型及划分标准

| 代码 | 湿地类 | 代码 | 湿地型 | 划分标准 |
|---|---|---|---|---|
| 1 | 近海与海岸湿地 | 101 | 浅海水域 | 浅海湿地中,湿地底部基质为无机部分组成,植被盖度<30%的区域,多数情况下低潮时水深小于6米,包括海湾、海峡 |
| | | 106 | 淤泥质海滩 | 由淤泥质组成的、植被盖度<30%的淤泥质海滩 |
| | | 109 | 河口水域 | 从近口段的潮区界(潮差为零)至口外海滨段的淡水舌锋缘之间的永久性水域 |
| 2 | 河流湿地 | 201 | 永久性河流 | 常年有河水径流的河流,仅包括河床部分 |

续表

| 代码 | 湿地类 | 代码 | 湿地型 | 划分标准 |
|---|---|---|---|---|
| 2 | 河流湿地 | 203 | 洪泛平原湿地 | 在丰水季节由洪水泛滥的河滩、河心洲、河谷、季节性泛滥的草地及保持了常年或季节性被水浸润内陆三角洲所组成 |
| 3 | 湖泊湿地 | 301 | 永久性淡水湖 | 由淡水组成的永久性湖泊 |
| 4 | 沼泽湿地 | 402 | 草本沼泽 | 由水生和沼生的草本植物组成优势群落的淡水沼泽 |
| 5 | 人工湿地 | 501 | 库塘 | 为蓄水、发电、农业灌溉、城市景观、农村生活为主要目的而建造的,面积不小于8公顷的蓄水区 |
| | | 502 | 运河、输水河 | 为输水或水运而建造的人工河流湿地,包括灌溉为主要目的的沟、渠 |
| | | 503 | 水产养殖场 | 以水产养殖为主要目的而修建的人工湿地 |
| | | 505 | 盐田 | 为获取盐业资源而修建的晒盐场所或盐池,包括盐池、盐水泉 |

### 1.4.2  天津各湿地类的面积

天津湿地总面积为29.56万公顷(未包括水稻田的面积),占天津市总面积的17.1%(未包括浅海水域面积),远远高于全国的湿地面积占比(5.56%)。据天津市农业局的统计数据,2008年天津市的水稻田面积为1.50万公顷。如果加上水稻田的面积,则天津市的湿地总面积为31.06万公顷。

天津湿地总面积中,近海与海岸湿地面积为10.43万公顷(占湿地总面积的35.29%),河流湿地面积为3.23万公顷(占湿地总面积的10.92%),湖泊湿地面积为0.36万公顷(占湿地总面积的1.22%),沼泽湿地面积为1.09万公顷(占湿地总面积的3.70%),人工湿地面积为14.45万公顷(占湿地总面积的48.87%)。各类型湿地的面积及占比如表2所示。

#### 表 2  天津湿地类、型面积统计

| 代码 | 湿地类 | 代码 | 湿地型 | 面积(公顷) | 占比(%) |
|---|---|---|---|---|---|
| 1 | 近海与海岸湿地 | | 合计 | 104 299.75 | 35.29 |
| | | 101 | 浅海水域 | 91 143.17 | 30.84 |
| | | 106 | 淤泥质海滩 | 11 474.73 | 3.88 |
| | | 109 | 河口水域 | 1 681.85 | 0.57 |
| 2 | 河流湿地 | | 合计 | 32 264.05 | 10.92 |

| 代码 | 湿地类 | 代码 | 湿地型 | 面积（公顷） | 占比（%） |
|---|---|---|---|---|---|
| 2 | 河流湿地 | 201 | 永久性河流 | 26 675.37 | 9.03 |
|  |  | 203 | 洪泛平原湿地 | 5 588.68 | 1.89 |
| 3 | 湖泊湿地 | 301 | 永久性淡水湖 | 3 615.45 | 1.22 |
| 4 | 沼泽湿地 | 402 | 草本沼泽 | 10 935.76 | 3.70 |
| 5 | 人工湿地 | 合计 |  | 144 435.21 | 48.87 |
|  |  | 501 | 库塘 | 32 690.90 | 11.06 |
|  |  | 502 | 运河、输水河 | 6 028.83 | 2.04 |
|  |  | 503 | 水产养殖场 | 71 549.25 | 24.21 |
|  |  | 505 | 盐田 | 34 166.23 | 11.56 |
| 合计 |  |  |  | 295 550.22 | 100.00 |

### 1.4.2.1　近海与海岸湿地

（1）近海与海岸湿地型及面积

天津市的近海与海岸湿地分布于北纬 38°20′ 至 39°30′ 的渤海湾海岸地区，南至歧口，北至涧河口，海岸线全长 153 千米，湿地面积为 10.43 万公顷，占全市湿地总面积的 35.29%。该类湿地又可划分为 3 种类型，分别为浅海水域、潮间淤泥质海滩和河口水域。

1）浅海水域：低潮时水深小于 6 米的海水区域，面积为 9.11 万公顷，占全市湿地总面积的 30.84%，占近海与海岸湿地面积的 87.39%。由于冲淤作用，形成了河口水下三角洲、海湾三角洲平原、溺谷、潮脊和潮沟的地貌特征。该湿地水生生物资源较为丰富。

2）潮间淤泥质海滩：位于高低潮线之间的潮间带，上界为人工堤岸，下界为零米等深线。面积为 1.15 万公顷，占全市湿地总面积的 3.88%，占近海与海岸湿地面积的 11%。高潮时可被水淹没，低潮时露出水面形成滩地，为典型的粉沙淤泥质浅滩。天津市原来的潮间淤泥质海滩面积较为广阔，但由于天津市滨海新区临港工业区、临港产业区、南港工业区和滨海旅游区等围海造地活动，大面积滩涂湿地丧失。

3）河口水域：从近口段的潮区界（潮差为零）至口外海滨段的淡水舌锋缘之间的永久性水域，面积为 0.17 万公顷，占全市湿地总面积的 0.57%，占近海与海岸湿地面积的 1.61%。

（2）各湿地区的近海与海岸湿地型及面积

天津市的近海与海岸湿地位于滨海湿地区和北大港湿地区内，其中滨海湿地区的近海与海岸湿地面积约为10.24万公顷（占比为98.15%），北大港湿地区的近海与海岸湿地面积约为0.19万公顷（占比为1.85%）。天津市各湿地区的近海与海岸湿地面积统计如表3所示。

表3  各湿地区近海与海岸湿地统计

| 湿地区 \ 湿地类型 | 浅海水域面积(公顷) | 淤泥质海滩面积(公顷) | 河口水域面积(公顷) | 合计(公顷) | 湿地面积占比(%) |
|---|---|---|---|---|---|
| 滨海湿地区 | 91 054.35 | 9 714.71 | 1 601.10 | 102 370.16 | 98.15 |
| 北大港湿地区 | 88.82 | 1 760.02 | 80.75 | 1 929.59 | 1.85 |
| 合计 | 91 143.17 | 11 474.73 | 1 681.85 | 104 299.75 | 100.00 |

（3）各行政区的近海与海岸湿地型及面积

天津市的近海与海岸湿地分布于滨海新区，其中浅海水域、淤泥质海滩和河口水域的面积分别为9.11万公顷、1.14万公顷和0.16万公顷。

1.4.2.2 河流湿地

（1）河流湿地型及面积

天津市河流众多，纵横交错。根据天津市湿地普查数据，宽度10米以上、长度5千米以上河流共有126条，河流湿地面积为3.23万公顷（占湿地总面积的10.92%）。天津市河流湿地分为永久性河流湿地和洪泛平原湿地两型，其中永久性河流湿地面积为2.67万公顷（占河流湿地总面积的82.68%），洪泛平原湿地面积为0.56万公顷（占河流湿地总面积的17.32%）。

在永久性河流中，按河流级别划分，有一级河流19条，面积约为2.04万公顷（占永久性河流湿地面积的76.38%）；二级河流69条，面积约为0.49万公顷（占永久性河流湿地面积的18.52%）；三级及以下河流38条，面积约为0.14万公顷（占永久性河流湿地面积的5.10%）（如表4所示）。

表4  天津市河流级别及其统计数据

| 河流级别 | 面积(公顷) | 占比(%) | 数量 |
|---|---|---|---|
| 一级河流 | 20 373.35 | 76.38 | 19 |
| 二级河流 | 4 941.24 | 18.52 | 69 |
| 三级及以下河流 | 1 360.78 | 5.10 | 38 |
| 合计 | 26 675.37 | 100.00 | 126 |

在19条一级河流中,面积占比居前3位的分别是独流减河、潮白新河和蓟运河。一级河流的概况如表5所示。

表5 天津市一级河流面积统计

| 序号 | 河流名称 | 面积(公顷) |
|---|---|---|
| 1 | 独流减河 | 4 409.58 |
| 2 | 潮白新河 | 4 181.83 |
| 3 | 蓟运河 | 3 424.15 |
| 4 | 永定新河 | 2 421.43 |
| 5 | 海河 | 1 738.42 |
| 6 | 龙凤河 | 1 445.84 |
| 7 | 州河 | 483.75 |
| 8 | 还乡新河 | 324.75 |
| 9 | 子牙河 | 297.02 |
| 10 | 新开河–金钟河 | 241.18 |
| 11 | 子牙新河 | 221.75 |
| 12 | 沟河 | 215.58 |
| 13 | 北运河 | 198.15 |
| 14 | 南运河 | 163.4 |
| 15 | 马厂减河 | 158.17 |
| 16 | 青龙湾河 | 155.85 |
| 17 | 引沟入潮 | 133.18 |
| 18 | 永定河 | 106.76 |
| 19 | 大清河 | 52.56 |
| 合计 | | 20 373.35 |

(2)各湿地区的河流湿地型及面积

在16个湿地区中,有15个湿地区分布有河流湿地(如表6所示),其中北大港湿地区中的河流湿地不但面积大(达到约0.57万公顷,占河流湿地总面积的17.62%),且类型齐全,包括了永久性河流湿地和洪泛平原湿地。宝坻区和宁河区2个零星湿地区的河流湿地分列其后,面积占比均超过了10%。

表6 天津市各湿地区河流湿地统计

| 序号 | 湿地区 | 永久性河流 | 洪泛平原湿地 | 面积(公顷) | 占比(%) |
|---|---|---|---|---|---|
| 1 | 中心城区零星湿地区 | 413.93 | — | 413.93 | 1.28 |

续表

| 序号 | 湿地区 | 永久性河流 | 洪泛平原湿地 | 面积（公顷） | 占比（%） |
|---|---|---|---|---|---|
| 2 | 滨海新区零星湿地区 | 4 343.87 | 311.70 | 4 655.57 | 14.43 |
| 3 | 东丽区零星湿地区 | 920.83 | — | 920.83 | 2.85 |
| 4 | 西青区零星湿地区 | 1 651.78 | 195.12 | 1 846.90 | 5.73 |
| 5 | 津南区零星湿地区 | 807.98 | — | 807.98 | 2.5 |
| 6 | 北辰区零星湿地区 | 1 708.99 | — | 1 708.99 | 5.3 |
| 7 | 武清区零星湿地区 | 1 287.93 | — | 1 287.93 | 3.99 |
| 8 | 宝坻区零星湿地区 | 4 800.15 | — | 4 800.15 | 14.88 |
| 9 | 宁河区零星湿地区 | 4 712.98 | — | 4 712.98 | 14.61 |
| 10 | 静海区零星湿地区 | 1 603.28 | 67.17 | 1 670.45 | 5.18 |
| 11 | 蓟州区零星湿地区 | 1 487.85 | — | 1 487.85 | 4.61 |
| 12 | 北大港湿地区 | 1 189.35 | 4 496.51 | 5 685.86 | 17.62 |
| 13 | 团泊洼湿地区 | 1 224.84 | 518.18 | 1 743.02 | 5.4 |
| 14 | 大黄堡湿地区 | 249.58 | — | 249.58 | 0.78 |
| 15 | 七里海湿地区 | 272.03 | — | 272.03 | 0.84 |
| 合计 | | 26 675.37 | 5 588.68 | 32 264.05 | 100.00 |

（3）各行政区的河流湿地型及面积

天津市各区县均有河流湿地分布，其中滨海新区的河流湿地面积最大，达到1.03万公顷（占河流湿地总面积的32.05%）；宁河区和宝坻区的河流湿地分列其后，面积占比均在10%以上（如表7所示）。

表7　天津市各行政区河流湿地统计

| 序号 | 行政区域 | 永久性河流 | 洪泛平原湿地 | 面积（公顷） | 占比（%） |
|---|---|---|---|---|---|
| 1 | 中心城区 | 413.93 | — | 413.93 | 1.28 |
| 2 | 滨海新区 | 5 533.22 | 4 808.21 | 10 341.43 | 32.05 |
| 3 | 东丽区 | 920.83 | — | 920.83 | 2.85 |
| 4 | 西青区 | 2 273.96 | 407.89 | 2 681.85 | 8.31 |
| 5 | 津南区 | 807.98 | — | 807.98 | 2.51 |
| 6 | 北辰区 | 1 708.99 | — | 1 708.99 | 5.30 |
| 7 | 武清区 | 1 537.51 | — | 1 537.51 | 4.77 |
| 8 | 宝坻区 | 4 800.15 | — | 4 800.15 | 14.88 |
| 9 | 宁河区 | 4 985.01 | — | 4 985.01 | 15.45 |
| 10 | 静海区 | 2 205.94 | 372.58 | 2 578.52 | 7.99 |

续表

| 序号 | 行政区域 | 永久性河流 | 洪泛平原湿地 | 面积(公顷) | 占比(%) |
|---|---|---|---|---|---|
| 11 | 蓟州区 | 1 487.85 | — | 1 487.85 | 4.61 |
| 合计 | | 26 675.37 | 5 588.68 | 32 264.05 | 100.00 |

### 1.4.2.3 湖泊湿地

天津市湖泊湿地面积较小,仅分布在静海区的团泊洼和宁河区的东七里海等地。据统计,湖泊湿地面积约为0.36万公顷(仅占天津湿地总面积的1.22%)。天津市的湖泊湿地类型简单,全部为永久性淡水湖湿地。按照湿地区划分,湖泊湿地分布在静海区零星湿地区、团泊洼湿地区和七里海湿地区(如表8所示)。

表8　天津市各湿地区湖泊湿地统计

| 序号 | 湿地区 | 面积(公顷) | 占比(%) |
|---|---|---|---|
| 1 | 静海区零星湿地区 | 1 028.35 | 28.44 |
| 2 | 团泊洼湿地区 | 1 916.40 | 53.01 |
| 3 | 七里海湿地区 | 670.70 | 18.55 |
| 合计 | | 3 615.45 | 100.00 |

按流域划分,湖泊湿地分布在海河北系的北四河下游平原和海河南系的大清河淀东平原,其中静海区团泊洼位于大清河淀东平原,湿地面积约为0.29万公顷(占湖泊湿地总面积的81.45%),宁河区七里海的湖泊湿地位于北四河下游平原,面积约为0.07万公顷(占湖泊湿地总面积的18.55%)。

### 1.4.2.4 沼泽湿地

天津市的沼泽湿地较少。据统计,沼泽湿地面积为1.09万公顷(占湿地总面积的3.71%)。沼泽湿地的类型单一,全部为芦苇草本沼泽,主要分布在七里海湿地、大黄堡湿地和塘沽苇场等区域,其余地区仅零星分布有芦苇沼泽湿地。

在天津市的16个湿地区中,有11个湿地区分布有沼泽湿地。其中面积最大的草本沼泽湿地分布在七里海湿地区,达到0.36万公顷(占沼泽湿地总面积的32.95%),其次是团泊洼湿地区,面积为0.21万公顷(占沼泽湿地总面积的19.37%)。

天津市的8个区中分布有沼泽湿地,其中宁河区的沼泽湿地面积最大,达到0.36万公顷(占沼泽湿地总面积的32.95%),全部分布在七里海湿地中。按流域划分,天津市的沼泽湿地分布在北四河下游平原0.54万公顷(占沼泽湿地总面积的48.96%),分布在大清河淀东平原的沼泽湿地面积为0.56万公顷(占沼泽湿地总面积的51.04%）。

### 1.4.2.5　人工湿地

（1）人工湿地型及面积

天津市的人工湿地分布广、面积大，总面积约为14.45万公顷（占湿地总面积的48.87%）。其中，水产养殖场的面积约为7.15万公顷（占人工湿地面积的49.54%，占天津湿地总面积的24.21%），其次为盐田和库塘湿地，面积分别约为3.42万公顷和3.27万公顷（如表9所示）。

表9　天津市人工湿地统计

| | 湿地类型 | 面积（公顷） | 占比（%） |
|---|---|---|---|
| 501 | 库塘 | 32 690.90 | 22.63 |
| 502 | 运河、输水河 | 6 028.83 | 4.17 |
| 503 | 水产养殖场 | 71 549.25 | 49.54 |
| 505 | 盐田 | 34 166.23 | 23.66 |
| 合计 | | 144 435.21 | 100.00 |

（2）各湿地区的人工湿地型及面积

天津市18个湿地区中，有16个湿地区分布有人工湿地。其中人工湿地面积最大的是塘沽湿地区，面积达2.81万公顷（占人工湿地总面积的19.48%），其次是北大港湿地区，面积为2.32万公顷（占人工湿地总面积的16.07%），汉沽湿地区位列其后，面积为1.81万公顷（占人工湿地总面积的12.51%）。

（3）各流域的人工湿地型及面积

天津市的人工湿地在海河区的3个三级流域中均有分布。其中，大清河淀东平原的人工湿地面积最大，约为8.48万公顷（占人工湿地总面积的58.71%），其次为北四河下游平原，人工湿地面积约为4.88万公顷（占人工湿地总面积的33.79%），面积最小的为北三河山区，面积约为1.08万公顷（占人工湿地总面积的7.50%）（如表10所示）。

表10　天津市人工湿地流域分布统计

| 二级流域 | 面积（公顷） | 三级流域 | 面积（公顷） | 占比（%） |
|---|---|---|---|---|
| 海河北系 | 59 634.38 | 北三河山区 | 10 831.74 | 7.50 |
| | | 北四河下游平原 | 48 802.74 | 33.79 |
| 海河南系 | 84 800.83 | 大清河淀东平原 | 84 800.83 | 58.71 |
| 合计 | | | 144 435.21 | 100.00 |

### 1.4.3 天津各湿地区的湿地面积

天津市共分为16个湿地区,包括5个单独区划的湿地区,即七里海湿地区、北大港湿地区、大黄堡湿地区、团泊洼湿地区和滨海湿地区,以及11个以区命名的零星湿地区。天津市中心的几个城区由于湿地斑块数量较少,合并成一个湿地区,即中心城区零星湿地区。在天津市划分的16个湿地区中,面积最大的为滨海湿地区,面积约为10.24万公顷(占天津湿地总面积的34.64%),其次为滨海新区湿地区,面积约为6.15万公顷(占天津湿地总面积的20.82%),第三为北大港湿地区,面积约为3.18万公顷(占天津湿地总面积的10.76%)(如表11所示)。

**表11 天津湿地区面积统计**

| 湿地区名称 | 湿地类 | 行政区域 | 面积(公顷) | 占比(%) |
|---|---|---|---|---|
| 中心城区零星湿地区 | 综合 | 和平区、河东区、河西区、南开区、河北区、红桥区 | 642.54 | 0.22 |
| 滨海新区零星湿地区 | 综合 | 滨海新区 | 61 514.88 | 20.82 |
| 东丽区零星湿地区 | 综合 | 东丽区 | 6 347.57 | 2.15 |
| 西青区零星湿地区 | 综合 | 西青区 | 10 739.99 | 3.63 |
| 津南区零星湿地区 | 综合 | 津南区 | 5 251.75 | 1.78 |
| 北辰区零星湿地区 | 综合 | 北辰区 | 4 649.53 | 1.57 |
| 武清区零星湿地区 | 综合 | 武清区 | 5 561.75 | 1.88 |
| 宝坻区零星湿地区 | 综合 | 宝坻区 | 13 034.19 | 4.41 |
| 宁河区零星湿地区 | 综合 | 宁河区 | 14 334 | 4.85 |
| 静海区零星湿地区 | 综合 | 静海区 | 8 664.09 | 2.93 |
| 蓟州区零星湿地区 | 综合 | 蓟州区 | 12 319.59 | 4.17 |
| 北大港湿地区 | 人工湿地 | 大港区 | 31 800.84 | 10.76 |
| 团泊洼湿地区 | 湖泊湿地 | 静海区、西青区 | 5 777.63 | 1.95 |
| 大黄堡湿地区 | 沼泽湿地 | 武清区 | 7 397.35 | 2.50 |
| 七里海湿地区 | 沼泽湿地 | 宁河区 | 5 144.36 | 1.74 |
| 滨海湿地区 | 近海与海岸湿地 | 滨海新区 | 102 370.16 | 34.64 |
| 合计 | | | 295 550.22 | 100.00 |

### 1.4.4 天津各流域的湿地面积

天津市划分为2个一级流域,即海河流域和滨海湿地;3个二级流域,分别为海河北系、海河南系和滨海湿地;4个三级流域,即北三河山区、北四河下游平原、大清河淀东平原和滨海湿地。

在海河流域和滨海湿地两个一级流域中,滨海湿地区面积约为10.43万公顷(占比为35.28%),海河区的湿地面积约为19.13万公顷(占比为64.72%)。在海河区一级流域中又分为海河北系和海河南系,海河北系的湿地面积约为8.01万公顷(占海河流域湿地面积的41.87%);海河南系的湿地面积约为11.11万公顷(占海河流域湿地面积的58.13%)。天津市一、二、三级流域湿地统计数据如表12所示。

表12    天津市一、二、三级流域湿地面积统计

| 一级流域 | 面积(公顷) | 二级流域 | 面积(公顷) | 三级流域 | 面积(公顷) | 占比(%) |
|---|---|---|---|---|---|---|
| 海河区 | 191 250.47 | 海河北系 | 80 123.56 | 北三河山区 | 12 152.48 | 4.11 |
| | | | | 北四河下游平原 | 67 971.08 | 23.01 |
| | | 海河南系 | 111 126.91 | 大清河淀东平原 | 111 126.91 | 37.60 |
| 滨海湿地 | 104 299.75 | 滨海湿地 | 104 299.75 | 滨海湿地 | 104 299.75 | 35.28 |
| 合计 | | | | | 295 550.22 | 100.00 |

### 1.4.5  天津各行政区的湿地面积

从行政区域看,湿地面积最大的为滨海新区,面积约为19.56万公顷(占天津湿地的66.21%),这是因为滨海新区拥有面积较大的近海与海岸湿地。内陆湿地面积较大的区县依次为宁河区、静海区、武清区、宝坻区、蓟州区和西青区,面积均在1万~2万公顷之间,其余区县面积均在1万公顷以下(如表13所示)。

表13    天津市各区县湿地面积统计

| 序号 | 行政区域 | 面积(公顷) | 占比(%) |
|---|---|---|---|
| 1 | 中心城区 | 642.54 | 0.22 |
| 2 | 滨海新区 | 195 685.88 | 66.21 |
| 3 | 东丽区 | 6 347.57 | 2.15 |
| 4 | 西青区 | 11 574.94 | 3.92 |
| 5 | 津南区 | 5 251.75 | 1.78 |
| 6 | 北辰区 | 4 649.53 | 1.57 |
| 7 | 武清区 | 12 959.1 | 4.38 |
| 8 | 宝坻区 | 13 034.19 | 4.41 |

续表

| 序号 | 行政区域 | 面积(公顷) | 占比(%) |
|------|----------|-----------|---------|
| 9 | 宁河区 | 19 478.36 | 6.59 |
| 10 | 静海区 | 13 606.77 | 4.60 |
| 11 | 蓟州区 | 12 319.59 | 4.17 |
| 合计 | | 295 550.22 | 100.00 |

注:中心城区包括和平区、河东区、河西区、南开区、河北区、红桥区,共6区。

## 1.5 天津湿地景观格局时空演变

近一个世纪以来,天津湿地面积呈现持续减少趋势,而且近年来这种减少态势仍在继续。城市建设占用了大量的坑塘、滩涂湿地,取代天然湿地的是大片人工景观,以农田、鱼虾养殖场、工业用地和城镇交通用地等为主。尤其是近50年来,天津湿地面积退化迅速,湿地生态系统的结构和功能也受到严重影响。

整体而言,自20世纪20年代至20世纪90年代,天津湿地的面积快速萎缩,之前延绵成片的湿地逐渐退缩成彼此独立的湿地斑块,湿地之间的水文连通中断,依赖水体连通的物质循环、能量流动和基因交流也被迫减弱甚至中断,造成了湿地生态系统过程和功能的剧烈改变。

限于遥感和无人机等现代调查技术的缺失,尤其是高精度遥感图的缺失,20世纪90年代以前的湿地面积统计和景观格局分析仅能依赖查阅历史资料(如地方志、纸质地图等)来进行,统计和分析结果的精度也较难保证。尽管如此,对以往资料的回顾仍然能够为我们提供关于天津湿地景观格局时空演变的大概趋势。

### 1.5.1 天津湿地的面积演化

在过去的20年中,随着3S技术的快速发展,遥感影像已被高效地应用于土地利用变化的定性和定量分析,如Landsat MSS、TM和SPOT等数据已被频繁应用于湿地分类和湿地景观格局动态变化分析。对多期遥感数据进行信息提取和数据分析,可以了解湿地景观面积的动态变化和不同湿地类型之间的相互转化情况,揭示湿地景观格局的动态变化过程。通过获得湿地斑块景观指数的方式可以动态监测湿地面积与结构的变化,从而间接获得湿地生态系统的生物多样性状况及健康情况等。

从研究方法来说，目前湿地景观格局分析主要通过景观格局指数计算、景观动态模型模拟等来实现。湿地景观格局变化是指表征湿地斑块景观结构的各景观指数的变化，包括斑块面积、大小、形状、破碎度、连接度及聚集度等。景观指数是指能够高度浓缩景观格局的信息，反映景观结构组成和空间配置某些方面的简单定量指标。常用的景观格局指数的计算软件有 Fragstats、APACK 和 Patch Analyst 这 3 种，其中 Fragstats 最为常用。Fragstats 可以计算包括景观尺度、斑块类型尺度以及斑块尺度等 3 种尺度的 50 多个指标。从景观生态学的角度可以借用的景观指数有斑块面积、斑块周长、斑块形状指数、斑块分形分维数、斑块平均面积、斑块面积标准差、破碎度指数、多样性指数、均匀度指数、优势度指数和聚集度指数等指标。利用景观指数描述湿地景观结构的变化虽然方便，但却存在不足之处，如多数景观指数之间往往相关性较强，景观意义相对模糊等，这给湿地斑块结构变化的研究带来困难。因此，在选择景观指数之前，要尽量剔除相关性较强的指数，使各指数能代表斑块、斑块类型和景观水平 3 个层次。随着湿地研究的深入，数学模型在湿地研究中使用得越来越多，常用的有 CA 模型、神经网络和遗传算法等。利用模型强大的计算功能，可以模拟景观格局的演化趋势。

　　本书利用 ENVI 5.3 软件的监督分类和人工目视解译方法对 1990 年、1996 年、2002 年、2008 年、2014 年和 2020 年这 30 多年间的 Landsat TM +/OLI TIRS 遥感影像进行分类，获得了天津各湿地类型的面积变化（如表 14 所示）。

　　值得注意的是，利用 3S 技术获得的天津湿地类型及面积数据，与"湿地一调"和"湿地二调"等获得的数据之间存在一定差异，主要原因如下：①起调标准不一样，如"湿地二调"明确规定了仅对面积为 8 公顷以上（含 8 公顷）的近海与海岸湿地、湖泊湿地、沼泽湿地、人工湿地，以及宽度 10 米以上、长度 5 千米以上的河流湿地进行调查，而利用 3S 技术调查则未设定起调标准。②统计口径不一样：如"湿地二调"中湿地总面积 2 955.50 平方千米，并未包括水稻田的面积，而利用 3S 技术调查则将所有人工湿地类型都计算在内。为便于读者更好地掌握天津湿地类型及面积的基础数据，本书将上述 2 个途径获得的湿地面积同时进行了展示（如表 14 所示）。

　　为了保证年际之间湿地面积的可比性，须保证数据来源的一致性，因此本书在论述天津湿地的面积演化时仅以利用 3S 技术调查得到的湿地面积作为数据源进行对比分析。经分析，1990—2020 年间，天津市各类型湿地面积的变化趋势如下。

表14　1990-2020年天津湿地类型及面积（面积单位：平方千米）

| 湿地类型＼年份 | 1990年 | 1996年 | 2002年 | 2008年 | 2014年 | 2020年 | 湿地二调 |
|---|---|---|---|---|---|---|---|
| 近海与海岸湿地 | 1 223.44 | 1 227.54 | 1 202.92 | 1 136.38 | 927.25 | 875.47 | 1 043.00 |
| 沼泽湿地 | 418.06 | 286.78 | 313.79 | 364.16 | 231.38 | 320.75 | 109.36 |
| 河流湿地 | 342.82 | 295.52 | 344.08 | 339.02 | 278.84 | 320.70 | 322.64 |
| 人工湿地 | 2 477.56 | 2 827.57 | 2 770.85 | 1 982.56 | 2 241.51 | 1 783.17 | 1 444.35 |
| 湖泊湿地 | 57.42 | 67.47 | 63.90 | 60.90 | 51.85 | 53.04 | 36.15 |
| 合计 | 4 519.30 | 4 704.89 | 4 695.53 | 3 883.02 | 3 730.83 | 3 353.12 | 2 955.50 |

1990—2020年间，近海与海岸湿地和人工湿地是区域内最为主要的湿地类型，约占天津湿地总面积的82.88%左右，其中人工湿地面积占比最大，约占天津湿地总面积的56.37%左右。天津人工湿地面积大、分布广，主要为水产养殖、盐田和库塘湿地，主要分布在滨海新区、宝坻区和宁河区；近海与海岸湿地集中分布于研究区的滨海新区，主要湿地类型为浅海水域，其中潮间淤泥质海滩为天津水鸟种群分布最大的区域；沼泽湿地类型单一，全部为芦苇草本沼泽，主要分布在北大港湿地、七里海湿地、大黄堡湿地、团泊洼湿地和塘沽苇场等区域；天津市河流众多，纵横交错，所有的区中均有河流湿地的分布；天津湖泊湿地资源较少，多呈零星分布状态。

1990—2020年间，近海与海岸湿地呈现先增加后减少的变化趋势，特别是2002—2014年间，近海与海岸湿地面积从1 202.917平方千米快速下降到927.252平方千米，减少了275.665平方千米（占比为22.92%）。近30年间，近海与海岸湿地湿地面积共减少了347.967平方千米（占比为28.44%）；沼泽湿地呈现2次先减少后增加的波动情况，其中2008—2014年间减少了132.788平方千米（占比为36.46%）；2014—2020年间却增加了89.375平方千米（占比为38.63%）。近30年间，沼泽湿地面积共减少97.311平方千米（占比为23.28%）；河流湿地呈现2次先减少后增加的波动情况，其中2002—2014年间减少了65.240平方千米（占比为18.96%），1996—2002年间面积增加了48.560平方千米（占比为16.43%）。近30年间，河流湿地面积共减少22.124平方千米（占比为6.45%）；由于水田、盐田和水产养殖场的面积变化，人工湿地面积的波动较大。近30年间，人工湿地面积共减少694.391平方千米（占比为28.03%），其中2002—2008年降幅最大，共减少788.293平方千米（占比为28.45%）；湖泊湿地的面积变化不大，且由于其本身所占比重较少，因而对湿地变化带来的影响不大。天津湿地面积整体呈先增加后减少的变化趋势，其中1990—1996年间，天津湿地面积共增加185.588平方千米

（占比为 4.11%）；1996—2020 年间，天津湿地面积逐年下降，共减少 1 351.765 平方千米（占比为 28.73%）。

通过以上分析可知，1990—2020 年间天津湿地类型面积增减时空变化较为复杂，主要表现为近海与海岸湿地和人工湿地面积减少，尤其 2002—2014 年间变化最为突出。本节选取自然因素（气温、降水量）、人口因素（水资源短缺、水环境污染、城市建设拓展、农业经济发展）和政策因素（围垦大型水面或沿海滩涂）等几方面共同作用的影响因素，对天津湿地面积退化的主要原因进行分析，主要包括以下几个方面。

1）自然因素：相关研究表明，近 50 年来全球气候变暖为土地利用变化的主要驱动因素之一。随着全球气候的变暖，年平均气温的不断升高，天津的平均气温也处在缓慢上升阶段，1985 年以后气温迅速升高到平均值以上，出现明显的增温趋势，近 50 年来，天津年平均气温升高了约 1 摄氏度。气温升高、降水量减少，无疑使地表蒸发量增大，自然界水量的减少对湿地构成严重威胁。天津地处海河流域，海河上游来水减少等导致河流、湖泊等湿地水量严重缺乏，天津湿地面积占比已经从 21 世纪初的 45% 下降到近期的 10%，原有的洼淀几乎全部干涸，剩下的主要是水库及坑塘。从近 50 年的统计资料来看，降水量、地表水资源量和入海水量的减少趋势十分显著，1974 年以来，海河来水已经由 189 亿立方米降低至 14.7 亿立方米，减少了 92%，导致湿地的大面积干涸。

2）人口因素：人口因素是天津湿地面积退化的最主要影响因素之一。随着天津市经济社会的发展、快速的城镇化以及居民生活方式的改变，天津市面临着巨大的水资源短缺和水环境污染压力。天津属于资源型缺水城市，目前，天津市人均水资源占有量仅 101 立方米，是全国人均水资源占有量最低的省份，生活、生产用水主要依靠外调。通过研究过去 10 年的地类变化，发现相较于 2009 年，2019 年天津市城镇的建设活动占用了约 400 平方千米湿地；城镇化导致的土地利用变化，通过影响物质流、能量流在湿地斑块之间的循环过程，从而改变区域湿地分布格局和功能。传统的农业生产、农田开垦等活动，直接占用湿地面积，城市建设导致湿地变为建设用地；农业经济的发展导致湿地被占用，自然湿地转换为养殖池塘等人工湿地，人工湿地转换为旱田数量较大；农业、牧业发展带来的村落扩张，同时也占用了一定的湿地，使得湿地植被受到破坏。总之，人口过快增长导致湿地的生态系统结构被改变，已对天津湿地健康和安全构成巨大威胁。

3）政策因素：国家的宏观调控政策会在整体上对土地利用类型的空间分布进行布局，随着经济社会的迅速发展和人口的持续增长，天津市土地资源越来越紧缺，围垦大型水面或沿海滩涂成为增加陆地面积的重要手段。大规模的围海造地导致大量近岸滩涂湿地消失,景观自然性急剧下降,人工斑块数量增加,景观破碎化程度加重,目前,现状自然岸线仅18.63千米(占比为5%)。根据遥感影像解译结果可知,2002—2020年间天津近海与海岸湿地面积减少最大,共减少327.448平方千米(占比为27.22%)。上述政策虽然为经济的发展提供了保障,但对于整个天津市而言,围海造地所造成的生态环境负面影响已经显现。

### 1.5.2 天津湿地的景观格局变化

受土地利用变化的影响,研究区内各类湿地景观的结构和分布格局也发生着改变,景观格局的演变对湿地生态系统会产生重要影响。同时,伴随着景观生态学的发展,其主要的景观格局理论也不断应用在土地利用变化研究中。本书采用景观格局指数来对天津的湿地景观格局进行定量化描述,以分析天津市湿地的空间变化情况。运用景观格局指数计算软件Fragstats 4.2,在斑块类型水平和景观水平各选取若干典型指标对天津的湿地景观格局进行分析。景观指数可分为以下4类,即数量/面积、形状、空间构型和空间格局,其中香农多样性指数(SHDI)和香农均匀度指数(SHEI)仅适用于景观水平,其他指标既适用于斑块类型水平也适用于景观水平。

#### 1.5.2.1 斑块类型水平上的景观格局变化

斑块类型水平上的景观格局指数结果如表15所示。

表15　1990—2020年研究区斑块类型水平格局指数统计结果

| 湿地类型 | 年份 | NP | PD | LPI | LSI | PAFRAC |
|---|---|---|---|---|---|---|
| 近海与海岸湿地 | 1990 | 3508 | 0.776 | 26.946 | 6.207 | 1.456 |
| | 1996 | 3510 | 0.746 | 25.958 | 6.312 | 1.453 |
| | 2002 | 3503 | 0.746 | 25.497 | 6.345 | 1.457 |
| | 2008 | 3521 | 0.907 | 29.086 | 6.858 | 1.442 |
| | 2014 | 3517 | 0.943 | 24.665 | 9.034 | 1.468 |
| | 2020 | 3425 | 1.021 | 25.910 | 8.991 | 1.468 |
| 沼泽湿地 | 1990 | 69 | 0.015 | 3.784 | 12.514 | 1.250 |
| | 1996 | 62 | 0.013 | 1.693 | 12.776 | 1.269 |
| | 2002 | 68 | 0.015 | 3.529 | 12.086 | 1.246 |
| | 2008 | 116 | 0.030 | 4.265 | 14.264 | 1.232 |
| | 2014 | 50 | 0.013 | 4.118 | 10.936 | 1.322 |
| | 2020 | 132 | 0.039 | 3.894 | 17.210 | 1.278 |

续表

| 湿地类型 | 年份 | NP | PD | LPI | LSI | PAFRAC |
|---|---|---|---|---|---|---|
| 河流湿地 | 1990 | 2269 | 0.502 | 4.399 | 64.985 | 1.600 |
| | 1996 | 2273 | 0.483 | 3.753 | 67.494 | 1.606 |
| | 2002 | 2268 | 0.483 | 4.261 | 64.880 | 1.600 |
| | 2008 | 2255 | 0.581 | 4.994 | 64.913 | 1.600 |
| | 2014 | 2357 | 0.632 | 2.241 | 50.778 | 1.600 |
| | 2020 | 2345 | 0.699 | 8.682 | 113.006 | 1.658 |
| 人工湿地 | 1990 | 895 | 0.198 | 5.711 | 36.760 | 1.200 |
| | 1996 | 976 | 0.207 | 7.903 | 35.862 | 1.204 |
| | 2002 | 946 | 0.202 | 6.231 | 35.609 | 1.196 |
| | 2008 | 1461 | 0.376 | 7.457 | 36.155 | 1.184 |
| | 2014 | 1536 | 0.412 | 13.965 | 36.676 | 1.204 |
| | 2020 | 3267 | 0.974 | 5.347 | 53.728 | 1.225 |
| 湖泊湿地 | 1990 | 9 | 0.002 | 0.284 | 3.506 | 1.028 |
| | 1996 | 10 | 0.002 | 0.256 | 4.440 | 1.509 |
| | 2002 | 12 | 0.003 | 0.390 | 4.231 | 1.008 |
| | 2008 | 9 | 0.002 | 0.440 | 4.190 | 1.008 |
| | 2014 | 12 | 0.003 | 0.321 | 5.584 | 1.177 |
| | 2020 | 10 | 0.003 | 0.333 | 6.134 | 1.671 |

注:斑块数(NP)单位:个。斑块密度(PD)单位:个/平方千米。最大斑块指数(LPI)单位:%。形状指数(LSI)单位:无量纲。斑块分维数指数(PAFRAC)单位:无量纲。

统计结果得出天津的斑块类型水平指数如下。

(1)近海与海岸湿地景观格局变化

1)面积/数量:近海与海岸湿地景观斑块的面积整体呈减少趋势。1990—2014年间近海与海岸湿地斑块数(NP)波动较小;2014—2020年间斑块数(NP)减少了92个;1990—2020年间整体斑块数(NP)减少了83个。1990—2002年间斑块密度(PD)有所下降,减少了0.030;2002—2020年间斑块密度(PD)有所上升,增加了0.275,说明近海与海岸湿地斑块前期受外界因素影响较大,后期受自然因素或人类活动的影响相对较小。1990—2020年间,除2008年有小幅度波动外,最大斑块指数(LPI)整体波动较小,表明这一时期内沿海滩涂用地和大型水面围垦被其他用地景观占用,景观的优势度显著减少。这一趋势近年来有所缓解。

2)形状:1990—2020年间近海与海岸湿地的形状指数(LSI)呈现先增加后减少的变化趋势,1990—2014年间形状指数(LSI)增加了2.827,2014—2020年间形状指数(LSI)减少了0.042,表明研究时期内景观的斑块形状由较为复杂化趋向规则化变化。斑块分维数指数(PAFRAC)在研究前期有所下降,而在研究后期有所上升,但在整个研究时期内斑块分维数指数(PAFRAC)波动较小。结合天津市实际情况,淤泥质海滩、浅海水域和河口水域的面积逐年减少并转化为其他用地类型,景观破碎化程度增大,景观形状趋于规则化。近年来这一趋势有所缓解。

(2)沼泽湿地景观格局变化

1)面积/数量:从景观斑块的面积来看,沼泽湿地面积呈现整体减少趋势,但沼泽湿地的整体斑块数(NP)和斑块密度(PD)则波动较大。1990—2002年间沼泽湿地斑块数(NP)波动较小;2002—2008年间斑块数(NP)增加了48个;2008—2014年间斑块数(NP)减少了66个;2014—2020年间斑块数(NP)增加了80个。1990-2002年间斑块密度(PD)有所下降,减少了0.001;2002—2008年间斑块密度(PD)有所上升,增加了0.015;2008—2014年间斑块密度(PD)有所下降,减少了0.017;2014—2020年间斑块密度(PD)有所上升,增加了0.026。说明2002—2020年期间沼泽湿地受自然因素或人类活动的影响相对较大。1990—2020年间最大斑块指数(LPI)整体波动较大;1990—1996年间最大斑块指数(LPI)减少了2.092;1996—2002年间最大斑块指数(LPI)增加了1.836,后期整体波动不大。研究时期内沼泽湿地被其他用地类型占用,景观的优势度显著变化,但近年来这一趋势有所缓解。

2)形状:1990—2020年间沼泽湿地的形状指数(LSI)前期无明显变化,2002—2020年间有显著较大的波动。斑块分维数指数(PAFRAC)在研究前期有所上升,而在研究后期有所下降,但斑块分维数指数(PAFRAC)在整个研究时期内波动较小。结合天津市实际情况,由于沼泽湿地主要分布在天津湿地自然保护区内,随着天津市政府采取了相应的保护措施,恢复了沼泽湿地的自然生态功能,使其受到人为因素干扰的程度减弱,斑块的形状趋于复杂化。

(3)河流湿地景观格局变化

1)面积/数量:在整个研究时期内,河流湿地的面积、斑块数、斑块密度和最大斑块指数呈现较为明显的波动。从湿地斑块数(NP)来看,1990—1996年间河流湿地斑块数波动较小;1996—2020年间河流湿地斑块数(NP)呈逐年减少的趋势,共减少了72个。1990—2002年间河流湿地斑块密度(PD)有所下降,减少了0.019;2002—2020年间斑块密度(PD)有所上升,增加了0.413。2014—2020年间,最大斑块指数(LPI)波动较大,增加了6.441。由于天津是中国水资源匮乏程度最严重的城市之一,除了长期引滦入津,还经常性地引黄济津,目前正在进行的南水北调中线工程也将引水入津,以满足日益增长的用水缺口。补水措施的有效实施,使得区域内较大面积的斑块在景观格局中的优势度凸显。

2)形状：1990—2020年间河流湿地的形状指数(LSI)和斑块分维数指数(PAFRAC)呈现先增加后减少再增加的变化趋势。1990—1996年间分别增加了2.508和0.007；1996—2008年间形状指数(LSI)和斑块分维数指数(PAFRAC)波动较小；2008—2014年间形状指数(LSI)减少了14.135；2014—2020年间形状指数(LSI)波动较大,增加了62.228；斑块分维数指数(PAFRAC)在研究后期有所上升,增加了0.058。研究表明,由于干旱和人为活动等因素的干扰,大量河流湿地被转为耕地或建设用地,使得斑块的形状趋于规则化。随着南水北调的实施,人类对河流湿地采取了相应的管理保护措施,水体景观得到一定程度的恢复,斑块形状趋于不规则。

(4)人工湿地景观格局变化

1)面积/数量：在整个研究时期内人工湿地的斑块数(NP)和斑块密度(PD)呈先增加后减少再增加的变化趋势。1990—1996年间人工湿地的斑块数(NP)和斑块密度(PD)分别增加81和0.009；1996—2002年间人工湿地分别减少30和0.006；2002—2020年间人工湿地的斑块数(NP)和斑块密度(PD)有较大的涨幅；特别是2014—2020年分别增加1731和0.563。1990—2020年间(除2014年外),最大斑块指数(LPI)有大幅度波动外,整体波动较小。由于研究期内养殖区、盐田和库塘等用地格局的规划调整,零碎的斑块间相互合并为面积较大的斑块,破碎化程度有所下降,面积占比较大的优势斑块在人工湿地斑块中逐渐占据主导地位。

2)形状：1990—2020年间人工湿地的形状指数(LSI)呈现先减少后增加的变化趋势；1990—2002年间减少了1.152；2002—2014年间呈小幅度增长状态；但在2014—2020年间剧增17.052。1990—2020年间斑块分维数指数(PAFRAC)呈先增加后减少再增加的趋势,其中2008—2020年间数值上升较大,增加0.041。研究区域内盐田、养殖区用地等斑块形状由较为复杂的、随意的发展趋向于规则式的发展,大量盐田由零散分布向集中分布转变。

(5)湖泊湿地景观格局变化

1)面积/数量：湖泊湿地的斑块数(NP)、斑块密度(PD)和最大斑块指数LPI在整个研究时期呈现波动趋势,但变化幅度较小。1996—2014年间最大斑块指数(LPI)有较大的波动；其中,1996—2008年间最大斑块指数(LPI)共增长0.184；2008—2014年间减少了0.119。斑块数(NP)和最大斑块指数(LPI)则有所增加。

2)形状：1990—2020年间湖泊湿地的形状指数(LSI)和斑块分维数指数(PAFRAC)呈现先增加后减少再增加的变化趋势；其中,2008—2020年间增长最为明显,分别增长了1.944和0.663。由于后期采取了相应的管理保护措施,湖泊湿地景观得到一定程度的恢复,斑块形状趋于不规则。

1.5.2.2　景观水平上的景观格局变化

景观水平上的景观格局指数如表16和图2所示。

**表16　1990—2020年研究区湿地景观水平格局指数统计结果**

| 年份 | MNN | CONTAG | COHESION | SHDI | SHEI |
|---|---|---|---|---|---|
| 1990 | 219.093 | 62.664 | 99.639 | 1.155 | 0.717 |
| 1996 | 221.391 | 65.644 | 99.662 | 1.062 | 0.660 |
| 2002 | 213.235 | 64.696 | 99.645 | 1.091 | 0.678 |
| 2008 | 224.652 | 61.263 | 99.560 | 1.203 | 0.747 |
| 2014 | 230.715 | 65.257 | 99.508 | 1.078 | 0.670 |
| 2020 | 247.220 | 60.874 | 99.682 | 1.201 | 0.746 |
| 1990–1996 | 2.298 | 2.979 | 0.023 | −0.093 | −0.058 |
| 1996–2002 | −8.156 | −0.948 | −0.017 | 0.029 | 0.018 |
| 2002–2008 | 11.417 | −3.433 | −0.085 | 0.112 | 0.070 |
| 2008–2014 | 6.063 | 3.994 | −0.052 | −0.125 | −0.078 |
| 2014–2020 | 16.506 | −4.383 | 0.174 | 0.123 | 0.077 |
| 1990–2020 | 28.128 | −1.790 | 0.044 | 0.046 | 0.029 |

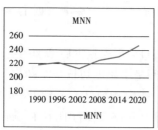

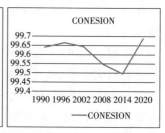
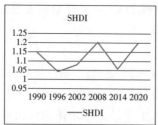
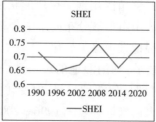

**图2　天津湿地景观水平指数统计结果**

注:平均最近邻体距离(MNN)单位:米。聚集度指数(CONTAG)单位:百分比。连接度指数(COHESION)单位:无量纲。Shannon多样性指数(SHDI)单位:无量纲。Shannon均匀度指数(SHEI)单位:无量纲。"+"表示年间变化趋势为增加,"−"表示年间变化趋势为减少。

由上述分析可知,天津的景观水平指数如下。

(1)斑块间结构变化

湿地的平均最近邻近距离(MNN)和连接度指数(COHESION)呈现先增加后减少再增加的变化趋势。1990—1996年间平均最近邻近距离(MNN)增加了2.298米;1996—2002年间减少了8.156米;2002—2020年间剧增了33.986米;1990—2020年间湿地的平均最近邻近距离(MNN)增加了28.128米。这从另一个角度说明1990—1996年和2002—2020年间湿地景观中各斑块的距离较大和分散,特别是2002—2020年间湿地景观的平均最近邻近距离(MNN)剧增,表明天津2002—2020年间湿地景观的破碎化程度在加剧。1990-1996年间连接度指数(COHESION)增加了0.023;1996—2014年间减少了0.154;2014—2020年间增加了0.174;1990—2020年天津湿地连接度指数(COHESION)整体来说在增加。这从另一角度说明1996—2014年天津湿地景观中各类型斑块的连接程度松散,2014—2020年天津湿地景观中各类型的连接程度非常紧密。湿地的聚集度指数(CONTAG)呈现2次先增加后减少的变化趋势;1990—1996年间聚集度指数(CONTAG)增加了2.979%;1996—2008年间降低了4.381%;2008—2014年间增加了3.994%;2014—2020年间降低了4.383%;1990—2020年间湿地的聚集度指数(CONTAG)整体减少1.790%;这从另一个角度说明1990—1996和2008—2014年间湿地景观中的优势斑块类型形成了良好的连接,景观的破碎化程度在缓解状态;1996—2008年和2014—2020年间湿地景观的优势斑块类型没有形成良好的连接,景观的破碎化程度处于加剧状态;但1990—2020年间天津湿地景观的破碎化程度整体处于加剧状态。以上表明研究时期区域内景观异质性增强,不同景观要素斑块在空间分布上趋向于离散化和破碎化。

(2)景观多样性变化

1990—2020年间反映景观多样性的2个指标:香农多样性指数(SHDI)和香农均匀度指数(SHEI)呈现2次先减少后增加的变化趋势。1990—1996年间香农多样性指数(SHDI)减少了0.093;1996—2008年间增加了0.141;2008—2014年间减少0.125;2014—2020年间增加了0.123;1990—2020年间香农多样性指数(SHDI)整体增加0.046。1990—1996年间香农均匀度指数(SHEI)减少了0.058;1996—2008年间增加了0.088;2008—2014年间减少了0.078;2014—2020年间增加了0.077;1990—2020年间香农均匀度指数(SHDI)整体增加0.029。这从另一个角度说明1990—1996年天津湿地景观多样程度在缓解状态;1996—2008年天津湿地景观多样性程度处于加剧状态;2008—2014年天津湿地景观多样性程度处于缓解状态;2014—2020年天津湿地景观多样性程度又处于加剧状态;但1990—2020年间天津湿地景观多样性程度整体处于加剧状态。说明景观格局中优势斑块对区域景观的控制作用在减弱,不同景观类型对景观多样性差异的贡献减少,主要原因是随着大面积的农用地景观转为建设用地和盐田景观,导致原有优势斑块农用地减少,加强了各类斑块组分的相对平衡状态,从而导致景观多样性的增加。

综上所述,这些景观指数的变化中平均最近邻体距离(MNN)和最大斑块指数(LPI)虽在增加,但湿地景观面积(CA)和斑块个数(NP)在明显减少,说明该区域湿地的斑块化程度在加剧,湿地变得更加破碎化。湿地斑块破碎化程度的增加会导致水鸟生存所需适宜栖息地锐减,水鸟生境斑块间的连接性降低。

# 1.6　天津的4个重要湿地自然保护区

党的十八大以来,以习近平同志为核心的党中央做出了生态文明建设的战略决策,引领我们走向生态文明新时代。2015年4月,中共中央、国务院印发《中共中央　国务院关于加快推进生态文明建设的意见》,明确提出把"湿地面积不低于8亿亩"作为2020年生态文明建设的主要目标之一。2015年9月,中共中央、国务院印发《生态文明体制改革总体方案》,要求建立湿地保护制度,把所有湿地纳入保护范围。京津冀协同发展重大国家战略特别强调要在生态保护领域率先取得突破。《中华人民共和国国民经济和社会发展第十三个五年规划纲要》把"湿地保护和修复"列为100项重大工程之一。

天津市委、市政府高度重视生态文明建设和湿地保护工作。市第十一次党代会报告中强调,"绿水青山、碧海蓝天是天津发展的金山银山、最大本钱,必须像保护眼睛一样保护生态环境,像珍爱生命一样珍爱生态环境……划定并严守生态保护红线,实施山水林田湖生态修复工程,保护好蓟州山区、沿海滩涂、河流湿地,决不能让我们城市的'肺'和'肾'受到污染"。2016年,天津市第十六届人大第二十七次会议审议通过了《天津市湿地保护条例》,这为做好湿地保护工作提供了法律保障。《天津市湿地保护条例》规定对重要湿地实施名录管理,本市重要湿地名录包括国家重要湿地和市级重要湿地。2017年8月,天津市委、市政府于印发《天津市湿地自然保护区规划(2017—2025)》,对包括天津古海岸与湿地国家级自然保护区、天津市北大港湿地自然保护区、天津大黄堡湿地自然保护区和天津市团泊鸟类自然保护区在内的4个重要湿地自然保护区的生态管理、保护和修复进行了新一轮总体规划,即天津湿地保护"1+4"规划。

在此背景下,结合天津湿地调查研究和管理保护的实际,本书对上述4个重要湿地自然保护区的位置和范围、历史沿革、自然环境概况,尤其是水环境状况、主要保护对象进行简要介绍。

### 1.6.1　天津古海岸与湿地国家级自然保护区

（1）位置和范围

天津古海岸与湿地国家级自然保护区（以下简称"七里海湿地"）位于天津市东部，地理坐标为东经117°14′35″至117°46′34″和北纬38°33′40″至39°32′02″之间，分属于天津市宁河区、津南区、宝坻区和滨海新区。天津古海岸与湿地国家级自然保护区属于海洋与海岸生态系统类型自然保护区，主要保护对象为贝壳堤、牡蛎礁构成的珍稀古海岸遗迹和湿地自然环境及其生态系统。保护区由11处贝壳堤区域、1处牡蛎礁和七里海湿地区域组成，总面积为359.13平方千米，其中核心区45.15平方千米，缓冲区43.34平方千米，实验区270.64平方千米。七里海湿地及牡蛎礁区域作为该保护区的重要组成部分，主要位于宁河区境内，其总面积为233.49平方千米，核心区44.85平方千米，缓冲区42.27平方千米，实验区146.37平方千米，湿地类型及面积如表17所示。

（2）历史沿革

1984年，经天津市人民政府批准，天津古海岸与湿地自然保护区正式建立，1992年经国务院批准晋升为国家级海洋类型保护区。1996年，为了加强对自然保护区的保护和管理，经天津市机构编制委员会批准，成立了天津古海岸与湿地国家级自然保护区管理处，隶属原天津市海洋局，接受国家海洋局业务指导。2008年9月，经天津市人事局批准，保护区管理处转制为参照公务员法管理单位。2018年，天津市开展机构改革，新组建成立天津市规划和自然资源局，原天津市海洋局及其部分职能并入天津市规划和自然资源局，天津市自然资源生态修复整治中心（即天津古海岸与湿地国家级自然保护区管理中心）成为保护区的业务主管部门。与此同时，天津市七里海湿地自然保护区管理委员会（即原天津市宁河区七里海保护区管理委员会）行使属地管理的职权。

### 表17　七里海湿地统计

| | 湿地类型 | 面积（公顷） | 占比（%） |
|---|---|---|---|
| 201 | 永久性河流 | 1 235.16 | 5.29 |
| 301 | 永久性淡水湖 | 3 044.71 | 13.04 |
| 402 | 草本沼泽 | 16 353.64 | 70.04 |
| 502 | 运河、输水河 | 98.07 | 0.42 |
| 503 | 水产养殖场 | 2 617.42 | 11.21 |
| 合计 | | 23 349 | 100.00 |

（3）自然环境概况

七里海湿地地处华北平原东北部，海河流域下游，为冲积平原和海积平原；土壤类型为潮土；介于大陆性气候和海洋性气候的过渡带上，属于暖温带半湿润大陆性季风气候，四季分明；年均降水量591.7毫米，年均蒸发量1 531.3毫米；年平均气温12.5摄氏度，≥0摄氏度年均积温4 595摄氏度，≥10摄氏度年均积温4 180摄氏度。

（4）水环境状况

七里海湿地的地表水系属于海河水系，流经该湿地的河流主要有潮白新河和津唐运河。水源补给方式为综合补给，主要靠地表径流和大气降水。季节性有水流出。水的pH值为8.0，营养状况为中营养，水质级别为3类水。

（5）主要保护对象

保护区是以保护湿地、牡蛎礁和湿地动植物资源为主，兼具开展自然保护、科学研究、科普教育、生态旅游和多种经营于一体的自然保护区。保护区内宁河区部分的主要保护对象为牡蛎礁等古地质遗迹、七里海湿地自然环境及其生态系统和珍稀动植物资源，具体如下。

1）牡蛎礁等古地质遗迹：七里海湿地蕴藏着丰富的古地质遗迹，主要有牡蛎礁、古潟湖、古河道、古海岸、古岭地遗迹鲲鲸骨、麋鹿角等古生物残骸。牡蛎礁是全新世以来牡蛎的天然堆积体。礁体一般由密集的、原生的直立层与平卧层组成。七里海湿地的牡蛎礁，是迄今世界上发现的规模最大的古牡蛎堆积体，是生长于浅滩和浅海泥沙海底的贝壳类软体动物的遗骸，其规模之壮观，排序之清晰，保存之完好，国内绝无仅有，世界亦属罕见。

牡蛎礁及相关的沉积地层，记录了末次冰期结束、气候转暖后距今约1万年的时间里，海面上升、河流作用增强、海陆交互演替的沧海变桑田的历程，对于研究天津沿海平原的古地理、古气候、海洋生态、海面变化及新构造运动具有重要的科学价值，被中外专家称为"极其宝贵的天然博物馆"和"天然教科书"。七里海湿地在海陆变迁研究、生物多样性研究和生态环境科普教育方面具有巨大的科研文化价值。

2）七里海湿地及其动植物资源：七里海湿地具有保持水源、净化水质、蓄洪防旱、防止水土流失、固碳释氧、调节气候、维持生物多样性等重要作用，孕育了丰富的湿地资源和多样的生态环境，在维持天津市的生态平衡、实现人与自然和谐、促进区域经济社会可持续发展等方面具有重要意义，具有无可替代的生态价值。

七里海湿地是东亚—澳大利西亚候鸟迁徙路线上的重要停歇地和中转站，以及众多珍稀水鸟的栖息地和繁殖地，对维护鸟类物种多样性有着非常重要的价值。七里海湿地不仅拥有珍稀植物资源,是天然的种质资源库,而且大面积的芦苇群落具有多项生态功能,发挥着良好的生态服务效益。

### 1.6.2　天津市北大港湿地自然保护区

（1）位置和范围

天津市北大港湿地自然保护区（以下简称"北大港湿地"）位于天津市东南部,东临渤海,南与河北省黄骅市南大港湿地相邻,是天津市面积最大的市级湿地自然保护区,约占滨海新区总面积的七分之一。北大港湿地距天津中心城区约47千米,距滨海新区核心区约40千米。北大港湿地面积348.87平方千米,其中核心区115.72平方千米,缓冲区91.96平方千米,实验区141.19平方千米,保护范围包括北大港水库、独流减河下游区域、钱圈水库、沙井子水库、李二湾及南侧用地及李二湾沿海滩涂等区域,湿地类型及面积如表18所示。

（2）历史沿革

2001年,经天津市政府批准,天津市北大港湿地自然保护区成立。成立之初,保护区的总面积为442.40平方千米。2002年4月,经原大港区政府批准,成立了天津市北大港湿地自然保护区管理办公室,为科级事业单位,挂靠在原大港区环保局。2004年、2008年,由于支持天津市重点工程建设,保护区历经2次调整,将官港湖调出保护区,调入李二湾南侧生态用地,保护区面积调整为348.87平方千米。2015年,滨海新区政府整合4个相关部门（滨海新区北大港湿地自然保护区管理办公室、大港野生动植物保护站、植保植检站、大港渔苇管理所）,成立天津市北大港湿地自然保护区管理中心,全面行使监管职能,保护区管理体系日趋完善。

**表18　北大港湿地统计**

| 湿地类型 | | 面积（公顷） | 占比（%） |
|---|---|---|---|
| 101 | 浅海水域 | 97.68 | 0.28 |
| 106 | 淤泥质海滩 | 1 929.25 | 5.53 |
| 109 | 河口水域 | 87.22 | 0.25 |
| 201 | 永久性河流 | 1 304.77 | 3.74 |
| 203 | 洪泛平原湿地 | 4 933.02 | 14.14 |
| 402 | 草本沼泽 | 1 067.54 | 3.06 |
| 501 | 库塘 | 17 094.63 | 49.00 |
| 502 | 运河、输水河 | 952.42 | 2.73 |
| 503 | 水产养殖场 | 7 420.46 | 21.27 |
| 合计 | | 34 887 | 100.00 |

（3）自然环境概况

北大港湿地地形由海岸和退海岸成陆冲积形成，形成了以河砾黏土为主的盐碱地貌；地势西南略高，东北略低，比较平坦，高差不大；北大港湿地东部的渤海湾为滩涂，中部有北大港水库，西部有钱圈水库，南部有沙井子水库；高程在3.88 至 5.08 米；土壤类型为盐化潮土、滨海盐土，土层厚度 0.3 至 0.6 米；属于暖温带半湿润大陆性季风气候；年均降水量 528.24 毫米，年均蒸发量 1 947 毫米；年平均气温 13.6 摄氏度，最高平均气温 26 摄氏度，最低平均气温 –4.8 摄氏度，≥0 摄氏度年均积温 5 149.7 摄氏度，≥10 摄氏度年均积温 4 707.7 摄氏度。

（4）水环境状况

北大港湿地河流纵横交错，坑塘洼淀多，境内有独流减河、子牙新河、北排河和青静黄排水渠等河流，主要承担输水、引水和泄洪等功能。地下水位线多在 1 米以下，基本上没有浅层地下淡水，地下水矿化度一级左右，主要依靠大气降水和人工补给，偶尔有水流出。北大港水库的平均枯水位为 2.5 米，平水位为 5.5 米，丰水位为 7.0 米。北大港水库最大水深为 4.5 米，平均水深为 3 米。北大港水库蓄水量为 55 000 万立方米，水的 pH 值为 8.6，总氮为 0.48 毫克/升，总磷为 0.01 毫克/升，营养状况为富营养。

（5）主要保护目标

成立之初，天津市北大港湿地自然保护区的主体功能包括饮用水备用水源地、涵养水源、湿地生态系统保护和生物多样性维护。根据《天津市北大港湿地自然保护区总体规划（2017—2025 年）》，到 2025 年，要将北大港湿地建成以人与自然和谐相处为主旨，以鸟类保护为核心，以湿地保护为重点，以观鸟赏景为特色的自然保护示范基地，打造水源涵养和生物多样性保护示范区、生态系统修复样板区，成为美丽天津标志性生态品牌、绿色名片。建立起与当代经济社会发展、生态文明建设相适宜的监测体系、保护体系和管理体系，生态系统的环境支持系统指数（ESI）、生命力指数（LPI）和人类发展指数（HDI）趋于合理，科研协作模式形成效应，退化湿地得到遏制和科学修复，生态系统类型、国家重点保护物种得到有效保护，湿地保护区生态系统的完整性、连通性和稳定性得到充分体现。

### 1.6.3　天津大黄堡湿地自然保护区

（1）位置和范围

天津大黄堡湿地自然保护区（以下简称"大黄堡湿地"）位于武清区中部，地理坐标为东经 117°10′33″ 至 117°19′58″ 和北纬 39°21′4″ 至 39°30′27″ 之间，北起崔黄口镇南曹家岗路，南至上马台镇王三庄村，东到大黄堡镇与宝坻区接壤，西至津围公路与曹子里镇,包括大黄堡镇、上马台镇及崔黄口镇,总面积为104.65平方千米,其中核心区面积为40.15平方千米、缓冲区面积为30.32平方千米、实验区面积为34.18平方千米,湿地类型及面积如表19所示。

(2)历史沿革

2004年9月,武清区政府批准建立了大黄堡湿地自然保护区(区级保护区)。2005年3月,来自南开大学、北京师范大学、天津自然博物馆和天津市林业局的7名专家及相关工作人员组成科考组对大黄堡湿地进行了全面系统的科学考察。同年9月,经天津市政府批准建立了"天津大黄堡湿地自然保护区"。2012年,在科学考察和专家论证的基础上,启动了天津大黄堡湿地自然保护区功能区调整工作,面积由112平方千米调整为104.65平方千米,并于2013年获市政府批准。

表19 大黄堡湿地统计

| 湿地类型 | | 面积(公顷) | 占比(%) |
|---|---|---|---|
| 201 | 永久性河流 | 352.67 | 3.37 |
| 402 | 草本沼泽 | 2 299.16 | 21.97 |
| 501 | 库塘 | 722.09 | 6.90 |
| 502 | 运河、输水河 | 15.70 | 0.15 |
| 503 | 水产养殖场 | 7 075.39 | 67.61 |
| 合计 | | 10 465 | 100.00 |

(3)自然环境概况

大黄堡湿地地处华北平原东北部,海河流域下游,为冲积平原和海积冲积平原;土壤类型为潮土;季节变化明显,介于大陆性气候和海洋性气候的过渡带上,属于暖温带半湿润大陆性季风气候,四季分明;年均降水量573.9毫米,年均蒸发量1 164.4毫米,年平均气温11.6摄氏度,≥0摄氏度年均积温4 593.7摄氏度,≥10摄氏度年均积温4 187.6摄氏度。

(4)水环境状况

大黄堡湿地的地表水系属于海河水系,流经保护区的河流主要有龙凤河(北京排污河)、柳河干渠和粮窝引河。水源补给方式为综合补给,主要靠地表径流和大气降水。季节性有水流出。水的pH值为7.96。总氮为1.195毫克/升,总磷为0.224毫克/升,营养状况为富营养,水质级别为3类水。

(5)主要保护目标

大黄堡湿地是华北地区为数不多的大型芦苇沼泽湿地及多种珍稀鸟类的栖息地,有很高的保护价值,其具体保护对象是湿地生态系统和珍禽、候鸟及野生动植物。

### 1.6.4 天津市团泊鸟类自然保护区

（1）位置和范围

天津市团泊鸟类自然保护区（以下简称"团泊洼湿地"）是天津市唯一以鸟类保护为目标的自然保护区。该保护区于1995年经天津市政府批准成立,总面积为62.70平方千米,其中核心区面积为10.67平方千米,缓冲区面积为5.50平方千米,实验区面积为46.53平方千米。保护区位于天津市区南部静海区,地处天津滨海新区、静海和西青三区交界,地理坐标为东经117°00′50″至117°12′50″,北纬38°51′30″至39°1′40″,包括独流减河和团泊洼水库两部分,其中独流减河部分南北以减河大坝为界,东起津汕高速公路独流减河大桥,西至西琉城大桥;团泊洼水库部分,西起水库西大堤,东侧基本以湖心岛与东大堤相平行的切线为界（如图3所示）,湿地类型及面积如表20所示。

（2）历史沿革

1995年6月22日,天津市政府批准建立天津市团泊鸟类自然保护区（津政函〔1995〕37号）。2008年4月,经天津市政府批准,该保护区进行调整（津政函〔2008〕35号）,调整后总面积为60.4平方千米,其中核心区面积为10.2平方千米,缓冲区面积为5.2平方千米,实验区面积为45平方千米。2014年,经天津市环保局勘界确认,保护区的实际面积为62.7平方千米,其中核心区面积为10.67平方千米,缓冲区面积为5.5平方千米,实验区面积为46.53平方千米。

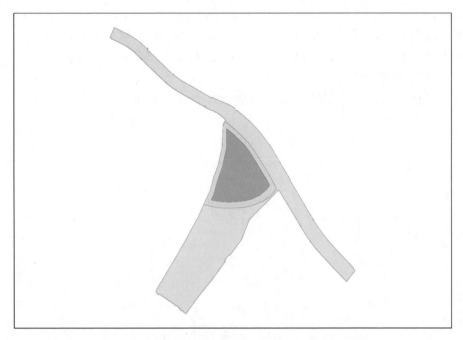

图3 天津市团泊鸟类自然保护区三区规划示意图

表20 团泊洼湿地统计

| | 湿地类型 | 面积（公顷） | 占比（%） |
|---|---|---|---|
| 201 | 永久性河流 | 1 329.24 | 21.20 |
| 203 | 洪泛平原湿地 | 562.42 | 8.97 |
| 301 | 永久性淡水湖 | 2 079.76 | 33.17 |
| 402 | 草本沼泽 | 2 298.58 | 36.66 |
| 合计 | | 6 270 | 100.00 |

（3）自然环境概况

团泊洼湿地属华北平原东部平原地带,北部毗邻独流减河、南有青年渠、东靠七排干、西有六排干;土壤为滨海潮土;属于暖温带半湿润大陆性季风型气候;年均降水量571毫米,年均蒸发量1 849.0毫米;年平均气温11.9摄氏度,最高平均气温26摄氏度,最低平均气温-4.8摄氏度,≥0摄氏度年均积温4 635.9摄氏度,≥10摄氏度年均积温4 234.9摄氏度。

（4）水环境状况

团泊洼湿地水源主要来源于独流减河和黑龙港河。团泊洼湿地水体底部西南高,东北渐低。主要依靠地表径流补给,偶尔有水流出。平均枯水位为3.4米,平水位为4.5米,丰水位为6.0米。最大水深为2.7米,平均水深为1.8米。水的pH值为8.3,总氮为3.91毫克/升,总磷为0.15毫克/升,营养状况为富营养。

(5)主要保护目标

团泊洼湿地的主要保护对象是湿地珍禽、候鸟及水生野生动植物。

# 2 天津湿地生物多样性研究进展

生物多样性(Biological Diversity 或 Biodiversity)是一个描述自然界多样性程度的概念。1916 年, J. Arthur Harris 在 *Scientific American*(《科学美国人》)上发表一篇文章(*The Variable Desert*)中首次使用了"biological diversity"一词。在此文中他写道"The bare statement that the region contains a flora rich in genera and species and of diverse geographic origin or affinity is entirely inadequate as a description of its real biological diversity." 1967 年, Raymond F. Dasmann 在他的著作 *A Different Kind of Country*(《另类国家》)中使用了"biological diversity"一词来指代保护主义者应该保护的丰富的生物。1974, John Terborgh 引入了"natural diversity(自然多样性)"一词。1980 年, Thomas Lovejoy 在一本书中向科学界介绍了"biological diversity"一词, 从此该词汇迅速变得广为人知。根据 Edward O. Wilson 的说法, "biodiversity"的缩写形式是在 1985 年由 Walter G. Rosen 创造的, 他的表述为: "The National Forum on BioDiversity ... was conceived by Walter G. Rosen ... Dr. Rosen represented the NRC/NAS throughout the planning stages of the project. Furthermore, he introduced the term biodiversity"; 同年, "biodiversity"一词出现在 Laura Tangley 的文章 *A New Plan to Conserve the Earth's Biota*(《保护地球生物群的新计划》)中。1988 年, "biodiversity"一词首次出现在著作出版物中。对于生物多样性的含义, 不同的学者有不同的认知, 如 Wilson 等人认为生物多样性就是生命形式的多样性("The diversity of life"); 孙儒泳则认为生物多样性一般是指"地球上生命的所有变异"; 在《保护生物学》一书中, 蒋志刚等给生物多样性所下的定义为"生物多样性是生物及其环境形成的生态复合体以及与此相关的各种生态过程的综合, 包括动物、植物、微生物和它们所拥有的基因, 以及它们与其生存环境形成的复杂的生态系统"。现代学者一般认为, 生物多样性包括了遗传多样性(morphological diversity, 亦即 genetic diversity 和 molecular diversity)、物种多样性(taxonomic diversity 或 species diversity)和生态系统多样性(ecological diversity 或 ecosystem diversity)3 个组成部分。近年来, 随着生态学理论和实践的不断发展, 生物多样性的含义又有了新的扩展, 如功能多样性

(functional diversity)等。

湿地是自然界最富生物多样性的生态系统类型之一。天津湿地资源极为丰富,以4个重要湿地自然保护区、海洋和海岸湿地为代表的天津湿地资源,在维护生物多样性等方面发挥着极为重要的作用。对湿地的生物多样性状况开展研究,有助于摸清湿地生物多样性的基础,有助于制定科学的保护管理策略。

大量研究者对天津湿地的生物多样性状况开展过丰富的研究和调查,如第一次全国湿地资源调查(1995—2003年)、第二次全国湿地资源调查(2009—2013年)、天津市第一次陆生野生动物资源调查(1996—1999年)、天津市第二次陆生野生动物资源调查(2011—2014年)等,均为覆盖天津湿地全域的综合性科学调查;又如针对4个重要湿地自然保护区开展的历次综合科学考察、常规监测和专项调查等,则均为针对湿地类型自然保护区开展的科学调查。上述研究和调查工作及成果产出,为湿地生物多样性管理和保护奠定了坚实的基础。

本书在进行天津湿地生物多样性研究进展回顾时,主要从以下2个方面来阐述。

(1)主要研究脉络

已经有文章和著作对以往开展天津湿地生物多样性研究和调查的情况进行过较为系统的综述。本书在前人综述的基础上,对天津湿地生物多样性的研究和调查工作进行了系统的回顾。其中,重点梳理了植物和鸟类这2个生物类群的主要研究脉络,除了阐述主要研究工作的时间节点、关键人物、主要事件和重要成果产出外,还补充了较为重要的科学考察和调查监测等活动信息,以期更为全面地展现天津在该领域的研究进展。在阐述重要成果产出时,侧重介绍了著作和研究报告这两方面的情况。

(2)期刊文献分析

作为对研究进展的一个重要补充,本书采用文献计量方法对近30年以来关于天津湿地生物多样性的期刊文献进行分析,以期快速准确地在海量文献中找到研究热点和挖掘学科前沿,为今后的湿地生物多样性研究提供参考。CiteSpace作为一款优秀的文献计量学软件,是美国雷德赛尔大学信息科学与技术学院的陈超美博士与大连理工大学的WISE实验室联合开发的科学文献分析工具,其功能主要是对特定领域的文献进行计量,以探寻出该学科领域演化的关键路径及知识转折点。CiteSpace通过将文献之间的关系以科学知识图谱(如关键词共现图谱)的方式可视化地展现在操作者面前,既能梳理过去的研究轨迹,也能进一步认识未来的研究前景。目前,CiteSpace已经成为较为通用且流行的文献计量工具,在心理学、教育学、情报学、环境科学等多领域都有广泛地应用。

利用CiteSpace开展天津湿地生物多样性研究文献分析的主要工作流程如下。

1）文献检索：通过检索"CNKI"数据库和"Web of Science"数据库，以获取天津湿地生物多样性的期刊文献。文献检索时，设置关键词为"天津北大港湿地""天津大黄堡湿地""天津古海岸与湿地""天津官港湿地""天津临港湿地""天津七里海湿地""天津大神堂""天津团泊""天津人工湿地""于桥水库""天津沼泽湿地""中新生态城""北方地域湿地""天津人工湖泊""天津宝坻潮白河""天津子牙河""天津蓟运河""天津永定河""天津独流减河""海河""天津滨海""天津潮间带""天津滩涂""天津海域""天津近海海域""天津河漫滩""天津港海域""天津大沽口""北方海域""渤海湾天津近岸""浮游动物""植物""地栖动物""鱼类""昆虫""两栖""爬行""兽类""细菌""鸟类""水鸟""入侵植物""芦苇""盐地碱蓬""生物多样性""土壤种子库"等，检索共获得文献408篇。文献的基本情况如表21所示。

表21　文献的基本情况

| 生物类群 | 时间范围 | 文献总数 | 中文文献数 | 占比（%） | 英文文献数 | 占比（%） |
|---|---|---|---|---|---|---|
| 植物 | 2000—2022 | 126 | 117 | 92.86 | 9 | 7.14 |
| 鸟类 | 1991—2021 | 85 | 81 | 95.29 | 4 | 4.71 |
| 其他生物类群 | 1991—2022 | 197 | 193 | 97.97 | 4 | 2.03 |
| 合计 | — | 408 | 391 | 95.83 | 17 | 4.17 |

2）文献分析：将上述文献的题录信息（包括标题、作者及单位、关键词和摘要等）生成.csv文件，并将题录信息导入CiteSpace，通过CiteSpace内嵌的文献计量模型即可进行文献的可视化分析，并形成基于文献分析结果的数据图谱。

## 2.1　天津湿地植物多样性研究

### 2.1.1　主要研究脉络

湿地植物是我国湿地生态系统中最重要的组成部分之一，能为自然界万物的生长提供必需的物质和能量。在长期的进化和适应过程中，湿地生态系统中形成了形态各异、功能独特的湿地植物群落，共同构成了地球上最生动的景观。湿地植物在防旱蓄洪、调节径流、控制污染、维持淡水资源、美化环境和调节气候等方面发挥了不可替代的重要作用。天津拥有广阔的湿地和丰富的湿地植

物多样性。长久以来,研究者对天津湿地植物区系及其多样性开展了丰富的研究。

(1)18世纪至19世纪

近代植物分类学在欧洲兴起之时,中国丰富的植物资源便已引起早期欧洲学者注意。天津由于地理位置特殊,海陆交通发达,且与北京距离较近,因此成为外国博物学家、标本采集者和传教士趋之若鹜之处。18世纪末至19世纪初,英国的马戛尔尼使团及博物学家C. Abel等就曾对天津的植物进行过观察和标本采集。19世纪中叶,英国著名园艺学家R. Fortune也曾在天津地区开展过植物标本采集工作。19世纪中叶后,陆续有欧洲的植物学者到天津采集植物标本,如法国的C.E. Simnon(1860年在天津开展采集工作)、O. Debeaux(1861—1863)和A. David(1868年),俄国的G. N. Potanin(1884—1886)等。其中O. Debeaux于1879年发表了著作 *Florule de Tien-tsin*(*Province de Pe-tche-ly*),记载了天津地区的90种植物。1914年,法国神甫、博物学家Émile Licent(中文名桑志华)来到天津,创建了北疆博物院(天津自然博物馆前身)。他以天津为中心,对中国北方地区开始了长达25年的动植物和古生物资源调查和标本采集。桑志华在天津采集的植物标本有600余件。在津期间,他还详细记录了天津的物候。北疆博物院的俄籍植物研究人员科兹洛夫(I. Kozloff)、法国研究人员塞尔(H. Serre)等也在同期开展了植物标本采集工作。上述植物标本的采集和鉴定成果,丰富了关于天津植物区系的资料。

(2)20世纪

进入20世纪,受近代生物学的影响,我国的植物分类学开拓者们开始了植物标本采集和植物研究工作。1908年,书画家、博物学者陆文郁先生与好友金广才等人发起组织了"生物研究会",开始调查和采集植物和昆虫标本。在大量采集和调查工作的基础上,陆文郁先生编纂完成了《植物名汇》《诗草木今释》和《天津地区植物栽培沿革》等植物学著作,为后来的植物多样性研究工作奠定了重要基础。新中国成立后,天津地区的植物学调查和研究工作迎来了新的发展机遇,各种形式的植物调查和标本采集工作轰轰烈烈开展起来。《中国植物志》和《河北植物志》编写团队的多位专家都曾经在天津地区调查植物和采集过植物标本。1957年至1976年,天津自然博物馆的植物学研究者刘家宜先生开始对天津四郊五县的植物区系开展全面系统的野外调查。1977年7月,刘家宜先生完成了天津自然博物馆铅印本资料《天津植物名录》,共记录蕨类植物、裸子植物和被子植物148科620属1 141种,此书成为《天津植物志》的基础资料和最原始雏形。刘家宜先生的工作陆续得到了南开大学和天津师范大学的植物学研究者的支持,她开始筹划编写《天津植物志》,初稿于1979年底完成。1983年2月,天津市园林学会发行了内部刊物《园林科技通讯》;天津市园林绿化研究所科研人员刘家光、韩庆发表《天津市大港区盐碱地的植被类型及其指示性》,调查分析了盐生草甸植被类型和生境特点,记录维管植物48科100属132种以及4种湿地植物群落。1984年10月,天津市农业区划委员会植被专业组编写《天津植被》,其中南开大学生物系教师唐廷贵、白玉华、刘君哲、王义杰与天津师范大学生物系教师张芬棣等撰写的《天津植被》一文,记录了典型水生植被4种,水生及湿生植物26科53属60种。白玉华、唐廷贵、刘君哲、王义杰等撰写了《RMK遥感在北大港水生植被研究中的应用》;唐廷贵、白玉华、刘君哲、王义杰、张芬棣等撰写《彩色红外片在天津北大港水库水生植被分类的研究》,得出该水库水生植被共计12个植物群落单位。此外,南开大学生物系白玉华撰写了《天津的柽柳》;杨瑞华撰写了《天津的野大豆及其根的解剖特征》;刘君哲撰写了《天津植被的植物种类名录》,共收录蕨类植物、裸子植物和被子植物149科597属1 049种。1986年,刘家宜先生组织研究人员在1979年《天津植物志》初稿基础上整理定稿并补充插图,后因出版资金限制未能及时出版。1996年,海洋出版社出版的《天津自然博物馆论文集》第13期,收录了刘家宜先生的《天津湿地植物区系初步分析》一文,该文在1983年天津市海岸带植物资源调查的基础上,于1992—1995年再次补充调查后,全面系统地整理出天津湿地植物72科219属395种(包含种以下分类阶元)。

（3）21世纪

进入21世纪以来,随着生态环境保护和生物多样性保育的理念逐渐深入人心,以及自然保护区制度的完善和保护地管理工作的逐渐加强,天津湿地植物资源和多样性科学考察和调查监测活动如雨后春笋般涌现。天津自然博物馆、南开大学、天津师范大学、天津农学院、北京林业大学等科研机构均开展过大量的湿地植物资源调查研究工作。"全国海岸带和海涂资源综合调查研究"、第一次全国湿地资源调查(1995—2003)、第二次全国湿地资源调查(2009—2013)、天津4个重要湿地自然保护区的历次综合科学考察和科研监测、针对其他湿地开展过的植物资源专项调查等工作,为进一步厘清天津湿地植物资源奠定了坚实的基础。其中,较为突出的工作及进展包括但不限于以下几项。

2000年9月,南开大学环境科学与工程学院李洪远教授团队等在"天津万科东丽湖区域开发生态影响评价"项目支持下,开展了东丽湖植物资源调查与评估,记录东丽湖湿地植物28科54属60种。

2001—2002年,李洪远团队完成"天津市滨海新区区域发展生态环境影响评价与规划"项目,对滨海新区规划范围内湿地植被做了初步调查,记录植物46科121属196种(包含种以下分类阶元);

2004年,刘家宜先生主编的《天津植物志》由天津科学技术出版社正式出版。

《天津植物志》共记录天津地区的植物4门163科748属1 516种(包含种以下分类阶元),是关于天津植物多样性的集大成者,对天津地区的植物学研究、管理、利用和保护产生了巨大的影响。时至今日,《天津植物志》仍是天津植物学研究最重要的参考著作。

2004—2007年,南开大学生命科学学院石福臣教授团队开展了"天津港野生植物资源研究",对天津滨海地区的野生植物资源进行了系统而详细的调查;2007—2011年,石福臣团队依托国家自然科学基金"互花米草对滨海湿地生态系统影响研究",继续对天津滨海湿地的互花米草(*Spartina alterniflora*)这一入侵物种开展了生物学和生态学研究。

2005年,天津市林业局许宁主编了《天津湿地》,对天津湿地植被进行了新的回顾,将天津湿地植被划分为2个湿地植被型组、3个植被型、16个群系,并收录了天津湿地植物72科400余种。

2007—2008年,李洪远团队完成天津市哲学社会科学规划基金项目"天津生态城市建设中的自然生态体系研究"和韩国高等教育财团/南开大学亚洲研究中心资助项目"天津滨海新区自然保留地的现状调查与管理框架研究",对天津湿地生物多样性资源和保护价值进行了调查与评估,提出有效管理框架;2008年,完成《中新天津生态城总体规划(2008—2020)环境影响评价(生态专题)》及《中心天津生态城绿地系统规划专题研究》,对生态城选址的植物区系和主要植物群落做了初步调查,共记录野生植物21科54属66种。

2008—2011年,李洪远团队承担天津市科技支撑重点项目"滨海新区湿地生态恢复关键技术与开发利用模式研究",完成了滨海新区湿地植被第二轮系统调查,记录天津滨海湿地野生植物46科135属232种。2012年2月,李洪远、孟伟庆、莫训强等编著出版了《滨海湿地环境演变与生态恢复》,对天津滨海湿地的植物区系组成、多样性和群落演替序列做了系统归纳和总结。2012年8月,李洪远、莫训强、孟伟庆等完成"天津古海岸与湿地国家级自然保护区综合科学考察"项目,调查并鉴定植物69科200属290种(包含种以下分类阶元),考察成果《天津古海岸与湿地国家级自然保护区综合科学考察报告集》于2013年正式出版。

2010年,刘家宜先生出版了《天津水生维管束植物》,记载了天津地区水生维管植物28科45属75种(包含种以下分类阶元),该成果对后来天津湿地的植物多样性研究产生了巨大影响。

2014—2021年,南开大学李洪远和天津师范大学莫训强两个团队持续开展了"天津临港生态湿地公园生物多样性动态监测与评价"和"天津临港湿地二期生物多样性监测与评价"工作,完成《天津临港生态湿地公园生物多样性调查报告》，其中植物部分共记录到种子植物79科201属322种，植物群落45类。

2015年12月，石会平主编、李俊柱、李洪远主审，孟伟庆、莫训强等编著的《中国湿地资源·天津卷》由中国林业出版社出版。该书按照国家林业局统一部署，以全国第二次湿地资源调查为基础，由清华大学、南开大学、天津师范大学和天津自然博物馆等多家单位的专家学者参与调查和编写，列入植物69科200属291种（包含种以下分类阶元）。

2017年开始，天津自然博物馆启动了天津湿地生物多样性调查项目，天津自然博物馆研究馆员李勇等对天津湿地开展了为期2年的野外调查和标本采集工作，其后编写的《天津湿地植物图集》于2020年出版，共记载了天津湿地植物88科270属462种（包含种以下分类阶元），并将216种天津典型湿地植物配以彩色生态图片；2021年，李勇又出版了《天津维管植物多样性编目》，共记载维管植物174科828属1764种（包含种以下分类阶元）。

2019—2020年，莫训强团队持续对天津市北大港湿地自然保护区开展了系统而全面的植物科学考察工作。在野外调查的基础上，充分吸纳以往研究成果，整理出版了《北大港湿地植被与植物多样性研究》，共记录高等植物65科176属260种（包含种以下分类阶元），并将北大港湿地的植被群落分为6个植被型组，11个植被型，63个群系。

2021—2022年，李洪远团队联合莫训强团队完成"于桥水库入库河口湿地水生植物调查"，对前置库入库河口湿地做了两次全面调查，共计发现并鉴定植物种类125种，其中包括水生苔藓植物2种。

随着自然生态保育和生物多样性保护事业的持续推进，未来将有更丰富的调查研究工作陆续开展，有更多新的研究成果陆续发表。

### 2.1.2 文献分析结果

（1）关键词共现分析

通过关键词共现分析，得到关键词共现图谱（如图4所示）和高频关键词表格（如表22所示）。通过分析得知：天津湿地植物多样性这一研究主题与滨海湿地、浮游植物、群落结构、湿地、环境因子等关键词在文献中出现的频次较高，说明这是研究者的重点研究方向。

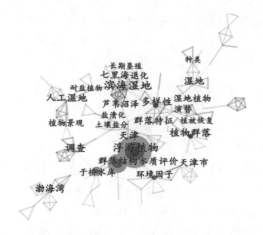

图4　天津湿地植物关键词共现图谱

表22　天津湿地植物研究高频关键词

| 关键词 | 频次 | 中心性 |
| --- | --- | --- |
| 浮游植物 | 42 | 0.25 |
| 群落结构 | 24 | 0.23 |
| 于桥水库 | 17 | 0.34 |
| 湿地 | 11 | 0.31 |
| 环境因子 | 11 | 0.19 |
| 天津 | 9 | 0.26 |
| 植物群落 | 8 | 0.23 |
| 多样性 | 7 | 0.3 |
| 渤海湾 | 6 | 0.15 |
| 滨海湿地 | 6 | 0.3 |

（2）关键词聚类分析

用CiteSpace对天津湿地植物多样性研究数据进行分析,得到7个比较明显的聚类（如图5和图6所示）,其中模块值（Q值）=0.830,S值=0.940,表明了这个聚类是合理的。结果显示,天津湿地植物多样性的研究热点集中在12个方面（如表23所示）,如:群落结构、植被恢复、滨海湿地、人工湿地、水质评价、渤海湾、植物群落、大黄堡和植物多样性等。

| Coverage | GCS | LCS | Bibliography |
|---|---|---|---|
| 浮游植物；群落结构；于桥水库；水质因子；相关性分析｜富营养化；冗余分析；浮游植物；群落结构；于桥水库｜群落结构 (19.1, 1.0E-4)；于桥水库 (14.3, 0.001)；浮游植物 (13.15, 0.001)；天津 (4.83, 0.05)；富营养化 (4.83, 0.05) | | | |
| 植被恢复；受限空间；湿地土壤；氮输入增加；滨海湿地｜湿地植物；群落特征；滨海新区；植物种类；植被恢复｜植被恢复 (9.23, 0.005)；演替 (9.23, 0.005)；种子库 (4.57, 0.05)；微生物群落 (4.57, 0.05)；植物种类 (4.57, 0.05) | | | |
| 湿地保护；生物物种；大黄堡；物种多样性；保护对策｜大黄堡 (7.61, 0.01)；湿地保护 (7.61, 0.01)；物种多样性 (7.61, 0.01)；生物物种 (7.61, 0.01)；保护对策 (7.61, 0.01) | | | |
| 植物区系；植物多样性；湿地生态系统；植物资源；样方调查｜湿地生态系统；植物资源；样方调查；七里海湿地；植物区系｜植物多样性 (12.01, 0.001)；植物区系 (12.01, 0.001)；农作物 (5.91, 0.05)；北大港 (5.91, 0.05)；湿地生态系统 (5.91, 0.05) | | | |
| 滨海湿地；长期恩造；土壤盐分；芦苇沼泽；芦苇群落｜芦苇群落；土壤特征；狗牙群落；碱蓬群落；滨海湿地｜滨海湿地 (7.91, 0.005)；退化 (5.73, 0.05)；芦苇沼泽 (5.73, 0.05)；七里海 (5.73, 0.05)；碱蓬群落 (5.73, 0.05) | | | |
| 人工湿地；快速重建；生物景观；生态修复；植物景观｜北方地域；快速重建；生态学；生物景观；生态修复｜人工湿地 (12.43, 0.001)；生态学 (6.11, 0.05)；生物景观 (6.11, 0.05)；生态修复 (6.11, 0.05)；美学 (6.11, 0.05) | | | |
| 水质评价；浮游植物；环境因子；海河流域；苗期生长｜海河流域；群落特征；多样性分析；隶属函数；种子萌发；水质评价 (6.71, 0.01)；永定河 (5.13, 0.05)；五湖 (5.13, 0.05)；多样性分析 (5.13, 0.05)；苗期生长 (5.13, 0.05) | | | |
| 晚中新世以来；气候变化；沉积速率；植被演化；历史变化｜历史变化；时空分布；浮游植物；晚中新世以来；渤海湾｜渤海湾 (12.43, 0.001)；时空分布 (6.11, 0.05)；历史变化 (6.11, 0.05)；营养盐 (6.11, 0.05)；晚中新世以来 (6.11, 0.05) | | | |
| 环境因子；浮游植物；群落结构；典型植物；植物元素｜典型植物；元素特征；修复研究；七里海湿地；植物修复技术｜天津市 (7.36, 0.01)；环境因子 (4.47, 0.05)；典型植物 (4.47, 0.05)；植物修复技术 (4.47, 0.05)；植物元素 (4.47, 0.05) | | | |
| 湿地植物；植物入侵；保护利用｜保护利用；湿地植物；植物入侵；湿地｜湿地 (13.91, 0.001)；保护利用 (5.91, 0.05)；入侵性 (5.91, 0.05)；群落 (5.91, 0.05)；种类 (5.91, 0.05) | | | |
| 植物群落；驱动因子；河口湿地；化学计量学特征；天津宝坻区潮白河｜天津宝坻区潮白河；生境恢复；种群恢复；河流湿地；驱动因子；植物群落 (11.28, 0.001)；水岸带 (5.56, 0.05)；驱动因子 (5.56, 0.05)；河口湿地 (5.56, 0.05)；化学计量学特征 (5.56, 0.05) | | | |
| 植物景观；滨河植物；调查；筛选；滨河植物 (6.11, 0.05)；海河 (6.11, 0.05)；微生物 (6.11, 0.05)；植物景观 (12.43, 0.001) | | | |

图5 天津湿地植物多样性关键词聚类图

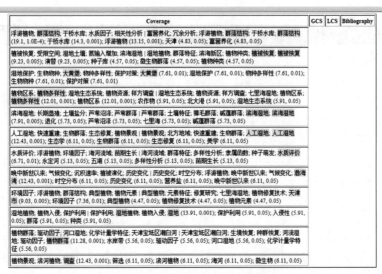

图6 天津湿地植物多样性关键词时间线图谱

表23 天津湿地植物多样性关键词聚类分析表

| 聚类名称 | 平均年份 | 提取主题词 |
|---|---|---|
| 群落结构 | 2011 | 生态、浮游植物、环境因子 |
| 植被恢复 | 2014 | 湿地植物、演替 |
| 滨海湿地 | 2014 | 盐渍化、七里海 |
| 人工湿地 | 2017 | 植物景观、层次分析 |

续表

| 聚类名称 | 平均年份 | 提取主题词 |
|---|---|---|
| 水质评价 | 2017 | 独流减河、五湖、海河流域 |
| 渤海湾 | 2015 | 渤海湾、植被演化 |
| 天津市 | 2011 | 水库、环境因子 |
| 湿地 | 2014 | 湿地、植物、微生物 |
| 植物群落 | 2014 | 河流湿地、生态种组 |
| 调查 | 2017 | 鉴定、滨河植物、防治建议 |
| 大黄堡 | 2010 | 湿地保护、生物物种 |
| 植物多样性 | 2008 | 农作物、物种数 |

(3)研究趋势分析

通过分析,可以将天津湿地植物多样性研究阶段划分为以下3个时期。

1)2000—2007年的起步期。该时期发文量较少,是天津植物多样性研究的初级阶段,研究人员对其重视程度较低,对该领域的投入也相对较少。2000年,李清雪等开始关注天津近岸海域的浮游植物的种类组成、生态类群及分布状况,对天津近岸海域的浮游植物进行调查研究,共检出浮游植物6门32属60种,其中硅藻门(Bacillariophyta)42种,甲藻门(Pyrrophyta)13种,金藻门(Chrysophyta)2属2种,绿藻门(Chlorophyta)、裸藻门(Euglenophyta)、隐藻门(Cryptophyta)各1属1种。2007年,姜红梅等研究并发现了天津大沽口9个站点共3门16属30种浮游植物,其中硅藻14属28种,甲藻和蓝藻均为1属1种。

2)2008—2016年的发展期。该时期发文量呈逐年上升趋势。这一时期国家陆续颁布了一系列与植物多样性保护相关的政策文件。其中《中国植物保护战略》的颁布对我国的植物保护工作起到了积极的推动作用。2009年,聂利红等调查了天津大沽沙航道水域并发现浮游植物34种,其中硅藻门(Bacillariophyta)24种,甲藻门(Pyrrophyta)5种,蓝藻门(Cyanophyta)4种,绿藻门(Chlorophyta)1种。2010年,莫训强等对天津滨海新区典型盐碱湿地土壤种子库进行了研究,共发现植物种11科20属26种,其中菊科(Asteraceae)7种,藜科(Chenopodiaceae)5种。2012年,郝翠等研究并发现了天津滨海新区8种区系成分共232种湿地植物。2013年,尹翠玲等调查了2008—2012年夏季渤海湾天津近岸海域的网采浮游植物群落,共鉴定出浮游植物3门29属59种,其中硅藻门(Bacillariophyta)18属45种,甲藻门(Pyrrophyta)10属13种,金藻门(Chrysophyta)1种。2014年,赵兴贵等对天津港航道海域秋季网采浮游植物的物种组成进行了分析,共鉴定出浮游植物2门38种,其中硅藻门(Bacillariophyta)29种,甲藻门(Pyrrophyta)9种。

2015年,张般般等采用野外调查与室内分析相结合的方法,对天津官港森林公园湿地植物群落及物种组成进行研究,共采集到湿地植物29科53属56种,其中木本植物6科9属9种,草本植物17科36属38种,水生植物7科8属8种。2016年,孙延斌等对天津港附近海域进行调查,记录了浮游植物2门17科20属40种,其中硅藻门(Bacillariophyta)10科13属28种,甲藻门(Pyrrophyta)7科7属12种。综上,该时期相关研究者对天津湿地植物多样性进行了大量探索,进一步丰富了湿地植物物种多样性资料。

3)2017—2022年的稳定期。该时期的发文量呈现相对稳定趋势。2017年颁布的《中华人民共和国野生植物保护条例》,更加明确了植物保护的目的和要求。2017年,卞少伟等调查了天津独流减河浮游植物群落结构,共发现5门45种浮游植物,其中绿藻门(Chlorophyta)22种,蓝藻门(Cyanophyta)14种,硅藻门(Bacillariophyta)6种,隐藻门(Cryptophyta)2种,裸藻门(Euglenophyta)1种。同年,张雪等对天津近岸人工鱼礁海域浮游植物群落进行调查,共记录浮游植物2门28属58种,其中硅藻门(Bacillariophyta)19属44种,甲藻门(Pyrrophyta)9属14种。2020年,陈佳林等对天津七里海湿地和北大港湿地的浮游植物群落结构进行分析,共发现浮游植物6门67种,其中硅藻门(Bacillariophyta)21种,绿藻门(Chlorophyta)11种,蓝藻门(Cyanophyta)15种,裸藻门(Euglenophyta)3种;在北大港湿地共发现浮游植物4门50种,其中硅藻门(Bacillariophyta)24种,绿藻门(Chlorophyta)21种,蓝藻门(Cyanophyta)10种,裸藻门(Euglenophyta)6种,隐藻门(Cryptophyta)4种,甲藻门(Pyrrophyta)2种。2021年,高金强等对天津北大港湿地生态环境现状和岸带植物多样性进行调查,共记录种子植物26科63属78种。2022年,张新月等对天津子牙河冬、春、夏和秋季的浮游植物进行调查研究,共发现浮游植物7门43种,其中硅藻门(Bacillariophyta)和蓝藻门(Cyanophyta)各11种,绿藻门(Chlorophyta)16种,金藻门(Chrysophyta)2种,甲藻门(Pyrrophyta)、隐藻门(Cryptophyta)和裸藻门(Euglenophyta)各1种。

## 2.2 天津湿地鸟类多样性研究

### 2.2.1 主要研究脉络

鸟类是湿地生态系统中最活跃、最引人注目的组成部分,在湿地能量流动和维持生态系统的稳定方面起着举足轻重的作用。栖息地的特征决定着鸟类群落的组成、大小和结构,而鸟类群落特征则可以灵敏地反映湿地生态系统的差异和

变化,因此鸟类的群落组成及种群大小被当成监测评价湿地的重要指标之一,湿地鸟类多样性研究对于湿地生态质量保障和湿地生态系统监测和评价具有重要意义。

(1)19世纪初—1949年

天津作为中国重要的港口城市,是最早与国外进行文化商贸往来的北方城市,也是我国北方最早开展现代鸟类学研究的地区之一。针对天津地区的鸟类初步研究工作最早可追溯到19世纪下半叶。鸦片战争以后,英国的郇和(Robert Swinhoe)、法国的大卫神甫(Armand David)、爱尔兰的拉图什(John David Digues La Touche)、美国的万卓志(George Durand Wilder)、胡本德(Hugh Wells Hubbard)和祁天锡(Nathaniel Gist Gee)以及德国的卫格德(Max Hugo Weigold)等西方博物学家先后来华采集鸟类标本,他们在游经天津期间对天津的鸟类进行了初步的考察与描述,发表了一系列鸟类学文献,如 *Handbook of Birds of Eastern China* 和 *Corrections and additions to the list of the birds of Chihli province*。进入20世纪初,1914—1938年,法国博物学家桑志华以天津的北疆博物院为落脚点,对中国华北地区的鸟类开展了较为深入的标本采集、调查和研究工作。桑志华在天津期间总共采集到鸟类标本2 859件,他邀请比利时博物学家赛依斯 Georges Seys 对这些标本进行研究分类,共记录天津鸟类193种。他们于1933年整理发表了"La Collection d'Oiseaux du Musée Hoang-ho Pai-ho de Tien Tsin",这是针对天津地区的鸟类区系所开展的最早且较为系统的调查工作,为天津鸟类研究奠定了坚实的基础。

在此期间,中国的鸟类调查和研究工作有了新的发展,中国自己的鸟类学研究者开始研究中国的鸟类。20世纪30年代,寿振黄先生对包括天津在内的河北地区的鸟类状况进行了深入的研究和总结,并于1936年出版了 *The Birds of Hopei Province*(《河北鸟类志》);李象元先生于1930—1931年在《国立北京大学自然科学季刊》上发表系列文章《中国北部之鸟类》,对我国长江以北常见的160余种鸟类的体量、体形、体色、习性、巢与卵及分布进行了较为详细的介绍。

(2)1949年—20世纪末

1949年后,有关天津鸟类区系和多样性的调查和研究日渐增多。20世纪60年代,南开大学顾昌栋教授、马骅教授和崔贵海等对乌鸦这一特殊的生态类群开展了生态观察。20世纪70年代,南开大学生物系和天津市水产研究所组织了于桥水库渔业生物学基础调查,南开大学邱兆祉教授记录了于桥水库鸟类37种。20世纪80年代,天津市农林局和天津动物学会出版了《天津鸟类》,在该书中,邱兆祉教授报道了天津的235种鸟类;1982年,天津自然博物馆副研究馆员李百温发表了《天津地区珍禽及其保护》,1985年报道了天津地区主要经济鸟类,1986年又对天津地区的游禽进行了报道。20世纪90年代,李百温相继发表了北大港湿地和团泊洼湿地隆冬水鸟的观察记录;1991年,原天津市林业局许宁主编出版了《天津市蓟县八仙桌子自然保护区综合调查》,在该书中,天津师范大学林兰泉教授负责编写鸟类部分,报道了八仙山的123种鸟类;同一时期,北京自然博物馆研究馆员李湘涛对北大港及大港沿海开展了鸻鹬类的专项调查;1996年,天津铁路一中的高级教师袁良先生发表了天津地区鸟类及其居留型的调查;1998年,北京师范大学张正旺教授、赵欣如副教授等发表了《天津团泊鸟类自然保护区春季鸟类资源的初步调查》,报道了鸟类181种;1999年,天津自然博物馆研究馆员王学高报道了天津湿地鸟类130种。

(3)21世纪

21世纪的最初20年里,天津湿地鸟类区系和多样性的调查和研究迎来了新的高潮,形式和内容多样的鸟类科学考察、调查监测和科学研究层出不穷,鸟类学研究成果也迎来了发表和出版的爆发期。2000年5月,湿地国际中国项目办事处主持了天津沿海湿地涉禽的专项调查和评估,认定8种涉禽达到国际重要湿地的数量标准,6种鸟类达到停歇地标准。袁良、邱兆祉、北京师范大学张正旺、张淑萍、徐基良、天津自然博物馆研究馆员王凤琴、馆员刘来顺及赵惠生等从多个方面对天津湿地鸟类开展了调查和研究,并分别发表了丰富的研究成果。其中,王凤琴对天津自然博物馆的馆藏鸟类标本进行了整理和系统分析,发表了《自然博物馆馆藏天津鸟类名录及修订》;在此基础上,结合野外观察和文献记录,于2005年出版了《天津通志·鸟类志》,共记录鸟类389种,是当时关于天津鸟类最详尽的专著;于2008年出版了《鸟类图志:天津野鸟欣赏》,展示了其中261种鸟类的彩色图片,是当时关于天津鸟类最全的鸟类图志。自2005年开始,袁良先生开始着手整理编著《津唐鸟类研究和漫谈》的书稿;整理书稿期间,袁良先生克服重重困难,在年近八旬的高龄自学了电脑的硬件操作和文档编辑等;至2012年,书稿基本成型,共记录了天津及唐山两地的405种野生鸟类;在介绍鸟类时,袁良先生补充了他毕生观察和记录的大量关于鸟类分布和生态习性的细节,对后人了解和研究天津鸟类具有重要价值;遗憾的是,出于多种原因,《津唐鸟类研究和漫谈》未得以正式出版。2019年,王凤琴、卢学强等出版了《天津野鸟》,仍以彩色图片的形式展示了天津356种鸟类的多样性。作为天津湿地鸟类研究的最新成果,张正旺等于2022年出版了《北大港鸟类图鉴》,展示了276种鸟类的彩色图片。

与此同时,针对天津市4个重要湿地自然保护区的鸟类科学考察、调查和监测工作也陆续开展。

1)七里海湿地:2001—2002年,受原天津市海洋局委托,天津自然博物馆王

凤琴对天津古海岸与湿地国家级自然保护区开展鸟类调查,并于2003年报道了87种鸟类;2004年,张正旺团队对七里海湿地开展综合科学考察之鸟类科学考察;2007年,王凤琴对七里海湿地开展综合科学考察之鸟类科学考察;2009—2013年,张正旺团队对七里海湿地开展常规鸟类监测;2012年,王凤琴对七里海湿地开展综合科学考察之鸟类科学考察;2014—2020年,天津师范大学莫训强对七里海湿地开展常规鸟类监测;2017年,莫训强对七里海湿地开展鸟类科学考察等。截至2022年,本书整理以往资料,确定七里海湿地共记录鸟类265种。

2)北大港湿地:2007年和2012年,受天津市北大港湿地自然保护区管理中心委托,张正旺团队对北大港湿地开展综合科学考察之鸟类科学考察,并编制了北大港湿地鸟类名录;2013年以来,张正旺团队与莫训强共同对北大港湿地开展了持续的常规鸟类监测活动;2019年,张正旺团队承担"天津市北大港湿地自然保护区生物多样性调查和监测"项目,依托该项目发布了最新的北大港湿地鸟类名录,共记录鸟类279种。此间,尚有大量观鸟爱好者赴北大港湿地开展鸟类观察,发现和记录了数量可观的鸟类新记录,丰富了北大港湿地的鸟类名录。截至2022年,本书整理以往资料,确定北大港湿地共记录鸟类292种。

3)大黄堡湿地:2007年和2012年,受天津大黄堡湿地自然保护区管理处委托,王凤琴对大黄堡湿地开展综合科学考察之鸟类科学考察,并编制了大黄堡湿地鸟类名录;2019—2022年,受武清机场的委托,天津大学毛国柱与天津师范大学莫训强共同对大黄堡湿地开展了持续的常规鸟类监测活动;2021年,南开大学石福臣教授主持天津大黄堡湿地自然保护区生物多样性监测项目,莫训强负责开展了鸟类监测,并于2022年提交了大黄堡湿地鸟类调查报告,共记录鸟类235种。

4)团泊洼湿地:2007年和2012年,天津市团泊鸟类自然保护区两度组织综合科学考察之鸟类科学考察,张正旺团队等参加了鸟类调查,并发布了团泊洼湿地鸟类名录;2015年以来,莫训强对团泊洼湿地开展了持续的鸟类监测活动。截至2022年,本书整理以往资料,确定团泊洼湿地共记录鸟类200种。

除了针对4个重要湿地自然保护区的鸟类科学考察、调查和监测工作外,针对天津市其他重要湿地的各类规划项目、环境影响评价和生态影响评价工作中也涉及鸟类调查、监测和评价的内容,也从侧面推动和促进了天津湿地的鸟类多样性研究。这些环境影响评价和生态影响评价涉及的重要湿地包括但不限于天津滨海滩涂等近海与海岸湿地,独流减河、蓟运河、潮白新河等河流湿地,于桥水库、黄港水库和北塘水库等湖泊湿地,汉沽盐田、塘沽盐田、大港风力发电场等人工湿地。如:2015—2017年,南开大学卢学强教授承担了"海河南系独流减河流

域水质改善和生态修复技术集成与示范"项目,对独流减河流域开展了鸟类调查和监测;2019—2020年,莫训强承担了"中新天津生态城生态保护和修复专项规划项目",对中新天津生态城覆盖的复合区域开展了为期1年的鸟类调查,共记录鸟类17目43科106属179种;2022年,贺梦璇等承担了"天津塘沽盐场龙源海晶光伏项目鸟类监测"项目,对塘沽盐场的鸟类进行了系统调查等。

　　此外,国内外各鸟类研究机构和团队开展过各类专项鸟类调查和研究活动。这些调查和研究活动延续的时间长短不一,覆盖的天津湿地也各有不同,但或多或少都涉及了天津湿地的鸟类多样性。这些活动如:香港观鸟会支持的、由"中国沿海水鸟同步调查项目组"组织的历次中国沿海水鸟同步调查(2005年至今),中国野生动物保护协会鹤类联合保护委员会组织的历次全国越冬鹤鹳类调查(2018年至今),国际鹤类基金会组织的历次"从呼伦贝尔到渤海湾:迁徙鹤类和水鸟同步调查"(2009年至今),湿地国际组织的历次"黄渤海水鸟同步调查"(2016年至今),北京林业大学东亚-澳大利西亚候鸟迁徙研究中心和红树林基金会组织的勺嘴鹬及其他鸻鹬类迁徙季同步调查(2019年至今),北京林业大学东亚-澳大利西亚候鸟迁徙研究中心和国际鹤类基金会组织的华北地区鹤类迁徙季同步调查(2021年至今),北京林业大学组织的历次全国青头潜鸭越冬同步调查(2018—2021年),中国观鸟组织联合行动平台(朱雀会)组织的历次全国中华秋沙鸭越冬同步调查(2014—2018年),生态环境部南京环境科学研究所组织的2020年天津宁河区-武清区-滨海新区鸟类多样性观测,全国鸟类环志中心开展的鸟类环志活动和鸟类追踪项目,天津市规划和自然资源局组织的"东方白鹳、遗鸥在津迁徙、栖息状况专项调查"项目等,上述鸟类调查和研究工作,不仅从各个角度补充和丰富了天津及天津湿地鸟类区系的科学资料,也为天津培养了大量本地的专业鸟类调查人员,有力地推动了天津湿地鸟类的研究和保护工作。

　　随着国内公民科学意识的觉醒、公众观鸟活动的兴起和持续推进,观鸟人群和观鸟组织逐年发展壮大,大量观鸟人和鸟类爱好者奔赴天津各大湿地开展鸟类观察,并积极提交观鸟记录和分享观鸟信息,数量较为可观的稀有鸟类甚至罕见迷鸟持续被观察和记录到,极大地丰富了天津湿地鸟类的基础信息。在众多观鸟人中,英国著名观鸟人Paul Holt以一己之力贡献了至少10个天津鸟类新记录。在组织公众开展鸟类观察和观鸟科普方面,天津自然博物馆、天津鸟会、绿色之友观鸟小组、南开大学诺亚协会、南开自然博物社、绿色营天津小组、天津观鸟联萌、鸟途天津分部等机构和团体也发挥了不可忽视的作用。可以预见,未来公众观鸟群体将为天津湿地鸟类多样性的研究贡献更多科学资料。

### 2.2.2　文献分析结果

（1）关键词共现分析

通过关键词共现分析,得到关键词共现图谱(如图7所示)和高频关键词表格
(如表24所示)。通过分析得知:天津湿地鸟类多样性这一研究主题与多样性、七
里海、湿地等关键词在文献中出现的频次较高,说明这是研究者的重点研究
方向。

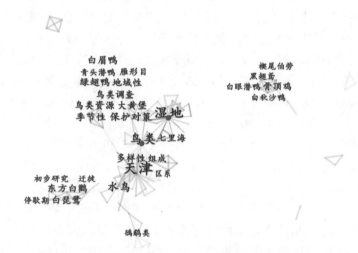

**图7　天津湿地鸟类多样性关键词共现图谱**

**表24　天津湿地鸟类多样性研究高频关键词**

| 关键词 | 频次 | 中心性 |
| --- | --- | --- |
| 天津 | 17 | 0.33 |
| 鸟类 | 12 | 0.34 |
| 湿地 | 12 | 0.24 |
| 水鸟 | 6 | 0.28 |
| 保护对策 | 5 | 0.05 |
| 大黄堡 | 4 | 0.11 |
| 多样性 | 4 | 0.08 |

（2）关键词聚类分析

用CiteSpace对天津湿地鸟类多样性研究数据进行分析,得到3个比较明显

的聚类(如图8和图9所示),其中模块值(Q值)=0.878,S值=0.974,表明了这个聚类是合理的。结果显示,天津湿地鸟类多样性的研究热点集中在8个方面(如表25所示),主要为鸻鹬类、七里海、北大港湿地、群落组成和大黄堡。

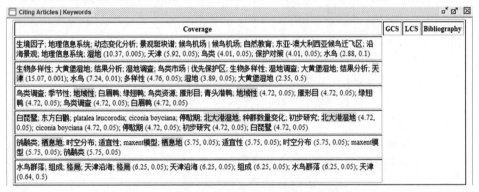

图8　天津湿地鸟类多样性关键词聚类图

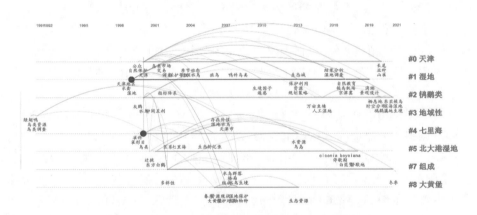

图9　天津湿地鸟类多样性关键词时间线图谱

表25　天津湿地鸟类多样性关键词聚类分析表

| 聚类名称 | 平均年份 | 提取主题词 |
|---|---|---|
| 天津 | 2010 | 自然保护、生态城、旅鸟 |
| 湿地 | 2014 | 生境因子、资源、保护利用 |
| 鸻鹬类 | 2011 | 灰鹤、水鸟、栖息地 |
| 地域性 | 1992 | 鸟类资源、鸟类调查 |
| 七里海 | 2012 | 鸟岛、区系 |
| 北大港湿地 | 2010 | 停歇地、迁徙 |

续表

| 聚类名称 | 平均年份 | 提取主题词 |
|---|---|---|
| 组成 | 2012 | 多样性、格局、鸟生境 |
| 大黄堡湿地 | 2010 | 生物物种、资源现状 |

(3)研究趋势分析

通过分析,可以将天津湿地鸟类多样性研究阶段划分为以下3个时期。

1)1991—2005年的起步期。该时期发文量较少,1991年,李百温等对天津地区的主要鸟类资源进行调查,发现天津地区主要资源鸟类共有34种,分别隶属于2目2科。张淑萍等于1997—2000年对天津地区20处湿地进行调查,共记录到水鸟7目14科39属107种,其中候鸟103种,该地区的水鸟中属国家一级保护物种的有6种,属国家二级保护物种的有8种。同年,张峥等对天津古海岸与湿地国家级自然保护区进行调查,共记录鸟类130种,其中包括白鹤(*Grus leucogeranus*)等7种国家一级重点保护鸟类。王凤琴等于2002—2003年对天津七里海湿地鸟类资源进行调查,共记录到鸟类12目23科78种,其中旅鸟43种,夏候鸟23种,冬候鸟4种,留鸟8种,包括国家二级重点保护鸟类14种。同年,袁泽亮等对天津大黄堡湿地生物多样性进行调查,发现鸟类16目32科167种,其中国家一级重点保护鸟类5种,国家二级重点保护鸟类28种。

2)2006—2013年发展期。该时期发文量逐年迅速上升。2002—2005年,王凤琴等调查了天津地区的鸟类组成,共发现鸟类19目68科184属389种,其中鸟类区系以古北种最多,达到203种,广布种144种,东洋种42种,居留型以旅鸟最多,达到234种,夏候鸟74种,留鸟55种,冬候鸟26种。2008年,孟德荣等对天津北大港湿地的鸭科(Anatidae)鸟类进行调查,共发现鸭科(Anatidae)鸟类8属24种,其中旅鸟24种,冬候鸟4种,留鸟1种;古北种13种,全北型9种,古北-东洋种2种,另外有国家二级重点保护鸟类4种。2013年,天津经济课题组对天津七里海等湿地进行科学考察后,共发现鸟类共17目48科235种,其中包括白鹤等国家一级重点保护鸟类11种,大天鹅(*Cygnus cygnus*)等国家二级重点保护鸟类20余种。同年,李春燕等对天津大黄堡湿地的鸟类进行调查,记录到鸟类17目44科199种,其中国家一级重点保护鸟类4种,国家二级重点保护鸟类34种。

3)2014—2022年稳定期。该时期发文量呈现平稳趋势。2020年,柴子文等对天津北大港湿地的鸟类进行野外调查,共记录到鸟类22目57科279种,其中水鸟9目18科142种,并发现国家一级重点保护鸟类11种,国家二级重点保护鸟类36种;留鸟19种,旅鸟174种,夏候鸟52种和冬候鸟28种。2021年,莫训强等对天津北大港湿地、大黄堡湿地、七里海湿地、团泊洼湿地4个湿地保护区的鸟类物种多样性进行了分析,共发现鸟类22目66科175属323种,其中鸟类区系以古北界种类为主,达224种,东洋界和全北界种类次之;国家一级重点保护鸟类23种,国家二级重点保护鸟类54种;居留型以旅鸟为最多,达154种,夏候鸟为68种,冬候鸟为54种。同年,肖欢等采用调查路线和观测点相结合的方法对天津大黄堡湿地自然保护区水鸟群落多样性进行调查,共记录水鸟39 019只次,隶属于8目12科55种,其中鸻形目(Charadriiformes)水鸟21种,鹈形目(Pelecaniformes)水鸟9种,鹧鹧目(Podicipediformes)水鸟2种,鹳形目(Ciconiiformes)、鹤形目(Gruiformes)、鹰形目(Accipitriformes)和鲣形目(Suliformes)鸟类各1种。

## 2.3    天津湿地其他动物类群的多样性研究

### 2.3.1    主要研究脉络

湿地生物多样性可简单表述为湿地生物之间的多样化和变异性及湿地物种生境的生态复杂性,它包括动物、植物、微生物的所有物种和生态系统,以及物种所在的生态系统中的生态过程。随着人口的迅速增长与人类活动加剧,湿地生物多样性受到了严重威胁,成为当前世界性的环境问题之一。生物多样性的评价以生物多样性的编目、分类和相互关系的认识为基础,是准确监测、合理利用以实现生物多样性保护和可持续发展的必要条件。

天津湿地植物多样性和鸟类多样性的调查研究和成果发表较为丰富,前文也已进行了阐述。与之相比较,植物和鸟类以外的生物类群(如哺乳动物、两栖爬行动物、鱼类、昆虫、底栖动物等),无论从已开展过的调查研究来看,还是从已发表的文献来看,均显得较为欠缺。本书尝试对其他生物类群的主要研究脉络进行了简要整理,分述如下。

(1)综合性的野生动物资源调查

1996—1999年间,按照原国家林业部统一部署,开展了全国第一次陆生野生动物资源调查,原天津市林业局也组织了天津市第一次陆生野生动物资源调查。通过第一次调查,初步掌握了天津市陆生野生动物的本底资源状况,其结果对天津市野生动物保护与资源管理起到了积极的推动作用。2011—2014年间,原天津市林业局开展了天津市第二次陆生野生动物资源调查,并撰写了《天津市第二次陆生野生动物资源调查项目报告》。上述工作均为综合性的野生动物资源调查,主要囊括了哺乳动物、两栖爬行动物和鸟类,但未涉及鱼类、昆虫和底栖动物等生物类群。

此外,4个重要湿地自然保护区及其他重要湿地也开展了综合科学考察和形式多样的调查、监测和评价活动,所囊括的野生动物类群各不相同,但客观上均丰富了天津湿地其他野生动物类群的生物多样性数据。

(2)鱼类调查和研究

最早在天津开展鱼类研究的是德国人穆林德(Otto Franz von Möllendorff)。1901年,阿博特(Abbott)在天津采集并鉴定了23种鱼类,但使用的鱼类名称较为混乱,多数为同种异名。1929年,寿振黄先生也对天津的鱼类进行过报道。1934年,周汉藩和张春霖合写了《河北习见鱼类图说》,其中大部分种类亦分布于天津。

1949年以后,天津的鱼类调查和研究工作受到了重视,广大鱼类研究者相继对天津的鱼类资源开展了大量的调查和研究。20世纪50年代初期,当时的中国科学院动物研究室和中国科学院海洋生物研究室开展了渤海鱼类调查。20世纪50年代末至60年代初,黄海水产研究所也对渤海湾鱼类资源开展了丰富的调查工作。1955年,张春霖等记载了塘沽海产鱼类46种;1958年,顾昌栋论述了天津老新港及大列子鱼类20余种。从60年代起,著名水生生物学家、鱼类学家、南开大学生物系李明德教授对天津鱼类做了广泛的调查和研究。1976年以来,李明德等先后调查了于桥水库和蓟运河的鱼类资源,并论述了环境变动对北塘河口水产资源的影响;1981年,刘修业等对海河鱼类进行了论述;1982年,张銮光等调查了北大港水库和北塘河口鱼卵和仔稚鱼;1987年,李玉和、刘云波论述了蓟州区山区拉氏大吻鱥(*Rhynchocypris lagowskii*)的生物学;1990年,李玉和、张新亚记述了蓟州区山区波氏吻虾虎鱼(*Ctenogobius cliffordpopei*)的生物学;2001年,李国良报道天津一新种,即二刺鳑(*Acheilognathus binidentatus*);2008年,郭旗等调查八仙山的鱼类,记录了7种鱼类。同时,天津市水产研究所对渤海渔业资源开展了基础调查,天津农学院水产系也对天津内陆的水产资源做了一些调查研究。这些调查和研究工作所积累的丰富的科学资料,为后来的研究者提供了重要参考。

1990年,天津水产学会委托南开大学生物系编著了《天津鱼类》。在该书里,编著者对天津鱼类的研究成果进行了系统总结,记载了天津市鱼类107种,对每一种鱼类的生活习性、食性、生长、繁殖等方面的生物学特性及经济利用进行了介绍,并附了天津鱼类检索表和地理分布表。2011年,李明德系统总结了其在1960—2008年间不连续的调查和研究成果,并参阅有关文献,整理出版了《天津鱼类志》。该书共记述天津鱼类22目170种,介绍了上述鱼类的形态分类、生态及国内外分布,并报道了8种天津鱼类新记录。2021年,谷德贤等出版了《天津水域鱼类资源种类名录及原色图谱》,共收录了天津较为常见的17目43科83属

90种鱼类的彩色图片。

### 2.3.2 文献分析结果

(1)关键词共现分析

通过关键词共现分析,得到关键词共现图谱(如图10所示)和高频关键词表格(如表26所示)。通过分析得知:天津其他类群生物多样性这一研究主题与群落结构、多样性、渤海湾、环境因子等关键词在文献中出现的频次较高,说明这是研究者的重点研究方向。

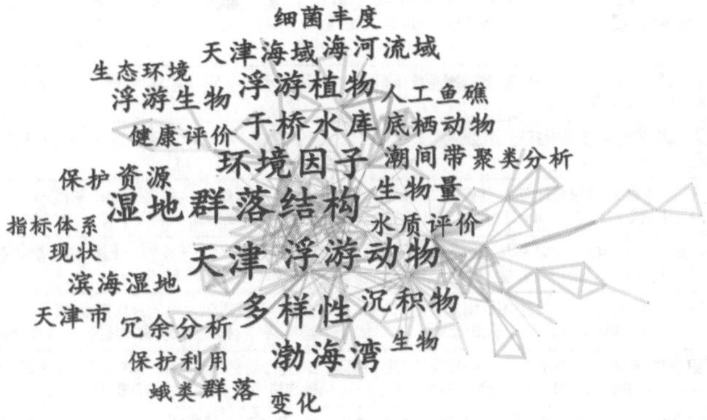

图10 天津其他类群生物多样性关键词共现图谱

表26 天津其他类群生物多样性研究高频关键词

| 关键词 | 频次 | 中心性 |
| --- | --- | --- |
| 天津 | 18 | 0.33 |
| 湿地 | 15 | 0.26 |
| 多样性 | 14 | 0.17 |
| 水质评价 | 9 | 0.07 |
| 生物量 | 7 | 0.02 |
| 天津海域 | 6 | 0.05 |
| 底栖动物 | 5 | 0.03 |
| 人工鱼礁 | 5 | 0.01 |
| 海河流域 | 4 | 0.03 |
| 现状 | 4 | 0.01 |
| 保护 | 4 | 0.04 |
| 保护利用 | 4 | 0.01 |

（2）关键词聚类分析

用CiteSpace对天津其他类群生物多样性研究数据进行分析,得到7个比较明显的聚类(如图11和图12所示),其中模块值(Q值)=0.832,S值=0.936,表明了这个聚类是合理的。结果显示,天津湿地其他动物类群多样性的研究热点集中在12个方面(如表27所示),主要为渤海湾、潮间带、海河流域、浮游生物、富营养化、天津海域、环境因子、湖泊、古海岸遗迹和存在价值等。

| Coverage | GCS | LCS | Bibliography |
|---|---|---|---|
| 保护利用; 生态健康评价; 存在价值; 开发利用; 鸟类资源; 时空分布; 模糊综合; 指标体系; 海洋生态; 生态健康评价; 现状 (17.12, 1.0E-4); 保护利用 (12.75, 0.001); 天津市 (12.75, 0.001); 资源 (12.75, 0.001); 湿地 (6.51, 0.05) | | | |
| 群落结构; 水质评价; 大型底栖动物; 天津古海岸与湿地保护区; 浮游植物群落; 环境因子; 种类组成; 数量分布; 无脊椎动物; 广义加性模型; 环境因子 (17.27, 1.0E-4); 群落结构 (16.61, 1.0E-4); 水质评价 (11.31, 0.001); 于桥水库 (11.31, 0.001); 冗余分析 (8.45, 0.05) | | | |
| 古海岸遗迹; 层次分析; 植物区系; 生态修复; 古海岸遗迹 (8.59, 0.005); 层次分析 (8.59, 0.005); 植物区系 (8.59, 0.005); 生态修复 (8.59, 0.005); 群落结构 (0.35, 1.0) | | | |
| 五湖; 水质; 生态水面; 水生生物; 修复措施; 水生生物 (8.09, 0.005); 生态水面 (8.09, 0.005); 五湖 (8.09, 0.005); 水质 (8.09, 0.005); 修复措施 (8.09, 0.005) | | | |
| 浮游动物; 海河干流; 生物多样性; 取样方法; 北塘河口; 浮游植物; 海河下游; 富营养化; 大型底栖动物; 取样方法; 浮游动物 (16.74, 1.0E-4); 生物量 (12.37, 0.001); 富营养化 (8.19, 0.005); 海河干流 (8.19, 0.005); 生物密度 (8.19, 0.005) | | | |
| 天津地区; 日本沼虾; 遗传多样性; 人类活动; 细菌丰度; 多环芳烃; 浓度分布; 风险评价; 天津地区; 日本沼虾; 渤海湾 (10.52, 0.005); 沉积物 (9.82, 0.005); 天津地区 (4.87, 0.05); 人类活动 (4.87, 0.05); 生物 (4.87, 0.05) | | | |
| 近岸海域; 海洋生态文明; 管理措施; 质量现状; 海洋渔业; 多元统计; 群落结构; 底栖虫类; 生态系统健康; 海洋生态文明; 天津 (19.49, 1.0E-4); 多元统计 (7.25, 0.005); 近岸海域 (4.78, 0.05); 分类学多样性 (4.78, 0.05); 管理措施 (4.78, 0.05) | | | |
| 海河流域; 生物多样性; 鱼类资源; 环渤区域; 线粒体基因组; 两栖动物; 爬行动物; 聚类分析; 动物区系; 环渤区域; 海河流域 (14.07, 0.001); 聚类分析 (9.3, 0.005); 爬行动物 (9.3, 0.005); 两栖动物 (9.3, 0.005); 线粒体基因组 (4.62, 0.05) | | | |
| 海河流域; 生物多样性; 鱼类资源; 环渤区域; 线粒体基因组; 两栖动物; 爬行动物; 聚类分析; 动物区系; 环渤区域; 多样性 (14.43, 0.001); 变化 (9.47, 0.005); 七里海湿地 (9.47, 0.005); 区系 (4.7, 0.05); 昆虫 (4.7, 0.05) | | | |
| 天津海域; 饵料水平; 生态环境; 细菌丰度; 填海造陆; 海洋环境; 细菌丰度; 生态环境; 天津海域; 填海造陆; 天津海域 (19.77, 1.0E-4); 环境影响评价 (6.39, 0.05); 悬浮物 (6.39, 0.05); 海洋环境 (6.39, 0.05); 生态环境 (6.39, 0.05) | | | |
| 天津天嘉湖; 浮游生物; 异育银鲫; 地球化学; 地球化学; 异育银鲫; 天津天嘉湖; 浮游生物; 湖泊; 异育银鲫 (6.81, 0.01); 地球化学 (6.81, 0.01); 物种 (6.81, 0.01); 大神堂 (6.81, 0.01) | | | |

图 11　天津其他类群生物多样性关键词聚类图

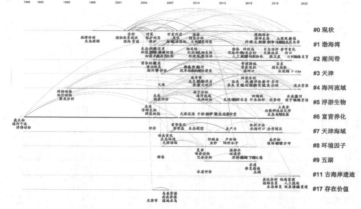

图 12　天津其他类群生物多样性关键词时间线图谱

#0 现状
#1 渤海湾
#2 潮间带
#3 天津
#4 海河流域
#5 浮游生物
#6 富营养化
#7 天津海域
#8 环境因子
#9 五湖
#11 古海岸遗迹
#17 存在价值

表27　天津其他类群生物多样性关键词聚类分析表

| 聚类名称 | 平均年份 | 提取主题词 |
| --- | --- | --- |
| 现状 | 2010 | 指标体系现状、调整分析 |
| 渤海湾 | 2014 | 天津近岸、相关性、环境因子 |
| 潮间带 | 2013 | 近岸海域、海河口 |
| 天津 | 2014 | 组成、湿地调查 |
| 海河流域 | 2009 | 健康评价、海河水系 |
| 浮游生物 | 2013 | 群落结构、优势种、功能群 |
| 富营养化 | 2005 | 营养盐、北塘河口 |
| 天津海域 | 2014 | 产卵场、生态环境 |
| 环境因子 | 2012 | 群落、冗余分析、环境学 |
| 五湖 | 2014 | 水质评价、修复措施 |
| 古海岸遗迹 | 2021 | 人工湿地、生态修复 |
| 存在价值 | 2006 | 湿地水鸟、鸟类资源 |

（3）研究趋势分析

通过分析，可以将天津其他动物类群的多样性研究阶段划分为以下3个时期。

1）1991—2009年的起步期。该时期发文量较少。1991年，李明德等对于桥水库26种鱼类的年龄与生长进行调查，以脊椎骨及瞬片鉴定结果确定年龄及体长，测定分析鱼类生殖力产卵期繁殖群体的年龄结构及产卵类型，结果表明于桥水库鱼类产卵期主要集中在春季（3—5月）及夏季（6—8月）。2005年，袁泽亮等对天津大黄堡湿地的生物多样性进行了调查，共记录到陆生哺乳动物6目9科16种，两栖爬行类4目7科12种，鱼类5目10科25种，昆虫11目56科119种，其中包括国家一级重点保护野生动物5种，国家二级重点保护野生动物28种。2006年，房恩军等对渤海湾天津近岸的游泳动物进行调查，记录到游泳动物20科31种，其中鱼类6科11种，甲壳类12科17种，头足类2科3种。同年，尤平等对天津北大港湿地自然保护区的蛾类多样性进行调查，发现蛾类17科105属132种，以夜蛾科（Noctuidae）和草螟科（Crambidae）的种类为多。2007年，房恩军等对天津市潮间带生物进行初步研究，调查发现软体动物、甲壳动物、棘皮动物、多毛类动物及鱼类等生物，其中软体动物19种，环节动物中的多毛类19种，甲壳动物12种。2009年，彭士涛等对天津七里海湿地的生物资源进行研究，共发现兽类5目9科16属19种，两栖类动物1目3科5种，昆虫11目75科261种，鱼类10目18科64种，浮游动物11科15种，底栖动物12科29种。

2）2010—2018年的发展期。该时期发文量逐年迅速上升。2010年，刘宪斌等对天津蛏头沽、驴驹河及高沙岭潮间带进行了大型底栖动物调查，共发现5大类底栖动物30种,其中软体动物12种,节肢动物11种,环节动物5种,腕足动物和其他类群各1种。2014年,王宇等对渤海湾天津海域春季浮游动物群落结构进行研究,共鉴定出浮游动物28种,其中腔肠动物6种,桡足类9种,毛颚动物1种,糠虾类2种,浮游幼虫6种,其他动物4种。同年,覃雪波等对天津大黄堡湿地自然保护区的兽类组成及其多样性进行研究,共发现兽类5目5科7种。2016年,张萍等调查了渤海湾天津近岸海域的大型底栖动物群落结构,共发现大型底栖动物7门9纲29种,其中软体动物14种,节肢动物6种,多毛类和脊索动物各3种,其他底栖动物包括腔肠动物、棘皮动物、螠虫动物各1种。2017年,曹威等对天津北大港的昆虫群落进行研究,共发现昆虫10目65科336种。2017年,吴凤明等对北大港湿地浮游动物开展调查,共鉴定原生动物9属9种,轮虫8属14种,枝角类7属9种,桡足类4种。同年,张萍等对天津大港滨海湿地海洋特别保护区大型底栖动物物种多样性进行了调查,共鉴定出大型底栖生物7门32种,其中节肢动物门10种,软体动物门9种,棘皮动物门5种,环节动物门4种,脊索动物2种,腕足动物门1种,螠虫动物门1种。综上,该阶段对天津湿地其他动物类群生物种类进行了大量的探索,对天津地区的探索也在不断地扩大,进一步丰富了湿地其他动物类群生物的物种多样性资料。

3)2019—2022年的稳定期。该时期发文量呈现平稳趋势。2020年,王麒麟等对渤海湾天津水域的鱼卵和仔稚鱼的数量分布进行调查,采集到鱼卵和仔稚鱼共6目11科23种,其中鲈形目(Perciformes)5科12种,鲱形目(Clupeiformes)2科7种,鲻形目(Mugiligormes)1科1种,鲽形目(Pleuronectiformes)1科1种,颌针鱼目(Beloniformes)1科1种,鲉形目(Scorpaeniformes)1科1种。2021年,刘红磊等对北大港湿地生物群落特征进行调查,共鉴定出浮游植物8门112属304种,浮游动物64属87种,大型底栖动物4类32种,鱼类6目10科18种。2021年,吴会民等在2016—2018年对天津市蓟州区的于桥水库的鱼类进行多次采集调查,共采集到鱼类24种,隶属于5目10科24属,其中鲤形目(Cypriniformes)15种,鲇形目(Siluriformes)2种,鲈形目(Perciformes)4种,鲑形目(Salmoniformes)2种,合鳃目(Synbranchiformes)1种。2022年,梁鹏飞等利用底拖网对天津近岸海域鱼类资源进行调查,共记录到鱼类4目11科17属21种,其中鲈形目(Perciformes)鱼类14种,鲱形目(Clupeiformes)鱼类4种,鲽形目(Pleuronectiformes)鱼类2种,鲉形目(Scorpaeniformes)鱼类1种。同年,张迎等利用大型浮游生物网对天津近岸海域进行逐月调查,分析天津近岸海域鱼卵、仔稚鱼种类组成,优势种、群落结构变化,以及丰度分布与环境因子的关系。调查结果表明,2018年监测到鱼卵10种,隶属4目9科,仔稚鱼9种,隶属5目8科;2019年监测到鱼卵9种,隶属4目8科,仔稚鱼8种,隶属5目7科。

# 3 天津湿地生物多样性

## 3.1 天津湿地的生物多样性概况

### 3.1.1 植物多样性

天津地处华北平原,东临渤海,北依燕山,境内河流纵横,坑塘洼淀星罗棋布,自古以来就有"津沽""七十二沽"的称谓及"九河下梢"的美誉。天津湿地资源极为丰富,以四大湿地自然保护区和海岸带为代表的天津湿地在维护生物多样性等方面发挥着不可或缺的作用。湿地植物是湿地生态系统和生物多样性的重要组成部分。近半个世纪以来,随着区域城市化进程的推进,天津湿地内部及周边的生态环境发生了剧烈的变化,植物资源状况也在悄然发生着变化。

在前人研究的基础上(详见本书第2章2.1节),本书结合笔者十余年来从事植物资源野外调查和研究的积累,对天津湿地植物资源状况进行阶段性的系统总结,力求反映目前天津湿地植物的种类组成、区系成分构成、植被组成等方面的基本状况。本书的植物收录范围不限于"湿地植物",而是扩大到了"湿地中记录到的植物";除收录了湿地中典型的沼生、湿生和水生植物外,还收录了生态幅比较宽的中生植物;除收录了野生植物外,还收录了天津湿地范围内记录到的常见栽培植物。

(1)植物分类

将天津湿地植物分为蕨类植物和被子植物两部分;其中蕨类植物各科按秦仁昌系统顺序排列;被子植物各科按恩格勒系统顺序排列,属和属内种类按照拉丁名字母顺序排列。植物中文正名和学名主要参考《天津植物志》;未在《天津植物志》中列出的物种,其中文正名和学名主要参考中国植物志网络版(植物智 http://www.iplant.cn/frps)。

(2)植物分布区类型分析

野生种子植物科的分布区类型分析采用资料检索和专家咨询相结合的方

法。植物分布区类型依据《世界种子植物科的分布区类型系统》《〈世界种子植物科的分布区类型系统〉的修订》和《中国种子植物属的分布区类型》。

（3）野生和栽培植物划定

植物种类的野生和人工栽培属性主要依据《中国植物志》《天津植物志》和天津市园林绿化的相关资料来确定。

（4）重点保护野生植物分析

国家级野生保护植物分析依据《国家重点保护野生植物名录（第一批）》（1999年8月4日国家林业局、农业部第4号令发布，1999年9月9日起施行）和《中国生物多样性红色名录·高等植物卷》（环境保护部和中国科学院联合编制，2013年发布）来确定。

（5）外来物种分析

外来物种的界定参考环境保护部和中国科学院联合发布的《中国外来入侵物种名单（第一批）》（2003年）、《中国外来入侵物种名单（第二批）》（2010年）、《中国外来入侵物种名单（第三批）》（2014年）、《中国外来入侵物种名单（第四批）》（2016年），以及农业农村部发布的《国家重点管理外来入侵物种名录（第一批）》（2013年）。

（6）植被类型划分

植被类型采用群落优势种直接观测和资料检索相结合的方法来确定。植被类型的划分主要依据《中国植被》，并结合实地调查结果和专家咨询来划分。实地调查时重点关注不同湿地斑块、立地类型和植被的景观特征。

（7）植物群落物种多样性

植物群落物种多样性分析主要依据历年开展植物科学考察的数据资料，选取种丰富度指数、Shannon-Wiener（香农-威纳）指数、Simpson（辛普森）优势度指数、Pielou均匀度指数等予以表征。

#### 3.1.1.1 植物种类组成

截至2022年7月，天津湿地共记录维管植物104科354属636种（包含种以下分类阶元，包括2个亚种，26个变种，5个变型和11个栽培品种）。各植物类群的科属种组成如表28所示。

表28 各植物类群的科属种组成

| 植物类群 | 科数 | 占比（%） | 属数 | 占比（%） | 种数 | 占比（%） |
|---|---|---|---|---|---|---|
| 蕨类植物 | 4 | 3.85 | 4 | 1.13 | 7 | 1.10 |
| 裸子植物 | 4 | 3.85 | 7 | 1.98 | 9 | 1.42 |
| 双子叶植物 | 75 | 72.12 | 253 | 71.47 | 454 | 71.38 |

续表

| 植物类群 | 科数 | 占比(%) | 属数 | 占比(%) | 种数 | 占比(%) |
|---|---|---|---|---|---|---|
| 单子叶植物 | 21 | 20.19 | 90 | 25.42 | 166 | 26.10 |
| 合计 | 104 | 100.00 | 354 | 100.00 | 636 | 100.00 |

其中蕨类植物4科4属7种,包括问荆(*Equisetum arvense*)、犬问荆(*Equisetum palustre*)、节节草(*Equisetum ramosissimum*)、蘋(*Marsilea quadrifolia*)、槐叶蘋(*Salvinia natans*)、细叶满江红(*Azolla filiculoides*)和满江红(*Azolla imbricata*);裸子植物4科7属9种,包括苏铁(*Cycas revoluta*)、银杏(*Ginkgo biloba*)、雪松(*Cedrus deodara*)、青杆(*Picea wilsonii*)、白皮松(*Pinus bungeana*)、油松(*Pinus tabuleaformis*)、铺地柏(*Sabina procumbens*)、侧柏(*Platycladus orientalis*)、龙柏(*Juniperus chinensis 'Kaizuca'*);被子植物96科343属620种,其中双子叶植物75科253属454种,单子叶植物21科90属166种。

从各科包含的种数来看,包含物种最多的5个科依次为菊科(Asteraceae,包含79种,占种总数的12.42%)、禾本科(Poaceae,包含74种,占种总数的11.64%)、豆科(Fabaceae,包含42种,占种总数的6.60%)、蔷薇科(Rosaceae,包含33种,占种总数的5.19%)和莎草科(Cyperaceae,包含33种,占种总数的5.19%),上述5个科共包含261种(占种总数的41.04%)。仅包含2种的有27个科(占科总数的25.96%),如报春花科(Primulaceae)、凤仙花科(Balsaminaceae)、胡麻科(Pedaliaceae)、蒺藜科(Zygophyllaceae)和堇菜科(Violaceae)等,仅包含1种的达29个科(占科总数的27.88%),如柽柳科(Tamaricaceae)、黑三棱科(Sparganiaceae)、花蔺科(Butomaceae)、槐叶蘋科(Salviniaceae)和夹竹桃科(Apocynaceae)等。可见小科较多,单属种的科极多,各科包含的种类及其占比如表29所示。

表29  各科包含的种类及其占比

| 级别 | 科数 | 占比(%) | 包含种数 | 占比(%) |
|---|---|---|---|---|
| 种数≥75 | 1 | 0.96 | 79 | 12.42 |
| 50≤种数<75 | 1 | 0.96 | 74 | 11.64 |
| 25≤种数<50 | 3 | 2.88 | 108 | 16.98 |
| 10≤种数<25 | 8 | 7.69 | 125 | 19.65 |
| 5≤种数<10 | 15 | 14.42 | 100 | 15.72 |
| 2≤种数<5 | 47 | 45.19 | 121 | 19.03 |
| 仅含1种 | 29 | 27.88 | 29 | 4.56 |
| 合计 | 104 | 100.00 | 636 | 100.00 |

从各属所包含的种数来看,包含种类最多的5个属依次为蓼属(*Polygonum*,包含16种,占种总数的2.52%)、蒿属(*Artemisia*,包含14种,占种总数的2.20%)、苋属(*Amaranthus*,包含11种,占种总数的1.73%)、薹草属(*Carex*,包含10种,占种总数的1.57%)和莎草属(*Cyperus*,包含9种,占种总数的1.42%),上述5属共包含60种(占种总数的9.43%)。仅含2种的属高达64属(占属总数的18.07%),单种属更是达到227属(占属总数的64.12%),占比极大。各属包含的种类及其占比如表30所示。

表30  各属包含的种类及其占比

| 级别 | 属数 | 占比(%) | 包含种数 | 占比(%) |
|---|---|---|---|---|
| 种数≥15 | 1 | 0.28 | 16 | 2.52 |
| 10≤种数<15 | 3 | 0.85 | 35 | 5.50 |
| 5≤种数<10 | 12 | 3.39 | 73 | 11.48 |
| 2≤种数<5 | 111 | 31.36 | 285 | 44.81 |
| 仅含1种 | 227 | 64.12 | 227 | 35.69 |
| 合计 | 354 | 100.00 | 636 | 100.00 |

### 3.1.1.2  发现的植物新记录种

近年来,在天津湿地共发现植物新记录种10种,隶属于7科7属,即:长芒苋(*Amaranthus palmeri*)、合被苋(*Amaranthus polygonoides*)、西部苋(*Amaranthus rudis*)、齿裂大戟(*Euphorbia dentata*)、大地锦草(*Euphorbia nutans*)、刺黄花稔(*Sida spinosa*)、小花山桃草(*Gaura parviflora*)、瘤梗甘薯(*Ipomoea lacunosa*)、钻叶紫菀(*Aster subulatus*)和发枝黍(*Panicum capillare*)(如图13~14所示),现简述如下:

1)长芒苋,为苋科(Amaranthaceae)苋属(*Amaranthus*)一年生草本植物。长芒苋原产于美国西南部至墨西哥北部,1921年后相继在欧洲多国被发现,1936年侵入日本继而侵入亚洲其他国家和地区。李振宇等人最早于1985年8月在北京丰台区首次发现其踪迹,此后长芒苋的分布新记录在国内多个省份和地区被陆续报道。莫训强最早于2012年9月15日在七里海湿地的东海核心区内发现其踪迹。近年来,长芒苋已在天津多地(包括大黄堡湿地、团泊洼湿地等)形成较大规模种群,并对乡土植物及生态系统造成较大危害。

2)合被苋,为苋科(Amaranthaceae)苋属(*Amaranthus*)一年生草本植物。合被苋原产于加勒比海岛屿、美国等地,20世纪70年代末在我国首次被发现,现已见于北京、河北、山东等省市和地区。莫训强最早于2012年9月10日在七里海湿地的缓冲区内发现合被苋种群。近年来,合被苋已在天津湿地多处(包括北大港湿地、团泊洼湿地等)被发现;在其适生生境内,合被苋常可见于荒草地、疏林林下或林缘。

3)西部苋,为苋科(Amaranthaceae)苋属(*Amaranthus*)一年生草本植物。西部苋原产于美国密西西比河西部流域,现广泛分布于美国以及加拿大多个省份。我国最早于2011年在江苏镇江口岸截获了西部苋的种子,此后陆续在多个省份和地区发现其踪迹。莫训强最早于2017年9月20日在七里海湿地的西海核心区内发现西部苋种群。近年来,西部苋在大黄堡湿地、武清区龙凤河沿岸、北运河沿岸陆续被发现。在其适生生境内,西部苋常见分布于河渠沿岸。

4)齿裂大戟,为大戟科(Euphorbiaceae)大戟属(*Euphorbia*)一年生草本植物。齿裂大戟原产于北美,自1997年起已在中国科学院植物研究所植物园(北京)归化为繁殖甚快的杂草。南开大学石福臣教授等最早于2018年在天津市蓟州区于桥水库翠屏湖农业科技园发现其踪迹,后又在大黄堡湿地发现其种群。莫训强于2019年8月23日在天津武清区中心城区发现齿裂大戟种群。齿裂大戟为喜阳植物,常见于杂草丛、路旁及沟边。

5)大地锦草,为大戟科(Euphorbiaceae)大戟属(*Euphorbia*)一年生草本植物。大地锦草原产于北美。据《中国杂草志》记载,大地锦草已在我国辽宁省、安徽省和江苏省等省份和地区归化。刘全儒和王辰最早于2003年11月26日在北京房山大石河房山植保站观察到大地锦草。莫训强最早于2019年9月12日在七里海湿地的西海缓冲区内发现其踪迹。大地锦草为农田、苗圃常见杂草,常见分布于路旁荒地。

6)刺黄花稔,为锦葵科(Malvaceae)黄花稔属(*Sida*)多年生草本植物。刺黄花稔原产于美洲,近年来在我国东部多个沿海城市被海关检测发现。莫训强最早于2018年8月18日在天津市蓟州区于桥水库库区发现刺黄花稔,此后在天津湿地多处(包括蓟运河沿岸、北大港湿地、西青区边村湿地等)发现刺黄花稔种群。刺黄花稔常见于河渠沿岸的荒草地或林缘。

7)小花山桃草,为柳叶菜科(Onagraceae)山桃草属(*Gaura*)一年生草本植物。小花山桃草原产美国,尤以中西部分布较广;在南美、欧洲、亚洲和澳大利亚被引种并逸为野生。20世纪50年代被河南省引种栽培,现已广泛见于华北和黄淮地区。莫训强最早于2018年5月16日在天津市静海区境内的独流减河沿岸发现其踪迹,此后又在天津湿地多处(包括北大港湿地等)发现小花山桃草种群。小花山桃草常见分布于河流沿岸的荒草地或堤顶路路旁。

8)瘤梗甘薯,为旋花科(Convolvulaceae)番薯属(*Ipomoea*)一年生缠绕草本植物。瘤梗甘薯原产热带美洲,最初为人工引种进入我国,后逸为野生,广泛分布于广东省、浙江省、海南省、台湾省等南部沿海及湖南省等部分内陆地区;此前未见秦岭—淮河一线以北的相关报道。莫训强最早于2012年9月12日在七里海湿地西海核心区发现其踪迹。瘤梗甘薯分布于林缘的荒草地,在天津其他区域尚未发现其自然分布种群。

9)钻叶紫菀,为菊科(Asteraceae)紫菀属(*Aster*)一年生草本植物。钻叶紫菀原产北美洲,现已广布于世界温暖地区。钻叶紫菀最早于1827年在澳门被发现,1947年在湖北武昌被发现,此后广泛见于我国南部和中部各省份和地区。莫训强2012年8月在七里海湿地东海核心区发现其种群;近年来,又在天津湿地多处发现其种群。钻叶紫菀常见分布于河岸滨水地带。

10)发枝黍,为禾本科(Poaceae)黍属(*Panicum*)一年生草本植物。发枝黍原产于北美。莫训强最早于2010年7月15日在七里海湿地的核心区采集到其标本;经与禾本科专家研讨,确认为中国植物新记录种。此后在天津多处湿地(包括北大港湿地、大黄堡湿地和团泊洼湿地)发现发枝黍种群。自2018年开始,中国科学院植物研究所林秦文研究员也在河北省多个县市发现发枝黍种群。发枝黍常见分布于湿地近缘、路旁及荒草地。

图13　天津湿地10种新记录植物(1)

图 14　天津湿地 10 种新记录植物 (2)

　　上述新记录种均为外来物种,其中如长芒苋(*Amaranthus palmeri*)、小花山桃草(*Gaura parviflora*)和钻叶紫菀(*Aster subulatus*)等还被列为入侵物种。天津作为沿海直辖市,经济发达,交通便利,对外交往密切,在外来物种管理和防治方面面临严峻挑战。上述 10 种外来植物的发现,为相关部门进行植被管理提供了参考依据。建议相关部门对其群落入侵性进行评估,加大监测力度,采取必要防控措施,以避免生物入侵带来的负面影响。

### 3.1.1.3 科和属的分布区类型

（1）野生种子植物科的分布区类型

天津湿地共记录野生种子植物77科。依据吴征镒《〈世界种子植物科的分布区类型系统〉的修订》中对世界种子植物科的分布区类型划分,可将天津湿地野生种子植物77科划分为6个分布区类型。其中属于世界分布性质的科最多,为45科（占野生科总数的58.44%）,如酢浆草科（Oxalidaceae）、车前科（Plantaginaceae）、豆科（Fabaceae）、堇菜科（Violaceae）和十字花科（Brassicaceae）等;其次为泛热带分布性质的科,共19科（占野生科总数的24.68%）,如鸭跖草科（Commelinaceae）、蒺藜科（Zygophyllaceae）、无患子科（Sapindaceae）、萝藦科（Asclepiadaceae）和大戟科（Euphorbiaceae）等;北温带分布性质的有9科（占野生科总数的11.69%）,如等杨柳科（Salicaceae）、花蔺科（Butomaceae）、牻牛儿苗科（Geraniaceae）、鸢尾科（Iridaceae）和灯芯草科（Juncaceae）;旧世界温带分布包含2科,即柽柳科（Tamaricaceae）和菱科（Trapaceae）;旧世界热带分布和热带亚洲及热带美洲间断分布的均仅有1科,分别为胡麻科（Pedaliaceae）和马鞭草科（Verbenaceae）。总之,天津湿地野生种子植物科的分布区类型以世界分布性质为主,泛热带分布和北温带分布的性质较为明显,这与天津湿地所处的华北地区野生植物科的分布区性质相符。野生种子植物科的分布区类型如表31所示。

**表31 野生种子植物科的分布区类型**

| 分布区类型 | 科数 | 占比（%） |
| --- | --- | --- |
| 1世界广布 | 45 | 58.44 |
| 2泛热带分布 | 19 | 24.68 |
| 3热带亚洲及热带美洲间断分布 | 1 | 1.30 |
| 4旧世界热带分布 | 1 | 1.30 |
| 8北温带分布 | 9 | 11.69 |
| 10旧世界温带分布 | 2 | 2.60 |
| 合计 | 77 | 100.00 |

（2）野生种子植物属的分布区类型

天津湿地共记录野生种子植物239属。依据吴征镒《中国种子植物属的分布区类型》中对中国种子植物属的分布区类型划分,可将天津湿地野生种子植物239属划分为15个分布区类型或变型,其中属于世界分布性质的属最多,共有62属（占野生属总数的25.94%）,如老鹳草属（*Geranium*）、茄属（*Solanum*）、车前属（*Plantago*）、金鱼藻属（*Ceratophyllum*）和藜属（*Chenopodium*）等;其次为北温带分布性质的属,共有54属(占野生属总数的22.59%),如播娘蒿属(*Descurainia*)、茜草属(*Rubia*)、花蔺属(*Butomus*)、婆婆纳属(*Veronica*)和委陵菜属(*Potentilla*)等;再次为泛热带分布性质的属,共有50属(占野生属总数的20.92%),如蒺藜属(*Tribulus*)、芦苇属(*Phragmites*)、马齿苋属(*Portulaca*)、菟丝子属(*Cuscuta*)和狗尾草属(*Setaria*)等;旧世界温带分布性质也占有较大比例;其余11个分布区类型共包含50属(占野生属总数的20.92%),其中中亚分布和中国特有分布均仅含1属,分别为角蒿属(*Incarvillea*)和栾树属(*Koelreuteria*)。

综上所述,天津湿地野生种子植物属的分布区类型以世界分布性质为主,其次是北温带分布性质和泛热带分布性质,这与天津湿地所处的华北地区野生植物属的分布区性质相符。野生种子植物属的分布区类型如表32所示。

表32　野生种子植物属的分布区类型

| 分布区类型 | 属数 | 占比(%) |
|---|---|---|
| 1世界广布 | 62 | 25.94 |
| 2泛热带分布 | 50 | 20.92 |
| 3热带亚洲及热带美洲间断分布 | 3 | 1.26 |
| 4旧世界热带分布 | 8 | 3.35 |
| 5热带亚洲至热带大洋洲分布 | 4 | 1.67 |
| 6热带亚洲至热带非洲分布 | 2 | 0.84 |
| 7热带亚洲分布 | 2 | 0.84 |
| 8北温带分布 | 54 | 22.59 |
| 9东亚及北美间断分布 | 9 | 3.77 |
| 10旧世界温带分布 | 23 | 9.62 |
| 11温带亚洲分布 | 7 | 2.93 |
| 12地中海区、西亚至中亚分布 | 5 | 2.09 |
| 13中亚分布 | 1 | 0.42 |
| 14东亚分布 | 8 | 3.35 |
| 15中国特有分布 | 1 | 0.42 |
| 合计 | 239 | 100.00 |

#### 3.1.1.4　野生和栽培植物组成

在上述植物中,野生植物共有442种(包含种以下分类阶元,包括2个亚种,17个变种和1个变型),隶属于81科(其中种子植物77科,蕨类植物4科)243属(其中种子植物239属,蕨类植物4属);栽培植物共有194种(包含种以下分类阶元,包括9个变种,4个变型和11个栽培品种),隶属于59科135属(均为种子植物）。总体而言，野生植物种类占比相对较大，栽培植物种类占比相对较小。但近年来，随着城市开发建设进程的日渐推进，人们对湿地的开发利用和保护管理的力度均有所增强，天津湿地的生态环境特征和植物资源均发生了较大变化。由于防风、护堤、绿化、审美等诸多方面需求的增加，大量在天津湿地没有自然分布的植物种类被引入湿地，栽培植物种类剧烈增加。野生植物和栽培植物的科属种组成如图15所示。

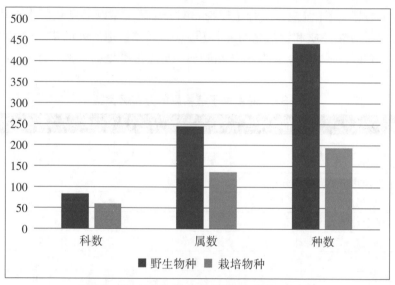

**图15 野生植物和栽培植物的科属种组成**

### 3.1.1.5 重点保护野生植物

根据《国家重点保护野生植物名录（第一批）》（1999年8月4日国家林业局、农业部第4号令发布，1999年9月9日起施行）和《中国生物多样性红色名录—高等植物卷》（环境保护部和中国科学院联合编制，2013年发布），天津湿地共记录国家二级重点保护植物2种，即：野大豆（*Glycine soja*）和细果野菱（*Trapa incisa*）。现分述如下。

1）野大豆，为豆科（Fabaceae）大豆属（*Glycine*）一年生缠绕草本（如图16所示），茎长1~4米。茎和小枝纤细，全体疏被褐色长硬毛。叶具3小叶，托叶卵状披针形，顶生小叶卵圆形或卵状披针形，端锐尖至钝圆，基部近圆形，两面均被绢状的糙伏毛，侧生小叶斜卵状披针形。总状花序通常较短，花较小，花梗密生黄色长硬毛；苞片披针形；花萼钟状，密生长毛；花冠淡红紫色或白色；荚果长圆形，干时易裂；种子2~3颗。花期7—8月，果期8—10月。除新疆、青海和海南外，野

072

大豆分布遍布全国。野大豆生于海拔150~2 650米的田边、沟旁、河岸、湖边、沼泽、草甸、沿海和岛屿生境中,常见于向阳的矮灌木丛或芦苇丛中,稀见于沿河岸疏林下。野大豆在天津各大湿地普遍分布,常见于靠近水边的荒草地和路旁,缠绕于其他植物上,种群蔓延面积较大。

图16　野大豆

2)细果野菱,为菱科(Trapaceae)菱属(*Trapa*)一年生浮水水生草本(如图17所示)。根二型,着泥根细铁丝状,生水底泥中;同化根羽状细裂,裂片丝状,深灰绿色。茎细柔弱,分枝,长80~150厘米。叶二型,浮水叶互生,聚生于主枝或分枝茎顶端,形成莲座状的菱盘,叶片三角状菱圆形,表面深亮绿色,无毛或仅有少量短毛;沉水叶小,早落。花小,单生于叶腋,萼筒4深裂;花瓣4,白色;雄蕊4,花丝纤细;子房半下位,子房基部膨大,花柱钻状,柱头头状。果三角形,表面平滑,具4刺角;果喙尖头帽状或细圆锥状。花期6-7月,果期8-9月。细果野菱产于黑龙江省、吉林省、辽宁省、河北省、河南省、湖北省、江西省等省份和地区,多生于边远湖沼中。在天津大黄堡湿地、于桥水库等湿地可见。

图17　细果野菱

有关部门应对上述重点保护野生植物开展资源摸底工作,掌握其种群规模、分布情况、生长情况和受胁状态,在此基础上开展必要的科研监测或管理保护工作,全面系统推动重点保护野生植物的迁地保护和野外回归,扩大其野外种群。加大执法力度,严厉打击非法采挖、交易国家重点保护野生植物等行为。此外,可通过走进社区、走进校园、借助媒体等多种方式,常态化开展遵守法律法规、保护野生植物的宣传,提高公众保护意识,发动公众自觉抵制违法行为,支持野生植物保护工作,形成共同保护的良好局面。

### 3.1.1.6 外来入侵植物

根据环境保护部和中国科学院联合发布的《中国外来入侵物种名单(第一批)》(2003年)、《中国外来入侵物种名单(第二批)》(2010年)、《中国外来入侵物种名单(第三批)》(2014年)、《中国外来入侵物种名单(第四批)》(2016年),以及农业农村部发布的《国家重点管理外来入侵物种名录(第一批)》(2013年),确定天津湿地的外来入侵植物共计13种,隶属于7科12属;其中《中国第一批外来入侵物种名单》2种,《中国第二批外来入侵物种名单》2种,《中国外来入侵物种名单(第三批)》6种,《中国自然生态系统外来入侵物种名单(第四批)》3种;《国家重点管理外来入侵物种名录(第一批)》4种(如表33和图18-19所示)。限于篇幅,本书不再赘述上述外来入侵植物的生物学和生态学特征。

**表33　天津湿地的外来入侵植物**

| 种类 | 科 | 属 | 入侵物种名单批次 |
|---|---|---|---|
| 互花米草(*Spartina alterniflora*) | 禾本科 | 米草属 | 《中国第一批外来入侵物种名单》 |
| | | | 国家重点管理外来入侵物种名录(第一批) |
| 野燕麦(*Avena fatua*) | 禾本科 | 燕麦属 | 《中国自然生态系统外来入侵物种名单(第四批)》 |
| 小蓬草(*Conyza canadensis*) | 菊科 | 白酒草属 | 《中国外来入侵物种名单(第三批)》 |
| 一年蓬(*Erigeron annuus*) | 菊科 | 飞蓬属 | 《中国外来入侵物种名单(第三批)》 |
| 鬼针草(*Bidens pilosa*) | 菊科 | 鬼针草属 | 《中国外来入侵物种名单(第三批)》 |
| 黄顶菊(*Flaveria bidentis*) | 菊科 | 黄顶菊属 | 《中国第二批外来入侵物种名单》 |
| | | | 国家重点管理外来入侵物种名录(第一批) |
| 钻叶紫菀(*Aster subulatus*) | 菊科 | 紫菀属 | 《中国外来入侵物种名单(第三批)》 |
| 垂序商陆(*Phytolacca americana*) | 商陆科 | 商陆属 | 《中国自然生态系统外来入侵物种名单(第四批)》 |
| 大藻(*Pistia stratiotes*) | 天南星科 | 大藻属 | 《中国第二批外来入侵物种名单》 |
| | | | 国家重点管理外来入侵物种名录(第一批) |

续表

| 种类 | 科 | 属 | 入侵物种名单批次 |
|---|---|---|---|
| 反枝苋<br>(*Amaranthus retroflexus*) | 苋科 | 苋属 | 《中国外来入侵物种名单(第三批)》 |
| 长芒苋(*Amaranthus palmeri*) | 苋科 | 苋属 | 《中国自然生态系统外来入侵物种名单(第四批)》 |
| | | | 国家重点管理外来入侵物种名录(第一批) |
| 圆叶牵牛(*Pharbitis purpurea*) | 旋花科 | 牵牛花属 | 《中国外来入侵物种名单(第三批)》 |
| 凤眼蓝(*Eichhornia crassipes*) | 雨久花科 | 凤眼莲属 | 《中国第一批外来入侵物种名单》 |

图18 天津湿地外来入侵植物(1)

图19　天津湿地外来入侵植物(2)

### 3.1.1.7　生活型组成

对天津湿地植物的生活型类型进行分析可知,636种植物可以划分为10大类或亚类。其中多年生草本种类最为丰富,共计249种(占种总数的39.15%),如糙叶黄耆(*Astragalus scaberrimus*)、肾叶打碗花(*Calystegia soldanella*)、刺儿菜(*Cirsium segetum*)、苦草(*Vallisneria natans*)和水烛(*Typha angustifolia*)等;其次为一年生草本,共计217种(占种总数的34.12%),如滨藜(*Atriplex patens*)、蛇床(*Cnidium monnieri*)、头状穗莎草(*Cyperus glomeratus*)、稗(*Echinochloa crus-galli*)和野西瓜苗(*Hibiscus trionum*)等;再次为乔木,共计67种(占种总数的10.53%),包括常绿乔木和落叶乔木,前者如雪松(*Cedrus deodara*)、青扦(*Picea wilsonii*)、白

皮松（*Pinus bungeana*）、油松（*Pinus tabuleaformis*）和侧柏（*Platycladus orientalis*）等，后者如银杏（*Ginkgo biloba*）、胡桃（*Juglans regia*）、栾树（*Koelreuteria paniculata*）、绦柳（*Salix matsudana f. pendula*）和槐（*Sophora japonica*）；灌木为43种（占种总数的6.76%），包括常绿灌木和落叶灌木，前者如冬青卫矛（*Euonymus japonicus*）、金叶女贞（*Ligustrum × vicaryi*）、铺地柏（*Sabina procumbens*）、凤尾丝兰（*Yucca gloriosa*）和灰莉（*Fagraea ceilanica*）等，后者如枸杞（*Lycium chinense*）、小果白刺（*Nitraria sibirica*）、香茶藨子（*Ribes odoratum*）、现代月季（*Rosa hybrid*）和玫瑰（*Rosa rugosa*）等；一、二或多年生草本植物、半灌木或半灌木状草本的种类相对较少；竹类植物仅1种，即早园竹（*Phyllostachys propinqua*）。各生活型的种类组成如表34所示。

表34　生活型的种类组成

| 生活型类型 | 种数 | 占比（%） |
| --- | --- | --- |
| 常绿乔木 | 10 | 1.57 |
| 落叶乔木 | 57 | 8.96 |
| 常绿灌木 | 4 | 0.63 |
| 落叶灌木 | 39 | 6.13 |
| 常绿竹类 | 1 | 0.16 |
| 半灌木或半灌木状草本 | 8 | 1.26 |
| 多年生草本 | 249 | 39.15 |
| 二或多年生草本 | 12 | 1.89 |
| 一、二年或多年生草本 | 39 | 6.13 |
| 一年生草本 | 217 | 34.12 |

#### 3.1.1.8　植物资源

按其使用部位和使用方式，可将植物资源分为"成分功用型"植物资源和"株体功用型"植物资源。前者是指主要利用其体内有效成分的植物种类，人们往往是以获取其有效成分为主要目的，而其株体可以保留，也可以舍弃，在利用角度上更为微观，如药用植物、食用植物等；后者是指主要利用植物本身整体的特点及其间接产生的生态学、美学等方面的价值，人们往往是保留部分或全部的植物株体，在利用角度上更为宏观，如观赏植物、纤维植物等。对天津湿地的植物资源简要分述如下。

（1）药用植物

药用植物是指具有特殊化学成分及生理作用并具有一定医疗用途的植物。

天津湿地拥有种类丰富的药用植物资源,目前共查明约180种(约占植物总种数的29%),隶属于59科139属,主要为湿地环境中各种湿生、近湿生草本植物,如蓼科(Polygonaceae)的萹蓄(*Polygonum aviculare*)、藜科(Chenopodiaceae)的碱蓬(*Suaeda glauca*)、菊科(Asteraceae)的苍耳(*Xanthium sibiricum*)、蒺藜科(Zygophyllaceae)的蒺藜(*Tribulus terrestris*)等(如图20所示);豆科(Fabaceae)、蔷薇科(Rosaceae)和茄科(Solanaceae)也包含较多集药用、食用、饲用于一身的资源植物。值得一提的是,应该在医生的指导下食用药用植物,切勿自行盲目食用药用植物。

图20 常见的药用植物

(2)食用植物

食用植物指直接或其间接产品能被人类食用的植物资源。从营养学角度看,食用植物的果肉和种实含有丰富的营养物质,可供人类食用;从药食同源的角度看,大部分药草的嫩叶和幼芽经过干制、高温、焯水等处理后也可以当作食物。食用植物资源为天津湿地植物的第二大资源类别,目前共查明约100种(占植物总种数的15%),隶属于35科75属,如藜科(Chenopodiaceae)的碱蓬(*Suaeda glauca*),马齿苋科(Portulacaceae)的马齿苋(*Portulaca oleracea*)、锦葵科(Malvaceae)的野西瓜苗(*Hibiscus trionum*)、菊科(Asteraceae)的苣荬菜(*Sonchus arvensis*)和蒲公英(*Taraxacum mongolicum*)等；亦有因人为活动带入的物种，如葫芦科(Cucurbitaceae)的南瓜(*Cucurbita moschata*)、禾本科(Poaceae)的小麦(*Triticum aestivum*)、蔷薇科(Rosaceae)的桃(*Amygdalus persica*)等(如图21所示)。

图21　常见的食用植物

（3）饲用植物

饲用植物是指能为家畜、禽类等饲养动物所食用的植物。这些植物通常为一、二年生(也有部分多年生)草本植物、水生植物和一些半灌木类植物，也包括低等植物和幼嫩可食的高大乔木。由于湿地拥有大量草本植物，因此也成为饲用植物的主要聚集地，天津湿地已查明的饲用植物为28科68属90种(占植物总种数的14%)，如豆科(Fabaceae)的紫苜蓿(*Medicago sativa*)、藜科(Chenopodiaceae)的地肤(*Kochia scoparia*)、菊科(Asteraceae)的刺儿菜(*Cirsium segetum*)、蔷薇科(Rosaceae)的朝天委陵菜(*Potentilla supina*)、禾本科(Poaceae)的白羊草(*Bothriochloa ischaemum*)等(如图22所示)。这些饲用植物的可食部分往往含有较高的碳水化合物、维生素和蛋白质等营养物质，为牲畜和家禽所喜食。

图22　常见的饲用植物

（4）油脂植物

油脂植物通常是指植物体的某些组分如果实、种子、花粉、根、茎和叶等含有较多油脂的植物。我国是最早应用油脂植物作为食物的国家，如将其用于食用、润滑、油漆涂料等。天津湿地已查明的油脂植物共23科39属41种（占植物总种数的6%），集中于藜科（Chenopodiaceae）、十字花科（Brassicaceae）、豆科（Fabaceae）和锦葵科（Malvaceae），常见的如碱蓬（*Suaeda glauca*）、独行菜（*Lepidium apetalum*）、野大豆（*Glycine soja*）和蜀葵（*Alcea rosea*）等（如图23所示）。值得指出的是，野生油脂植物往往作为工业用油使用，将野生油脂作食用油应采取谨慎的态度，除了少数有长期食用习惯及得到科学研究证明适宜食用的种类外，一般不宜提倡盲目进行食用油开发。

**图23　常见的油脂植物**

（5）蜜源植物

能为蜂类提供花粉、花蜜和蜜露的资源植物称为蜜源植物。蜜源植物是国家资源的重要组成部分。随着人民生活水平的提高，蜜源植物在各个领域尤其是食品业、医药制造业受到广泛青睐。我国约有蜜源植物110科390余种，其中天津湿地已查明的共计9科20属25种，如豆科（Fabaceae）的紫穗槐（*Amorpha fruticosa*）、刺槐（*Robinia pseudoacacia*）、紫苜蓿（*Medicago sativa*）等，忍冬科（Caprifoliaceae）的金银忍冬（*Lonicera maackii*），菊科（Asteraceae）的蓝花矢车菊（*Cyanus segetum*）、夹竹桃科（Apocynaceae）的罗布麻（*Apocynum venetum*）等（如图24所示）。

図24　常见的蜜源植物

（6）芳香植物

芳香植物是指植物体的某些器官中含有芳香油、挥发油或精油的植物，也可以称为"香料植物"。与油脂植物相区别，芳香植物的油是植物体内代谢过程的产物，并由植物的某些器官挥发出来，而不能用于储存能量。由芳香植物所制成的熏香、香囊、香精油等有一定的经济价值，部分芳香植物在医学领域也有独特的贡献。天津湿地已查明的芳香植物共计8科12属20种（占植物总种数的3%），如菊科（Asteraceae）的黄花蒿（*Artemisia annua*）、青蒿（*Artemisia carvifolia*）、艾蒿（*Artemisia argyi*）和猪毛蒿（*Artemisia scoparia*）等，唇形科（Lamiaceae）薄荷（*Mentha haplocalyx*）和益母草（*Leonurus japonicus*）等（如图25所示），此外蔷薇科（Rosaceae）、豆科（Fabaceae）、芸香科（Rutaceae）和柳叶菜科（Onagraceae）中亦不乏芳香植物。

082

图25　常见的芳香植物

（7）淀粉植物

淀粉植物是指植物体的种子、果实、根、茎等器官中贮藏有大量淀粉的资源植物。淀粉被广泛应用于食品业、医药制造业、化妆品制造业、造纸业等领域。我国约有淀粉植物50科400余种，其中天津湿地已查明的淀粉植物共9科15属17种，以禾本科（Poaceae）为主，如野黍（*Eriochloa villosa*）、稗（*Echinochloa crusgalli*）、大狗尾草（*Setaria viridis* var. *gigantea*）等，以及栽培作物小麦（*Triticum aestivum*）和玉蜀黍（*Zea mays*）等，主要为胚乳类淀粉植物；常见的根茎类淀粉植物如菊科（Asteraceae）的菊芋（*Helianthus tuberosus*）和睡莲科（Nymphaeaceae）的莲（*Nelumbo nucifera*）等（如图26所示）。上述淀粉植物的经济价值前景较好，在保护的前提下可以进行一定程度的开发利用。

083

图26　常见的淀粉植物

（8）鞣料植物

鞣料植物是指植物体中含有鞣质并能提制、加工成栲胶的资源植物。栲胶在制革业、制胶业、石油钻探、金属防锈等方面具有不可替代的用途。我国约有鞣料植物80科300余种，其中天津湿地已查明鞣料植物共8科9属9种，如蔷薇科（Rosaceae）的野杏（*Armeniaca vulgaris* var. *ansu*）、杨柳科（Salicaceae）的垂柳（*Salix babylonica*）、睡莲科（Nymphaeaceae）的莲（*Nelumbo nucifera*）、漆树科（Anacardiaceae）的火炬树（*Rhus typhina*）、千屈菜科（Lythraceae）的千屈菜（*Lythrum salicaria*）等（如图27所示）。总体而言，鞣料植物种类虽然相对较少，但是其数量较多，除生态价值外，也具有一定的经济开发利用价值。

图27 常见的鞣料植物

(9)色素植物

色素植物是指植物的某些器官内含有能提供着色能力的化学衍生物即"植物色素"的资源植物。植物色素可用于食品工业、印染工业等场合,对植物色素的药理学价值的研究也在逐步进行。天津湿地已查明的色素植物共8科8属8种,如藜科(Chenopodiaceae)的碱蓬(*Suaeda glauca*)、锦葵科(Malvaceae)的蜀葵(*Alcea rosea*)、茜草科(Rubiaceae)的茜草(*Rubia cordifolia*)、菊科(Asteraceae)的艾(*Artemisia argyi*)等(如图28所示)。

图28 常见的色素植物

（10）观赏植物

观赏植物是指具有观赏价值的资源植物。根据其应用场景,观赏植物又可划分为观赏树木、观赏花卉和草坪植物三大类,兼具美化和绿化环境的功能,也具有较大经济价值。天津湿地拥有种类和数量都十分可观的观赏植物,目前共查明48科80属约100种(占植物总种数的15%)。常见的具有观赏价值的植物如菊科(Asteraceae)的秋英(*Cosmos bipinnatus*)和碱菀(*Tripolium vulgare*),豆科(Fabaceae)的紫穗槐(*Amorpha fruticosa*)、华黄耆(*Astragalus chinensis*)和霍州油菜(*Thermopsis chinensis*),蔷薇科(Rosaceae)的葡枝萎陵菜(*Potentilla yokusaiana*),十字花科(Brassicaceae)的匙荠(*Bunias cochlearioides*),禾本科(Poaceae)的芦苇(*Phragmites australis*),花蔺科(Butomaceae)的花蔺(*Butomus umbellatus*),龙胆科(Gentianaceae)的荇菜(*Nymphoides peltatum*)等(如图29所示)。此外,在旋花科(Convolvulaceae)、紫草科(Boraginaceae)、小檗科(Berberidaceae)、景天科(Crassulaceae)、水鳖科(Hydrocharitaceae)、雨久花科(Pontederiaceae)和狸藻科(Lentibulariaceae)中也包含较多或造型美观,或花色艳丽,或叶色独特的观赏植物。

图29 常见的观赏植物

(11)纤维植物

纤维植物是指植物体某部分的纤维细胞特别发达,能够产生植物纤维并为人类生产生活所使用的植物。纤维植物自古以来就是人们不可缺少的生活资料和生产资料,常被用来造纸、织布、缝袋、编筐等。随着科技的发展,纤维植物也逐渐进入粮食加工和医药工业者的视野中。天津湿地已查明的纤维植物共17科23属26种,如禾本科(Poaceae)的芦苇(*Phragmites australis*)、长芒稗(*Echinochloa caudata*)等,香蒲科(Typhaceae)的水烛(*Typha angustifolia*)、莎草科(Cyperaceae)的扁秆藨草(*Scirpus planiculmis*)、锦葵科(Malvaceae)的苘麻(*Abutilon theophrasti*)、夹竹桃科(Apocynaceae)的罗布麻(*Apocynum venetum*)、桑科(Moraceae)的大麻(*Cannabis sativa*)、亚麻科(Linaceae)的亚麻(*Linum usitatissimum*)等(如图30所示)。大多数纤维植物均为群落中的优势物种,有着极高的生物量和较大的分布面积,利用前景较好。

图30 常见的纤维植物

(12)用材树种

用材树种往往是指干型通直、木质部分纹理致密、可用于家具建设制造的树种;或是生长迅速,能够满足量产需求的速生树种;或是能够进一步精加工成文玩手作的资源植物。天津湿地已查明的用材树种约16科21属23种,常见如杨柳科(Salicaceae)的垂柳(*Salix babylonica*)、加杨(*Populus canadensis*)、豆科(Fabaceae)的槐(*Sophora japonica*)、木樨科(Oleaceae)的绒毛梣(*Fraxinus velutina*)、柽柳科(Tamaricaceae)的柽柳(*Tamarix chinensis*)等(如图31所示)。天津湿地中的用材树种多用于生态涵养,较少用于木材取材,在实际的管理保护工作中应加以注意。

图31  常见的用材植物

### 3.1.1.9  主要植被类型

根据天津湿地不同生境斑块与立地类型的调查结果,参照《中国植被》的分类系统,将天津湿地的植物群落分为6个植被型组,11个植被型,80个群系;其中1个人工栽培植被型组(包括3个植被型和18个群系),其余均为野生植被。天津湿地的植被类型划分如表35所示。限于篇幅,这里暂未对群系以下的植物群落分类单位进行详述。

表35  天津湿地的植被类型

| 植被型组 | 植被型 | 群系 |
|---|---|---|
| 1灌丛 | 1温带落叶阔叶灌丛 | 1柽柳灌丛 |
| | | 2小果白刺灌丛 |
| | | 3荆条灌丛 |
| | | 4酸枣灌丛 |
| | | 5兴安胡枝子灌丛 |
| 2草丛 | 2温带草丛 | 6白羊草草丛 |
| | | 7朝鲜碱茅草丛 |
| | | 8星星草草丛 |

续表

| 植被型组 | 植被型 | 群系 |
|---|---|---|
| 2 草丛 | 2 温带草丛 | 9 马蔺草丛 |
| | | 10 猪毛蒿草丛 |
| | | 11 猪毛菜草丛 |
| | | 12 野大豆草丛 |
| | | 13 葎草草丛 |
| | | 14 婆婆针草丛 |
| | | 15 苣荬菜草丛 |
| | | 16 狗尾草草丛 |
| | | 17 地肤草丛 |
| | | 18 长芒苋草丛 |
| | | 19 菊芋草丛 |
| | | 20 华黄耆草丛 |
| | | 21 霍州油菜草丛 |
| | | 22 刺儿菜草丛 |
| | | 23 益母草草丛 |
| | | 24 反枝苋草丛 |
| | | 25 苘麻草丛 |
| | | 26 罗布麻草丛 |
| | | 27 红蓼草丛 |
| | | 28 碱蓬草丛 |
| | | 29 旋覆花草丛 |
| | | 30 宽叶独行菜草丛 |
| | | 31 砂引草草丛 |
| | | 32 野艾蒿草丛 |
| | | 33 圆叶牵牛草丛 |
| 3 草甸 | 3 温带禾草、杂类草草甸 | 34 牛鞭草草甸 |
| | | 35 白茅草甸 |
| | | 36 画眉草草甸 |
| | | 37 长芒稗草甸 |
| | 4 温带禾草、杂类草盐生草甸 | 38 獐毛盐生草甸 |
| | | 39 芦苇、獐毛盐生草甸 |
| | | 40 芦苇、猪毛蒿盐生草甸 |
| | | 41 芦苇、罗布麻盐生草甸 |
| | | 42 羊草、朝鲜碱茅盐生草甸 |

续表

| 植被型组 | 植被型 | 群系 |
|---|---|---|
| 3 草甸 | 4 温带禾草、杂类草盐生草甸 | 43 盐地碱蓬盐生草甸 |
| | | 44 盐地碱蓬、碱蓬盐生草甸 |
| | | 45 盐角草盐生草甸 |
| | | 46 二色补血草盐生草甸 |
| | | 47 碱菀盐生草甸 |
| 4 沼泽 | 5 寒温带、温带沼泽 | 48 芦苇沼泽 |
| | | 49 水烛沼泽 |
| | | 50 水葱沼泽 |
| | | 51 花蔺沼泽 |
| | | 52 扁秆藨草沼泽 |
| | | 53 互花米草沼泽 |
| 5 水生植被 | 6 沉水植物群落 | 54 菹草群落 |
| | | 55 穗状狐尾藻群落 |
| | | 56 金鱼藻群落 |
| | | 57 大茨藻群落 |
| | | 58 篦齿眼子菜群落 |
| | 7 漂浮植物群落 | 59 浮萍群落 |
| | | 60 紫萍群落 |
| | 8 浮叶根生植物群落 | 61 蘋群落 |
| | | 62 荇菜群落 |
| 6 栽培植被 | 9 一年一熟粮食作物及落叶果树园 | 63 豇豆 |
| | | 64 玉蜀黍 |
| | | 65 高粱 |
| | | 66 陆地棉 |
| | | 67 苹果 |
| | | 68 枣 |
| | | 69 葡萄 |
| | 10 两年三熟旱作 | 70 小麦 |
| | 11 人工密林 | 71 绒毛梣 |
| | | 72 槐 |
| | | 73 刺槐 |
| | | 74 加杨 |
| | | 75 绦柳 |
| | | 76 火炬树 |

续表

| 植被型组 | 植被型 | 群系 |
|---|---|---|
| 6栽培植被 | 11人工密林 | 77红花刺槐 |
| | | 78金叶榆 |
| | | 79金枝国槐 |
| | | 80紫穗槐 |

### 3.1.2　鸟类多样性

天津地处渤海湾西部,是东亚—澳大利西亚候鸟迁飞区上极为重要的组成部分,拥有丰富的鸟类资源。本书在北京师范大学、南开大学、天津自然博物馆、天津师范大学等科研院所和单位长期的鸟类调查和研究基础上(详见第2章2.2节),结合本书作者对天津鸟类开展的系列调查和研究成果,对天津湿地的鸟类物种多样性状况进行较为全面系统的总结。

鸟类物种多样性分析的主要内容和方法如下。

(1)鸟类的种类组成

通过野外调查和查阅相关资料,分析鸟类目、科、属、种的组成及各分类阶元所包含的种类比例,根据上述分析得出鸟类名录。鸟类分类和鉴定主要参考《中国鸟类分类与分布名录(第三版)》和《中国鸟类野外手册》等资料;对不能确定到种的鸟,确定其类群,计入类群总数。

(2)鸟类的生态类群、区系分区和居留类型

通过查阅《中国鸟类志》等相关资料,确定鸟类的生态类群类型(陆禽、攀禽、猛禽、游禽、涉禽和鸣禽)及比例;通过查阅《中国动物地理》等相关资料,确定鸟类的区系分区类型(东洋界、古北界、全北界和世界广布)及比例;根据相关历史资料,通过野外调查和分析不同季节中鸟类在栖息地上的停留时间节律和栖息地利用方式,确定鸟类的居留类型(留鸟、夏候鸟、冬候鸟、旅鸟和迷鸟)及比例。

(3)重点保护珍稀濒危鸟类

通过野外调查和查阅相关资料,分析国家重点保护鸟类、世界自然保护联盟(International Union for Conservation of Nature,IUCN)红色名录、CITES附录的各级别包含的物种数及其比例,对重点鸟类进行必要的介绍。鸟类的保护级别主要依据《国家重点保护野生动物名录》《国家保护的有重要生态、科学、社会价值的陆生野生动物名录》(简称"三有保护动物名录",或"三有"名录)、IUCN红色名录和CITE附录等资料。

（4）鸟类的时间动态特征

根据不同年份、季节和月份开展鸟类野外调查的结果，分析鸟类种类和数量的时间动态特征。

（5）鸟类群落物种多样性

鸟类群落物种多样性分析主要依据历年开展鸟类科学考察、其他鸟类调查和监测的数据，选取种丰富度指数、香农-威纳（Shannon-Wiener）指数、辛普森（Simpson）优势度指数、Pielou均匀度指数等予以表征。此外，简要描述鸟类的优势度。根据常规的鸟类群落优势度划分方法，将种群数量占鸟类种群总数量的比例超过10%的定为优势种；种群数量占比在1%～10%的定为普通种；种群数量占比低于1%的定为稀有种。

### 3.1.2.1　鸟类的种类组成

截至2022年7月，天津市共记录鸟类456种，隶属于23目75科227属。其中天津湿地共记录鸟类351种（占天津市鸟类种总数的76.97%），隶属于23目（占天津市鸟类目总数的100%）70科（占天津市鸟类科总数的93.33%）185属（占天津市鸟类属总数的81.50%）。

天津湿地鸟类种类最为丰富的为雀形目（Passeriformes）（包含141种，占种总数的40.17%），其次为鸻形目（Charadriiformes）（包含69种，占种总数的19.66%）和雁形目（Anseriformes）（包含40种，占种总数的11.40%），鹰形目（Accipitriformes）（包含20种，占种总数的5.70%）、鹈形目（Pelecaniformes）（包含18种，占种总数的5.13%）和鹤形目（Gruiformes）（包含15种，占种总数的4.27%）的种类也较为丰富。仅包含1种的目包括红鹳目（Phoenicopteriformes）、沙鸡目（Pterocliformes）、鲣鸟目（Suliformes）、鹱形目（Procellariiformes）、鸨形目（Otidiformes）、犀鸟目（Bucerotiformes）和潜鸟目（Gaviiformes）（如图32所示）。总体而言，区域内的鸟类种类较为丰富，但所隶属的分类差异较大，尤以雀形目、鸻形目和雁形目的种类居多。

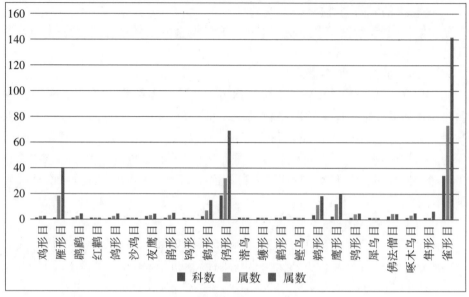

图32 各目鸟类的种类组成

从鸟类的种群数量来看,雁形目的鸟类数量最为丰富,代表性鸟类如短嘴豆雁(*Anser serrirostris*)、斑嘴鸭(*Anas zonorhyncha*)、绿头鸭(*Anas platyrhynchos*)、赤膀鸭(*Mareca strepera*)、罗纹鸭(*Mareca falcata*)等;其次为鲣鸟目和雀形目鸟类,前者如普通鸬鹚(*Phalacrocorax carbo*),后者如家燕(*Hirundo rustica*)和麻雀(*Passer montanus*)等。

3.1.2.2 近年来的鸟类新记录

自2013年以来,天津地区陆续发现天津鸟类新记录18种,隶属于7目11科17属(如表36和图33-35所示)。

表36 近年来天津地区的鸟类新记录

| 序号 | 目 | 科 | 种名 |
|---|---|---|---|
| 1 | 雁形目(Anseriformes) | 鸭科(Anatidae) | 加拿大雁(*Branta canadensis*) |
| 2 | | | 白头硬尾鸭(*Oxyura leucocephala*) |
| 3 | 夜鹰目(Caprimulgiformes) | 雨燕科(Apodidae) | 短嘴金丝燕(*Aerodramus brevirostris*) |
| 4 | 鹃形目(Cuculiformes) | 杜鹃科(Cuculidae) | 小鸦鹃(*Centropus bengalensis*) |

续表

| 序号 | 目 | 科 | 种名 |
|---|---|---|---|
| 5 | 鹃形目（Cuculiformes） | 杜鹃科（Cuculidae） | 红翅凤头鹃（*Clamator coromandus*） |
| 6 | 鹤形目（Gruiformes） | 秧鸡科（Rallidae） | 西秧鸡（*Rallus aquaticus*） |
| 7 | 鸻形目（Charadriiformes） | 水雉科（Jacanidae） | 水雉（*Hydrophasianus chirurgus*） |
| 8 | 鹱形目（Procellariiformes） | 鹱科（Procellariidae） | 白额鹱（*Calonectris leucomelas*） |
| 9 | 雀形目（Passeriformes） | 山椒鸟科（Campephagidae） | 小灰山椒鸟（*Pericrocotus cantonensis*） |
| 10 | | 苇莺科（Acrocephalidae） | 钝翅苇莺（*Acrocephalus concinens*） |
| 11 | | 柳莺科（Phylloscopidae） | 淡眉柳莺（*Phylloscopus humei*） |
| 12 | | | 灰冠鹟莺（*Seicercus tephrocephalus*） |
| 13 | | | 淡尾鹟莺（*Seicercus soror*） |
| 14 | | 长尾山雀科（Aegithalidae） | 北长尾山雀（*Aegithalos caudatus*） |
| 15 | | 鹟科（Muscicapidae） | 灰林䳭（*Saxicola ferreus*） |
| 16 | | | 白腹蓝鹟（*Cyanoptila cyanomelana*） |
| 17 | | | 铜蓝鹟（*Eumyias thalassinus*） |
| 18 | | | 棕腹大仙鹟（*Niltava davidi*） |

白额鹱

白腹蓝鹟

图33　天津湿地18种天津鸟类新记录（1）

图34 天津湿地18种天津鸟类新记录(2)

灰林鵙

加拿大雁

水雉

铜蓝鹟

西秧鸡

小灰山椒鸟

小鸦鹃

棕腹大仙鹟

图35 天津湿地18种天津鸟类新记录(3)

其中白头硬尾鸭(*Oxyura leucocephala*)为国家一级重点保护鸟类,由莫训强和英国著名观鸟人Paul Holt于2018年10月23日在北大港湿地万亩鱼塘区域发现。小鸦鹃(*Centropus bengalensis*)(栾殿玺于2019年7月7日在天津西青区边村湿地记录1只)、水雉(*Hydrophasianus chirurgus*)(莫训强于2014年6月2日在大黄堡湿地记录1只)和棕腹大仙鹟(*Niltava davidi*)(沈岩于2020年5月1日在天津滨海新区汉沽盐场记录1只)为国家二级重点保护鸟类。上述鸟类新记录的发现,丰富了天津乃至华北地区鸟类区系的基础资料,为鸟类生物多样性保护提供了坚实的科学支撑。

### 3.1.2.3　鸟类的生态类群

对鸟类的生态类群类型进行分析,可知天津湿地鸟类以鸣禽为主,包含141种(占种总数的40.17%),代表性的鸟类如煤山雀(*Periparus ater*)、戴菊(*Regulus regulus*)、黄腰柳莺(*Phylloscopus proregulus*)、蓝喉歌鸲(*Luscinia svecica*)和远东苇莺(*Acrocephalus tangorum*)等;其次为涉禽,包含86种(占种总数的24.50%),代表性的鸟类如白鹤(*Grus leucogeranus*)、小田鸡(*Zapornia pusilla*)、斑尾塍鹬(*Limosa lapponica*)、东方白鹳(*Ciconia boyciana*)和大白鹭(*Ardea alba*)等;再次为游禽,包含66种(占种总数的18.80%),代表性的鸟类如大天鹅(*Cygnus cygnus*)、罗纹鸭(*Mareca falcata*)、凤头䴙䴘(*Podiceps cristatus*)、红喉潜鸟(*Gavia stellata*)和卷羽鹈鹕(*Pelecanus crispus*)等;猛禽、攀禽和陆禽的比例较小,共计58种(占种总数的16.52%)(如图36所示)。其中猛禽的代表性鸟类如赤腹鹰(*Accipiter soloensis*)、乌雕(*Clanga clanga*)、游隼(*Falco peregrinus*)、雕鸮(*Bubo bubo*)和纵纹腹小鸮(*Athene noctua*)等,攀禽的代表性鸟类如冠鱼狗(*Megaceryle lugubris*)、灰头绿啄木鸟(*Picus canus*)、四声杜鹃(*Cuculus micropterus*)、戴胜(*Upupa epops*)和短嘴金丝燕(*Aerodramus brevirostris*)等,陆禽的种类较少,仅有鹌鹑(*Coturnix japonica*)、山斑鸠(*Streptopelia orientalis*)、灰斑鸠(*Streptopelia decaocto*)、珠颈斑鸠(*Spilopelia chinensis*)、环颈雉(*Phasianus colchicus*)、岩鸽(*Columba rupestris*)、毛腿沙鸡(*Syrrhaptes paradoxus*)和大鸨(*Otis tarda*)。

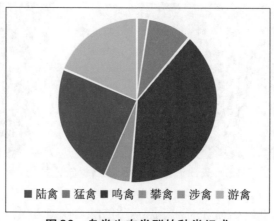

图36　鸟类生态类群的种类组成

天津湿地的鸟类中,水鸟(包括涉禽和游禽)所占比例最大,共包含鸟类152种(占种总数的43.30%),反映了天津湿地可以为水鸟提供栖息、觅食和繁殖的适宜环境条件。天津湿地同时也为猛禽鸟类提供了适宜的栖息地,大部分猛禽均为迁徙经停的旅鸟,一部分为夏候鸟,其余为冬候鸟或留鸟。总体而言,天津湿地的攀禽和陆禽种类占比较小,这主要是因为天津乃至华北地区的攀禽和陆禽种类占比亦较小,还因为湿地生境在支持攀禽和陆禽方面的能力不及山地和林地。从鸟类的累计数量来看,游禽的累计数量最为丰富,其次为鸣禽和涉禽,而攀禽、猛禽和陆禽的数量均较少。

### 3.1.2.4 鸟类的区系分区

对鸟类的区系分区进行分析,可知天津湿地鸟类以古北界为主,包含246种(占种总数的70.09%);其次为全北界,包含78种(占种总数的22.22%);最少的为东洋界,包含27种(占种总数的7.69%)(如图37所示)。上述区系分区比例与华北地区的鸟类区系分区比例较为吻合。

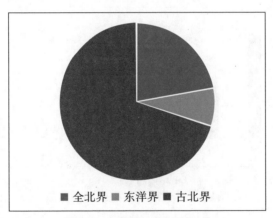

**图37 鸟类区系分区构成**

天津湿地鸟类呈现出典型的古北界特征,代表性的鸟类如白额雁(*Anser albifrons*)、三趾滨鹬(*Calidris alba*)、白尾鹞(*Circus cyaneus*)、极北柳莺(*Phylloscopus borealis*)和太平鸟(*Bombycilla garrulus*)等。全北界的鸟类具有一定规模,代表性的鸟类如鹌鹑(*Coturnix japonica*)、凤头蜂鹰(*Pernis ptilorhynchus*)、环颈鸻(*Charadrius alexandrinus*)、普通翠鸟(*Alcedo atthis*)和棕头鸦雀(*Sinosuthora webbiana*)等。东洋界的鸟类种类稀少,仅占极小比例,代表性的种类如董鸡(*Gallicrex cinerea*)、水雉(*Hydrophasianus chirurgus*)、白头鹎(*Pycnonotus sinensis*)、黑卷尾(*Dicrurus macrocercus*)和棕背伯劳(*Lanius schach*)等。

3.1.2.5　鸟类的居留类型

对鸟类的居留类型进行分析,可知天津湿地鸟类以旅鸟为主,包含139种(占种总数的39.60%);其次为旅鸟/冬候鸟,包含64种(占种总数的18.23%);再次为夏候鸟/旅鸟(包含57种,占种总数的16.24%)及留鸟(包含39种,占种总数的11.11%);其余各居留类型所包含的鸟类种数均较少(包含52种,占种总数的14.81%)(如图38所示)。

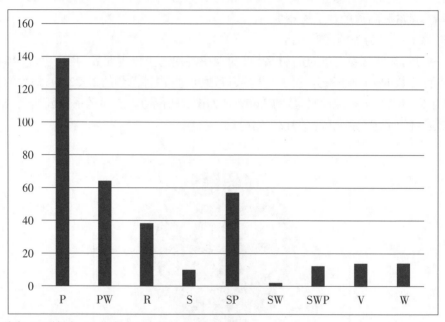

P-旅鸟;S-夏候鸟;W-冬候鸟;R-留鸟;V-迷鸟

**图38　鸟类居留类型的种类组成**

天津湿地的鸟类呈现出非常明显的居留类型分异。常见的旅鸟包括如鸿雁(*Anser cygnoides*)、灰脸鵟鹰(*Butastur indicus*)、灰头麦鸡(*Vanellus cinereus*)、弯嘴滨鹬(*Calidris ferruginea*)和双斑绿柳莺(*Phylloscopus plumbeitarsus*)等;常见的夏候鸟包括如普通雨燕(*Apus apus*)、四声杜鹃(*Cuculus micropterus*)、池鹭(*Ardeola bacchus*)、发冠卷尾(*Dicrurus hottentottus*)和东方大苇莺(*Acrocephalus orientalis*)等;常见的冬候鸟包括如大鸨(*Otis tarda*)、栗耳短脚鹎(*Hypsipetes amaurotis*)、北长尾山雀(*Aegithalos caudatus*)、小太平鸟(*Bombycilla japonica*)和领岩鹨(*Prunella collaris*)等;常见的留鸟包括如环颈雉(*Phasianus colchicus*)、岩鸽(*Columba rupestris*)、灰头绿啄木鸟(*Picus canus*)、红隼(*Falco tinnunculus*)和震旦鸦雀(*Calamor-*

*nis heudei*)等。

随着鸟类调查和研究的积累,加上公众观鸟活动的兴起,近年来陆续发现了一些在天津地区较为罕见的迷鸟,如加拿大雁(*Nettapus coromandelianus*)、白头硬尾鸭(*Oxyura leucocephala*)、铜蓝鹟(*Eumyias thalassinus*)、水雉(*Hydrophasianus chirurgus*)和白额鹱(*Calonectris leucomelas*)等。

需要指出的是,对于某个特定的区域而言,某种鸟类的居留类型可能并非单一类型,如对于天津地区而言,斑嘴鸭(*Anas zonorhyncha*)既有夏候繁殖,也有越冬,还有迁徙经过的种群,因此斑嘴鸭在天津的居留类型为夏候鸟/冬候鸟/旅鸟(SWP),余不赘述。针对鸟类居留类型的细分,更有利于掌握区域鸟类居留时间的规律,从而制定更加科学有效的鸟类保护对策。

### 3.1.2.6 重点保护和珍稀濒危种类

根据《国家重点保护野生动物名录》《国家保护的有重要生态、科学、社会价值的陆生野生动物名录》(简称"三有"名录)、IUCN红色名录和CITES附录,对天津湿地的重点保护和珍稀濒危鸟类组成进行分析(如表37所示)。

表37　重点保护和珍稀濒危鸟类种类组成

| 类别 | 级别 | 种数 | 占比(%) |
| --- | --- | --- | --- |
| 国家重点保护名录 | 一级 | 23 | 6.55 |
| | 二级 | 55 | 15.67 |
| | "三有" | 250 | 71.23 |
| IUCN | CR | 3 | 0.85 |
| | EN | 7 | 1.99 |
| | VU | 17 | 4.84 |
| | NT | 21 | 5.98 |
| | LC | 299 | 85.19 |
| | NR | 4 | 1.14 |
| CITES | 附录Ⅰ | 10 | 2.85 |
| | 附录Ⅱ | 34 | 9.69 |
| | 附录Ⅲ | 8 | 2.28 |
| | 无 | 299 | 85.19 |

其中:

1)国家一级重点保护鸟类23种,即青头潜鸭(*Aythya baeri*)、中华秋沙鸭(*Mergus squamatus*)、白头硬尾鸭(*Oxyura leucocephala*)、大鸨(*Otis tarda*)、白鹤

(*Grus leucogeranus*)、白枕鹤(*Grus vipio*)、丹顶鹤(*Grus japonensis*)、白头鹤(*Grus monacha*)、黑嘴鸥(*Saundersilarus saundersi*)、遗鸥(*Ichthyaetus relictus*)、黑鹳(*Ciconia nigra*)、东方白鹳(*Ciconia boyciana*)、彩鹮(*Plegadis falcinellus*)、黑脸琵鹭(*Platalea minor*)、黄嘴白鹭(*Egretta eulophotes*)、卷羽鹈鹕(*Pelecanus crispus*)、秃鹫(*Aegypius monachus*)、乌雕(*Clanga clanga*)、白肩雕(*Aquila heliaca*)、金雕(*Aquila chrysaetos*)、白尾海雕(*Haliaeetus albicilla*)、猎隼(*Falco cherrug*)和黄胸鹀(*Emberiza aureola*);国家二级重点保护鸟类55种,包括:鸿雁(*Anser cygnoides*)、白额雁(*Anser albifrons*)、小白额雁(*Anser erythropus*)、疣鼻天鹅(*Cygnus olor*)、小天鹅(*Cygnus columbianus*)、大天鹅(*Cygnus cygnus*)、鸳鸯(*Aix galericulata*)、棉凫(*Nettapus coromandelianus*)、花脸鸭(*Sibirionetta formosa*)、斑头秋沙鸭(*Mergellus albellus*)、角䴙䴘(*Podiceps auritus*)、黑颈䴙䴘(*Podiceps nigricollis*)、斑胁田鸡(*Zapornia paykullii*)、蓑羽鹤(*Grus virgo*)、灰鹤(*Grus grus*)、水雉(*Hydrophasianus chirurgus*)、半蹼鹬(*Limnodromus semipalmatus*)、白腰杓鹬(*Numenius arquata*)、大杓鹬(*Numenius madagascariensis*)、翻石鹬(*Arenaria interpres*)、大滨鹬(*Calidris tenuirostris*)、阔嘴鹬(*Calidris falcinellus*)、小鸥(*Hydrocoloeus minutus*)、白琵鹭(*Platalea leucorodia*)、鹗(*Pandion haliaetus*)、黑翅鸢(*Elanus caeruleus*)、凤头蜂鹰(*Pernis ptilorhynchus*)、赤腹鹰(*Accipiter soloensis*)、日本松雀鹰(*Accipiter gularis*)、雀鹰(*Accipiter nisus*)、苍鹰(*Accipiter gentilis*)、白腹鹞(*Circus spilonotus*)、白尾鹞(*Circus cyaneus*)、鹊鹞(*Circus melanoleucos*)、黑鸢(*Milvus migrans*)、灰脸鵟鹰(*Butastur indicus*)、毛脚鵟(*Buteo lagopus*)、大鵟(*Buteo hemilasius*)、普通鵟(*Buteo japonicus*)、红角鸮(*Otus sunia*)、雕鸮(*Bubo bubo*)、纵纹腹小鸮(*Athene noctua*)、长耳鸮(*Asio otus*)、短耳鸮(*Asio flammeus*)、红隼(*Falco tinnunculus*)、红脚隼(*Falco amurensis*)、灰背隼(*Falco columbarius*)、燕隼(*Falco subbuteo*)、游隼(*Falco peregrinus*)、蒙古百灵(*Melanocorypha mongolica*)、云雀(*Alauda arvensis*)、震旦鸦雀(*Calamornis heudei*)、红胁绣眼鸟(*Zosterops erythropleurus*)、红喉歌鸲(*Calliope calliope*)和蓝喉歌鸲(*Luscinia svecica*)。

2)IUCN红色名录CR级别的3种,即青头潜鸭(*Aythya baeri*)、白鹤(*Grus leucogeranus*)和黄胸鹀(*Emberiza aureola*);IUCN红色名录EN级别的7种,即中华秋沙鸭(*Mergus squamatus*)、白头硬尾鸭(*Oxyura leucocephala*)、大杓鹬(*Numenius madagascariensis*)、大滨鹬(*Calidris tenuirostris*)、东方白鹳(*Ciconia boyciana*)、黑脸琵鹭(*Platalea minor*)和猎隼(*Falco cherrug*);IUCN红色名录VU级别的17种,即鸿雁(*Anser cygnoides*)、小白额雁(*Anser erythropus*)、红头潜鸭(*Aythya ferina*)、长尾鸭(*Clangula hyemalis*)、角䴙䴘(*Podiceps auritus*)、大鸨(*Otis tarda*)、白枕鹤(*Grus vipio*)、丹顶鹤(*Grus japonensis*)、白头鹤(*Grus monacha*)、三趾鸥(*Rissa tridactyla*)、

黑嘴鸥(*Saundersilarus saundersi*)、遗鸥(*Ichthyaetus relictus*)、黄嘴白鹭(*Egretta eulophotes*)、乌雕(*Clanga clanga*)、白肩雕(*Aquila heliaca*)、远东苇莺(*Acrocephalus tangorum*)和田鹀(*Emberiza rustica*);IUCN红色名录NT级别的21种,包括鹌鹑(*Coturnix japonica*)、罗纹鸭(*Mareca falcata*)、白眼潜鸭(*Aythya nyroca*)、斑胁田鸡(*Zapornia paykullii*)、蛎鹬(*Haematopus ostralegus*)、凤头麦鸡(*Vanellus vanellus*)、半蹼鹬(*Limnodromus semipalmatus*)、黑尾塍鹬(*Limosa limosa*)、斑尾塍鹬(*Limosa lapponica*)、白腰杓鹬(*Numenius arquata*)、灰尾漂鹬(*Tringa brevipes*)、红腹滨鹬(*Calidris canutus*)、红颈滨鹬(*Calidris ruficollis*)、弯嘴滨鹬(*Calidris ferruginea*)、白额鹱(*Calonectris leucomelas*)、卷羽鹈鹕(*Pelecanus crispus*)、秃鹫(*Aegypius monachus*)、斑背大尾莺(*Helopsaltes pryeri*)、震旦鸦雀(*Calamornis heudei*)、小太平鸟(*Bombycilla japonica*)和红颈苇鹀(*Emberiza yessoensis*)。

3)CITES附录Ⅰ的10种,包括白鹤(*Grus leucogeranus*)、白枕鹤(*Grus vipio*)、丹顶鹤(*Grus japonensis*)、白头鹤(*Grus monacha*)、遗鸥(*Ichthyaetus relictus*)、东方白鹳(*Ciconia boyciana*)、卷羽鹈鹕(*Pelecanus crispus*)、白肩雕(*Aquila heliaca*)、白尾海雕(*Haliaeetus albicilla*)和游隼(*Falco peregrinus*);CITES附录Ⅱ的34种,包括花脸鸭(*Sibirionetta formosa*)、白头硬尾鸭(*Oxyura leucocephala*)、大鸨(*Otis tarda*)、蓑羽鹤(*Grus virgo*)、灰鹤(*Grus grus*)、黑鹳(*Ciconia nigra*)、白琵鹭(*Platalea leucorodia*)、鹗(*Pandion haliaetus*)、黑翅鸢(*Elanus caeruleus*)、凤头蜂鹰(*Pernis ptilorhynchus*)、秃鹫(*Aegypius monachus*)、乌雕(*Clanga clanga*)、金雕(*Aquila chrysaetos*)、赤腹鹰(*Accipiter soloensis*)、日本松雀鹰(*Accipiter gularis*)、雀鹰(*Accipiter nisus*)、苍鹰(*Accipiter gentilis*)、白腹鹞(*Circus spilonotus*)、白尾鹞(*Circus cyaneus*)、鹊鹞(*Circus melanoleucos*)、黑鸢(*Milvus migrans*)、灰脸鵟鹰(*Butastur indicus*)、毛脚鵟(*Buteo lagopus*)、大鵟(*Buteo hemilasius*)、红角鸮(*Otus sunia*)、雕鸮(*Bubo bubo*)、纵纹腹小鸮(*Athene noctua*)、长耳鸮(*Asio otus*)、短耳鸮(*Asio flammeus*)、红隼(*Falco tinnunculus*)、红脚隼(*Falco amurensis*)、灰背隼(*Falco columbarius*)、燕隼(*Falco subbuteo*)和猎隼(*Falco cherrug*);CITES附录Ⅲ的8种,包括煤山雀(*Periparus ater*)、凤头百灵(*Galerida cristata*)、云雀(*Alauda arvensis*)、鹪鹩(*Troglodytes troglodytes*)、蓝喉歌鸲(*Luscinia svecica*)、普通朱雀(*Carpodacus erythrinus*)、白腰朱顶雀(*Acanthis flammea*)和黄雀(*Spinus spinus*)。

由此可见,调查区域内的重点保护和珍稀濒危鸟类种类极为丰富。在天津湿地所包含的众多国家重点保护鸟类中,知名度最高和最受关注的为东方白鹳和遗鸥,现简述如下。

东方白鹳,为鹳形目(Ciconiiformes)鹳科(Ciconiidae)鸟类,根据湿地国际(Wetlands International)发布的第5次全球水鸟种群评估(Waterbird Population

Estimates 2012)，东方白鹳的全球种群数量约3000只，被列为IUCN红色名录的濒危(EN)鸟类和国家一级重点保护鸟类。天津是东方白鹳最为重要的迁徙停歇地之一。2021年11月14日，在天津宁河区与北京清河农场交界处记录到高达4600只东方白鹳的群体，这个数字远超第5次全球水鸟种群评估中东方白鹳的全球种群总量。每年的春季3月初至4月中旬、秋季10月底至12月底，均有大量东方白鹳利用天津湿地作为中途停歇地补充体能并继续迁徙之路。自2012年以来，天津连年记录到东方白鹳繁殖。2019年，天津共有13巢东方白鹳繁殖，共有17只幼鸟顺利出巢。

遗鸥，是鸻形目(Charadriiformes)鸥科(Laridae)鸟类，根据第五次全球水鸟种群评估，遗鸥的全球种群数量约为12 000只，被列为IUCN红色名录的易危(VU)鸟类和国家一级重点保护鸟类，其物种保护受到广泛关注。遗鸥最早于每年9月底即来到渤海湾，至次年3月底4月初方离开，在渤海湾度过漫长的严冬。2015年3月17日，北京师范大学张正旺团队和天津师范大学莫训强在天津滨海滩涂湿地记录到11 612只遗鸥(超过全球种群总数的96%)。天津是遗鸥最重要的越冬地，为遗鸥提供了适宜的越冬栖息和觅食场所。在天津越冬期间，遗鸥主要依赖潮间带淤泥质滩涂觅食各种底栖动物。过去的20年里，渤海湾滨海湿地的丧失和退化严重威胁了遗鸥越冬地的面积和功能，并严重影响遗鸥的食物资源。

近年来，天津市委、市政府高度重视生态文明建设，尤其重视湿地和鸟类保护。为了保障湿地和鸟类的健康和安全，采取了一系列重要的举措以确保包括东方白鹳和遗鸥等国家重点保护鸟类在内的水鸟在此安全栖息、觅食和繁殖。在中国东部海滨湿地生态环境剧烈变化的背景下，天津市委市政府和相关部门高瞻远瞩，对东方白鹳和遗鸥等重点鸟类提出了更高的保护要求。鉴于此，按照天津市领导对《关于科学规划、切实加强东方白鹳保护的函》的批示精神，天津市规划和自然资源局委托天津师范大学莫训强团队开展了"东方白鹳、遗鸥在津迁徙、栖息状况"专项调查。

### 3.1.2.7　鸟类的季节动态

根据长年积累的鸟类调查和研究数据分析鸟类活动的季节动态，总体而言，天津湿地鸟类的种类和数量均呈现出显著的季节变化规律：春季和秋季2个候鸟迁徙季节，鸟类的种类最为丰富，其中春季的鸟类种类较秋季为多；夏季为鸟类的繁殖季，鸟类种类较为贫乏；冬季在天津湿地越冬的鸟类种类也相对较少。从全年来看，鸟类种类的高峰期分别出现在5月和10月(如图39所示)。

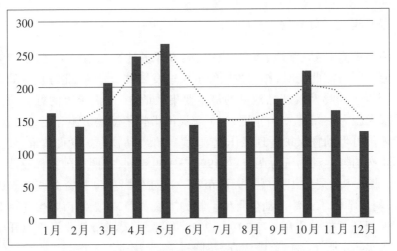

**图 39　鸟类种类的时间动态**

天津湿地鸟类数量的时间动态如图 40 所示。年度之内,鸟类数量呈现出 2 个峰值,分别为春季的 3 月和秋季的 11 月。其中春季高峰期观测到的鸟类累计数量达到 84 万只次;秋季高峰期观测到的鸟类累计数量则可达到 89 万只次;冬季和夏季的鸟类数量相对较少,其中最少月为冬季的 2 月和夏季的 6 月,观测到的鸟类累计数量分别仅为 6.2 万只次和 7.3 万只次。上述鸟类活动的时间规律与华北地区乃至整个东部沿海地区的鸟类迁徙规律相吻合(如图 40 所示)。

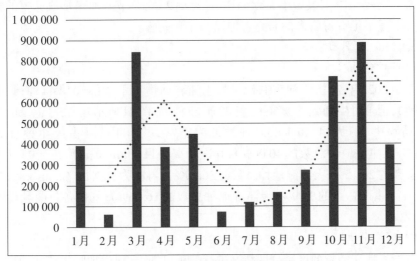

**图 40　鸟类数量的时间动态**

### 3.1.3 其他动物类群的多样性

天津市拥有森林、湿地、海洋、农田、城市等多种生态系统类型,生物多样性资源十分丰富。与此同时,作为我国经济快速发展的直辖市、北方重要的港口城市和全国野生动物及其产品贸易的最重要集散地之一,天津市的野生动物资源也面临重大压力。在过去40年里,为了解天津市野生动物资源和栖息地状况,从而科学评价野生动物保护管理工作成效,完善野生动物保护管理政策,天津市开展了两轮次的野生动物资源调查:①1996—1999年间,按照原国家林业部统一部署,原天津市林业局组织开展了天津市第一次陆生野生动物资源调查。通过该次调查,初步掌握了天津市陆生野生动物的本底资源,对天津市野生动物保护与资源管理起到了推动作用。②2011—2014年间,原天津市林业局组织开展了天津市第二次陆生野生动物资源调查,并撰写了《天津市第二次陆生野生动物资源调查项目报告》。此外,针对具体的野生动物类群,开展了一些调查和研究工作。上述工作为摸清天津湿地野生动物资源及其多样性状况奠定了良好基础。

本书是在上述基础工作和已有资料的基础上(详见第2章2.3节),结合笔者在各轮次自然保护区综合科学考察、野生动物专项调查及监测的相关成果,对除鸟类以外的各动物类群的资源及多样性状况进行汇总集成:①着重对哺乳动物、两栖和爬行动物的名录进行了修订和更新;②对于基础资料较为缺乏,科学考察、调查及监测工作较为薄弱的野生动物类群(如鱼类和昆虫等),本书仅以文献资料作为参考进行阐述;③对于基础资料几近空白的野生动物类群(如底栖生物和浮游动物等),本书仅做了文献综述(详见第2章2.3节),而未形成完整的物种名录。上述不足有待将来的研究者加以补充和完善。

#### 3.1.3.1 哺乳动物

(1)种类组成

截至2022年7月,天津市共记录野生哺乳动物7目14科40属44种;其中天津湿地共记录野生哺乳动物5目7科22属25种(如图41所示)。在已记录的野生哺乳动物中,啮齿目(Rodentia)种类最为丰富,共有10种(占天津种总数的22.73%,天津湿地种总数的40.00%);其次为翼手目(Chiroptera),共有9种(占天津种总数的20.45%,天津湿地种总数的36.00%);再次为食肉目(Carnivora),共有4种(占天津种总数的9.09%,天津湿地种总数的16.00%);其他各目哺乳动物种类均较少。

(2)区系分区

对野生哺乳动物的区系分区情况进行分析可知,天津湿地野生哺乳动物组成以古北界种类为主,共计23种(占天津湿地种总数的92.00%);东洋界种类共计2种

（占天津湿地种总数的8.00%）。由此可见湿地野生哺乳动物的区系组成以古北界为主，反映了天津湿地在动物地理区划上属古北界和东洋界物种交汇的区域。

（3）重点保护和珍稀濒危物种

天津湿地野生哺乳动物中，未发现被列为国家一级或二级重点保护动物的物种；仅1种被列为IUCN红色名录NT（近危）级别，即猪獾（*Arctonyx collaris*）；仅1种被列入CITES附录Ⅲ，即黄鼬（*Mustela sibirica*）。

野生哺乳动物在生态系统中占据着极为重要的位置。尽管天津湿地的野生哺乳动物中没有国家重点保护野生动物名录内的动物，但仍应引起足够的重视。一方面，一些野生哺乳动物位于食物链的顶端，其种类和数量通常会控制和影响较低营养层次动物类群的现存量，如食肉目的黄鼬（*Mustela sibirica*）；另一方面，一些野生哺乳动物是其他捕食动物的食物，它们的数量会影响捕食动物的数量，如啮齿类动物等。对上述野生哺乳动物进行有效保护，有利于维护区域的生物多样性和维持生态系统平衡。

图41　天津湿地常见哺乳动物

#### 3.1.3.2　两栖爬行动物

（1）种类组成

截至2022年7月，天津市共记录到野生两栖爬行动物2纲4目/亚目8科20属

27种,其中天津湿地共记录野生两栖爬行动物2纲4目/亚目7科17属21种(如图42-44所示)。在已记录的野生两栖爬行动物中,蛇亚目(Serpentes)种类最为丰富,共有10种(占天津种总数的37.04%,天津湿地种总数的47.62%);其次为无尾目(Anura),共有6种(占天津种总数的22.22%,天津湿地种总数的28.57%);再次为蜥蜴亚目(Lacertilia),共有4种(占天津种总数的14.81%,天津湿地种总数的19.08%);龟鳖目(Testudoformes)仅记录1种,即中华鳖(*Trionyx sinensis*)。

(2)区系分区

对野生两栖爬行动物的区系分区情况进行分析发现,天津湿地野生两栖爬行动物组成中,东洋界和古北界的种数相近,其中东洋界共计11种(占天津湿地种总数的52.38%);古北界共计10种(占天津湿地种总数的47.62%)。反映了天津湿地在动物地理区划上属古北界和东洋界物种交汇的区域,且为古北界逐渐向东洋界过渡的区域。

(3)重点保护和珍稀濒危物种

天津湿地野生两栖爬行动物中,仅1种被列为国家二级重点保护动物,即团花锦蛇(*Elaphe davidi*);共3种被列为IUCN红色名录VU(易危)级别,即黑眉锦蛇(*Elaphe taeniura*)、无蹼壁虎(*Gekko swinhonis*)和中华鳖(*Trionyx sinensis*),另有1种被列为NT(近危)级别,即黑斑侧褶蛙(*Pelophylax nigromaculatus*);尚未有物种被列入CITES附录中。

两栖爬行动物是湿地动物区系中的重要类群,其中包含多数水生和半水生动物种类,在湿地生态系统中大都属于营养级较高的消费者;同时,两栖爬行动物对生态环境变化亦较为敏感,是特定生境的指示物种,可作为生态环境监测的重要指标,了解其组成及分布有助于有效评估保护区生态环境质量。对两栖爬行动物进行有效保护,有利于维护区域的生物多样性和维持生态系统平衡。

白条锦蛇　　　北狭口蛙

图42　天津湿地常见两栖爬行动物(1)

图43 天津湿地常见两栖爬行动物(2)

无蹼壁虎　泽陆蛙　中华鳖　中华蟾蜍

**图44　天津湿地常见两栖爬行动物(3)**

### 3.1.3.3　鱼类

天津河流纵横交错,有海河、蓟运河、北运河、南运河、潮白河、永定河、子牙河等一级河道及丰富的二级河道,流域面积广阔;此外还有于桥水库、北大港水库及大量中小型水库,以及南北延伸达153千米的海洋和海岸湿地,为种类和数量均极为丰富的鱼类提供了适宜的栖息地。根据天津市水产学会编著的《天津鱼类》记载,天津地区共有鱼类17目107种;根据《天津鱼类志》记载,天津地区共记录鱼类22目170种(如图45所示)。关于鱼类生物多样性的论述,详见4个重要湿地自然保护区对应的章节。

整体而言,天津湿地的鱼类组成以江河平原区系为优势种。与历史调查相比较,天津湿地中原有的野生型土著鱼种类几近绝迹,多代之以人工养殖种类。这个变化既与湿地环境污染和生态退化有关,也与多年来湿地水源补给不足相关。为维系天津湿地的鱼类资源多样性和生态系统平衡,除了有效地控制好点源和面源污染外,最关键的措施是给湿地提供足量优质的稳定水源。

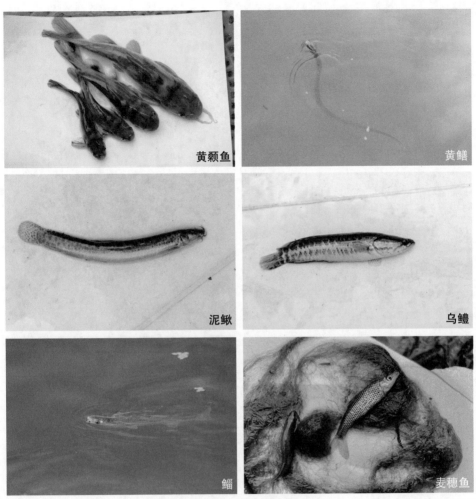

图45　天津湿地常见鱼类

### 3.1.3.4　昆虫

关于天津湿地昆虫(如图46-47所示)的资料零散见于各类调查报告、研究简报或论文中,未见有系统论述天津湿地昆虫区系的文献报道。当前资料未足以对天津湿地的昆虫资源及其多样性状况进行完整描述。关于昆虫生物多样性的论述,详见4个重要湿地自然保护区对应的章节。

图46 天津湿地常见昆虫(1)

异色瓢虫

白尾灰蜻

**图47 天津湿地常见昆虫(2)**

## 3.2 天津古海岸与湿地国家级自然保护区生物多样性

### 3.2.1 植物多样性

(1)植物种类组成

七里海湿地目前共记录种子植物69科197属295种(包含种以下分类阶元,包括9个变种,2个变型和4个栽培品种),其中包括国家二级重点保护植物1种,即野大豆(*Glycine soja*)。植物类群的科属种组成如表38所示。

**表38 植物类群的科属种组成**

| 植物类群 | 科数 | 占比(%) | 属数 | 占比(%) | 种数 | 占比(%) |
|---|---|---|---|---|---|---|
| 裸子植物 | 4 | 5.80 | 6 | 3.05 | 8 | 2.71 |
| 单子叶植物 | 9 | 13.04 | 37 | 18.78 | 58 | 19.66 |
| 双子叶植物 | 56 | 81.16 | 154 | 78.17 | 229 | 77.63 |
| 合计 | 69 | 100.00 | 197 | 100.00 | 295 | 100.00 |

其中蕨类植物未记录到;裸子植物4科6属8种,包括苏铁(*Cycas revoluta*)、银杏(*Ginkgo biloba*)、雪松(*Cedrus deodara*)、青杆(*Picea wilsonii*)、白皮松(*Pinus bungeana*)、油松(*Pinus tabuleaformis*)、铺地柏(*Sabina procumbens*)和龙柏(*Juniperus chinensis* 'Kaizuca'),均为栽培植物;被子植物中双子叶植物56科154属229种,单子叶植物9科37属58种。

从各科包含的种数来看,包含物种最多的5个科依次为菊科(Asteraceae)、禾本科、豆科(Fabaceae)、蔷薇科(Rosaceae)和藜科(Chenopodiaceae)。仅包含2种的有15个科,仅包含1种的达30个科,可见小科较多,单属种的科极多,各科包含的种类及其占比如表39所示。

表39 各科包含的种类及其占比

| 级别 | 科数 | 占比(%) | 种数 | 占比(%) |
|---|---|---|---|---|
| 种数≥45 | 1 | 1.45 | 46 | 15.59 |
| 20≤种数<45 | 1 | 1.45 | 33 | 11.19 |
| 10≤种数<20 | 6 | 8.70 | 73 | 24.75 |
| 5≤种数<10 | 7 | 10.14 | 52 | 17.63 |
| 3≤种数<5 | 9 | 13.04 | 31 | 10.51 |
| 种数=2 | 15 | 21.74 | 30 | 10.17 |
| 种数=1 | 30 | 43.48 | 30 | 10.17 |
| 合计 | 69 | 100.00 | 295 | 100.00 |

从各属所包含的种数来看,包含种类最多的5个属依次为蒿属(*Artemisia*)、苋属(*Amaranthus*)、莎草属(*Cyperus*)、蓼属(*Polygonum*)和稗属(*Echinochloa*)。仅含2种的属有42属,单种属达到137属,占比较大。各属包含的种类及其占比如表40所示。

表40 各属包含的种类及其占比

| 级别 | 属数 | 占比(%) | 种数 | 占比(%) |
|---|---|---|---|---|
| 种数≥10 | 1 | 0.51 | 10 | 3.39 |
| 5≤种数<10 | 3 | 1.52 | 20 | 6.78 |
| 3≤种数<5 | 14 | 7.11 | 44 | 14.92 |
| 种数=2 | 42 | 21.32 | 84 | 28.47 |
| 种数=1 | 137 | 69.54 | 137 | 46.44 |
| 合计 | 197 | 100.00 | 295 | 100.00 |

(2)科和属的分布区类型

1)野生种子植物科的分布区类型。依据吴征镒《〈世界种子植物科的分布区类型系统〉的修订》中对世界种子植物科的分布区类型划分,可将七里海湿地内野生种子植物44科划分为5个分布区类型。其中属于世界分布性质的科最多,为30科(占野生科总数的68.18%),如堇菜科(Violaceae)、菊科(Asteraceae)、藜科(Chenopodiaceae)、蓼科(Polygonaceae)、马齿苋科(Portulacaceae)和毛茛科(Ranunculaceae)等;其次为泛热带分布性质的科,共10科(占野生科总数的22.73%),如大戟科(Euphorbiaceae)、葫芦科(Cucurbitaceae)、蒺藜科(Zygophyllaceae)、夹竹桃科(Apocynaceae)和锦葵科(Malvaceae)等;北温带分布性质的有3科(占野生科总数的6.82%),包括鸢尾科(Iridaceae)、杨柳科(Salicaceae)和牻牛儿苗科(Geraniaceae);旧世界温带分布和热带亚洲及热带美洲间断分布的均仅有1科,分别为柽柳科(Tamaricaceae)和马鞭草科(Verbenaceae),这说明七里海湿地内野生种子植物科的分布区类型以世界分布性质为主,泛热带分布和北温带分布的性质较为明显,这与七里海湿地所处的华北地区野生植物科的分布区性质相符。野生种子植物科的分布区类型如表41所示。

表41　野生种子植物科的分布区类型

| 分布区类型 | 科数 | 占比(%) |
|---|---|---|
| 1世界广布 | 30 | 68.18 |
| 2泛热带分布 | 10 | 22.73 |
| 8北温带分布 | 3 | 6.82 |
| 10旧世界温带分布 | 1 | 2.27 |
| 合计 | 44 | 100.00 |

2)野生种子植物属的分布区类型。依据吴征镒《中国种子植物属的分布区类型》中对中国种子植物属的分布区类型划分,可将七里海湿地内野生种子植物114属划分为14个分布区类型或变型,其中属于世界分布性质的属最多,共有31属(占野生属总数的27.19%),如黄耆属(Astragalus)、荠属(Capsella)、碱蓬属(Suaeda)、金鱼藻属(Ceratophyllum)和堇菜属(Viola)等;其次为泛热带分布性质的属,共有27属(占野生属总数的23.68%),如合萌属(Aeschynomene)、虎尾草属(Chloris)、画眉草属(Eragrostis)、蒺藜属(Tribulus)和决明属(Senna)等;北温带分布性质的属有25属(占野生属总数的21.93%),如碱茅属(Puccinellia)、碱菀属(Tripolium)、景天属(Sedum)、看麦娘属(Alopecurus)和赖草属(Leymus)等;热带亚洲至热带非洲分布、温带亚洲分布及中国特有分布的均仅含1属,分别为苦荬菜属(Ixeris)、狗娃花属(Heteropappus)和栾树属(Koelreuteria)。说明七里海湿地内野生种子植物属的分布区类型以世界分布性质为主,其次是泛热带分布性质和北温带分布性质,这与七里海湿地所处的华北地区野生植物属的分布区性质相符。野生种子植物属的分布区类型如表42所示。

表42 野生种子植物属的分布区类型

| 分布区类型 | 属数 | 占比(%) |
|---|---|---|
| 1世界广布 | 31 | 27.19 |
| 2泛热带分布 | 27 | 23.68 |
| 3热带亚洲及热带美洲间断分布 | 2 | 1.75 |
| 4旧世界热带分布 | 2 | 1.75 |
| 5热带亚洲至热带大洋洲分布 | 2 | 1.75 |
| 6热带亚洲至热带非洲分布 | 1 | 0.88 |
| 7热带亚洲分布 | 1 | 0.88 |
| 8北温带分布 | 25 | 21.93 |
| 9东亚及北美间断分布 | 4 | 3.51 |
| 10旧世界温带分布 | 10 | 8.77 |
| 11温带亚洲分布 | 1 | 0.88 |
| 12地中海区、西亚至中亚分布 | 2 | 1.75 |
| 14东亚分布 | 5 | 4.39 |
| 15中国特有分布 | 1 | 0.88 |
| 合计 | 114 | 100.00 |

(3)野生和栽培植物组成

在上述植物中,野生植物共有44科114属180种(包含种以下分类阶元,包括8个变种),栽培植物共有48科95属115种(包含种以下分类阶元,包括1个变种,2个变型和4个栽培品种)。总体而言,尽管野生植物种类占比较大,但栽培植物种类占比仍处于较高水平,可见随着人为活动的增加,人工栽培植物种类逐渐增加。野生植物和栽培植物的科属种组成如图48所示。

(4)生活型组成

对植物生活型类型进行分析可知,295种植物可以划分为8大类或亚类。其中一年生草本种类最为丰富,共计115种(占种总数的38.98%),如鬼针草(*Bidens pilosa*)、画眉草(*Eragrostis pilosa*)、苦荬菜(*Ixeris polycephala*)、合被苋(*Amaranthus polygonoides*)和鳢肠(*Eclipta prostrata*)等;其次为多年生草本,共计86种(占种总数的29.15%),如旋花(*Calystegia sepium*)、砂引草(*Messerschmidia sibirica*)、牛鞭草(*Hemarthria sibirica*)、箭头唐松草(*Thalictrum simplex*)和獐毛(*Aeluropus sinensis*)等;再次为落叶乔木,共计29种(占种总数的9.86%),如槐(*Sophora japonica*)、枣(*Ziziphus jujuba*)、合欢(*Albizia julibrissin*)、柿(*Diospyros kaki*)和君迁子(*Diospyros lotus*)等;其余各生活型类型所包含的种类相对较少,共计65种(占种总数的22.03%)。生活型种类组成如表43所示。

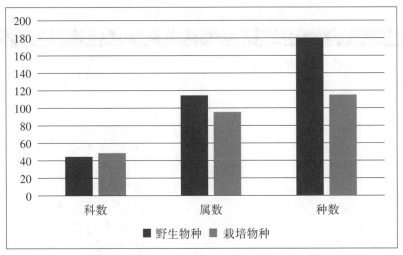

图48  野生植物和栽培植物的科属种组成

表43  生活型种类组成

| 生活型类型 | 种数 | 占比（%） |
| --- | --- | --- |
| 常绿乔木 | 7 | 2.37 |
| 落叶乔木 | 29 | 9.83 |
| 常绿灌木 | 6 | 2.03 |
| 落叶灌木 | 22 | 7.46 |
| 半灌木或半灌木状草本 | 7 | 2.37 |
| 多年生草本 | 86 | 29.15 |
| 一、二年或多年生草本 | 23 | 7.80 |
| 一年生草本 | 115 | 38.98 |
| 合计 | 295 | 100.00 |

（5）主要植被类型

按照七里海湿地区域内不同斑块与立地类型，参照《中国植被》的分类系统，将区域内的植物群落分为6个植被型组，11个植被型，52个群系，其中1个人工栽培植被型组（包括3个植被型和16个群系），其余均为野生植被。七里海湿地的植被类型划分如表44所示。

### 表44 七里海湿地的植被类型

| 植被型组 | 植被型 | 群系 |
|---|---|---|
| 1 灌丛 | 1 温带落叶阔叶灌丛 | 1 柽柳灌丛 |
| | | 2 兴安胡枝子灌丛 |
| 2 草丛 | 2 温带草丛 | 3 白羊草草丛 |
| | | 4 马蔺草丛 |
| | | 5 猪毛蒿草丛 |
| | | 6 猪毛菜草丛 |
| | | 7 野大豆草丛 |
| | | 8 葎草草丛 |
| | | 9 婆婆针草丛 |
| | | 10 狗尾草草丛 |
| | | 11 地肤草丛 |
| | | 12 长芒苋草丛 |
| | | 13 菊芋草丛 |
| | | 14 砂引草草丛 |
| | | 15 刺儿菜草丛 |
| | | 16 益母草草丛 |
| | | 17 反枝苋草丛 |
| | | 18 野艾蒿草丛 |
| | | 19 苘麻草丛 |
| | | 20 碱蓬草丛 |
| | | 21 旋覆花草丛 |
| | | 22 宽叶独行菜草丛 |
| | | 23 红蓼草丛 |
| | | 24 圆叶牵牛草丛 |
| 3 草甸 | 3 温带禾草、杂类草草甸 | 25 画眉草草甸 |
| | | 26 长芒稗草甸 |
| | 4 温带禾草、杂类草盐生草甸 | 27 芦苇、猪毛蒿盐生草甸 |
| | | 28 芦苇、罗布麻盐生草甸 |
| | | 29 羊草、朝鲜碱茅盐生草甸 |
| | | 30 盐地碱蓬盐生草甸 |
| | | 31 碱菀盐生草甸 |
| 4 沼泽 | 5 寒温带、温带沼泽 | 32 芦苇沼泽 |
| | | 33 水烛沼泽 |
| | | 34 水葱沼泽 |
| | | 35 扁秆藨草沼泽 |
| 5 水生植被 | 6 沉水植物群落 | 36 菹草 |

续表

| 植被型组 | 植被型 | 群系 |
|---|---|---|
| 5 水生植被 | 6 沉水植物群落 | 37 穗状狐尾藻 |
| | | 38 篦齿眼子菜 |
| | 7 漂浮植物群落 | 39 浮萍 |
| | | 40 紫萍 |
| | 8 浮叶根生植物群落 | 41 荇菜 |
| 6 栽培植被 | 9 一年一熟粮食作物及落叶果树园 | 42 玉蜀黍 |
| | | 43 陆地棉 |
| | | 44 高粱 |
| | | 45 枣 |
| | | 46 葡萄 |
| | 10 两年三熟旱作 | 47 小麦 |
| | 11 人工密林 | 48 绒毛杨 |
| | | 49 槐 |
| | | 50 刺槐 |
| | | 51 加杨 |
| | | 52 紫穗槐 |

对其中部分典型植物群落简要描述如下。

1)柽柳群落(Form. *Tamarix chinensis*)。优势种为柽柳,群落高度为 200~400 厘米,覆盖度可达 85% 以上。柽柳花期较长,花色为粉红色,在盛花期呈现出非常靓丽的景观。主要伴生种有芦苇(*Phragmites australis*)、益母草(*Leonurus japonicus*)、狗尾草(*Setaria viridis*)和中华小苦荬(*Ixeridium chinense*)等,偶可见有葎草(*Humulus scandens*)和鹅绒藤(*Cynanchum chinense*)等藤本植物攀附其上。主要分布在七里海湿地内的滨水地带,如河流沟渠沿岸等(如图 49 所示)。

**图 49 柽柳群落**

2）兴安胡枝子群落（Form. *Lespedeza davurica*）。优势种为兴安胡枝子，群落高度为15~25厘米，覆盖度50%左右，每平方米内植物主茎数可达5~10杆。主要伴生种有狗尾草（*Setaria viridis*）、虎尾草（*Chloris virgata*）、马唐（*Digitaria sanguinalis*）、独行菜（*Lepidium apetalum*）和车前（*Plantago asiatica*）等。主要分布在七里海湿地内地势较高的台地顶端或边缘。由于人为活动的增加，兴安胡枝子群落的数量正在减少（如图50所示）。

图50　兴安胡枝子群落

3）碱蓬群落（Form. *Suaeda glauca*）。在七里海湿地内，碱蓬常见呈斑块状和条带状分布，形成单优势种群落。群落高度为120~180厘米，覆盖度可高达95%以上，每平方米内植株数量高达150株，密度极大。主要伴生种有藜（*Chenopodium album*）、独行菜（*Lepidium apetalum*）和蒲公英（*Taraxacum mongolicum*）等，偶见野大豆（*Glycine soja*）和鹅绒藤（*Cynanchum chinense*）等藤本植物攀附其上。主要分布在七里海湿地内道路沿线和耕地周围，分布极广、数量极多、生物量极大。由于种子丰富，出芽率和成活率高，且没有天敌，近年来有扩大分布的趋势（如图51所示）。

图51　碱蓬群落

4）刺儿菜群落（Form. *Cirsium segetum*）。优势种为刺儿菜，常形成单优势种群落。在七里海湿地内常呈斑块状和条带状分布，形成面积达10平方米以上的群落。群落高度为150~200厘米，覆盖度80%左右，每平方米内植株数量高达40株。盛花期群落呈现鲜艳的紫红色。主要伴生种有铁苋菜（*Acalypha australis*）、打碗花（*Calystegia hederacea*）、狗尾草（*Setaria viridis*）、益母草（*Leonurus japonicus*）和龙葵（*Solanum nigrum*）等。刺儿菜为多年生植物，常靠根状茎繁殖，近年来有扩大分布的趋势（如图52所示）。

图52　刺儿菜群落

5）猪毛蒿群落（Form. *Artemisia scoparia*）。优势种为猪毛蒿。群落高度可达140厘米，覆盖度可达85%以上。主要伴生种有稗（*Echinochloa crusgalli*）、狗尾草（*Setaria viridis*）、金色狗尾草（*Setaria pumila*）、画眉草（*Eragrostis pilosa*）和马唐（*Digitaria sanguinalis*）等，常见鹅绒藤（*Cynanchum chinense*）和菟丝子（*Cuscuta chinensis*）等缠绕其上。在七里海湿地内分布较广，常可见于堤岸、人工林缘等偏旱生、中生生境（如图53所示）。

6）长芒苋群落（Form. *Amaranthus palmeri*）。长芒苋为近年来七里海湿地内新发现的植物。长芒苋常形成单优势种群落；群落高度可达180厘米，覆盖度75%左右，每平方米内植株数量高达140株。群落内其他植物种类较为贫乏，仅见有少量的绿穗苋（*Amaranthus hybridus*）、稗（*Echinochloa crusgalli*）、独行菜（*Lepidium apetalum*）、狗尾草（*Setaria viridis*）和牛筋草（*Eleusine indica*）等。长芒稗群落目前仅见于东七里海湿地的水库沿岸、道路两旁灌草丛中、村落附近。近年来有扩大分布的趋势（如图54所示）。

图 53　猪毛蒿群落

图 54　长芒苋群落

7) 狗尾草群落 (Form. *Setaria viridis*)。优势种为狗尾草, 群落高度为 40~80 厘米, 覆盖度 65%~80%, 每平方米内植株数量高达 180 株, 密度极大。主要伴生种有金色狗尾草 (*Setaria pumila*)、稗 (*Echinochloa crusgalli*)、藜 (*Chenopodium album*)、地肤 (*Kochia scoparia*)、独行菜 (*Lepidium apetalum*) 和萹蓄 (*Polygonum aviculare*) 等, 也见有田旋花 (*Convolvulus arvensis*) 等藤本植物生于其中。主要分布在七里海湿地内道路沿线和耕地周围, 分布极广、数量极多、生物量较大 (如图 55 所示)。

图55　狗尾草群落

8)白羊草群落(Form. *Bothriochloa ischaemum*)。优势种为白羊草,群落高度为25~45厘米,覆盖度可达90%以上,常见形成单优势种群落,1平方米面积内秆数可达250秆以上。群落内少见其他植物生长。在保护区内常见于耕地和道路之间的过渡带,常呈条带状分布,绵延可达十数米至数十米。白羊草生物量极大,在牧业上有较大利用价值,值得加以重视(如图56所示)。

图56　白羊草群落

9)葎草群落(Form. *Humulus scandens*)。优势种为葎草。葎草攀缘于芦苇等草本植物之上,群落的高度依赖于攀附物的高度,在50~350厘米不等,覆盖度高达98%以上。伴生种较少,如藜(*Chenopodium album*)、狗尾草(*Setaria viridis*)和马唐(*Digitaria sanguinalis*)等。此群落类型在七里海湿地内分布极广,常见于芦苇丛中、道路旁、人工林缘和耕地周围。葎草属一年生大型攀缘草本,茎常可蔓延10米以上,形成的群落面积较大。葎草在群落中占有压倒性的优势,常覆盖其他植物,影响其生长。葎草全株密布倒钩刺,常易伤害人畜。由于葎草生物量大,种子丰富,繁殖迅速,且几乎没有天敌,在七里海湿地内已形成扩张蔓延态势,值得加以关注(如图57所示)。

图57　荸草群落

10)野大豆群落(Form. *Glycine soja*)。野大豆为国家二级重点保护植物,在保护区内分布较为广泛。该群落类型的优势种为野大豆。野大豆为缠绕植物,其群落高度常依赖于所缠绕的植物。常形成单优势种群落,覆盖度可高达95%以上。伴生种主要有苘麻(*Abutilon theophrasti*)、苣荬菜(*Sonchus arvensis*)、狗尾草(*Setaria viridis*)、虎尾草(*Chloris virgata*)和马唐(*Digitaria sanguinalis*)等。因近年来野大豆得到有效的保护,加之其生长和繁殖迅速,天敌较少,分布范围有所扩大(如图58所示)。

图58　野大豆群落

11)水葱群落(Form. *Schoenoplectus tabernaemontani*)。七里海湿地内,水葱常形成单优势种群落,群落覆盖度较小,仅30%~50%,群落高度可达140厘米。常见伴生种为芦苇(*Phragmites australis*),群落内少见其他植物种类。水葱沼泽在区域内分布和数量均较为有限,常可见于开阔的浅水区域中靠近水陆交界处(如图59所示)。

图59 水葱群落

12）篦齿眼子菜群落（Form. *Potamogeton pectinatus*）。篦齿眼子菜常组成单优势种群落，每平方米内植株数量介于15~35株之间。该群系普遍见于七里海湿地各部分的开阔水域中，分布地水深变化范围较大，在0.4~2.5米之间均有分布。由于植物生长快速，分枝较多，其在水中漂浮常造成河道阻塞（如图60所示）。

图60 篦齿眼子菜群落

（6）群落的物种多样性。2009—2017年间，针对七里海湿地开展了三轮植物科学考察，对42个群落类型、158个典型植物群落样地开展了样方调查和数据统计。根据群落样方调查结果，分析得到群落的物种多样性结果如表45所示。

表45　七里海湿地的群落多样性指数

| 值 | 种丰富度 | Shannon-Wiener 指数 | Simpson 优势度指数 | Pielou 均匀度指数 |
|---|---|---|---|---|
| 最小值 | 1.00 | 0.00 | 0.000 | 0.053 |
| 平均值 | 7.19 | 1.26 | 0.598 | 0.655 |
| 最大值 | 18.00 | 2.48 | 0.913 | 0.946 |

1）种丰富度。三轮植物科学考察所涉及的158个样方中，物种数最多的为18种，为加杨群落（Ass. *Populus × canadensis*）。物种数≥12种（占全部样方数的6.33%）的依次为加杨群落、陆地棉群落（Ass. *Gossypium hirsutum*）、狗尾草群落（Ass. *Setaria viridis*）、榆树群落（Ass. *Ulmus pumila*）、紫穗槐群落（Ass. *Amorpha fruticosa*）、玉蜀黍群落（Ass. *Zea mays*）和长芒稗群落（Ass. *Echinochloa caudata*）。由此可见，人工林群落和农作物群落具有更高的物种种数，这与人工干扰强度大有关，过高的人工干扰为某些种类的入侵提供了便利。物种数最少的为1种，为芦苇群落（Ass. *Phragmites australis*），主要与其水生生境有关。

2）Shannon-Wiener 指数。七里海湿地所有典型群落的 Shannon-Wiener 指数最高为2.48，为陆地棉群落，该群落优势种为陆地棉，伴生种均为农田杂草，种类丰富，数量众多且种间分布均匀；Shannon-Wiener 指数≥2.0（占全部样方数的7.59%）的分别为陆地棉群落、狗尾草群落、紫穗槐群落、苣荬菜群落（Ass. *Sonchus arvensis*）、玉蜀黍群落、榆树群落、加杨群落和猪毛蒿群落（Ass. *Artemisia scoparia*），由此可见野生植物群落和某些人工林、农作物群落具有最高的 Shannon-Wiener 指数，表明这些群落的空间异质性较高，植物种类较丰富，植物数量分布较均匀；Shannon-Wiener 指数最低为0，为芦苇群落，该群落为挺水植物群落，群落优势种为芦苇，除此之外再无其他植物存在。

3）Simpson 优势度指数。七里海湿地所有典型群落的 Simpson 优势度指数最高为0.913，为陆地棉群落；Simpson 优势度指数≥0.85（占全部样方数的6.33%）的分别为陆地棉群落、地肤群落（Ass. *Kochia scoparia*）、葎草群落（Ass. *Humulus scandens*）、紫穗槐群落、苣荬菜群落、狗尾草群落、玉蜀黍群落、碱蓬群落（Ass. *Suaeda glauca*）和榆树群落，由此可见野生植物群落和某些人工林、农作物群落具有最高的 Simpson 优势度指数，表明这些群落的空间异质性较高；Simpson 优势度指数最低为0，为芦苇群落。

4）Pielou 均匀度指数。七里海湿地所有典型群落的 Pielou 均匀度指数最高为0.946，为西七里海湿地核心区的野西瓜苗群落（Ass. *Hibiscus trionum*），该群落优势种为野西瓜苗，种类较少，但数量比较均匀；Pielou 均匀度指数≥0.9（占全部样方数的5.70%）的分别为陆地棉群落、野西瓜苗群落、葎草群落、碱蓬群落、地肤群落和紫穗槐群落,由此可见农作物群落具有最高的Pielou均匀度指数,表明这些群落的空间异质性较高,植物空间分布较均匀;Pielou均匀度指数最低为0,为芦苇群落。

### 3.2.2 鸟类多样性

(1)鸟类的种类组成

截至2022年7月,七里海湿地共记录鸟类265种(占天津湿地鸟类种总数的58.11%),隶属于20目(占天津湿地鸟类目总数的86.96%)57科(占天津湿地鸟类科总数的76.00%)146属(占天津湿地鸟类属总数的64.32%)。各目的种类组成差异较大,其中种类最为丰富的为雀形目(Passeriformes)(包含104种,占该湿地鸟类种总数的39.25%),其次为鸻形目(Charadriiformes)(包含56种,占该湿地鸟类种总数的21.13%),再次为雁形目(Anseriformes)(包含29种,占该湿地鸟类种总数的10.94%)、鹈形目(Pelecaniformes)(包含17种,占种总数的6.42%)和鹰形目(Accipitriformes)(包含16种,占该湿地鸟类种总数的6.04%)。仅包含1种的目包括沙鸡目(Pterocliformes)、夜鹰目(Caprimulgiformes)、鸨形目(Otidiformes)、鲣鸟目(Suliformes)和犀鸟目(Bucerotiformes)(如图61所示)。总体而言,区域内的鸟类种类较为丰富,在天津4个重要湿地中仅次于北大港湿地。鸟类在目一级水平上的种类数量差异较大,尤以雀形目、鸻形目和雁形目的种类居多。这一组成特征与天津湿地鸟类的整体组成特征基本吻合。

(2)鸟类的生态类群

对鸟类的生态类群类型进行分析,可知七里海湿地鸟类以鸣禽为主,包含104种(占种总数的39.25%),其种类占比与天津湿地鸟类的鸣禽种类占比接近。其次为涉禽,包含65种(占种总数的24.53%);再次为游禽,包含50种(占种总数的18.87%);水鸟(包括涉禽和游禽)种类合计达115种(占种总数的43.40%),超过了鸣禽的种数,体现出该区域以湿地为主的生境特征。猛禽的种类亦较为丰富,包含26种(占种总数的9.81%),其中不乏偏好芦苇沼泽生境的猛禽,如鹞属(Circus)。攀禽和陆禽的比例较小,共计20种(占种总数的7.55%)(如图62所示)。

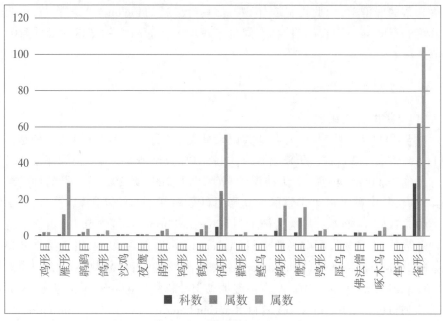

图61　各目鸟类的种类组成

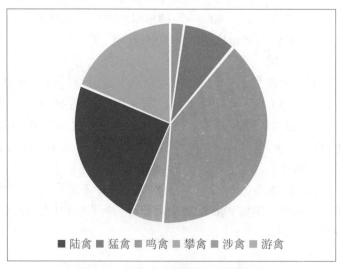

图62　鸟类生态类群的种类组成

（3）鸟类的区系分区

对鸟类的区系分区进行分析，可知七里海湿地的鸟类以古北界为主，包含186种（占种总数的70.19%）；其次为全北界，包含65种（占种总数的24.53%）；最少的为东洋界,包含14种(占种总数的7.28%)(如图63所示)。上述区系分区比例与华北地区及天津湿地的鸟类区系分区比例较为吻合。

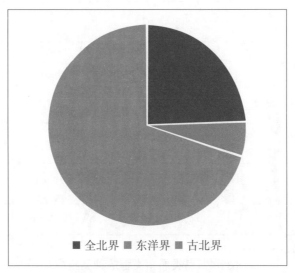

■ 全北界 ■ 东洋界 ■ 古北界

图63　鸟类区系分区构成

（4）鸟类的居留类型

对鸟类的居留类型进行分析,可知七里海湿地的鸟类以旅鸟为主,包含102种(占种总数的38.49%);其次为旅鸟/冬候鸟,包含59种(占种总数的22.26%);再次为夏候鸟/旅鸟(包含38种,占种总数的14.34%)以及留鸟(包含31种,占种总数的11.70%);其余各居留类型所包含的鸟类种数均较少(包含35种,占种总数的13.21%)(如图64所示)。与天津湿地鸟类的居留类型种类占比相比,旅鸟/冬候鸟的比例稍高,可见七里海湿地为种类较为丰富的冬候鸟提供了适宜的越冬栖息地。有关部门应该加强越冬期的鸟类保护和鸟类栖息地管理,以期为越冬鸟类提供更为适宜的越冬条件。

（5）重点保护和珍稀濒危种类

根据《国家重点保护野生动物名录》《国家保护的有重要生态、科学、社会价值的陆生野生动物名录》(即"三有名录")、IUCN红色名录和CITES附录,对七里海湿地的重点保护和珍稀濒危鸟类的组成进行分析(如表46所示)。

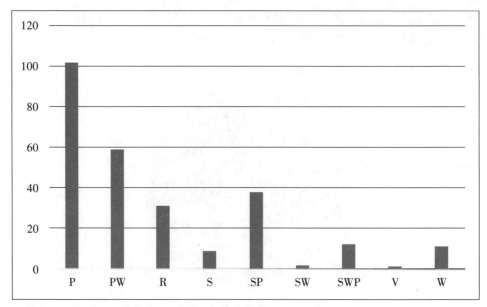

P-旅鸟；S-夏候鸟；W-冬候鸟；R-留鸟；V-迷鸟

图64  鸟类居留类型的种类组成

表46  重点保护和珍稀濒危鸟类种类组成

| 保护级别 | 级别 | 种数 | 占比（%） |
|---|---|---|---|
| 国家重点保护名录 | 一级 | 15 | 5.66 |
|  | 二级 | 46 | 17.36 |
|  | "三有" | 201 | 75.85 |
| IUCN | CR | 3 | 1.13 |
|  | EN | 5 | 1.89 |
|  | VU | 11 | 4.15 |
|  | NT | 14 | 5.28 |
|  | LC | 228 | 86.04 |
|  | NR | 4 | 1.51 |
| CITES | 附录Ⅰ | 7 | 2.64 |
|  | 附录Ⅱ | 28 | 10.57 |
|  | 附录Ⅲ | 8 | 3.02 |
|  | 无 | 222 | 83.77 |

国家一级重点保护鸟类15种，包括：青头潜鸭（*Aythya baeri*）、大鸨（*Otis tar-*

da)、白鹤(*Grus leucogeranus*)、白枕鹤(*Grus vipio*)、黑嘴鸥(*Saundersilarus saunder-si*)、遗鸥(*Ichthyaetus relictus*)、黑鹳(*Ciconia nigra*)、东方白鹳(*Ciconia boyciana*)、黑脸琵鹭(*Platalea minor*)、黄嘴白鹭(*Egretta eulophotes*)、卷羽鹈鹕(*Pelecanus crispus*)、乌雕(*Clanga clanga*)、白尾海雕(*Haliaeetus albicilla*)、猎隼(*Falco cher-rug*)和黄胸鹀(*Emberiza aureola*);国家二级重点保护鸟类46种,包括:鸿雁(*Anser cygnoid*)、白额雁(*Anser albifrons*)、小白额雁(*Anser erythropus*)、疣鼻天鹅(*Cygnus olor*)、小天鹅(*Cygnus columbianus*)、大天鹅(*Cygnus cygnus*)、鸳鸯(*Aix galericula-ta*)、花脸鸭(*Sibirionetta formosa*)、斑头秋沙鸭(*Mergellus albellus*)、角鸊鷉(*Podiceps auritus*)、黑颈鸊鷉(*Podiceps nigricollis*)、灰鹤(*Grus grus*)、半蹼鹬(*Limn-odromus semipalmatus*)、白腰杓鹬(*Numenius arquata*)、大杓鹬(*Numenius madagas-cariensis*)、翻石鹬(*Arenaria interpres*)、大滨鹬(*Calidris tenuirostris*)、白琵鹭(*Plata-lea leucorodia*)、鹗(*Pandion haliaetus*)、黑翅鸢(*Elanus caeruleus*)、凤头蜂鹰(*Per-nis ptilorhynchus*)、日本松雀鹰(*Accipiter gularis*)、雀鹰(*Accipiter nisus*)、苍鹰(*Ac-cipiter gentilis*)、白腹鹞(*Circus spilonotus*)、白尾鹞(*Circus cyaneus*)、鹊鹞(*Circus melanoleucos*)、黑鸢(*Milvus migrans*)、灰脸鵟鹰(*Butastur indicus*)、毛脚鵟(*Buteo lagopus*)、大鵟(*Buteo hemilasius*)、普通鵟(*Buteo japonicus*)、红角鸮(*Otus sunia*)、纵纹腹小鸮(*Athene noctua*)、长耳鸮(*Asio otus*)、短耳鸮(*Asio flammeus*)、红隼(*Fal-co tinnunculus*)、红脚隼(*Falco amurensis*)、灰背隼(*Falco columbarius*)、燕隼(*Falco subbuteo*)、游隼(*Falco peregrinus*)、云雀(*Alauda arvensis*)、震旦鸦雀(*Paradoxornis heudei*)、红胁绣眼鸟(*Zosterops erythropleurus*)、红喉歌鸲(*Calliope calliope*)和蓝喉歌鸲(*Luscinia svecica*)。

IUCN红色名录CR级别的3种,包括:青头潜鸭(*Aythya baeri*)、白鹤(*Grus leu-cogeranus*)和黄胸鹀(*Emberiza aureola*)。IUCN红色名录EN级别的5种,包括:大杓鹬(*Numenius madagascariensis*)、大滨鹬(*Calidris tenuirostris*)、东方白鹳(*Cico-nia boyciana*)、黑脸琵鹭(*Platalea minor*)和猎隼(*Falco cherrug*)。IUCN红色名录VU级别的11种,包括:鸿雁(*Anser cygnoid*)、小白额雁(*Anser erythropus*)、红头潜鸭(*Aythya ferina*)、角鸊鷉(*Podiceps auritus*)、大鸨(*Otis tarda*)、白枕鹤(*Grus vipio*)、黑嘴鸥(*Saundersilarus saundersi*)、遗鸥(*Ichthyaetus relictus*)、黄嘴白鹭(*Egretta eulophotes*)、乌雕(*Clanga clanga*)和田鹀(*Emberiza rustica*)。IUCN红色名录NT级别的14种,包括:鹌鹑(*Coturnix japonica*)、罗纹鸭(*Mareca falcata*)、白眼潜鸭(*Aythya nyroca*)、凤头麦鸡(*Vanellus vanellus*)、半蹼鹬(*Limnodromus semi-palmatus*)、黑尾塍鹬(*Limosa limosa*)、斑尾塍鹬(*Limosa lapponica*)、白腰杓鹬(*Nu-menius arquata*)、红腹滨鹬(*Calidris canutus*)、红颈滨鹬(*Calidris ruficollis*)、弯嘴滨鹬(*Calidris ferruginea*)、卷羽鹈鹕(*Pelecanus crispus*)、震旦鸦雀(*Paradoxornis heu-

*dei*）和小太平鸟（*Bombycilla japonica*）。

CITES附录Ⅰ的7种，包括：白鹤（*Grus leucogeranus*）、白枕鹤（*Grus vipio*）、遗鸥（*Ichthyaetus relictus*）、东方白鹳（*Ciconia boyciana*）、卷羽鹈鹕（*Pelecanus crispus*）、白尾海雕（*Haliaeetus albicilla*）和游隼（*Falco peregrinus*）。CITES附录Ⅱ的28种，包括：花脸鸭（*Sibirionetta formosa*）、大鸨（*Otis tarda*）、灰鹤（*Grus grus*）、黑鹳（*Ciconia nigra*）、白琵鹭（*Platalea leucorodia*）、鹗（*Pandion haliaetus*）、黑翅鸢（*Elanus caeruleus*）、凤头蜂鹰（*Pernis ptilorhynchus*）、乌雕（*Clanga clanga*）、日本松雀鹰（*Accipiter gularis*）、雀鹰（*Accipiter nisus*）、苍鹰（*Accipiter gentilis*）、白腹鹞（*Circus spilonotus*）、白尾鹞（*Circus cyaneus*）、鹊鹞（*Circus melanoleucos*）、黑鸢（*Milvus migrans*）、灰脸鵟鹰（*Butastur indicus*）、毛脚鵟（*Buteo lagopus*）、大鵟（*Buteo hemilasius*）、红角鸮（*Otus sunia*）、纵纹腹小鸮（*Athene noctua*）、长耳鸮（*Asio otus*）、短耳鸮（*Asio flammeus*）、红隼（*Falco tinnunculus*）、红脚隼（*Falco amurensis*）、灰背隼（*Falco columbarius*）、燕隼（*Falco subbuteo*）和猎隼（*Falco cherrug*）。CITES附录Ⅲ的8种，包括：煤山雀（*Periparus ater*）、凤头百灵（*Galerida cristata*）、云雀（*Alauda arvensis*）、鹪鹩（*Troglodytes troglodytes*）、蓝喉歌鸲（*Luscinia svecica*）、普通朱雀（*Carpodacus erythrinus*）、白腰朱顶雀（*Acanthis flammea*）和黄雀（*Spinus spinus*）。

由此可见，七里海湿地的重点保护和珍稀濒危鸟类的种类极为丰富（如图65-67所示），需要采取有针对性的保护措施。

白尾鹞

半蹼鹬

图65 七里海湿地常见国家重点保护鸟类（1）

图66　七里海湿地常见国家重点保护鸟类(2)

图67　七里海湿地常见国家重点保护鸟类(3)

134

（6）鸟类的物种多样性

2014—2021年间，笔者依托天津古海岸与湿地国家级自然保护区的主管部门、野生动植物保护和管理主管部门，连续对七里海湿地开展了鸟类科学考察、鸟类调查和监测。在此基础上，分析七里海湿地鸟类群落的物种多样性状况。以所有鸟类生态类群构成的鸟类群落作为分析对象，则七里海湿地鸟类群落的Shannon-Wiener指数为3.052，Simpson优势度指数为0.899，Pielou均匀度指数为0.559。若仅以水鸟（包括涉禽和游禽）群落作为分析对象，则七里海湿地水鸟群落的Shannon-Wiener指数为2.593，Simpson优势度指数为0.826，Pielou均匀度指数为0.563。总体而言，七里海湿地鸟类和水鸟的物种多样性水平处于较高水平，反映出该湿地能够为种类较为丰富的鸟类提供适宜的栖息地，且各鸟类物种之间的个体数量分布较为均匀。

七里海湿地鸟类的优势种为红嘴鸥（*Chroicocephalus ridibundus*）（种群占比达26.12%）和家燕（*Hirundo rustica*）（种群占比达11.01%）。

### 3.2.3　其他动物类群的多样性

#### 3.2.3.1　哺乳动物

（1）种类组成

截至2022年7月，七里海湿地共记录到野生哺乳动物5目6科13属14种。其中，啮齿目（Rodentia）种类最为丰富，共有7种（占种总数的50.00%），其次为食肉目（Carnivora），共有3种（占种总数的21.43%），再次为翼手目（Chiroptera），共有2种（占种总数的14.29%），兔形目（Lagomorpha）和猬形目（Erinaceomorpha）均仅包含1种，分别为蒙古兔（*Lepus tolai*）和东北刺猬（*Erinaceus amurensis*）。七里海湿地为湿地类型生境，植物群落结构较为简单。一方面，植物作为哺乳动物庇护所的重要资源，在一定程度决定了动物种类的多少；另一方面，植物是哺乳动物食物的重要资源，其生产力控制着动物的种类和数量。因此七里海湿地相对简单的植物群落结构导致其哺乳动物资源也相对简单，这与天津其他重要湿地保护区的哺乳动物种类组成状况相似。

（2）区系分区

对野生哺乳动物的区系分区情况进行分类发现，七里海湿地野生哺乳动物组成以古北界种类为主，共计13种（占种总数的92.86%）；东洋界种类仅1种（占种总数的7.14%），反映出七里海湿地野生哺乳动物的区系组成以古北界为主。

（3）重点保护和珍稀濒危物种

七里海湿地野生哺乳动物中，未发现被列为国家一级或二级重点保护动物的物种；仅1种被列为IUCN红色名录NT（近危）级别，即猪獾（*Arctonyx collaris*）；

仅1种被列入CITES附录Ⅲ，即黄鼬（*Mustela sibirica*）。

### 3.2.3.2 两栖爬行动物

（1）种类组成

截至2022年7月，七里海湿地共记录到野生两栖爬行动物2纲4目/亚目6科9属10种。在已记录的野生两栖爬行动物中，蛇亚目（Serpentes）种类最为丰富，共有4种（占种总数的40.00%）；其次为无尾目（Anura），共有3种（占种总数的30.00%）；再次为蜥蜴亚目（Lacertilia），共有2种（占种总数的20.00%）；龟鳖目（Testudoformes）仅记录1种，即中华鳖（*Trionyx sinensis*）。

（2）区系分区

对野生两栖爬行动物的区系分区情况进行分类发现，七里海湿地野生两栖爬行动物中，东洋界和古北界的种数均为5种（占种总数的50.00%）。反映了七里海湿地在动物地理区划上属古北界和东洋界物种交汇的区域，两者的种类组成相当。

（3）重点保护和珍稀濒危物种

七里海湿地野生两栖爬行动物中，尚未有被列为国家一级和二级重点保护动物的物种；共2种被列为IUCN红色名录VU（易危）级别，即无蹼壁虎（*Gekko swinhonis*）和中华鳖（*Trionyx sinensis*），另有1种被列为NT（近危）级别，即黑斑侧褶蛙（*Pelophylax nigromaculatus*）；尚未有物种被列入CITES附录中。

### 3.2.3.3 鱼类

截至2022年7月，七里海湿地共记录到鱼类6目10科36属46种。在已记录的鱼类中，鲤形目（Cypriniformes）种类最为丰富，共有36种（占种总数的78.26%）；其次为鲈形目（Perciformes），共有5种（占种总数的10.87%）；再次为鲇形目（Siluriformes），共有2种（占种总数的4.35%）；其余三目即鲱形目（Clupeiformes）、鲑形目（Salmoniformes）和合鳃目（Synbranchiformes）均仅记录1种，即鲚（*Coilia ectenes*）、前颌间银鱼（*Hemosalanx prognathus*）和黄鳝（*Monopterus albus*）。

从动物地理学角度分析，七里海湿地的鱼类区系组成包括3个复合体。

1）古代第三纪复合体，是湿地水域最重要的复合体，该复合体的鱼类有鲤（*Cyprinus carpio*）和泥鳅（*Misgurnus angillicaudatus*）等。其中鲤的资源最为丰富，是最主要的优势种。

2）中国江河平源复合体，该复合体的鱼类种数较多，如青鱼（*Mylopharyngodon piceus*）、草鱼（*Ctenopharyngodon idellas*）、鲢（*Hypophthalmichthys molitrix*）、鳙（*Aristichthys nobilis*）、餐条（*Hemiculter leucisculus*）和南方马口鱼（*Opsariichthys uncirostris*）等，其中包括若干重要的经济养殖种类。

3）南方热带（印度）平原复合体，该复合体的鱼类有乌鳢（*Ophicephalus argus*）、黄颡鱼（*Pseudobagrus fulviraco*）和黄鳝（*Monopterus albus*）等肉食性鱼类。

#### 3.2.3.4  昆虫

截至2022年7月,七里海湿地共记录到陆生昆虫9目37科85种。上述昆虫种类均为我国北方(古北区)常见种类。种类最多的是半翅目(Hemiptera),共记录18种(占种总数的21.18%);其次为鳞翅目(Lepidoptera)和直翅目(Orthoptera),均记录15种(占种总数的17.64%);再次为鞘翅目(Coleoptera)和双翅目(Diptera),均记录11种(占种总数的112.94%);其他各目所包含的种类较少。

上述种类中,常见种为蜻蜓目(Odonata)的东亚异痣蟌(*Ischnura asiatica*),半翅目的小长蝽(*Nysius ericae*),鳞翅目(Lepidoptera)的菜粉蝶(*Pieris rapae*),双翅目(Diptera)的中华摇蚊(*Chironomus sinicus*)和膜翅目(Hymenoptera)的日本弓背蚁(*Camponotus japonicus*)。

## 3.3  天津市北大港湿地自然保护区生物多样性

### 3.3.1  植物多样性

(1)植物种类组成

北大港湿地目前共记录高等植物65科176属260种(包含种以下分类阶元,包括1个亚种,10个变种,3个变型和8个栽培品种),其中包括国家二级重点保护植物1种,即野大豆(*Glycine soja*)。植物类群的科属种组成如表47所示。

**表47  植物类群的科属种组成**

| 植物类群 | 科数 | 占比(%) | 属数 | 占比(%) | 种数 | 占比(%) |
|---|---|---|---|---|---|---|
| 蕨类植物 | 2 | 3.08 | 2 | 1.14 | 2 | 0.77 |
| 裸子植物 | 2 | 3.08 | 3 | 1.70 | 4 | 1.54 |
| 双子叶植物 | 52 | 80.00 | 133 | 75.57 | 204 | 78.46 |
| 单子叶植物 | 9 | 13.85 | 38 | 21.59 | 50 | 19.23 |
| 合计 | 65 | 100.00 | 176 | 100.00 | 260 | 100.00 |

其中蕨类植物2科2属2种,即节节草(*Equisetum ramosissimum*)和蘋(*Marsilea quadrifolia*),裸子植物2科3属4种,即银杏(*Ginkgo biloba*)、侧柏(*Platycladus orientalis*)、龙柏(*Juniperus chinensis* 'Kaizuka')和铺地柏(*Juniperus procumbens*),被子植物中双子叶植物52科133属204种,单子叶植物9科38属50种。

从各科包含的种数来看,包含物种最多的5个科依次为菊科(Asteraceae)、禾本科(Poaceae)、豆科(Fabaceae)、蔷薇科(Rosaceae)和藜科(Chenopodiaceae)。仅包含2种的有7个科,仅包含1种的达33个科,可见小科较多,单属种的科极多,各科包含的种类及其占比如表48所示。

表48 各科包含的种类及其占比

| 级别 | 科数 | 占比(%) | 种数 | 占比(%) |
|---|---|---|---|---|
| 种数≥30 | 2 | 3.08 | 66 | 25.39 |
| 10≤种数<30 | 3 | 4.62 | 50 | 19.23 |
| 5≤种数<10 | 10 | 15.38 | 65 | 25.01 |
| 2≤种数<4 | 17 | 26.16 | 46 | 17.69 |
| 种数=1 | 33 | 50.77 | 33 | 12.69 |
| 合计 | 65 | 100.00 | 260 | 100.00 |

从各属所包含的种数来看,包含种类最多的5个属依次为蒿属(*Artemisia*)、苋属(*Amaranthus*)、藜属(*Chenopodium*)、蓼属(*Polygonum*)和桃属(*Amygdalus*)。仅含2种的属有32属,单种属达到125属,占比较大。各属包含的种类及其占比如表49所示。

表49 各属包含的种类及其占比

| 级别 | 属数 | 占比(%) | 种数 | 占比(%) |
|---|---|---|---|---|
| 种数≥5 | 5 | 2.84 | 28 | 10.76 |
| 种数=4 | 1 | 0.57 | 4 | 1.54 |
| 种数=3 | 13 | 7.39 | 39 | 15.00 |
| 种数=2 | 32 | 18.18 | 64 | 24.62 |
| 种数=1 | 125 | 71.02 | 125 | 48.08 |
| 合计 | 176 | 100.00 | 260 | 100.00 |

(2)科和属的分布区类型

1)野生种子植物科的分布区类型。依据吴征镒《〈世界种子植物科的分布区类型系统〉的修订》中对世界种子植物科的分布区类型划分,可将北大港湿地内野生种子植物47科划分为5个分布区类型。其中属于世界分布性质的科最多,为34科(占野生科总数的72.34%),如车前科(Plantaginaceae)、豆科(Fabaceae)和堇菜科(Violaceae)等;其次为泛热带分布性质的科,共7科(占野生科总数的14.89%),如锦葵科(Malvaceae)、蒺藜科(Zygophyllaceae)和葫芦科(Cucurbitaceae)等;北温带分布性质的有4科(占野生科总数的8.51%),包括花蔺科(Butomaceae)、杨柳科(Salicaceae)、牻牛儿苗科(Geraniaceae)和鸢尾科(Iridaceae)；旧世界温带分布和热带亚洲及热带美洲间断分布的均仅有1科,分别为柽柳科(Tamaricaceae)和马鞭草科(Verbenaceae),这说明北大港湿地内野生种子植物科的分布区类型以世界分布性质为主,泛热带分布和北温带分布的性质较为明显,这与北大港湿地所处的华北地区野生植物科的分布区特征相符。野生种子植物科的分布区类型如表50所示。

表50　野生种子植物科的分布区类型

| 分布区类型 | 科数 | 占比(%) |
| --- | --- | --- |
| 1世界广布 | 34 | 72.34 |
| 2泛热带分布 | 7 | 14.89 |
| 3热带亚洲及热带美洲间断分布 | 1 | 2.13 |
| 8北温带分布 | 4 | 8.51 |
| 10旧世界温带分布 | 1 | 2.13 |
| 合计 | 47 | 100.00 |

2)野生种子植物属的分布区类型。依据吴征镒《中国种子植物属的分布区类型》中对中国种子植物属的分布区类型划分,可将北大港湿地内野生种子植物125属划分为13个分布区类型或变型,其中属于世界分布性质的属最多,共有34属(占野生属总数的27.20%),如补血草属(*Limonium*)、独行菜属(*Lepidium*)、蒿属(*Artemisia*)、毛茛属(*Ranunculus*)和薹草属(*Carex*)等；其次为泛热带分布性质的属,共有28属(占野生属总数的22.40%),如白茅属(*Imperata*)、狗尾草属(*Setaria*)、蒺藜属(*Tribulus*)和芦苇属(*Phragmites*)等；北温带分布性质的属有25属(占野生属总数的20.00%),如播娘蒿属(*Descurainia*)、鹅观草属(*Roegneria*)、蒲公英属(*Taraxacum*)、委陵菜属(*Potentilla*)和盐芥属(*Thellungiella*)等。说明北大港湿地内野生种子植物属的分布区类型以世界分布性质为主,其次是泛热带分布性质和北温带分布性质,这与北大港湿地所处的华北地区野生植物属的分布区特征相符。野生种子植物属的分布区类型如表51所示。

表51　野生种子植物属的分布区类型

| 分布区类型 | 属数 | 占比(%) |
| --- | --- | --- |
| 1世界分布 | 34 | 27.20 |
| 2泛热带分布 | 28 | 22.40 |
| 3热带亚洲及热带美洲间断分布 | 1 | 0.80 |

| 分布区类型 | 属数 | 占比(%) |
|---|---|---|
| 4旧世界热带 | 2 | 1.60 |
| 5热带亚洲至热带大洋洲分布 | 3 | 2.40 |
| 7热带亚洲分布 | 2 | 1.60 |
| 8北温带分布 | 26 | 20.80 |
| 9东亚及北美间断分布 | 4 | 3.20 |
| 10旧世界温带分布 | 14 | 11.20 |
| 11温带亚洲分布 | 3 | 2.40 |
| 12地中海区、西亚至中亚分布 | 4 | 3.20 |
| 14东亚分布 | 4 | 3.20 |
| 合计 | 125 | 100.00 |

(3)野生和栽培植物组成

在上述植物中,野生植物共有49科127属181种(包含种以下分类阶元,包括1个亚种和7个变种),栽培植物共有29科60属79种(包含种以下分类阶元,包括3个变种,3个变型和8个栽培品种)。总体而言,野生植物种类占比较大,栽培植物种类占比较小。野生植物和栽培植物的科属种组成如图68所示。

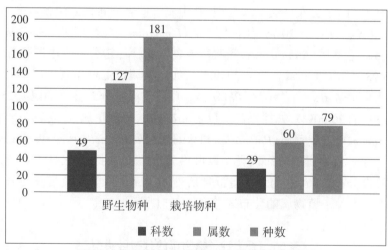

图68 野生植物和栽培植物的科属种组成

(4)生活型组成

对植物生活型类型进行分析可知,260种植物可以划分为9大类或亚类。其中一年生草本种类最为丰富,共计97种(占种总数的37.31%),如地肤(*Kochia* scoparia)、反枝苋(*Amaranthus retroflexus*)、野西瓜苗(*Hibiscus trionum*)、碱菀(*Tripolium vulgare*)和长芒稗(*Echinochloa caudata*)等；其次为多年生草本，共计73种(占种总数的28.08%)，如紫花地丁(*Viola philippica*)、二色补血草(*Limonium bicolor*)、地黄(*Rehmannia glutinosa*)、旋覆花(*Inula japonica*)和马蔺(*Iris lactea*)等；再次为乔木，共计42种(占种总数的16.15%)，如旱柳(*Salix matsudana*)、榆树(*Ulmus pumila*)、构树(*Broussonetia papyrifera*)、杜梨(*Pyrus betulifolia*)和桃(*Amygdalus persica*)等；灌木为25种(占种总数的9.62%)，如紫叶小檗(*Berberis thunbergii* var. *atropurpurea*)、紫穗槐(*Amorpha fruticosa*)、酸枣(*Ziziphus jujuba* var. *spinosa*)、荆条(*Vitex negundo* var. *heterophylla*)和枸杞(*Lycium chinense*)等；其余各生活型类型所包含的种类相对较少。生活型种类组成如表52所示。

表52　生活型种类组成

| 生活型类型 | 种数 | 占比(%) |
|---|---|---|
| 一年生草本 | 97 | 37.31 |
| 多年生草本 | 73 | 28.08 |
| 半灌木或半灌木状草本 | 6 | 2.31 |
| 灌木 | 25 | 9.62 |
| 乔木 | 42 | 16.15 |
| 草质藤本 | 12 | 4.62 |
| 木质藤本 | 2 | 0.77 |
| 寄生植物 | 2 | 0.77 |
| 竹类 | 1 | 0.38 |
| 合计 | 260 | 100.00 |

综上分析可知，北大港湿地植物的生活型类型中，草本植物占据了绝对优势，共计170种(占种总数的65.38%)，其中又以野生植物中的草本植物种类居多，人工栽培的草本植物种类较少，仅有秋英(*Cosmos bipinnata*)、百日菊(*Zinnia elegans*)、番茄(*Lycopersicon esculentum*)、向日葵(*Helianthus annuus*)和玉蜀黍(*Zea mays*)等10余种。木本植物则以栽培植物为主，野生植物种类较为有限，前者包括白梨(*Pyrus bretschneideri*)、合欢(*Albizia julibrissin*)、毛泡桐(*Paulownia tomentosa*)、三球悬铃木(*Platanus orientalis*)、白丁香(*Syringa oblata* var. *alba*)和紫穗槐(*Amorpha fruticosa*)等，后者包括杜梨(*Pyrus betulifolia*)、桑(*Morus alba*)、榆树(*Ulmus pumila*)、小果白刺(*Nitraria sibirica*)、兴安胡枝子(*Lespedeza davurica*)和酸枣(*Ziziphus jujuba* var. *spinosa*)等。

（5）主要植被类型

按照北大港湿地区域内不同斑块与立地类型,参照《中国植被》的分类系统,将区域内的植被群落分为6个植被型组,11个植被型,63个群系,其中1个人工栽培植被型组(包括3个植被型和16个群系),其余均为野生植被。北大港湿地的植被类型划分如表53所示。

**表53 北大港湿地的植被类型**

| 植被型组 | 植被型 | 群系 |
|---|---|---|
| 1 灌丛 | 1 温带落叶阔叶灌丛 | 1 柽柳灌丛 |
| | | 2 小果白刺灌丛 |
| | | 3 荆条灌丛 |
| | | 4 酸枣灌丛 |
| | | 5 兴安胡枝子灌丛 |
| 2 草丛 | 2 温带草丛 | 6 白羊草草丛 |
| | | 7 朝鲜碱茅草丛 |
| | | 8 星星草草丛 |
| | | 9 马蔺草丛 |
| | | 10 猪毛蒿草丛 |
| | | 11 猪毛菜草丛 |
| | | 12 野大豆草丛 |
| | | 13 荸草草丛 |
| | | 14 刺儿菜草丛 |
| | | 15 益母草草丛 |
| | | 16 反枝苋草丛 |
| | | 17 苘麻草丛 |
| | | 18 宽叶独行菜草丛 |
| | | 19 野艾蒿草丛 |
| | | 20 圆叶牵牛草丛 |
| 3 草甸 | 3 温带禾草、杂类草草甸 | 21 牛鞭草草甸 |
| | | 22 白茅草甸 |
| | | 23 画眉草草甸 |
| | 4 温带禾草、杂类草盐生草甸 | 24 獐毛盐生草甸 |
| | | 25 芦苇、獐毛盐生草甸 |
| | | 26 芦苇、猪毛蒿盐生草甸 |
| | | 27 芦苇、罗布麻盐生草甸 |
| | | 28 羊草、朝鲜碱茅盐生草甸 |

续表

| 植被型组 | 植被型 | 群系 |
|---|---|---|
| 3草甸 | 4温带禾草、杂类草盐生草甸 | 29盐地碱蓬盐生草甸 |
| | | 30盐地碱蓬、碱蓬盐生草甸 |
| | | 31盐角草盐生草甸 |
| | | 32二色补血草盐生草甸 |
| | | 33碱菀盐生草甸 |
| 4沼泽 | 5寒温带、温带沼泽 | 34芦苇沼泽 |
| | | 35水烛沼泽 |
| | | 36水葱沼泽 |
| | | 37花蔺沼泽 |
| | | 38扁秆藨草沼泽 |
| | | 39互花米草沼泽 |
| 5水生植被 | 6沉水植物群落 | 40菹草群落 |
| | | 41穗状狐尾藻群落 |
| | | 42篦齿眼子菜群落 |
| | 7漂浮植物群落 | 43浮萍群落 |
| | | 44紫萍群落 |
| | 8浮叶根生植物群落 | 45蘋群落 |
| | | 46荇菜群落 |
| 6栽培植被 | 9一年一熟粮食作物及落叶果树园 | 47豇豆 |
| | | 48玉蜀黍 |
| | | 49高粱 |
| | | 50苹果 |
| | | 51枣 |
| | | 52葡萄 |
| | 10两年三熟旱作 | 53小麦 |
| | 11人工密林 | 54绒毛梣 |
| | | 55槐 |
| | | 56刺槐 |
| | | 57加杨 |
| | | 58绦柳 |
| | | 59火炬树 |
| | | 60红花刺槐 |
| | | 61金叶榆 |
| | | 62金枝国槐 |
| | | 63紫穗槐 |

对其中部分典型植物群落简要描述如下。

1)小果白刺群落(Form. *Nitraria sibirica*)。优势种为小果白刺。群落覆盖度可达70%,群落高度常仅100厘米。常见伴生种为蒙古鸦葱(*Scorzonera mongolica*)、蒲公英(*Taraxacum mongolicum*)、獐毛(*Aeluropus sinensis*)和狗尾草(*Setaria viridis*)等。主要分布在北大港水库东侧和西南侧的水中或水边台地上,也稍见于水库内外两侧的堤防坡面,能见量较为有限。小果白刺是著名的防风护沙和水土保持植物,也是著名的野果,其资源状况值得被关注(如图69所示)。

图69　小果白刺群落

2)星星草群落(Form. *Puccinellia tenuiflora*)。星星草常形成单优势种群落。群落覆盖度高达70%,群落高度可达70厘米,密度较大。常见伴生种包括獐毛(*Aeluropus sinensis*)、狗尾草(*Setaria viridis*)、芦苇(*Phragmites australis*)和盐地碱蓬(*Suaeda salsa*)等。该群落常见分布于北大港湿地内地势较为低洼的滨水地带或盐碱滩上。星星草群落在夏末秋初常形成枯黄色的群落景观,尤为壮观(如图70所示)。

图70　星星草群落

3)猪毛菜群落(Form. *Salsola collina*)。优势种为猪毛菜。群落覆盖度55%~70%,群落高度为35~45厘米,常见伴生种有地肤(*Kochia scoparia*)、狗尾草(*Setaria viridis*)、虎尾草(*Chloris virgata*)和白羊草(*Bothriochloa ischaemum*)等。猪毛菜群落主要分布于北大港湿地内荒草地、路旁或水边台地。猪毛菜为耐盐植物,其分布地土壤含盐量常较高;其群落常呈散点状分布,估计与土壤含盐量的散点状分布有关(如图71所示)。

图71 猪毛菜群落

4)圆叶牵牛群落(Form. *Pharbitis purpurea*)。圆叶牵牛常攀附于其他植物或物体上,或直接铺散于地面形成单优势种群落。群落覆盖度极高,常可达90%。常见伴生种有牵牛(*Pharbitis nil*)、狗尾草(*Setaria viridis*)、阿尔泰狗娃花(*Heteropappus altaicus*)和乳苣(*Mulgedium tataricum*)等。圆叶牵牛草丛在区域内非常常见,尤其常见于受损后迹地,也见于林下、灌丛、草本植物群落或人居环境内。圆叶牵牛作为外来入侵物种,其形成的单优势种群落面积宽广,且近年来有扩张的趋势,应引起足够重视(如图72所示)。

图72 圆叶牵牛群落

5）牛鞭草群落（Form. *Hemarthria sibirica*）。牛鞭草常形成单优势种群落，群落覆盖度高可达70%，群落高度可达130厘米。伴生种往往不多，常见的有芦苇（*Phragmites australis*）、碱蓬（*Suaeda glauca*）、东亚市藜（*Chenopodium urbicum* subsp. *sinicums*）和狗尾草（*Setaria viridis*）等。牛鞭草群落主要分布于北大港水库腹地中西部的土道沿途，常见于道旁地势较高之处（如图73所示）。

图73　牛鞭草群落

6）白茅群落（Form. *Imperata cylindrica*）。优势种为白茅，常形成单优势种群落，覆盖度达到90%或以上，群落高度可达90厘米。伴生种较少，如狗牙根（*Cynodon dactylon*）、獐毛（*Aeluropus sinensis*）、盐地碱蓬（*Suaeda salsa*）和中亚滨藜（*Atriplex centralasiatica*）等。白茅群落主要分布于河漫滩和道路两旁地势稍高的位置。白茅的根系极为发达，具有极强的水土保持能力，是道路边坡水土保持的优秀植物种类。此外，白茅在春季和秋季均具有极好的观赏性，亦可以作为道路两旁景观植物使用（如图74所示）。

图74　白茅群落

7)獐毛群落(Form. *Aeluropus sinensis*)。獐毛单优势种群落的群落覆盖度可达90%~95%,伴生种有蒲公英(*Taraxacum mongolicum*)、苣荬菜(*Sonchus arvensis*)、狗尾草(*Setaria viridis*)和碱菀(*Tripolium vulgare*)等。獐毛群落在区域内常见于水域的水岸带,即水陆交界处。其临近水边一侧多为芦苇(*Phragmites australis*)、水烛(*Typha angustifolia*)、碱菀(*Tripolium vulgare*)和扁秆藨草(*Scirpus planiculmis*)等,远离水面一侧常为狗尾草(*Setaria viridis*)和苣荬菜(*Sonchus arvensis*)等,群落呈现明显的平行于水陆交界线的条带状分布。獐毛根系发达,具有横走根状茎,具有很好的水土保持效果,因此也是较好的盐碱地绿化先锋物种(如图75所示)。

图75  獐毛群落

8)芦苇、罗布麻群落(Form. *Phragmites australis*,*Apocynum venetum*)。该群落类型由芦苇和罗布麻形成共优势种群落,群落高度达120厘米,覆盖度可达75%。常见伴生种有獐毛(*Aeluropus sinensis*)、芦苇(*Phragmites australis*)和藜(*Chenopodium album*)等。该群落类型可见于北大港水库和独流减河的部分地段,分布靠近沼泽。群落中的罗布麻的花于夏季盛开,茎和花冠均为紫红色,观赏性极佳,是值得推荐的盐碱地绿化物种(如图76所示)。

9)盐角草群落(Form. *Salicornia europaea*)。在北大港湿地内,盐角草常形成单优势种群落,群落内个体之间间距较大,故群落覆盖度不高,仅35%~50%,群落高度可达45厘米。伴生种均为耐盐植物,如盐地碱蓬(*Suaeda salsa*)、二色补血草(*Limonium bicolor*)和獐毛(*Aeluropus sinensis*)等,种类和数量均较少。盐角草在区域内曾广泛分布,但近年来已较难见到,仅发现3个群落,位于独流减河河床中靠近水边的低洼地段,季节性水淹或者不被水淹的紧实泥土上,土壤含盐量较高(如图77所示)。

图76　芦苇、罗布麻群落

图77　盐角草群落

10）碱菀群落（Form. *Tripolium vulgare*）。碱菀群落覆盖度可达85%，群落高度达130厘米。秋季常产生大量种子，并于次年春夏交替时萌发，产生大量幼苗，幼苗密度可达到270株/平方米。常见伴生种为扁秆藨草（*Scirpus planiculmis*）、蒲公英（*Taraxacum mongolicum*）、獐毛（*Aeluropus sinensis*）、巴天酸模（*Rumex patientia*）和滨藜（*Atriplex patens*）等。碱菀群落在区域内常见于水岸带，沿河流、湖泊等水体的水陆交接线分布，所处位置常高于水面2~10厘米，呈明显的条带状分布。秋季盛花时期，碱菀群落常形成绵延的粉紫色景观，蔚为壮观（如图78所示）。

11）花蔺群落（Form. *Butomus umbellatus*）。北大港湿地内，花蔺常混杂在芦苇（*Phragmites australis*）或扁秆藨草（*Scirpus planiculmis*）群落中，少见形成以花蔺为优势种的群落。其群落覆盖度可达60%，群落高度可达110厘米。常见伴生种有芦苇和扁秆藨草等。花蔺群落在区域内较为少见，分布局限于北大港水库的几个近水渠道入口附近的浅水区域或沼泽。花蔺作为湿地生态环境的重要指示物种，同时也是观赏价值较高的野生花卉，其资源状况值得引起足够重视（如图79所示）。

图78  碱菀群落

图79  花蔺群落

12)互花米草群落(Form. *Spartina alterniflora*)。由互花米草形成单优势种群落,群落内未发现其他植物。群落覆盖度常可达95%,群落高度可达210厘米。互花米草群落见于北大港湿地缓冲区内(独流减河河口至子牙新河河口之间的潮间带滩涂),偶见沿入海河流上溯至上游数千米处。互花米草为入侵物种,耐盐、耐水淹,对潮间带滩涂适应性极好,且无明显的天敌。近年来,区域内的互花米草群落有快速蔓延扩张的趋势,有关部门须引起足够重视(如图80所示)。

(6)群落的物种多样性

根据2019—2020年北大港湿地植物科学考察的最新结果,对北大港湿地的植物群落多样性指数进行分析:若以北大港湿地全区作为考察单元,则其Shannon-Wiener指数为3.273,Simpson优势度指数为0.922,Pielou均匀度指数为0.677;若单独以每个样地作为考察单元,48个样地的群落多样性指数如表54所示。

---

图80　互花米草群落

表54　北大港湿地典型样地的群落多样性指数

| 样地编号 | 种丰富度 | Shannon-Wiener 指数 | Simpson 优势度指数 | Pielou 均匀度指数 |
|---|---|---|---|---|
| 001 | 29 | 1.927 | 0.720 | 0.572 |
| 002 | 27 | 2.346 | 0.844 | 0.712 |
| 003 | 26 | 2.414 | 0.872 | 0.741 |
| 004 | 25 | 1.891 | 0.734 | 0.587 |
| 005 | 22 | 2.158 | 0.818 | 0.698 |
| 006 | 15 | 2.049 | 0.767 | 0.757 |
| 007 | 13 | 1.534 | 0.727 | 0.598 |
| 008 | 4 | 1.360 | 0.737 | 0.981 |
| 009 | 10 | 1.638 | 0.723 | 0.712 |
| 010 | 21 | 1.822 | 0.704 | 0.598 |
| 011 | 23 | 2.551 | 0.901 | 0.814 |
| 012 | 26 | 2.369 | 0.851 | 0.727 |
| 013 | 22 | 2.328 | 0.834 | 0.753 |
| 014 | 15 | 1.664 | 0.701 | 0.614 |
| 015 | 19 | 2.044 | 0.813 | 0.694 |
| 016 | 19 | 2.018 | 0.768 | 0.685 |
| 017 | 15 | 1.860 | 0.773 | 0.687 |
| 018 | 14 | 2.044 | 0.809 | 0.775 |
| 019 | 21 | 2.295 | 0.857 | 0.754 |
| 020 | 8 | 0.672 | 0.288 | 0.323 |
| 021 | 11 | 1.904 | 0.823 | 0.794 |
| 022 | 8 | 0.893 | 0.477 | 0.429 |
| 023 | 13 | 2.137 | 0.862 | 0.833 |
| 024 | 21 | 1.697 | 0.731 | 0.557 |

续表

| 样地编号 | 种丰富度 | Shannon-Wiener 指数 | Simpson 优势度指数 | Pielou 均匀度指数 |
|---|---|---|---|---|
| 025 | 12 | 1.414 | 0.669 | 0.569 |
| 026 | 13 | 1.806 | 0.752 | 0.704 |
| 027 | 18 | 1.873 | 0.792 | 0.648 |
| 028 | 10 | 1.598 | 0.738 | 0.694 |
| 029 | 10 | 2.132 | 0.869 | 0.926 |
| 030 | 9 | 1.392 | 0.639 | 0.633 |
| 031 | 7 | 1.138 | 0.553 | 0.585 |
| 032 | 10 | 1.140 | 0.563 | 0.495 |
| 033 | 8 | 0.610 | 0.269 | 0.293 |
| 034 | 15 | 2.223 | 0.868 | 0.821 |
| 035 | 10 | 1.810 | 0.791 | 0.786 |
| 036 | 12 | 1.311 | 0.569 | 0.527 |
| 037 | 13 | 0.788 | 0.318 | 0.307 |
| 038 | 11 | 1.487 | 0.617 | 0.620 |
| 039 | 11 | 1.547 | 0.725 | 0.645 |
| 040 | 16 | 2.058 | 0.832 | 0.742 |
| 041 | 10 | 1.758 | 0.784 | 0.764 |
| 042 | 11 | 1.652 | 0.811 | 0.826 |
| 043 | 10 | 1.523 | 0.725 | 0.704 |
| 044 | 9 | 1.423 | 0.659 | 0.634 |
| 045 | 3 | 0.560 | 0.321 | 0.304 |
| 046 | 7 | 0.922 | 0.512 | 0.445 |
| 047 | 8 | 0.721 | 0.367 | 0.313 |
| 048 | 8 | 1.356 | 0.569 | 0.605 |
| 总体 | 126 | 3.273 | 0.922 | 0.677 |

分析上表可知,上述48个样地的种丰富度平均值为14.125;Shannon-Wiener指数平均值为1.664,Simpson优势度指数平均值为0.697,Pielou均匀度指数平均值为0.646,其中Shannon-Wiener指数和Simpson优势度指数2个指数的平均值与以北大港湿地全区作为计算单元得到的计算结果差距较大。

群落多样性指数的水平反映了北大港湿地植物群落物种种类组成及数量构成的复杂程度。与七里海湿地、大黄堡湿地和团泊洼湿地相比,北大港湿地群落多样性处于近似水平,但远小于天津八仙山、盘山等山区的群落多样性水平,较好地反映了湿地植物群落的结构特征。

### 3.3.2 鸟类多样性

(1)鸟类的种类组成

截至2022年7月,北大港湿地共记录鸟类292种(占天津湿地鸟类种总数的64.04%),隶属于22目(占天津湿地鸟类目总数的95.66%)60科(占天津湿地鸟类科总数的80.00%)154属(占天津湿地鸟类属总数的67.84%),占据天津4个重要湿地保护区鸟类种数之首。

各目的种类组成差异较大,其中种类最为丰富的为仍为雀形目(Passeriformes)(包含101种,占该湿地鸟类种总数的34.59%),其次为鸻形目(Charadriiformes)(包含65种,占该湿地鸟类种总数的22.26%),再次为雁形目(Anseriformes)(包含39种,占该湿地鸟类种总数的13.36%)、鹈形目(Pelecaniformes)和鹰形目(Accipitriformes)(均包含17种,占该湿地鸟类种总数的5.82%)、鹤形目(Gruiformes)(包含13种,占该湿地鸟类种总数的4.45%)。仅包含1种的目包括沙鸡目(Pterocliformes)、夜鹰目(Caprimulgiformes)、鸨形目(Otidiformes)、鲣鸟目(Suliformes)和犀鸟目(Bucerotiformes)(如图81所示)。总体而言,区域内的鸟类种类在天津4个重要湿地保护区中最为丰富。鸟类在目一级水平上的种类数量差异较大,排名前三的优势目仍为雀形目、鸻形目和雁形目,这一组成特征与天津湿地鸟类的整体组成特征相吻合。

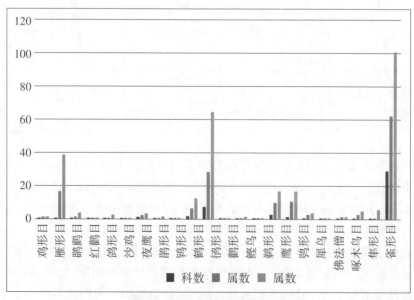

**图81　各目鸟类的种类组成**

（2）鸟类的生态类群

对鸟类的生态类群类型进行分析,可知北大港湿地鸟类以鸣禽为主,包含101种(占种总数的34.59%),其种类占比与天津湿地鸟类的鸣禽种类占比接近。其次为涉禽,包含81种(占种总数的27.74%);再次为游禽,包含62种(占种总数的21.23%)。其中水鸟(包括涉禽和游禽)种类合计达143种(占种总数的48.97%),比鸣禽的种数多41.58%,是天津4个重要湿地保护区中水鸟种类占比最大的,反映了北大港湿地的湿地类型更为丰富,湿地生境特征更为典型,为种类极为丰富的水鸟提供了适宜的栖息、觅食和繁殖条件。猛禽的种类亦较为丰富,包含27种(占种总数的9.25%),其中大部分为经停此地的旅鸟。攀禽和陆禽的比例较小,共计21种(占种总数的7.19%)(如图82所示)。

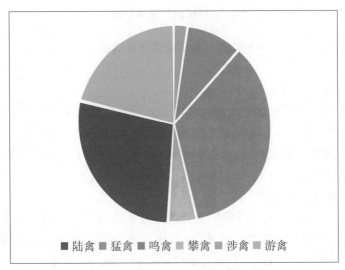

**图82　鸟类生态类群的种类组成**

（3）鸟类的区系分区

对鸟类的区系分区进行分析,可知北大港湿地鸟类的区系分区组成规律与天津湿地、天津地区乃至华北地区的相一致:以古北界为主,包含207种(占种总数的70.89%);其次为全北界,包含68种(占种总数的23.29%);最少的为东洋界,包含17种(占种总数的5.82%)(如图83所示)。

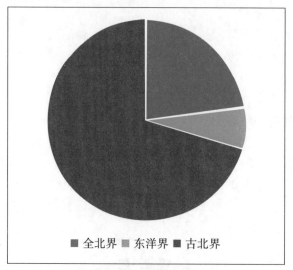

图83　鸟类区系分区构成

（4）鸟类的居留类型

对鸟类的居留类型进行分析，可知北大港湿地的鸟类仍以旅鸟为主，包含121种（占种总数的41.44%）；其次为旅鸟/冬候鸟，包含60种（占种总数的20.55%）；再次为夏候鸟/旅鸟（包含41种，占种总数的14.04%）及留鸟（包含30种，占种总数的10.27%）（如图84所示）。上述4个居留类型的种类占比排序与七里海湿地的种类占比排序一致。

值得注意的是，北大港湿地记录到的迷鸟高达11种（占种总数的3.77%），在天津4个重要湿地保护区中位居首位，其中如白头硬尾鸭（*Oxyura leucocephala*）、白额鹱（*Calonectris leucomelas*）、铜蓝鹟（*Eumyias thalassinus*）等迷鸟仅在北大港湿地有过记录。这一方面体现了北大港湿地在为鸟类提供适宜栖息地方面具有不可替代的重要地位，同时也提示了北大港湿地在吸引鸟类研究者和观鸟者方面独具魅力。正是由于观察的频次增加了，发现并记录迷鸟的可能性才得以增大了。

（5）重点保护和珍稀濒危种类

根据《国家重点保护野生动物名录》《国家保护的有重要生态、科学、社会价值的陆生野生动物名录》（即"三有名录"）、IUCN红色名录和CITES附录，对北大港湿地的重点保护和珍稀濒危鸟类种类组成进行分析（如表55所示）。

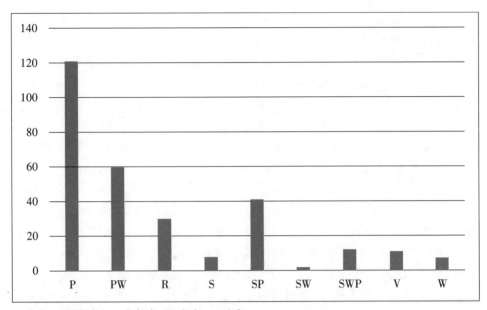

P–旅鸟;S–夏候鸟;W–冬候鸟;R–留鸟;V–迷鸟

**图84　鸟类居留类型的种类组成**

**表55　重点保护和珍稀濒危鸟类种类组成**

| 保护级别 | 级别 | 种数 | 占比（%） |
|---|---|---|---|
| 国家重点保护名录 | 一级 | 22 | 7.53 |
| | 二级 | 52 | 17.81 |
| | "三有" | 219 | 75.00 |
| IUCN | CR | 3 | 1.03 |
| | EN | 7 | 2.40 |
| | VU | 16 | 5.48 |
| | NT | 19 | 6.51 |
| | LC | 243 | 83.22 |
| | NR | 4 | 1.37 |
| CITES | 附录Ⅰ | 10 | 3.42 |
| | 附录Ⅱ | 30 | 10.27 |
| | 附录Ⅲ | 5 | 1.71 |
| | 无 | 247 | 84.59 |

　　1)国家一级重点保护鸟类22种,包括:青头潜鸭(*Aythya baeri*)、中华秋沙鸭(*Mergus squamatus*)、白头硬尾鸭(*Oxyura leucocephala*)、大鸨(*Otis tarda*)、白鹤

（*Grus leucogeranus*）、白枕鹤（*Grus vipio*）、丹顶鹤（*Grus japonensis*）、白头鹤（*Grus monacha*）、黑嘴鸥（*Saundersilarus saundersi*）、遗鸥（*Ichthyaetus relictus*）、黑鹳（*Ciconia nigra*）、东方白鹳（*Ciconia boyciana*）、彩鹮（*Plegadis falcinellus*）、黑脸琵鹭（*Platalea minor*）、黄嘴白鹭（*Egretta eulophotes*）、卷羽鹈鹕（*Pelecanus crispus*）、乌雕（*Clanga clanga*）、白肩雕（*Aquila heliaca*）、金雕（*Aquila chrysaetos*）、白尾海雕（*Haliaeetus albicilla*）、猎隼（*Falco cherrug*）和黄胸鹀（*Emberiza aureola*）；国家二级重点保护鸟类52种，包括：鸿雁（*Anser cygnoid*）、白额雁（*Anser albifrons*）、小白额雁（*Anser erythropus*）、疣鼻天鹅（*Cygnus olor*）、小天鹅（*Cygnus columbianus*）、大天鹅（*Cygnus cygnus*）、鸳鸯（*Aix galericulata*）、棉凫（*Nettapus coromandelianus*）、花脸鸭（*Sibirionetta formosa*）、斑头秋沙鸭（*Mergellus albellus*）、角䴙䴘（*Podiceps auritus*）、黑颈䴙䴘（*Podiceps nigricollis*）、斑胁田鸡（*Zapornia paykullii*）、蓑羽鹤（*Grus virgo*）、灰鹤（*Grus grus*）、水雉（*Hydrophasianus chirurgus*）、半蹼鹬（*Limnodromus semipalmatus*）、白腰杓鹬（*Numenius arquata*）、大杓鹬（*Numenius madagascariensis*）、翻石鹬（*Arenaria interpres*）、大滨鹬（*Calidris tenuirostris*）、阔嘴鹬（*Calidris falcinellus*）、小鸥（*Hydrocoloeus minutus*）、白琵鹭（*Platalea leucorodia*）、鹗（*Pandion haliaetus*）、黑翅鸢（*Elanus caeruleus*）、凤头蜂鹰（*Pernis ptilorhynchus*）、日本松雀鹰（*Accipiter gularis*）、雀鹰（*Accipiter nisus*）、白腹鹞（*Circus spilonotus*）、白尾鹞（*Circus cyaneus*）、鹊鹞（*Circus melanoleucos*）、黑鸢（*Milvus migrans*）、灰脸鵟鹰（*Butastur indicus*）、毛脚鵟（*Buteo lagopus*）、大鵟（*Buteo hemilasius*）、普通鵟（*Buteo japonicus*）、红角鸮（*Otus sunia*）、纵纹腹小鸮（*Athene noctua*）、长耳鸮（*Asio otus*）、短耳鸮（*Asio flammeus*）、红隼（*Falco tinnunculus*）、红脚隼（*Falco amurensis*）、灰背隼（*Falco columbarius*）、燕隼（*Falco subbuteo*）、游隼（*Falco peregrinus*）、蒙古百灵（*Melanocorypha mongolica*）、云雀（*Alauda arvensis*）、震旦鸦雀（*Paradoxornis heudei*）、红胁绣眼鸟（*Zosterops erythropleurus*）、红喉歌鸲（*Calliope calliope*）和蓝喉歌鸲（*Luscinia svecica*）。

2）IUCN红色名录CR级别的3种，包括：青头潜鸭（*Aythya baeri*）、白鹤（*Grus leucogeranus*）和黄胸鹀（*Emberiza aureola*）；IUCN红色名录EN级别的7种，包括：中华秋沙鸭（*Mergus squamatus*）、白头硬尾鸭（*Oxyura leucocephala*）、大杓鹬（*Numenius madagascariensis*）、大滨鹬（*Calidris tenuirostris*）、东方白鹳（*Ciconia boyciana*）、黑脸琵鹭（*Platalea minor*）和猎隼（*Falco cherrug*）；IUCN红色名录VU级别的16种，包括：鸿雁（*Anser cygnoid*）、小白额雁（*Anser erythropus*）、红头潜鸭（*Aythya ferina*）、长尾鸭（*Clangula hyemalis*）、角䴙䴘（*Podiceps auritus*）、大鸨（*Otis tarda*）、白枕鹤（*Grus vipio*）、丹顶鹤（*Grus japonensis*）、白头鹤（*Grus monacha*）、黑嘴鸥（*Saundersilarus saundersi*）、遗鸥（*Ichthyaetus relictus*）、黄嘴白鹭（*Egretta eulopho-*

tes)、乌雕(*Clanga clanga*)、白肩雕(*Aquila heliaca*)、远东苇莺(*Acrocephalus tangorum*)和田鹀(*Emberiza rustica*);IUCN红色名录NT级别的19种,包括:鹌鹑(*Coturnix japonica*)、罗纹鸭(*Mareca falcata*)、白眼潜鸭(*Aythya nyroca*)、斑胁田鸡(*Zapornia paykullii*)、蛎鹬(*Haematopus ostralegus*)、凤头麦鸡(*Vanellus vanellus*)、半蹼鹬(*Limnodromus semipalmatus*)、黑尾塍鹬(*Limosa limosa*)、斑尾塍鹬(*Limosa lapponica*)、白腰杓鹬(*Numenius arquata*)、灰尾漂鹬(*Tringa brevipes*)、红腹滨鹬(*Calidris canutus*)、红颈滨鹬(*Calidris ruficollis*)、弯嘴滨鹬(*Calidris ferruginea*)、白额鹱(*Calonectris leucomelas*)、卷羽鹈鹕(*Pelecanus crispus*)、斑背大尾莺(*Locustella pryeri*)、震旦鸦雀(*Paradoxornis heudei*)和红颈苇鹀(*Emberiza yessoensis*)。

3)CITES附录Ⅰ的10种,包括:白鹤(*Grus leucogeranus*)、白枕鹤(*Grus vipio*)、丹顶鹤(*Grus japonensis*)、白头鹤(*Grus monacha*)、遗鸥(*Ichthyaetus relictus*)、东方白鹳(*Ciconia boyciana*)、卷羽鹈鹕(*Pelecanus crispus*)、白肩雕(*Aquila heliaca*)、白尾海雕(*Haliaeetus albicilla*)和游隼(*Falco peregrinus*);CITES附录Ⅱ的30种,包括:花脸鸭(*Sibirionetta formosa*)、白头硬尾鸭(*Oxyura leucocephala*)、大鸨(*Otis tarda*)、蓑羽鹤(*Grus virgo*)、灰鹤(*Grus grus*)、黑鹳(*Ciconia nigra*)、白琵鹭(*Platalea leucorodia*)、鹗(*Pandion haliaetus*)、黑翅鸢(*Elanus caeruleus*)、凤头蜂鹰(*Pernis ptilorhynchus*)、乌雕(*Clanga clanga*)、金雕(*Aquila chrysaetos*)、日本松雀鹰(*Accipiter gularis*)、雀鹰(*Accipiter nisus*)、白腹鹞(*Circus spilonotus*)、白尾鹞(*Circus cyaneus*)、鹊鹞(*Circus melanoleucos*)、黑鸢(*Milvus migrans*)、灰脸鵟鹰(*Butastur indicus*)、毛脚鵟(*Buteo lagopus*)、大鵟(*Buteo hemilasius*)、红角鸮(*Otus sunia*)、纵纹腹小鸮(*Athene noctua*)、长耳鸮(*Asio otus*)、短耳鸮(*Asio flammeus*)、红隼(*Falco tinnunculus*)、红脚隼(*Falco amurensis*)、灰背隼(*Falco columbarius*)、燕隼(*Falco subbuteo*)和猎隼(*Falco cherrug*);CITES附录Ⅲ的5种,包括:煤山雀(*Periparus ater*)、云雀(*Alauda arvensis*)、鹪鹩(*Troglodytes troglodytes*)、蓝喉歌鸲(*Luscinia svecica*)和普通朱雀(*Carpodacus erythrinus*)。

由此可见,北大港湿地的重点保护和珍稀濒危鸟类的种类极为丰富(如图85-86所示),需要采取有针对性的保护措施。

白腹鹞　白鹤

白头硬尾鸭　白尾海雕

白腰杓鹬　斑胁田鸡

长耳鸮　大天鹅

图85　北大港湿地常见国家重点保护鸟类(1)

图86 北大港湿地常见国家重点保护鸟类(2)

(6)鸟类的物种多样性

2009—2021年间,笔者依托天津市北大港湿地自然保护区的主管部门、野生动植物保护和管理主管部门,与北京师范大学、南开大学、天津自然博物馆等单位合作,持续对北大港湿地开展了鸟类科学考察、监测和调查。在此基础上,对北大港湿地鸟类群落的物种多样性状况进行分析。以所有鸟类生态类群构成的鸟类群落作为分析对象,则北大港湿地鸟类群落的 Shannon-Wiener 指数为3.389,Simpson 优势度指数为0.940,Pielou 均匀度指数为0.618,其中 Shannon-Wiener 指数和 Simpson 优势度指数均为4个重要湿地自然保护区中最大,Pielou 均匀度指数仅次于大黄堡湿地;若仅以水鸟(包括涉禽和游禽)群落作为分析对象,则北大港湿地水鸟群落的 Shannon-Wiener 指数为3.193,Simpson 优势度指数为0.932,Pielou 均匀度指数为0.659,上述3个多样性指数均为4个重要湿地自然保护区中最大。

总体而言,北大港湿地鸟类及水鸟的物种多样性水平处于较高水平,且较其他3个重要湿地保护区的多样性水平高,反映出北大港湿地的生境类型较为多样,能够为种类和数量均较为丰富的鸟类提供适宜的栖息地、觅食地和繁殖地,且各鸟类物种之间的个体数量分布较为均匀。北大港湿地的鸟类物种多样性水平较高的情况,启发我们应针对该湿地的生境特征和鸟类群落多样性水平的关系开展更为细致的研究,以期更好地制定鸟类及其栖息地保护和管理的科学策略。

北大港湿地鸟类的优势种为灰雁(*Anser anser*)(种群占比达14.72%)。

### 3.3.3 其他动物类群的多样性

#### 3.3.3.1 哺乳动物

(1)种类组成

截至2022年7月,北大港湿地共记录到野生哺乳动物5目7科21属24种。其中,啮齿目(Rodentia)和翼手目(Chiroptera)的种类最为丰富,均包含有9种(占种总数的37.50%);其次为食肉目(Carnivora),共有4种(占种总数的16.67%);再次兔形目(Lagomorpha)和猬形目(Erinaceomorpha),均仅包含1种,分别为蒙古兔(*Lepus tolai*)和东北刺猬(*Erinaceus amurensis*)。北大港湿地的野生哺乳动物种类是天津4个重要湿地自然保护区中最为丰富的,这与北大港湿地的面积较为宽广、生境类型较为丰富有关。生境的多样性为哺乳动物的种类多样性创造了必要条件,面积宽广则为野生哺乳动物提供了足够的干扰缓冲距离,让野生哺乳动物能够拥有适宜的栖息地。

（2）区系分区

对野生哺乳动物的区系分区情况进行分类,可知北大港湿地野生哺乳动物组成以古北界种类为主,共计22种(占种总数的91.67%)。东洋界种类仅2种(占种总数的8.33%)。北大港湿地在动物地理区划上属古北界和东洋界物种交汇的区域,且为古北界逐渐向东洋界过渡的区域。上述结果反映出北大港湿地野生哺乳动物的区系组成以古北界占据绝对主导优势,东洋界仅占有极小的比例。

（3）重点保护和珍稀濒危物种

北大港湿地野生哺乳动物中,未发现被列为国家一级或二级重点保护动物的种类;仅1种被列为IUCN红色名录NT(近危)级别,即猪獾(*Arctonyx collaris*);仅1种被列入CITES附录Ⅲ,即黄鼬(*Mustela sibirica*)。

3.3.3.2　两栖爬行动物

（1）种类组成

截至2022年7月,北大港湿地共记录到野生两栖爬行动物2纲4目/亚目7科17属21种,为天津4个重要湿地自然保护区中种类最为丰富者。在已记录的野生两栖爬行动物中,蛇亚目(Serpentes)种类最为丰富,共有10种(占种总数的47.62%);其次为无尾目(Anura),共有6种(占种总数的28.57%);再次为蜥蜴亚目(Lacertilia),共有4种(占种总数的19.05%);龟鳖目(Testudoformes)仅记录1种,即中华鳖(*Trionyx sinensis*)。

（2）区系分区

对野生两栖爬行动物的区系分区情况进行分析发现,在北大港湿地野生两栖爬行动物中,东洋界和古北界的种数相当,其中古北界共记录10种(占种总数的47.62%),东洋界共记录11种(占种总数的52.38%)。反映了北大港湿地在动物地理区划上属古北界和东洋界物种交汇的区域,两者的种类组成十分接近。

（3）重点保护和珍稀濒危物种

北大港湿地野生两栖爬行动物中,仅有1种被列为国家二级重点保护动物,即团花锦蛇(*Elaphe davidi*);共3种被列为IUCN红色名录VU(易危)级别,即黑眉锦蛇(*Elaphe taeniura*)、无蹼壁虎(*Gekko swinhonis*)和中华鳖(*Trionyx sinensis*),另有1种被列为NT(近危)级别,即黑斑侧褶蛙(*Pelophylax nigromaculatus*);尚未有物种被列入CITES附录中。

3.3.3.3　鱼类

截至2022年7月,北大港湿地共记录到鱼类9目16科42属52种。在已记录的鱼类中,鲤形目(Cypriniformes)种类最为丰富,共有31种(占种总数的59.62%);其次为鲈形目(Perciformes),共有10种(占种总数的19.23%);再次为鲇形目(Siluriformes),共有3种(占种总数的5.77%);其余各目所包含的种类均较少,其中鲻形目(Mugiligormes)和鲑形目(Salmoniformes)均仅包含2种,鳉形目(Cyprinodontiformes)、合鳃目(Synbranchiformes)、鳗鲡目(Anguilligormes)和鲱形目(Clupeiformes)均仅包含1种,分别为中华青针鱼(*Oryzias sinensis*)、黄鳝(*Monopterus albus*)、日本鳗鲡(*Anguilla japonica*)和鲚(*Coilia ectenes*)。

# 3.4 天津大黄堡湿地自然保护区生物多样性

### 3.4.1 植物多样性

(1)植物种类组成

大黄堡湿地目前共记录种子植物64科166属228种(包含种以下分类阶元,包括8个变种,1个变型和3个栽培品种),其中包括国家二级重点保护植物2种,即野大豆(*Glycine soja*)和细果野菱(*Trapa incisa*)。植物类群的科属种组成如表56所示。

表56 植物类群的科属种组成

| 植物类群 | 科数 | 占比(%) | 属数 | 占比(%) | 种数 | 占比(%) |
|---|---|---|---|---|---|---|
| 裸子植物 | 1 | 1.56 | 1 | 0.60 | 1 | 0.44 |
| 单子叶植物 | 12 | 18.75 | 36 | 21.69 | 46 | 20.18 |
| 双子叶植物 | 51 | 79.69 | 129 | 77.71 | 181 | 79.39 |
| 合计 | 64 | 100.00 | 166 | 100.00 | 228 | 100.00 |

其中裸子植物1科1属1种,即银杏(*Ginkgo biloba*),为人工栽培植物;被子植物中双子叶植物51科129属181种,单子叶植物12科36属46种。

从各科包含的种数来看,包含物种最多的5个科依次为菊科(Asteraceae)、禾本科(Poaceae)、豆科(Fabaceae)、蔷薇科(Rosaceae)和蓼科(Polygonaceae)。仅包含2种的有11个科,仅包含1种的达35个科,两者合计46科(占科总数的71.88%),包含57种(占种总数的25.00%),可见小科较多,单属种的科极多,各科包含的种类及其占比如表57所示。

表57　各科包含的种类及其占比

| 级别 | 科数 | 占比（%） | 种数 | 占比（%） |
|---|---|---|---|---|
| 种数≥40 | 1 | 1.56 | 43 | 18.86 |
| 20≤种数<40 | 1 | 1.56 | 28 | 12.28 |
| 10≤种数<20 | 2 | 3.13 | 28 | 12.28 |
| 5≤种数<10 | 8 | 12.50 | 51 | 22.37 |
| 3≤种数<5 | 6 | 9.38 | 21 | 9.21 |
| 种数=2 | 11 | 17.19 | 22 | 9.65 |
| 种数=1 | 35 | 54.69 | 35 | 15.35 |
| 合计 | 64 | 100.00 | 228 | 100.00 |

从各属所包含的种数来看,包含种类最多的6个属依次为蒿属(*Artemisia*)、蓼属(*Polygonum*)、苋属(*Amaranthus*)、鬼针草属(*Bidens*)、藜属(*Chenopodium*)和酸模属(*Rumex*);仅含2种的属有19属,单种属达到132属,两者合计151属(占属总数的90.96%),包含植物170种(占种总数的74.56),可见小属的占比较大。各属包含的种类及其占比如表58所示。

表58　各属包含的种类及其占比

| 级别 | 属数 | 占比（%） | 种数 | 占比（%） |
|---|---|---|---|---|
| 5≤种数<10 | 3 | 1.81 | 19 | 8.33 |
| 3≤种数<5 | 12 | 7.23 | 39 | 17.11 |
| 种数=2 | 19 | 11.45 | 38 | 16.67 |
| 种数=1 | 132 | 79.52 | 132 | 57.89 |
| 合计 | 166 | 100.00 | 228 | 100.00 |

(2)科和属的分布区类型

1)野生种子植物科的分布区类型。依据吴征镒《〈世界种子植物科的分布区类型系统〉的修订》中对世界种子植物科的分布区类型划分,可将大黄堡湿地内野生种子植物42科划分为4个分布区类型。其中属于世界分布性质的科最多,为27科(占野生科总数的64.29%),如马齿苋科(Portulacaceae)、千屈菜科(Lythraceae)、茜草科(Rubiaceae)、蔷薇科(Rosaceae)和茄科(Solanaceae)等;其次为泛热带分布性质的科,共9科(占野生科总数的21.43%),如葫芦科(Cucurbitaceae)、蒺藜科(Zygophyllaceae)、夹竹桃科(Apocynaceae)、锦葵科(Malvaceae)和苦木科(Simaroubaceae)等;北温带分布性质的有4科(占野生科总数的9.52%),包

括壳斗科(Fagaceae)、杨柳科(Salicaceae)、罂粟科(Papaveraceae)和鸢尾科 Iridaccac);旧世界温带分布的仅有2科,即柽柳科(Tamaricaceae)和菱科(Trapaceae)。这说明大黄堡湿地内野生种子植物科的分布区类型以世界分布性质为主,泛热带分布性质亦较为明显,这与大黄堡湿地所处的华北地区野生植物科的分布区性质相符。野生种子植物科的分布区类型如表59所示。

表59　野生种子植物科的分布区类型

| 分布区类型 | 科数 | 占比(%) |
| --- | --- | --- |
| 1世界广布 | 27 | 64.29 |
| 2泛热带分布 | 9 | 21.43 |
| 8北温带分布 | 4 | 9.52 |
| 10旧世界温带分布 | 2 | 4.76 |
| 合计 | 42 | 100.00 |

2)野生种子植物属的分布区类型。依据吴征镒《中国种子植物属的分布区类型》中对中国种子植物属的分布区类型划分,可将大黄堡湿地内野生种子植物108属划分为11个分布区类型或变型,其中属于世界分布性质的属最多,共有27属(占野生属总数的25.00%),如酸模属(*Rumex*)、苋属(*Amaranthus*)、香蒲属(*Typha*)、旋花属(*Convolvulus*)和鸭跖草属(*Commelina*)等;其次为泛热带分布性质的属,共有25属(占野生属总数的23.15%),如鳢肠属(*Eclipta*)、芦苇属(*Phragmites*)、马齿苋属(*Portulaca*)、马唐属(*Digitaria*)和曼陀罗属(*Datura*)等;北温带分布性质的属有20属(占野生属总数的18.52%),如打碗花属(*Calystegia*)、地肤属(*Kochia*)、鹅观草属(*Roegneria*)、枸杞属(*Lycium*)和鹤虱属(*Lappula*)等;其余各分布区类型所包含的种类较少;未记录中国特有分布的属。这反映出大黄堡湿地内野生种子植物属的分布区类型以世界分布性质为主,其次是泛热带分布性质和北温带分布性质,这与大黄堡湿地所处的华北地区野生植物属的分布区性质相符。野生种子植物属的分布区类型如表60所示。

表60　野生种子植物属的分布区类型

| 分布区类型 | 属数 | 占比(%) |
| --- | --- | --- |
| 1世界广布 | 27 | 25.00 |
| 2泛热带分布 | 25 | 23.15 |
| 3热带亚洲及热带美洲间断分布 | 3 | 2.78 |
| 4旧世界热带分布 | 3 | 2.78 |

续表

| 分布区类型 | 属数 | 占比(%) |
|---|---|---|
| 5热带亚洲至热带大洋洲分布 | 2 | 1.85 |
| 7热带亚洲分布 | 1 | 0.93 |
| 8北温带分布 | 20 | 18.52 |
| 9东亚及北美间断分布 | 4 | 3.70 |
| 10旧世界温带分布 | 15 | 13.89 |
| 11温带亚洲分布 | 3 | 2.78 |
| 14东亚分布 | 5 | 4.63 |
| 合计 | 108 | 100.00 |

(3)野生和栽培植物组成

在上述植物中,野生植物共有42科108属150种(包含种以下分类阶元,包括5个变种),栽培植物共有34科66属78种(包含种以下分类阶元,包括3个变种和1个变型,3个栽培品种)。总体而言,野生植物种类占比较大,栽培植物种类占比较小。野生植物和栽培植物的科属种组成如图87所示。

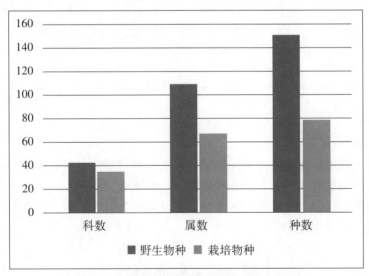

图87 野生植物和栽培植物的科属种组成

(4)生活型组成

对植物生活型类型进行分析可知,228种植物可以划分为7大类或亚类。其中一年生草本种类最为丰富,共计91种(占种总数的39.91%),如发枝黍(*Pani-*

*cum capillare*）、青蒿（*Artemisia carvifolia*）、长芒稗（*Echinochloa caudata*）、匙荠（*Bunias cochlearioides*）和猪毛菜（*Salsola collina*）等；其次为多年生草本，共计68种（占种总数的29.82%），如砂引草（*Messerschmidia sibirica*）、牛鞭草（*Hemarthria sibirica*）、西伯利亚蓼（*Polygonum sibiricum*）、抱茎小苦荬（*Ixeris sonchifolium*）和夏至草（*Lagopsis supina*）等；再次为落叶乔木，共计27种（占种总数的11.84%），如无刺枣（*Ziziphus jujuba* var. *inermis*）、旱柳（*Salix matsudana*）、西府海棠（*Malus micromalus*）、蒙古栎（*Quercus mongolica*）和桃（*Amygdalus persica*）等，大都为人工栽培植物；其余各生活型类型所包含的种类相对较少，常绿灌木仅1种，即冬青卫矛（*Euonymus japonicus*），为人工栽培植物。生活型种类组成如表61所示。

表61　生活型种类组成

| 生活型类型 | 种数 | 占比（%） |
| --- | --- | --- |
| 一年生草本 | 97 | 37.31 |
| 多年生草本 | 73 | 28.08 |
| 半灌木或半灌木状草本 | 6 | 2.31 |
| 灌木 | 25 | 9.62 |
| 乔木 | 42 | 16.15 |
| 草质藤本 | 12 | 4.62 |
| 木质藤本 | 2 | 0.77 |
| 寄生植物 | 2 | 0.77 |
| 竹类 | 1 | 0.38 |
| 合计 | 260 | 100.00 |

（5）主要植被类型

按照大黄堡湿地区域内不同斑块与立地类型，参照《中国植被》的分类系统，将区域内的植被群落分为6个植被型组，8个植被型，45个群系，其中1个人工栽培植被型组（包括1个植被型和5个群系），其余均为野生植被。大黄堡湿地的植被类型划分如表62所示。

表62　大黄堡湿地的植被类型

| 植被型组 | 植被型 | 群系 |
| --- | --- | --- |
| 1 灌丛 | 1 温带落叶阔叶灌丛 | 1 柽柳灌丛 |
|  |  | 2 兴安胡枝子灌丛 |

续表

| 植被型组 | 植被型 | 群系 |
|---|---|---|
| 2草丛 | 2温带草丛 | 3白羊草草丛 |
| | | 4马蔺草丛 |
| | | 5猪毛蒿草丛 |
| | | 6猪毛菜草丛 |
| | | 7野大豆草丛 |
| | | 8葎草草丛 |
| | | 9婆婆针草丛 |
| | | 10苣荬菜草丛 |
| | | 11狗尾草草丛 |
| | | 12地肤草丛 |
| | | 13长芒苋草丛 |
| | | 14菊芋草丛 |
| | | 15刺儿菜草丛 |
| | | 16益母草草丛 |
| | | 17反枝苋草丛 |
| | | 18苘麻草丛 |
| | | 19罗布麻草丛 |
| | | 20红蓼草丛 |
| | | 21碱蓬草丛 |
| | | 22旋覆花草丛 |
| | | 23砂引草草丛 |
| | | 24野艾蒿草丛 |
| | | 25圆叶牵牛草丛 |
| 3草甸 | 3温带禾草、杂类草草甸 | 26牛鞭草草甸 |
| | | 27白茅草甸 |
| | | 28长芒稗草甸 |
| | 4温带禾草、杂类草盐生草甸 | 29芦苇、猪毛蒿盐生草甸 |
| | | 30芦苇、罗布麻盐生草甸 |
| | | 31碱菀盐生草甸 |
| 4沼泽 | 5寒温带、温带沼泽 | 32芦苇沼泽 |
| | | 33水烛沼泽 |
| | | 34扁秆藨草沼泽 |

续表

| 植被型组 | 植被型 | 群系 |
|---|---|---|
| 5水生植被 | 6沉水植物群落 | 35菹草群落 |
| | | 36金鱼藻群落 |
| | | 37大茨藻群落 |
| | | 38篦齿眼子菜群落 |
| | 7漂浮植物群落 | 39浮萍群落 |
| | | 40紫萍群落 |
| 6栽培植被 | 8人工密林 | 41绒毛梣 |
| | | 42刺槐 |
| | | 43加杨 |
| | | 44火炬树 |
| | | 45紫穗槐 |

对其中部分典型植物群落简要描述如下。

1)马蔺群落(Form. *Iris lactea*)。在大黄堡湿地内,马蔺常形成单优势种群落。群落覆盖度高达50%~70%,群落高度可达55厘米。常见伴生种包括狗尾草(*Setaria viridis*)、碱蓬(*Suaeda glauca*)、砂引草(*Tournefortia sibirica*)、阿尔泰狗娃花(*Heteropappus altaicus*)和猪毛蒿(*Artemisia scoparia*)等。马蔺群落主要见于大黄堡湿地的堤顶路路旁或荒草地,偶见于人工林下或建筑物旁,分布较为分散,且其分布地通常为中生甚至旱生环境(如图88所示)。

**图88　马蔺群落**

2)益母草群落(Form. *Leonurus japonicus*)。在大黄堡湿地内,益母草常形成单优势种群落,群落覆盖度可达65%,群落高度可达110厘米。常见伴生种有斑种草(*Bothriospermum chinense*)、夏至草(*Lagopsis supina*)、砂引草(*Tournefortia si-*

*birica*)、狗尾草（*Setaria viridis*）和猪毛蒿（*Artemisia scoparia*）等。益母草群落分布于大黄堡湿地中的中生生境，常见于芦苇（*Phragmites australis*）沼泽边缘，或见于堤顶路路旁和荒草地，亦见于人居环境附近（如图89所示）。

图89　益母草群落

3）反枝苋群落（Form. *Amaranthus retroflexus*）。反枝苋常形成单优势种群落，亦可与绿穗苋（*Amaranthus hybridus*）和皱果苋（*Amaranthus viridis*）等形成混合群落。群落覆盖度可达80%，群落高度可达110厘米。常见伴生种有狗尾草（*Setaria viridis*）、画眉草属（*Eragrostis* spp.）、马齿苋（*Portulaca oleracea*）、铁苋菜（*Acalypha australis*）和藜（*Chenopodium album*）等。反枝苋群落区域内常见于中生生境中的受损迹地，亦可见于林下和道旁（如图90所示）。

图90　反枝苋群落

4）野艾蒿群落（Form. *Artemisia lavandulifolia*）。在大黄堡湿地内，野艾蒿常形成单优势种群落，亦可与其他蒿属植物或其他草本植物形成混合群落。群落覆盖度可达75%，群落高度可达150厘米。常见伴生种有猪毛蒿（*Artemisia scoparia*）、狗尾草（*Setaria viridis*）和藜（*Chenopodium album*）等。该类型群落常见于旱生和中生生境,常见于道旁、荒草地和建筑物旁(如图91所示)。

**图91　野艾蒿群落**

5)婆婆针群落(Form. *Bidens bipinnata*)。在区域内,婆婆针常形成面积极大的单优势种群落,群落覆盖度可达95%,群落高度可达160厘米,每平方米内植株数可达70株。伴生种较少,常见的有金盏银盘(*Bidens biternata*)、牛筋草(*Eleusine indica*)、狗尾草(*Setaria viridis*)和独行菜(*Lepidium apetalum*)等,偶见圆叶牵牛(*Pharbitis purpurea*)和葎草(*Humulus scandens*)等藤本植物攀缘其上(如图92所示)。

**图92　婆婆针群落**

6)苘麻群落(Form. *Abutilon theophrasti*)。在大黄堡湿地内,苘麻常形成单优势种群落,群落覆盖度可达90%,群落高度可达210厘米。常见伴生种有狗尾草(*Setaria viridis*)、金色狗尾草(*Setaria pumila*)、藜(*Chenopodium album*)、猪毛蒿(*Artemisia scoparia*)、碱蓬(*Suaeda glauca*)和圆叶牵牛(*Pharbitis purpurea*)等。苘麻群落常见于旱生和中生生境中的受损迹地,亦可见于道旁和废弃耕地,尤喜欢肥沃湿润的土壤(如图93所示)。

图93　苘麻群落

7)芦苇、猪毛蒿群落(Form. *Phragmites australis*, *Artemisia scoparia*)。该类型群落的上层主要是芦苇,下层主要是猪毛蒿,两者形成共优势种群落。群落覆盖度往往较小,为55%~75%,群落高度可达130厘米。伴生种有狗尾草(*Setaria viridis*)、罗布麻(*Apocynum venetum*)、碱蓬(*Suaeda glauca*)和盐地碱蓬(*Suaeda salsa*)等。该类型群落的垂直结构层次较为分明。常可见于干湿交替的地段,此地段土壤含盐量往往较高(如图94所示)。

图94　芦苇、猪毛蒿群落

8)芦苇群落(Form. *Phragmites australis*)。芦苇群落为大黄堡湿地中分布最广、面积最大的草本植物群落类型。群落覆盖度可超过90%,群落高度达2米。在其群落内,芦苇生长势良好,生物量较高,成为占据绝对优势的单优势种;群落中常伴生有东亚市藜(*Chenopodium urbicum* subsp. *sinicum*)、刺儿菜(*Cirsium segetum*)、苣荬菜(*Sonchus arvensis*)、扁秆藨草(*Scirpus planiculmis*)和鹅绒藤(*Cynanchum chinense*)等草本植物。芦苇群落可分布于水域和滨水地带,亦可分布于地势较高处(如图95所示)。

171

**图95　芦苇群落**

9）水烛群落（Form. *Typha angustifolia*）。在大黄堡湿地，水烛常形成单优势种群落，群落覆盖度达90%以上，群落高度可达180厘米，亦可以与芦苇（*Phragmites australis*）形成共优势种群落。伴生种常见有芦苇和扁秆藨草（*Scirpus planiculmis*），偶见有碱菀（*Tripolium vulgare*）和苣荬菜（*Sonchus arvensis*）等，亦可见藤本植物如野大豆（*Glycine soja*）和鹅绒藤（*Cynanchum chinense*）攀附于其上。水烛群落分布于水深0~50厘米，透明度50厘米左右的清澈水体中，有一定的耐盐碱性，生物量较高（如图96所示）。

**图96　水烛群落**

10）扁秆藨草群落（Form. *Scirpus planiculmis*）。扁秆藨草亦常形成单优势种群落，群落覆盖度常可达70%，群落高度可达90厘米；主要伴生种有芦苇（*Phragmites australis*）、水烛（*Typha angustifolia*）和盐地碱蓬（*Suaeda salsa*）等。在大黄堡湿地，扁秆藨草群落与芦苇群落、水烛群落在空间分布上往往界限分明，前者更偏好水陆交界处形成的开阔浅滩。扁秆藨草具有净化水质功能，其形成的单优势种群落的景观效果也较好，值得关注（如图97所示）。

图97　扁秆藨草群落

11）菹草群落（Form. *Potamogeton crispus*）。在大黄堡湿地的开阔水域中，菹草常组成单优势种群落，每平方米内植株数量介于12~25株之间。菹草的茎较长，在水中屈曲蔓延，密集分布。且其生长快速，与篦齿眼子菜（*Potamogeton pectinatus*）一样，常造成河道阻塞。菹草虽然属于沉水植物，但自水面以下均是其分布范围；且其繁殖枝伸展到水面开花，因此识别度较高。群落内伴生物种较少（如图98所示）。

图98　菹草群落

12）浮萍群落（Form. *Lemna minor*）。浮萍为漂浮植物，常成片分布，形成单优势种群落。在其群落内，0.5平方米内植株数可高达1 500~1 800株甚至更多。浮萍群落在大黄堡湿地内分布较广，常见于开阔平静水面，如静流河面或水塘表面。群落分布区的阳光充足、水温较为适宜，水中营养物质往往较为充足。浮萍群落的位置受水面风的影响较大，往往处于动态变化当中（如图99所示）。

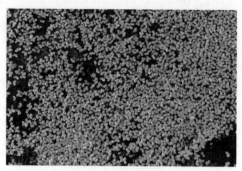

图99　浮萍群落

（6）群落的物种多样性

根据2014—2017年针对大黄堡湿地10个典型样地中42个植物群落调查的结果,对大黄堡湿地的群落多样性指数进行分析,结果如下。

1）Shannon-Wiener指数。Shannon-Wiener指数的最大值为3.724,最小值为2.449,平均值为2.985。总体而言,在4个重要湿地自然保护区中,大黄堡湿地的群落多样性指数相对偏高,反映出该湿地的植物群落中物种丰富程度较高,物种间个体数量分布较为均匀,群落结构较为复杂,间接地反映出群落的稳定性较高。

2）Simpson优势度指数。Simpson优势度指数的数值范围为0.754~0.933之间,平均值为0.832,反映出群落中各植物种类之间的个体数量分布较为均匀,优势种的优势地位不明显。

3）Pielou均匀度指数。Pielou均匀度指数的数值范围为0.596~0.861之间,平均值为0.723,总体而言,各群落所包含植物的种间数量分布较为均匀,群落的物种多样性水平整体处于较高水平。

### 3.4.2　鸟类多样性

（1）鸟类的种类组成

截至2022年7月,大黄堡湿地共记录鸟类235种（占天津湿地鸟类种总数的51.54%）,隶属于19目（占天津湿地鸟类目总数的82.61%）52科（占天津湿地鸟类科总数的69.33%）132属（占天津湿地鸟类属总数的58.15%）。各目的种类组成差异较大,其中种类最为丰富的为雀形目（Passeriformes）（包含82种,占该湿地鸟类种总数的34.89%）,其次为鸻形目（Charadriiformes）（包含43种,占该湿地鸟类种总数的18.30%）,再次为雁形目（Anseriformes）（包含33种,占该湿地鸟类种总数的14.04%）、鹰形目（Accipitriformes）（包含16种,占该湿地鸟类种总数的

6.81%)和鹈形目(Pelecaniformes)(包含13种,占种总数的5.53%)。其余各目所包含的种类均较少,共计48种(占该湿地鸟类种总数的20.43%)。鸟类在目一级水平上的种类数量差异较大,但优势目仍然是雀形目、鸻形目和雁形目,这一组成特征与天津湿地鸟类的整体组成特征基本吻合(如图100所示)。

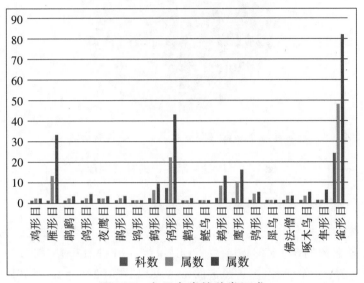

图100　各目鸟类的种类组成

(2)鸟类的生态类群

对鸟类的生态类群类型进行分析,可知大黄堡湿地鸟类以鸣禽为主,包含82种(占种总数的34.89%)。其次为涉禽,包含57种(占种总数的24.26%);再次为游禽,包含47种(占种总数的20.00%);水鸟(包括涉禽和游禽)种类合计达104种(占种总数的44.26%),超过了鸣禽的种数,体现出该区域生境类型以芦苇沼泽和开阔水面为主的特征。由于保护区内及保护区周边拥有较为丰富的防护林,因而为种类繁多的猛禽提供了适宜的停栖条件,猛禽的种类亦较为丰富,共记录27种(占种总数的11.49%)。此外,攀禽的种类亦较为可观,共记录15种(占种总数的6.38%);陆禽的种类较少,共计7种(占种总数的2.98%)(如图101所示)。

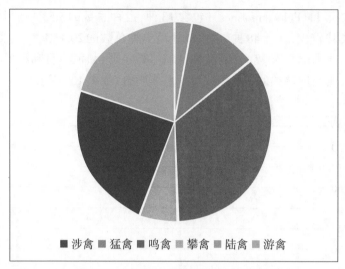

图101　鸟类生态类群的种类组成

（3）鸟类的区系分区

对鸟类的区系分区进行分析，可知大黄堡湿地的鸟类以古北界为主，包含159种（占种总数的67.66%）；其次为全北界，包含61种（占种总数的25.96%）；最少的为东洋界，包含15种（占种总数的6.38%）（如图102所示）。上述区系分区比例与华北地区及天津湿地的鸟类区系分区比例较为吻合。

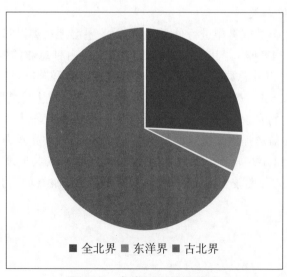

图102　鸟类区系分区构成

（4）鸟类的居留类型

对鸟类的居留类型进行分析,可知大黄堡湿地的鸟类以旅鸟为主,包含79种（占种总数的33.62%）;其次为旅鸟/冬候鸟,包含58种（占种总数的24.68%）;再次为夏候鸟/旅鸟（包含39种,占种总数的16.60%）以及留鸟（包含31种,占种总数的13.19%）;其余各居留类型所包含的鸟类种数均较少（包含28种,占种总数的11.91%）（如图103所示）。

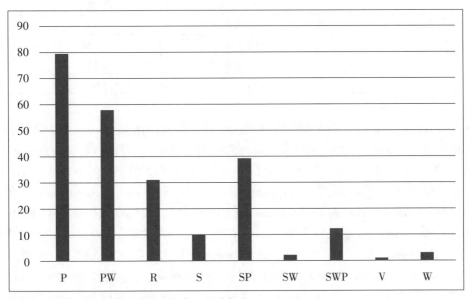

P–旅鸟;S–夏候鸟;W–冬候鸟;R–留鸟;V–迷鸟

**图103　鸟类居留类型的种类组成**

（5）重点保护和珍稀濒危种类

根据《国家重点保护野生动物名录》《国家保护的有重要生态、科学、社会价值的陆生野生动物名录》（即"三有名录"）、IUCN红色名录和CITES附录,对大黄堡湿地的重点保护和珍稀濒危鸟类的组成进行分析（如表63所示）。

**表63　重点保护和珍稀濒危鸟类种类组成**

| 保护级别 | 级别 | 种数 | 占比（%） |
|---|---|---|---|
| 国家重点保护名录 | 一级 | 13 | 5.53 |
|  | 二级 | 41 | 17.45 |
|  | "三有" | 182 | 77.45 |

| 保护级别 | 级别 | 种数 | 占比(%) |
|---|---|---|---|
| IUCN | CR | 2 | 0.85 |
| | EN | 3 | 1.28 |
| | VU | 8 | 3.40 |
| | NT | 13 | 5.53 |
| | LC | 205 | 87.23 |
| | NR | 4 | 1.70 |
| CITES | 附录Ⅰ | 5 | 2.13 |
| | 附录Ⅱ | 29 | 12.34 |
| | 附录Ⅲ | 5 | 2.13 |
| | 无 | 196 | 83.40 |

1)国家一级重点保护鸟类13种,包括:青头潜鸭(*Aythya baeri*)、中华秋沙鸭(*Mergus squamatus*)、大鸨(*Otis tarda*)、白枕鹤(*Grus vipio*)、丹顶鹤(*Grus japonensis*)、黑鹳(*Ciconia nigra*)、东方白鹳(*Ciconia boyciana*)、秃鹫(*Aegypius monachus*)、乌雕(*Clanga clanga*)、金雕(*Aquila chrysaetos*)、白尾海雕(*Haliaeetus albicilla*)、猎隼(*Falco cherrug*)和黄胸鹀(*Emberiza aureola*);国家二级重点保护鸟类41种,包括:鸿雁(*Anser cygnoid*)、白额雁(*Anser albifrons*)、小白额雁(*Anser erythropus*)、疣鼻天鹅(*Cygnus olor*)、小天鹅(*Cygnus columbianus*)、大天鹅(*Cygnus cygnus*)、花脸鸭(*Sibirionetta formosa*)、斑头秋沙鸭(*Mergellus albellus*)、黑颈鸊鷉(*Podiceps nigricollis*)、灰鹤(*Grus grus*)、水雉(*Hydrophasianus chirurgus*)、半蹼鹬(*Limnodromus semipalmatus*)、白琵鹭(*Platalea leucorodia*)、鹗(*Pandion haliaetus*)、黑翅鸢(*Elanus caeruleus*)、日本松雀鹰(*Accipiter gularis*)、雀鹰(*Accipiter nisus*)、苍鹰(*Accipiter gentilis*)、白腹鹞(*Circus spilonotus*)、白尾鹞(*Circus cyaneus*)、鹊鹞(*Circus melanoleucos*)、黑鸢(*Milvus migrans*)、毛脚鵟(*Buteo lagopus*)、大鵟(*Buteo hemilasius*)、普通鵟(*Buteo japonicus*)、红角鸮(*Otus sunia*)、雕鸮(*Bubo bubo*)、纵纹腹小鸮(*Athene noctua*)、长耳鸮(*Asio otus*)、短耳鸮(*Asio flammeus*)、红隼(*Falco tinnunculus*)、红脚隼(*Falco amurensis*)、灰背隼(*Falco columbarius*)、燕隼(*Falco subbuteo*)、游隼(*Falco peregrinus*)、蒙古百灵(*Melanocorypha mongolica*)、云雀(*Alauda arvensis*)、震旦鸦雀(*Paradoxornis heudei*)、红胁绣眼鸟(*Zosterops erythropleurus*)、红喉歌鸲(*Calliope calliope*)和蓝喉歌鸲(*Luscinia svecica*)。

2)IUCN红色名录CR级别的2种,包括:青头潜鸭(*Aythya baeri*)和黄胸鹀(*Emberiza aureola*);IUCN红色名录EN级别的3种,包括:中华秋沙鸭(*Mergus squamatus*)、东方白鹳(*Ciconia boyciana*)和猎隼(*Falco cherrug*);IUCN红色名录

VU级别的8种,包括:鸿雁(*Anser cygnoid*)、小白额雁(*Anser erythropus*)、红头潜鸭(*Aythya ferina*)、大鸨(*Otis tarda*)、白枕鹤(*Grus vipio*)、丹顶鹤(*Grus japonensis*)、乌雕(*Clanga clanga*)和田鹀(*Emberiza rustica*);IUCN红色名录NT级别的13种,包括:鹌鹑(*Coturnix japonica*)、罗纹鸭(*Mareca falcata*)、白眼潜鸭(*Aythya nyroca*)、凤头麦鸡(*Vanellus vanellus*)、半蹼鹬(*Limnodromus semipalmatus*)、黑尾塍鹬(*Limosa limosa*)、斑尾塍鹬(*Limosa lapponica*)、红腹滨鹬(*Calidris canutus*)、红颈滨鹬(*Calidris ruficollis*)、弯嘴滨鹬(*Calidris ferruginea*)、秃鹫(*Aegypius monachus*)、震旦鸦雀(*Paradoxornis heudei*)和红颈苇鹀(*Emberiza yessoensis*)。

3)CITES附录Ⅰ的5种,包括:白枕鹤(*Grus vipio*)、丹顶鹤(*Grus japonensis*)、东方白鹳(*Ciconia boyciana*)、白尾海雕(*Haliaeetus albicilla*)和游隼(*Falco peregrinus*);CITES附录Ⅱ的29种,包括:花脸鸭(*Sibirionetta formosa*)、大鸨(*Otis tarda*)、灰鹤(*Grus grus*)、黑鹳(*Ciconia nigra*)、白琵鹭(*Platalea leucorodia*)、鹗(*Pandion haliaetus*)、黑翅鸢(*Elanus caeruleus*)、秃鹫(*Aegypius monachus*)、乌雕(*Clanga clanga*)、金雕(*Aquila chrysaetos*)、日本松雀鹰(*Accipiter gularis*)、雀鹰(*Accipiter nisus*)、苍鹰(*Accipiter gentilis*)、白腹鹞(*Circus spilonotus*)、白尾鹞(*Circus cyaneus*)、鹊鹞(*Circus melanoleucos*)、黑鸢(*Milvus migrans*)、毛脚鵟(*Buteo lagopus*)、大鵟(*Buteo hemilasius*)、红角鸮(*Otus sunia*)、雕鸮(*Bubo bubo*)、纵纹腹小鸮(*Athene noctua*)、长耳鸮(*Asio otus*)、短耳鸮(*Asio flammeus*)、红隼(*Falco tinnunculus*)、红脚隼(*Falco amurensis*)、灰背隼(*Falco columbarius*)、燕隼(*Falco subbuteo*)和猎隼(*Falco cherrug*);CITES附录Ⅲ的5种,包括:云雀(*Alauda arvensis*)、蓝喉歌鸲(*Luscinia svecica*)、普通朱雀(*Carpodacus erythrinus*)、白腰朱顶雀(*Acanthis flammea*)和黄雀(*Spinus spinus*)。

由此可见,大黄堡湿地内的重点保护和珍稀濒危鸟类的种类极为丰富(如图104-106所示),需要采取有针对性的保护措施。

白额雁　　　　　　　　　　　　　　　　　白枕鹤

图104　大黄堡湿地常见国家重点保护鸟类(1)

图105　大黄堡湿地常见国家重点保护鸟类(2)

图106　大黄堡湿地常见国家重点保护鸟类(3)

(6)鸟类的物种多样性

2015—2021年间,笔者依托天津大黄堡湿地自然保护区管理委员会、天津市野生动植物保护和管理主管部门以及湿地管理部门,连续对大黄堡湿地开展了鸟类科学考察、调查和监测。在此基础上,对大黄堡湿地鸟类群落的物种多样性状况进行分析。以所有鸟类生态类群构成的鸟类群落作为分析对象,则大黄堡湿地鸟类群落的Shannon-Wiener指数为3.321,Simpson优势度指数为0.934,Pielou均匀度指数为0.650,这3个多样性指数在4个重要湿地自然保护区中均位列第2;若仅以水鸟(包括涉禽和游禽)群落作为分析对象,则大黄堡湿地水鸟群落的Shannon-Wiener指数为2.795,Simpson优势度指数为0.906,Pielou均匀度指数为0.649,这3个多样性指数在4个重要湿地自然保护区中亦均位列第2。

总体而言,大黄堡湿地鸟类及水鸟的物种多样性水平处于较高水平,这可能与大黄堡湿地的生境类型较为多元化有关。大黄堡湿地的核心区主体为连续的芦苇沼泽,其间镶嵌有斑块状的开阔浅水面和小片林地;此外,大黄堡湿地还包括了上马台水库这样的开阔深水面生境,为种类更为丰富的鸟类提供了适宜的栖息、觅食和繁殖生境,且各种类之间的个体数量较为均匀。

大黄堡湿地鸟类的优势种为普通鸬鹚(*Phalacrocorax carbo*)(种群占比达13.17%)、绿头鸭(*Anas platyrhynchos*)(种群占比达11.53%)和斑嘴鸭(*Anas zonorhyncha*)(种群占比达11.53%)。

### 3.4.3　其他动物类群的多样性

### 3.4.3.1　哺乳动物

(1)种类组成

截至2022年7月,大黄堡湿地共记录到野生哺乳动物5目6科12属12种。其中,啮齿目(Rodentia)的种类最为丰富,包含6种(占种总数的50.00%);其次为和翼手目(Chiroptera)和食肉目(Carnivora),均包含2种(占种总数的16.67%);再次兔形目(Lagomorpha)和猬形目(Erinaceomorpha),均仅包含1种,分别为蒙古兔(*Lepus tolai*)和东北刺猬(*Erinaceus amurensis*)。

(2)区系分区

对野生哺乳动物的区系分区情况进行分析可知,大黄堡湿地野生哺乳动物组成以古北界种类为主,共计11种(占种总数的91.67%);东洋界种类仅1种(占种总数的8.33%),大黄堡湿地在动物地理区划上属古北界和东洋界物种交汇的区域,但古北界物种占据绝对优势。

(3)重点保护和珍稀濒危物种

大黄堡湿地野生哺乳动物中,未发现被列为国家一级或二级重点保护动物的物种；仅1种被列为IUCN红色名录NT（近危）级别，即猪獾（*Arctonyx collaris*）；仅1种被列入CITES附录Ⅲ，即黄鼬（*Mustela sibirica*）。

3.4.3.2　两栖爬行动物

（1）种类组成

截至2022年7月，大黄堡湿地共记录到野生两栖爬行动物2纲4目/亚目7科14属16种。在已记录的野生两栖爬行动物中，蛇亚目（Serpentes）种类最为丰富，共有7种（占种总数的43.75%）；其次为无尾目（Anura），共有6种（占种总数的37.50%）；再次为蜥蜴亚目（*Lacertilia*），共有2种（占种总数的12.50%）；龟鳖目（Testudoformes）仅记录1种，即中华鳖（*Trionyx sinensis*）。

（2）区系分区

对野生两栖爬行动物的区系分区情况进行分析可知，大黄堡湿地野生两栖爬行动物中东洋界和古北界的种数相当，均记录8种（占种总数的50.00%），反映了大黄堡湿地在动物地理区划上属古北界和东洋界物种交汇的区域，两者的种类组成十分接近。

（3）重点保护和珍稀濒危物种

大黄堡湿地野生两栖爬行动物中，仅有1种被列为国家二级重点保护动物，即团花锦蛇（*Elaphe davidi*）；共2种被列为IUCN红色名录VU（易危）级别，即无蹼壁虎（*Gekko swinhonis*）和中华鳖（*Trionyx sinensis*），另有1种被列为NT（近危）级别，即黑斑侧褶蛙（*Pelophylax nigromaculatus*）；尚未有物种被列入CITES附录中。

3.4.3.3　鱼类

截至2022年7月，大黄堡湿地共记录到鱼类6目10科30属33种。在已记录的鱼类中，仍是鲤形目（Cypriniformes）种类最为丰富，共有24种（占种总数的72.73%）；其次为鲈形目（Perciformes），共有4种（占种总数的12.12%）；再次为鲇形目（Siluriformes），共有2种（占种总数的6.06%）；其余各目，即鲑形目（Salmoniformes）、合鳃目（Synbranchiformes）和鲱形目（Clupeiformes）均仅包含1种，分别为前颌间银鱼（*Hemosalanx prognathus*）、黄鳝（*Monopterus albus*）和鲚（*Coilia ectenes*）。

## 3.5　天津市团泊鸟类自然保护区生物多样性

### 3.5.1　植物多样性

（1）植物种类组成

团泊洼湿地目前共记录高等植物61科156属208种（包含种以下分类阶元，包括8个变种，3个变型和6个栽培品种），其中包括国家二级重点保护植物1种，即野大豆（*Glycine soja*）。植物类群的科属种组成如表64所示。

表64　植物类群的科属种组成

| 植物类群 | 科数 | 占比（%） | 属数 | 占比（%） | 种数 | 占比（%） |
|---|---|---|---|---|---|---|
| 蕨类植物 | 1 | 1.64 | 1 | 0.64 | 1 | 0.48 |
| 裸子植物 | 3 | 4.92 | 4 | 2.56 | 5 | 2.40 |
| 单子叶植物 | 9 | 14.75 | 29 | 18.59 | 34 | 16.35 |
| 双子叶植物 | 48 | 78.69 | 122 | 78.21 | 168 | 80.77 |
| 合计 | 61 | 100.00 | 156 | 100.00 | 208 | 100.00 |

其中蕨类植物1科1属1种，即节节草（*Equisetum ramosissimum*）；裸子植物3科4属5种，即银杏（*Ginkgo biloba*）、油松（*Pinus tabuleaformis*）、铺地柏（*Sabina procumbens*）、侧柏（*Platycladus orientalis*）和龙柏（*Juniperus chinensis 'Kaizuca'*）；被子植物中双子叶植物48科122属168种，单子叶植物9科29属34种。

从各科包含的种数来看，包含物种最多的5个科依次为菊科（Asteraceae）、禾本科（Poaceae）、豆科（Fabaceae）、蔷薇科（Rosaceae）和藜科（Chenopodiaceae）；仅包含2种的有10个科，仅包含1种的达29个科，两者共计39科（占科总数的63.93%），包含植物49种（占种总数的23.56%），可见小科较多，单属种的科极多。各科包含的种类及其占比如表65所示。

表65　各科包含的种类及其占比

| 级别 | 科数 | 占比（%） | 种数 | 占比（%） |
|---|---|---|---|---|
| 种数≥20 | 1 | 1.64 | 27 | 12.98 |
| 10≤种数<20 | 3 | 4.92 | 50 | 24.04 |
| 5≤种数<10 | 4 | 6.56 | 33 | 15.87 |

| 级别 | 科数 | 占比(%) | 种数 | 占比(%) |
|---|---|---|---|---|
| 3≤种数<5 | 14 | 22.95 | 49 | 23.56 |
| 种数=2 | 10 | 16.39 | 20 | 9.62 |
| 种数=1 | 29 | 47.54 | 29 | 13.94 |
| 合计 | 61 | 100.00 | 208 | 100.00 |

从各属所包含的种数来看,包含种类最多的5个属依次为蓼属(*Polygonum*)、蒿属(*Artemisia*)、槐属(*Sophora*)、藜属(*Chenopodium*)和苋属(*Amaranthus*)。仅含2种的属有30属,单种属达到119属,两者共计149属(占属总数的95.51%),包含植物179种(占种总数的86.06%),可见小属的占比极大,且在4个重要湿地自然保护区中占比最大。各属包含的种类及其占比如表66所示。

表66 各属包含的种类及其占比

| 级别 | 属数 | 占比(%) | 种数 | 占比(%) |
|---|---|---|---|---|
| 5≤种数<10 | 2 | 1.28 | 11 | 5.29 |
| 3≤种数<5 | 5 | 3.21 | 18 | 8.65 |
| 种数=2 | 30 | 19.23 | 60 | 28.85 |
| 种数=1 | 119 | 76.28 | 119 | 57.21 |
| 合计 | 156 | 100.00 | 208 | 100.00 |

(2)科和属的分布区类型

1)野生种子植物科的分布区类型。依据吴征镒《〈世界种子植物科的分布区类型系统〉的修订》中对世界种子植物科的分布区类型划分,可将团泊洼湿地内野生种子植物49科划分为4个分布区类型。其中属于世界分布性质的科最多,为36科(占野生科总数的72.34%),如浮萍科(Lemnaceae)、禾本科(Poaceae)、金鱼藻科(Ceratophyllaceae)、堇菜科(Violaceae)和景天科(Crassulaceae)等;其次为泛热带分布性质的科,共8科(占野生科总数的16.33%),如蒺藜科(Zygophyllaceae)、夹竹桃科(Apocynaceae)、锦葵科(Malvaceae)、苦木科(Simaroubaceae)和萝藦科(Asclepiadaceae)等;北温带分布性质的有4科(占野生科总数的8.16%),包括牻牛儿苗科(Geraniaceae)、杨柳科(Salicaceae)、罂粟科(Papaveraceae)和鸢尾科Iridaceae);旧世界温带分布的仅有1科,即柽柳科(Tamaricaceae)。这说明团泊洼湿地内野生种子植物科的分布区类型以世界分布性质为主,泛热带分布的性质较为明显。野生种子植物科的分布区类型如表67所示。

表67　野生种子植物科的分布区类型

| 分布区类型 | 科数 | 占比(%) |
|---|---|---|
| 1世界广布 | 36 | 73.47 |
| 2泛热带分布 | 8 | 16.33 |
| 8北温带分布 | 4 | 8.16 |
| 10旧世界温带分布 | 1 | 2.04 |
| 合计 | 49 | 100.00 |

　　2)野生种子植物属的分布区类型。依据吴征镒《中国种子植物属的分布区类型》中对中国种子植物属的分布区类型划分,可将团泊洼湿地内野生种子植物118属划分为14分布区类型或变型,其中属于世界分布性质的属最多,共有33属(占野生属总数的27.97%),如茄属(*Solanum*)、莎草属(*Cyperus*)、酸浆属(*Physalis*)、苋属(*Amaranthus*)和香蒲属(*Typha*)等;其次为北温带分布性质的属,共有24属(占野生属总数的20.34%),如打碗花属(*Calystegia*)、地肤属(*Kochia*)、地笋属(*Lycopus*)、点地梅属(*Androsace*)和鹅观草属(*Roegneria*)等;泛热带分布性质的属有23属(占野生属总数的19.49%),如画眉草属(*Eragrostis*)、黄顶菊属(*Flaveria*)、蒺藜属(*Tribulus*)、孔颖草属(*Bothriochloa*)和鳢肠属(*Eclipta*)等;热带亚洲及热带美洲间断分布、热带亚洲至热带非洲分布和中国特有分布均各仅包含1属,分别为砂引草属(*Messerschmidia*)、芒属(*Miscanthus*)和栾树属(*Koelreuteria*)。说明团泊洼湿地内野生种子植物属的分布区类型以世界分布性质为主,其次是北温带分布性质和泛热带分布性质,这与团泊洼湿地所处的华北地区野生植物属的分布区性质相符。野生种子植物属的分布区类型如表68所示。

表68　野生种子植物属的分布区类型

| 分布区类型 | 属数 | 占比(%) |
|---|---|---|
| 1世界广布 | 33 | 27.97 |
| 2泛热带分布 | 23 | 19.49 |
| 3热带亚洲及热带美洲间断分布 | 1 | 0.85 |
| 4旧世界热带分布 | 2 | 1.69 |
| 5热带亚洲至热带大洋洲分布 | 3 | 2.54 |
| 6热带亚洲至热带非洲分布 | 1 | 0.85 |
| 7热带亚洲分布 | 2 | 1.69 |
| 8北温带分布 | 24 | 20.34 |
| 9东亚及北美间断分布 | 3 | 2.54 |

续表

| 分布区类型 | 属数 | 占比(%) |
|---|---|---|
| 10旧世界温带分布 | 15 | 12.71 |
| 11温带亚洲分布 | 3 | 2.54 |
| 12地中海区、西亚至中亚分布 | 3 | 2.54 |
| 14东亚分布 | 4 | 3.39 |
| 15中国特有分布 | 1 | 0.85 |
| 合计 | 118 | 100.00 |

(3)野生和栽培植物组成

在上述植物中,野生植物共有50科119属152种(包含种以下分类阶元,包括5个变种),栽培植物共有26科45属56种(包含种以下分类阶元,包括3个变种,3个变型,6个栽培品种)。总体而言,野生植物种类占比较大,栽培植物种类占比较小。野生植物和栽培植物的科属种组成如图107所示。

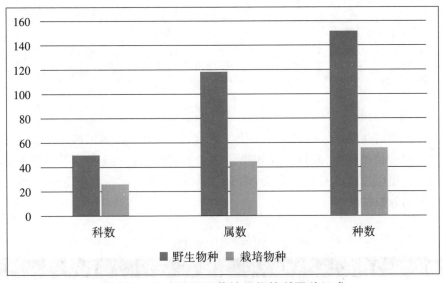

图107　野生植物和栽培植物的科属种组成

(4)生活型组成

对植物生活型类型进行分析可知,208种植物可以划分为8大类或亚类。其中多年生草本种类最为丰富,共计65种(占种总数的31.25%),如田旋花(*Convolvulus arvensis*)、车前(*Plantago asiatica*)、二色补血草(*Limonium bicolor*)、苣荬菜

（*Sonchus brachyotus*）和华黄耆（*Astragalus chinensis*）等；其次为一年生草本，共计64种（占种总数的30.77%），如碱蓬（*Suaeda glauca*）、金色狗尾草（*Setaria glauca*）、灰绿藜（*Chenopodium glaucum*）、头状穗莎草（*Cyperus glomeratus*）和地锦（*Euphorbia humifusa*）等；再次为落叶乔木，共计30种（占种总数的14.42%），如枣（*Ziziphus jujuba*）、合欢（*Albizia julibrissin*）、白杜（*Euonymus maackii*）、旱柳（*Salix matsudana*）和栾树（*Koelreuteria paniculata*）等；其余各生活型类型所包含的种类相对较少。生活型种类组成如表69所示。

表69　生活型种类组成

| 生活型类型 | 种数 | 占比（%） |
|---|---|---|
| 落叶乔木 | 30 | 14.42 |
| 常绿乔木 | 3 | 1.44 |
| 常绿灌木 | 4 | 1.92 |
| 落叶灌木 | 20 | 9.62 |
| 半灌木或半灌木状草本 | 2 | 0.96 |
| 多年生草本 | 65 | 31.25 |
| 一、二年或多年生草本 | 20 | 9.62 |
| 一年生草本 | 64 | 30.77 |
| 合计 | 208 | 100.00 |

（5）主要植被类型

按照团泊洼湿地区域内不同斑块与立地类型，参照《中国植被》的分类系统，将区域内的植被群落分为6个植被型组，9个植被型，58个群系，其中1个人工栽培植被型组（包括1个植被型和7个群系），其余均为野生植被。团泊洼湿地的植被类型划分如表70所示。

表70　团泊洼湿地的植被类型

| 植被型组 | 植被型 | 群系 |
|---|---|---|
| 1灌丛 | 1温带落叶阔叶灌丛 | 1柽柳灌丛 |
| | | 2酸枣灌丛 |
| | | 3兴安胡枝子灌丛 |
| 2草丛 | 2温带草丛 | 4白羊草草丛 |
| | | 5马蔺草丛 |
| | | 6猪毛蒿草丛 |

188

续表

| 植被型组 | 植被型 | 群系 |
|---|---|---|
| 2 草丛 | 2 温带草丛 | 7 猪毛菜草丛 |
| | | 8 野大豆草丛 |
| | | 9 葎草草丛 |
| | | 10 婆婆针草丛 |
| | | 11 苣荬菜草丛 |
| | | 12 狗尾草草丛 |
| | | 13 地肤草丛 |
| | | 14 长芒苋草丛 |
| | | 15 菊芋草丛 |
| | | 16 华黄耆草丛 |
| | | 17 刺儿菜草丛 |
| | | 18 益母草草丛 |
| | | 19 反枝苋草丛 |
| | | 20 苘麻草丛 |
| | | 21 罗布麻草丛 |
| | | 22 红蓼草丛 |
| | | 23 碱蓬草丛 |
| | | 24 旋覆花草丛 |
| | | 25 宽叶独行菜草丛 |
| | | 26 砂引草草丛 |
| | | 27 圆叶牵牛草丛 |
| | | 28 野艾蒿草丛 |
| 3 草甸 | 3 温带禾草、杂类草草甸 | 29 白茅草甸 |
| | | 30 画眉草草甸 |
| | | 31 长芒稗草甸 |
| | 4 温带禾草、杂类草盐生草甸 | 32 獐毛盐生草甸 |
| | | 33 芦苇、獐毛盐生草甸 |
| | | 34 芦苇、猪毛蒿盐生草甸 |
| | | 35 芦苇、罗布麻盐生草甸 |
| | | 36 盐地碱蓬盐生草甸 |
| | | 37 盐地碱蓬、碱蓬盐生草甸 |
| | | 38 二色补血草盐生草甸 |
| | | 39 碱菀盐生草甸 |

续表

| 植被型组 | 植被型 | 群系 |
|---|---|---|
| 4沼泽 | 5寒温带、温带沼泽 | 40芦苇沼泽 |
| | | 41水烛沼泽 |
| | | 42水葱沼泽 |
| | | 43扁秆藨草沼泽 |
| 5水生植被 | 6沉水植物群落 | 44菹草群落 |
| | | 45穗状狐尾藻群落 |
| | | 46金鱼藻群落 |
| | | 47大茨藻群落 |
| | | 48篦齿眼子菜群落 |
| | 7漂浮植物群落 | 49浮萍群落 |
| | | 50紫萍群落 |
| | 8浮叶根生植物群落 | 51荇菜群落 |
| 6栽培植被 | 6栽培植被 | 52绒毛梣 |
| | | 53槐 |
| | | 54刺槐 |
| 6栽培植被 | 6栽培植被 | 55火炬树 |
| | | 56金叶榆 |
| | | 57金枝国槐 |
| | | 58紫穗槐 |

对其中部分典型植物群落简要描述如下。

1)酸枣群落(Form. *Ziziphus jujube* var. *spinosa*)。在团泊洼湿地,酸枣常形成单优势种灌木群落,群落覆盖度约50%,群落高度可达270厘米。群落内未见其他木本植物,草本伴生种有马唐(*Digitaria sanguinalis*)、狗尾草(*Setaria viridis*)、苘麻(*Abutilon theophrasti*)和反枝苋(*Amaranthus retroflexus*)等。酸枣群落零星分布于团泊洼湿地中的湖岸和岛屿上,分布地多为中生环境(如图108所示)。

2)苣荬菜群落(Form. *Sonchus arvensis*)。苣荬菜群落的群落覆盖度55%~80%,群落高度约60厘米,群落中每平方米内苣荬菜的株数可达15株。群落内的伴生种较为丰富,如草木樨(*Melilotus officinalis*)、狗尾草(*Setaria viridis*)、马唐(*Digitaria sanguinalis*)、地肤(*Kochia scoparia*)、野西瓜苗(*Hibiscus trionum*)和葎草(*Humulus scandens*)等。在团泊洼湿地内,苣荬菜群落主要见于潮湿的滨水地带,也见于岸上荒草地、砾石滩或路旁。在其盛花期,苣荬菜群落呈现一片金黄颜色,蔚为壮观(如图109所示)。

图108　酸枣群落

图109　苣荬菜群落

3）地肤群落（Form. *Kochia scoparia*）。区域内地肤常形成单优势种群落；群落面积越大，地肤长势越好，群落的覆盖度和高度越高。经调查，地肤群落覆盖度为70%~95%，群落高度约100厘米，最高可达190厘米，每平方米内地肤的株数可达60株。伴生种可见有碱蓬（*Suaeda glauca*）、猪毛蒿（*Artemisia scoparia*）、藜（*Chenopodium album*）、灰绿藜（*Chenopodium glaucum*）和葎草（*Humulus scandens*）等，偶可见野大豆（*Glycine soja*）、稗（*Echinochloa crusgalli*）、狗尾草（*Setaria viridis*）和野西瓜苗（*Hibiscus trionum*）等（如图110所示）。

4）华黄耆群落（Form. *Astragalus chinensis*）。华黄耆为多年生草本植物。在团泊洼湿地内，华黄耆常形成单优势种群落，群落覆盖度高达95%，群落高度可达100厘米，每平方米内华黄耆的杆数可达80杆。群落内的常见伴生种有狗尾草（*Setaria viridis*）、马唐（*Digitaria sanguinalis*）、牛筋草（*Eleusine indica*）、地锦草（*Euphorbia humifusa*）和藜（*Chenopodium album*）等，未见藤本植物。华黄耆的花量大且色彩鲜艳，盛花期时呈现出较高的观赏性（如图111所示）。

图110　地肤群落

图111　华黄耆群落

5)罗布麻群落(Form. *Apocynum venetum*)。在团泊洼湿地内,罗布麻常形成单优势种群落,群落覆盖度约为90%,群落高度110~130厘米,每平方米内植株数可达12株。常见伴生种有地肤(*Kochia scoparia*)、狗尾草(*Setaria viridis*)、芦苇(*Phragmites australis*)、发枝黍(*Panicum capillare*)和苣荬菜(*Sonchus arvensis*)等,亦可见藤本伴生种如萝藦(*Metaplexis japonica*)和葎草(*Humulus scandens*)缠绕于其上。罗布麻群落常分布较为干旱、土壤盐碱化的路旁或向阳草丛(如图112所示)。

6)红蓼群落(Form. *Polygonum orientale*)。红蓼为一年生草本植物,在团泊洼湿地内常形成单优势种群落,群落覆盖度可达85%,群落高度可达180厘米,每平方米内植株数可达10株。常见伴生植物有稗(*Echinochloa crusgalli*)、狗尾草(*Setaria viridis*)、藜(*Chenopodium album*)和灰绿藜(*Chenopodium glaucum*)等;近水处的群落伴生植物还可见芦苇(*Phragmites australis*)、齿果酸模(*Rumex dentatus*)、扁秆藨草(*Scirpus planiculmis*)和碱菀(*Tripolium pannonicum*)等。红蓼群落常见分布于路旁及河边湿润地带,在水流静止的池沼、低洼地往往能够形成大片的红蓼单优势种群落(如图113所示)。

图112 罗布麻群落

图113 红蓼群落

7)旋覆花群落(Form. *Inula japonica*)。旋覆花为多年生草本植物,在团泊洼湿地内常形成单优势种群落,群落覆盖度可达80%,群落高度仅约50厘米,群落内种群密度较大。常见伴生种有车前(*Plantago asiatica*)、独行菜(*Lepidium apetalum*)、狗尾草(*Setaria viridis*)、萹蓄(*Polygonum aviculare*)和牛筋草(*Eleusine indica*)等。旋覆花适应性较强,其群落常见于区域内的滨水地带,也可见于中生生境。旋覆花的花量繁茂,花色艳丽,花期较长,可以作为滨水地带植被恢复的备选工具种,值得加以关注(如图114所示)。

8)砂引草群落(Form. *Tournefortia sibirica*)。砂引草为多年生中生草本植物,多见分布于地势较高、土壤含水量较低的中生生境。常形成单优势种群落,群落覆盖度介于55%~80%之间,群落高度仅25~35厘米。常见伴生种有独行菜(*Lepidium apetalum*)、斑种草(*Bothriospermum chinense*)、附地菜(*Trigonotis peduncularis*)、车前(*Plantago asiatica*)和狗尾草(*Setaria viridis*)等。砂引草常被视为土地沙化的指示物种,对其群落动态进行持续监测,有利于进一步探究湿地生态环境的变化趋势(如图115所示)。

图114　旋覆花群落

图115　砂引草群落

9)盐地碱蓬群落(Form. *Suaeda salsa*)。在团泊洼湿地内,盐地碱蓬多形成单优势种群落,覆盖度高达75%或以上,群落高度仅40厘米,每平方米内植株数可达120株。群落内的伴生植物常见有猪毛菜(*Salsola collina*)、地肤(*Kochia scoparia*)、碱菀(*Tripolium vulgare*)和碱蓬(*Suaeda glauca*)等。盐地碱蓬群落多分布于水位较低、盐度较高的河漫滩或滨水地带,也见于低洼积水的地段。盐地碱蓬群落在秋季呈现朱红色景观,观赏价值较高(如图116所示)。

10)二色补血草群落(Form. *Limonium bicolor*)。二色补血草常形成单优势种群落,或与其他耐盐植物混合形成群落。群落覆盖度可达60%,群落高度可达30厘米。常见伴生种有芦苇(*Phragmites australis*)、碱蓬(*Suaeda glauca*)和獐毛(*Aeluropus sinensis*)等。该类型群落在团泊洼湿地内呈现典型的斑块状分布,常分布于积水低洼地中较高的台地上,分布位置土壤水分蒸发旺盛,土壤表面常可见盐分累积。二色补血草为盐碱地的指示物种,且花多而美艳,具有较高观赏价值(如图117所示)。

图116 盐地碱蓬群落

图117 二色补血草群落

11）穗状狐尾藻群落（Form. *Myriophyllum spicatum*）。穗状狐尾藻为沉水植物,广泛分布于团泊洼湿地内的开阔水体,分布地的水深常处于0.8~1.8米之间。群落常呈斑块状分布;因水深、光照和种质资源状况,生长密度差异较大,每平方米内植株数量介于3~20株之间。群落内亦可见少量的金鱼藻（*Ceratophyllum de-mersum*）,但数量有限（如图118所示）。

图118 穗状狐尾藻群落

12）荇菜群落（Form. *Nymphoides peltatum*）。荇菜为浮叶根生植物。在团泊洼湿地内，荇菜群落常分布于平静且水深介于1~3米之间的开阔水面，常由荇菜形成单优势种群落，群落覆盖度可达70%。常见伴生种有浮萍（*Lemna minor*）、紫萍（*Spirodela polyrrhiza*）等。在其盛花期，荇菜群落呈现出一片金黄色，观赏效果极佳（如图119所示）。

图119　荇菜群落

（6）群落的物种多样性

根据2017—2019年针对团泊洼湿地12个典型样地所包含的40个植物群落调查的结果，对团泊洼湿地群落多样性指数进行分析，特征如下。

1）Shannon-Wiener多样性指数。Shannon-Wiener多样性指数的最大值为2.500，最小值为0.620，平均值为1.659。总体而言，群落多样性指数相对偏低，反映出植物群落中物种丰富程度较低，物种间个体数量分布不均匀，群落结构较为简单。尤其是在黄顶菊（*Flaveria bidentis*）和发枝黍（*Panicum capillare*）等外来物种占据明显竞争优势的群落中，Shannon-Wiener多样性指数明显偏低。

2）Simpson优势度指数。Simpson优势度指数的数值范围为0.231~0.906之间，平均值为0.592，总体而言，各物种的个体数量分布较为均匀，优势种的优势地位不明显。结合Shannon-Wiener多样性指数及物种丰富度指数来看，尤其是在黄顶菊和鬼针草属（*Bidens*）占据优势的群落里，Simpson优势度指数相对偏高。

3）Pielou均匀度指数。Pielou均匀度指数的数值范围为0.296~0.961之间，平均值为0.623，总体而言，各样地种间分布比较均匀，没有明显的单一种可以决定群落生境。

### 3.5.2　鸟类多样性

(1)鸟类的种类组成

截至2022年7月,团泊洼湿地共记录鸟类200种(占天津湿地鸟类种总数的43.86%),隶属于19目(占天津湿地鸟类目总数的82.61%)48科(占天津湿地鸟类科总数的64.00%)111属(占天津湿地鸟类属总数的48.90%)。各目的种类组成差异较大,其中种类最为丰富的为雀形目(Passeriformes)(包含64种,占该湿地鸟类种总数的32.00%),其次为鸻形目(Charadriiformes)(包含43种,占该湿地鸟类种总数的21.50%),再次为雁形目(Anseriformes)(包含30种,占该湿地鸟类种总数的15.00%)、鹈形目(Pelecaniformes)(包含12种,占种总数的6.00%)和鹰形目(Accipitriformes)(包含10种,占该湿地鸟类种总数的5.00%)。仅包含1种的目包括鸨形目(Otidiformes)、鲣鸟目(Suliformes)和犀鸟目(Bucerotiformes)(如图120所示)。其余各目共包含38种(占天津湿地鸟类种总数的19.00%)。总体而言,区域内的鸟类种类较为丰富,但其鸟类种数在天津4个重要湿地中为最少,仅为北大港湿地鸟类种数的68.49%。随着鸟类调查和研究工作的不断深入,相信不断会有新的鸟类被观察和记录到。

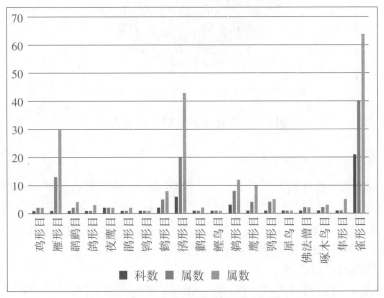

图120　各目鸟类的种类组成

(2)鸟类的生态类群

对鸟类的生态类群类型进行分析,可知团泊洼湿地的鸟类仍以鸣禽为主,包含64种(占种总数的32.00%),鸣禽的种类相较于其他3个重要湿地保护区而言较为贫乏;其次为涉禽,包含54种(占种总数的27.00%);再次为游禽,包含46种(占种总数的23.00%);水鸟(包括涉禽和游禽)种类合计达100种(占种总数的50.00%),水鸟占比位居天津4个重要湿地保护区之首。这可能与团泊洼湿地范围内的水域面积占比较大有关。猛禽的种类亦较为丰富,包含20种(占种总数的10.00%),其中大部分为经停此地的旅鸟。攀禽和陆禽的比例较小,共计16种(占种总数的8.00%)(如图121所示)。

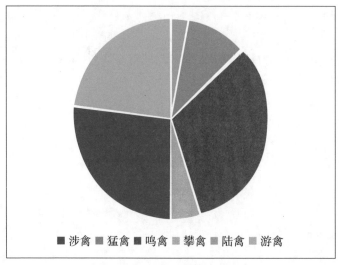

图121　鸟类生态类群的种类组成

(3)鸟类的区系分区

对鸟类的区系分区进行分析,可知团泊洼湿地的鸟类的区系分区组成规律与天津湿地、天津地区乃至华北地区的相一致:以古北界为主,包含137种(占种总数的68.50%);其次为全北界,包含52种(占种总数的26.00%);最少的为东洋界,包含11种(占种总数的5.50%)(如图122所示)。

(4)鸟类的居留类型

对鸟类的居留类型进行分析,可知团泊洼湿地的鸟类仍以旅鸟为主,包含59种(占种总数的29.50%);其次为旅鸟/冬候鸟,包含56种(占种总数的28.00%),可见团泊洼湿地为种类众多、种类占比较大的冬候鸟提供了适宜的越冬地,其中大部分均为游禽;再次为夏候鸟/旅鸟(包含35种,占种总数的17.50%)及留鸟(包含26种,占种总数的13.00%);其余居留类型的鸟类共计24种(占种总数的12.00%)(如图123所示)。团泊洼湿地暂未记录迷鸟种类。

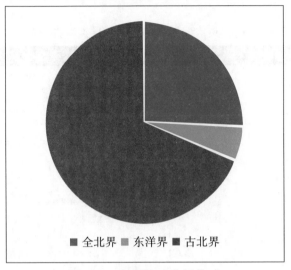

**图122　鸟类区系分区构成**

■ 全北界　■ 东洋界　■ 古北界

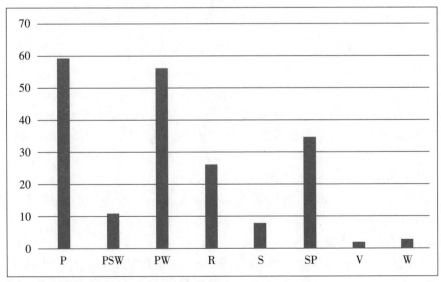

P-旅鸟;S-夏候鸟;W-冬候鸟;R-留鸟;V-迷鸟

**图123　鸟类居留类型的种类组成**

(5)重点保护和珍稀濒危种类

根据《国家重点保护野生动物名录》《国家保护的有重要生态、科学、社会价

值的陆生野生动物名录》(即"三有名录")、IUCN红色名录和CITES附录,对团泊
洼湿地的重点保护和珍稀濒危鸟类的组成进行分析(如表71所示)。

表71 重点保护和珍稀濒危鸟类种类组成

| 保护级别 | 级别 | 种数 | 占比(%) |
|---|---|---|---|
| 国家重点保护名录 | 一级 | 9 | 4.50 |
| | 二级 | 36 | 18.00 |
| 国家重点保护名录 | "三有" | 154 | 77.00 |
| IUCN | CR | 2 | 1.00 |
| | EN | 2 | 1.00 |
| | VU | 9 | 4.50 |
| | NT | 11 | 5.50 |
| | LC | 173 | 86.50 |
| | NR | 3 | 1.50 |
| CITES | 附录Ⅰ | 6 | 3.00 |
| | 附录Ⅱ | 23 | 11.50 |
| | 附录Ⅲ | 5 | 2.50 |
| | 无 | 166 | 83.00 |

1)国家一级重点保护鸟类9种,包括:青头潜鸭(*Aythya baeri*)、大鸨(*Otis tarda*)、白枕鹤(*Grus vipio*)、丹顶鹤(*Grus japonensis*)、白头鹤(*Grus monacha*)、黑鹳(*Ciconia nigra*)、东方白鹳(*Ciconia boyciana*)、卷羽鹈鹕(*Pelecanus crispus*)和黄胸鹀(*Emberiza aureola*);国家二级重点保护鸟类36种,包括:鸿雁(*Anser cygnoid*)、白额雁(*Anser albifrons*)、疣鼻天鹅(*Cygnus olor*)、小天鹅(*Cygnus columbianus*)、大天鹅(*Cygnus cygnus*)、花脸鸭(*Sibirionetta formosa*)、斑头秋沙鸭(*Mergellus albellus*)、角䴙䴘(*Podiceps auritus*)、黑颈䴙䴘(*Podiceps nigricollis*)、灰鹤(*Grus grus*)、白腰杓鹬(*Numenius arquata*)、大杓鹬(*Numenius madagascariensis*)、白琵鹭(*Platalea leucorodia*)、黑翅鸢(*Elanus caeruleus*)、日本松雀鹰(*Accipiter gularis*)、雀鹰(*Accipiter nisus*)、苍鹰(*Accipiter gentilis*)、白腹鹞(*Circus spilonotus*)、白尾鹞(*Circus cyaneus*)、鹊鹞(*Circus melanoleucos*)、毛脚鵟(*Buteo lagopus*)、大鵟(*Buteo hemilasius*)、普通鵟(*Buteo japonicus*)、红角鸮(*Otus sunia*)、雕鸮(*Bubo bubo*)、纵纹腹小鸮(*Athene noctua*)、长耳鸮(*Asio otus*)、短耳鸮(*Asio flammeus*)、红隼(*Falco tinnunculus*)、红脚隼(*Falco amurensis*)、灰背隼(*Falco columbarius*)、燕隼(*Falco subbuteo*)、游隼(*Falco peregrinus*)、云雀(*Alauda arvensis*)、震旦鸦雀(*Paradoxornis heudei*)和红喉歌鸲(*Calliope calliope*)。

2)IUCN红色名录CR级别的2种,包括:青头潜鸭(*Aythya baeri*)和黄胸鹀(*Emberiza aureola*);IUCN红色名录EN级别的2种,包括:大杓鹬(*Numenius madagascariensis*)和东方白鹳(*Ciconia boyciana*);IUCN红色名录VU级别的9种,包括:鸿雁(*Anser cygnoid*)、红头潜鸭(*Aythya ferina*)、长尾鸭(*Clangula hyemalis*)、角鸊鷉(*Podiceps auritus*)、大鸨(*Otis tarda*)、白枕鹤(*Grus vipio*)、丹顶鹤(*Grus japonensis*)、白头鹤(*Grus monacha*)和田鹀(*Emberiza rustica*);IUCN红色名录NT级别的11种,包括:鹌鹑(*Coturnix japonica*)、罗纹鸭(*Mareca falcata*)、白眼潜鸭(*Aythya nyroca*)、凤头麦鸡(*Vanellus vanellus*)、黑尾塍鹬(*Limosa limosa*)、斑尾塍鹬(*Limosa lapponica*)、白腰杓鹬(*Numenius arquata*)、红颈滨鹬(*Calidris ruficollis*)、弯嘴滨鹬(*Calidris ferruginea*)、卷羽鹈鹕(*Pelecanus crispus*)和震旦鸦雀(*Paradoxornis heudei*)。

3)CITES附录Ⅰ的6种,包括:白枕鹤(*Grus vipio*)、丹顶鹤(*Grus japonensis*)、白头鹤(*Grus monacha*)、东方白鹳(*Ciconia boyciana*)、卷羽鹈鹕(*Pelecanus crispus*)和游隼(*Falco peregrinus*);CITES附录Ⅱ的23种,包括:花脸鸭(*Sibirionetta formosa*)、大鸨(*Otis tarda*)、灰鹤(*Grus grus*)、黑鹳(*Ciconia nigra*)、白琵鹭(*Platalea leucorodia*)、黑翅鸢(*Elanus caeruleus*)、日本松雀鹰(*Accipiter gularis*)、雀鹰(*Accipiter nisus*)、苍鹰(*Accipiter gentilis*)、白腹鹞(*Circus spilonotus*)、白尾鹞(*Circus cyaneus*)、鹊鹞(*Circus melanoleucos*)、毛脚鵟(*Buteo lagopus*)、大鵟(*Buteo hemilasius*)、红角鸮(*Otus sunia*)、雕鸮(*Bubo bubo*)、纵纹腹小鸮(*Athene noctua*)、长耳鸮(*Asio otus*)、短耳鸮(*Asio flammeus*)、红隼(*Falco tinnunculus*)、红脚隼(*Falco amurensis*)、灰背隼(*Falco columbarius*)和燕隼(*Falco subbuteo*);CITES附录Ⅲ的5种,包括:煤山雀(*Periparus ater*)、凤头百灵(*Galerida cristata*)、云雀(*Alauda arvensis*)、白腰朱顶雀(*Acanthis flammea*)和黄雀(*Spinus spinus*)。

由此可见,团泊洼湿地的重点保护和珍稀濒危鸟类的种类极为丰富(如图124-126所示),需要采取有针对性的保护措施。

白琵鹭

斑头秋沙鸭

图124 团泊洼湿地常见国家重点保护鸟类(1)

图125　团泊洼湿地常见国家重点保护鸟类(2)

灰鹤

卷羽鹈鹕

毛脚鵟

青头潜鸭

鹊鹞

疣鼻天鹅

游隼

云雀

图126　团泊洼湿地常见国家重点保护鸟类(3)

（6）鸟类的物种多样性

2015—2021年间，笔者依托天津市野生动植物保护和管理主管部门、湿地管理部门，连续对团泊洼湿地开展了鸟类调查和监测。在此基础上，对团泊洼湿地鸟类群落的物种多样性状况进行分析。以所有鸟类生态类群构成的鸟类群落作为分析对象，则团泊洼湿地鸟类群落的 Shannon-Wiener 指数为 2.447，Simpson 优势度指数为 0.842，Pielou 均匀度指数为 0.509，这 3 个多样性指数均为 4 个重要湿地自然保护区中最小；若仅以水鸟（包括涉禽和游禽）群落作为分析对象，则团泊洼湿地水鸟群落的 Shannon-Wiener 指数为 2.319，Simpson 优势度指数为 0.833，Pielou 均匀度指数为 0.553，其中 Shannon-Wiener 指数和 Pielou 均匀度指数均为 4 个重要湿地自然保护区中最小。

总体而言，团泊洼湿地鸟类及水鸟的物种多样性水平处于中等水平，且均低于其他 3 个重要湿地保护区的多样性水平。团泊洼湿地的主体为团泊洼水库，主要生境类型为开阔深水面，生境多样性水平较低，为游禽提供了较为适宜的栖息地，但对于其他生态类群的鸟类而言，此类生境并不能提供适宜的栖息、觅食和繁殖条件。团泊洼湿地的鸟类物种多样性较低的情况，启发我们对团泊洼湿地及相类似的湿地，应采取更为灵活的生境管理策略，以期为种类更为丰富、种间个体数量更为均匀的鸟类提供适宜的栖息环境。

团泊洼湿地鸟类的优势种为白骨顶（*Fulica atra*）（种群占比达 34.00%）和绿头鸭（*Anas platyrhynchos*）（种群占比达 11.98%）。

### 3.5.3 其他动物类群

#### 3.5.3.1 哺乳动物

（1）种类组成

截至 2022 年 7 月，团泊洼湿地共记录到野生哺乳动物 5 目 6 科 12 属 12 种。其中，啮齿目（Rodentia）的种类最为丰富，包含 6 种（占种总数的 50.00%）；其次为和翼手目（Chiroptera）和食肉目（Carnivora），均包含 2 种（占种总数的 16.67%）；再次兔形目（Lagomorpha）和猬形目（Erinaceomorpha），均仅包含 1 种，分别为蒙古兔（*Lepus tolai*）和东北刺猬（*Erinaceus amurensis*）。团泊洼湿地与大黄堡湿地的野生哺乳动物的种数相同，均低于其他 2 个重要湿地保护区的种数。

（2）区系分区

对野生哺乳动物的区系分区情况进行分类，可知团泊洼湿地野生哺乳动物以古北界种类为主，共计 10 种（占种总数的 83.33%）；东洋界种类仅 2 种（占种总数的 16.67%），团泊洼湿地在动物地理区划上属古北界和东洋界物种交汇的区域，但古北界物种占据绝对优势。

（3）重点保护和珍稀濒危物种

团泊洼湿地野生哺乳动物中,未发现被列为国家一级或二级重点保护动物的物种;仅1种被列为IUCN红色名录NT(近危)级别,即猪獾(*Arctonyx collaris*);仅1种被列入CITES附录Ⅲ,即黄鼬(*Mustela sibirica*)。

3.5.3.2　两栖爬行动物

（1）种类组成

截至2022年7月,团泊洼湿地共记录到野生两栖爬行动物2纲3目/亚目5科11属12种。在已记录的野生两栖爬行动物中,无尾目(Anura)种类最为丰富,共有6种(占种总数的50.00%);其次为蛇亚目(Serpentes),共有5种(占种总数的41.67%);再次为龟鳖目(Testudoformes),仅记录1种,即中华鳖(*Trionyx sinensis*)。

（2）区系分区

对野生两栖爬行动物的区系分区情况进行分析可知,团泊洼湿地野生两栖爬行动物中,东洋界和古北界的种数相当,其中古北界共记录5种(占种总数的41.67%),东洋界共记录7种(占种总数的58.33%),反映了团泊洼湿地在动物地理区划上属古北界和东洋界物种交汇的区域,两者的种类组成较为接近。

（3）重点保护和珍稀濒危物种

团泊洼湿地野生两栖爬行动物中,未记录被列为国家一级和二级重点保护动物的物种;共1种被列为IUCN红色名录VU(易危)级别,即中华鳖(*Trionyx sinensis*),另有1种被列为NT(近危)级别,即黑斑侧褶蛙(*Pelophylax nigromaculatus*);尚未有物种被列入CITES附录中。

3.5.3.3　鱼类

截至2022年7月,团泊洼湿地共记录到鱼类6目10科30属30种。在已记录的鱼类中,仍是鲤形目(Cypriniformes)种类最为丰富,共有21种(占种总数的70.00%);其次为鲈形目(Perciformes),共有4种(占种总数的13.33%);再次为鲇形目(Siluriformes),共有2种(占种总数的6.67%);其余各目,即鲑形目(Salmoniformes)、合鳃目(Synbranchiformes)和鲱形目(Clupeiformes)均仅包含1种,分别为前颌间银鱼(*Hemosalanx prognathus*)、黄鳝(*Monopterus albus*)和鲚(*Coilia ectenes*)。

# 4　天津湿地生态系统服务
与生物多样性评估

湿地生态系统的独特性在于它特殊的水文状况、陆地和水域生态系统交错带作用,以及由此而产生的特殊生态服务能力,具有多种自然、社会、经济与人文功能。但是近年来,受极端天气、人类开发活动等多方面因素的影响,湿地的生态过程及功能逐渐被削弱而失衡,湿地的面积、湿地资源、生物多样性与生态系统服务都受到了不同程度的影响。

从1995—2003年中国第一次全国湿地资源调查到2009—2013年第二次全国湿地资源调查这十几年间,中国已经失去了29%的湿地,湿地总面积减少了33 963平方千米,其中自然湿地面积减少了33 762平方千米,大量河流和湖泊变成了人工湿地。据2014年中国第二份国家湿地资源报告,湿地退化的主要驱动因素包括污染、开垦、过度开发生物资源、生物入侵和基础设施建设等。由于湿地生态系统结构和功能的完整性受到破坏,湿地的损失对生态系统造成了巨大的不利影响。生境的变化让21%的鸟类、37%的哺乳动物和20%的淡水鱼类等依赖湿地的物种受到严重威胁甚至濒临灭绝,并严重影响了湿地所能提供的生态系统服务和当地生物多样性,进而降低了人类福祉。

从1700—2050年,在快速城市化和工业化的背景下,人类活动对全球物种多样性的影响程度逐步加深。人们越来越认识到,真正的可持续发展取决于保护地球的生物多样性,因此采用合适的技术手段反映天津湿地生态系统服务空间分布特征,掌握天津湿地的景观结构变化特征,对于保护生物多样性具有重要价值。这是目前湿地保护利用和有效管理的重要课题,对维护区域生态安全和可持续发展具有重要意义。

## 4.1　天津湿地生态系统服务的时空演变

生态系统服务(Ecosystem Service,ES)是指生态系统所形成和维持的人类赖以生存和发展的环境条件与效用,是人类福祉建设及可持续发展的基础。作为地球三大生态系统之一,湿地具备水陆两类生态系统的特征,并具有"地球之肾"之称。在生态系统服务功能方面,湿地具有涵养水源、保持水土、稳定海岸线、蓄滞洪水、调节气候、降解污染、保持生物多样性、为野生动植物提供栖息地等多种功能。此外,湿地还具备休憩、娱乐、社会文化载体等生活服务功能,以及作物生产、水产养殖等社会经济功能,对促进城市经济发展、维持社会进步和提升生活水平具有不可忽视的重要作用。

随着城市化及经济发展进程加快,湿地面积萎缩、生态环境恶化、生态功能受损等问题日益凸显,湿地生态系统服务受到的威胁也日益严重。在此背景下,生态系统服务功能提升对于退化湿地的恢复具有直接意义。湿地生态系统服务研究可有效衔接其生态功能与居民生活需求之间的关系,便于时空动态化表征现有湿地格局及其功能水平。将生态系统服务损失纳入退化评价体系的考量范畴,进行系统科学的湿地退化评估,可更直观地表达生态系统所能提供的产品、功能和经济价值。

生态系统服务物质量化评价受空间和时间尺度的限制相对较小。当前研究者多借助遥感、社会统计与GIS等数据技术支持,实现生态系统服务异质性的时空动态化和可视化表达。其中,基于LUCC的供需关系矩阵法和模型量化法的应用最为广泛。这其中,InVEST模型是当前定量评估功能较为完善、应用最为广泛的方法。该模型具备多个模块,可以进行陆地及海域等多种生态系统功能的测算。此外,该模型有效融合遥感和地理信息系统的技术优势,可实现不同尺度下生态系统服务功能时空序列的动态评估和空间的定量化和可视化表达。

### 4.1.1 天津湿地生态系统服务时空格局演变分析

天津市地处海河下游区域、华北平原东北部,湿地资源丰富,但也面临着湿地萎缩和退化等问题。1990年至今,天津湿地面积一直呈减少趋势,天然湿地所占比例由49.14%减少至18.85%。曹喆等应用3S技术对天津湿地进行了调查,结果显示城市扩张和经济活动对湿地的占用及水环境污染是天津湿地面临的最主要威胁。杜志博等的动态监测结果显示,2006–2012年,滨海新区各类型湿地面积均有所下降,滩涂湿地被围填占用,90%以上的自然海岸线遭破坏,湿地破碎化和人工化问题显著。2017年,天津市出台《天津市湿地自然保护区规划》,大力开展湿地管理和修复。

近年来,我国湿地面积缩减及功能退化趋势已得到一定控制,但依旧面临着管理科学性不足、空间格局不合理、其他用地类型侵占、公众保护意识有待提高等诸多问题。本书采用地理信息系统、InVEST模型和市场价值法对2000年、2010年和2018年天津湿地生态系统服务进行量化评估,探究其时空演变特征及其相关性,在此基础上评价天津湿地退化程度,以期为天津湿地恢复、湿地资源保护与利用、城市生态空间保护及相关政策法规的制定提供有力的科学依据和理论参考。

基于InVEST模型,依照当前认可度较高的Costanza等提出的生态系统服务分类方法,根据天津湿地类型及主要功能,同时充分考量数据可获得性,选取供给服务、支持服务和调节服务三类功能中的水源供给、芦苇生产和碳储存生态系统服务指标进行分析,其中芦苇生产借助市场价值法进行计算。

### 4.1.2 天津湿地水源供给演变特征

本书收集了2000—2018年天津市年均降水量、年均潜在蒸散发、土壤质地和土壤深度、植被可利用含水量及流域数据,应用ArcGIS进行可视化处理,得到InVEST模型产水模块运行所需的基础数据。

借助InVEST模型产水模块,对天津湿地产水功能分布进行探究,天津市单位面积产水量、天津湿地单位面积产水量空间分布。

(1)2000—2018年天津湿地水源供给时空格局

整体上,天津湿地单位面积产水量为532.98~536.81毫米,其中不同湿地类型的单位面积产水量年际差距不明显。从空间上看:①2000年滨海新区中部沿海滩涂、潮白新河和独流减河单位面积水源供给量最高,为536.81毫米;滨海新区南部湿地及七里海湿地单位面积水源供给量最低,为532.98毫米;其他湿地类型单位面积水源供给量差距不大。②2010年七里海湿地及滨海新区南部滩涂单位面积水源供给量最高,为536.81毫米;于桥水库和黄港水库周边湿地及北大港水库为534.13毫米;滨海新区两大盐田单位面积水源供给量最低,为532.98毫米。③2018年各湿地区域单位面积水源供给量差距明显减少,潮白新河上游单位面积水源供给量最高,为536.81毫米;滨海新区南部湿地及七里海湿地单位面积水源供给量最低,为532.78毫米;其余湿地单位面积水源供给量差异不大。

(2)各类型湿地水源供给变化

2000年、2010年和2018年天津市各类型湿地平均单位面积水源供给量如表72所示,天津市各类型湿地水源供给总量如表73和图127所示。在此期间,各类型湿地的平均单位面积水源供给量几乎无明显变化,且各类型湿地之间差距不大,而各类型湿地水源供给总量差距较大。

2000年湿地区域水源供给总量为1 254.57×10⁶立方米,2010年为1 018.71×10⁶立方米,2018年为1 072.15×10⁶立方米,呈现先降低后上升的趋势。其中,水库坑塘水源供给总量最大,占湿地水源供给总量的50%以上,盐田次之,再次为河渠,滩涂最小。水库坑塘、河渠、滩涂水源供给总量均呈现先降低后增加的趋势,其原因主要是土地利用/覆被变化及人类活动的影响。盐田水源供给量呈现持续下降趋势,但在实际生活中,人类社会一般不依靠盐田获取水源供给服务,因此可以推测盐田产水量变化对天津市整体水源供给能力影响不大。

表72 2000—2018年天津市各类型湿地平均单位面积水源供给量(单位:毫米)

| 湿地类型 | 2000年 | 2010年 | 2018年 | 平均值 |
|---|---|---|---|---|
| 水库坑塘湿地 | 533.93 | 533.94 | 533.94 | 533.93 |
| 河渠湿地 | 533.89 | 533.91 | 535.21 | 534.34 |
| 滩涂湿地 | 535.29 | 535.32 | 533.28 | 534.63 |
| 盐田湿地 | 534.11 | 533.37 | 534.11 | 533.86 |

表73 2000—2018年天津市各类型湿地水源供给总量(单位:10⁶立方米)

| 湿地类型 | 2000年 | | 2010年 | | 2018年 | |
|---|---|---|---|---|---|---|
| | 水源供给总量 | 占比(%) | 水源供给总量 | 占比(%) | 水源供给总量 | 占比(%) |
| 水库坑塘湿地 | 672.19 | 53.58 | 556.24 | 54.60 | 607.25 | 56.64 |
| 河渠湿地 | 183.33 | 14.61 | 152.39 | 14.96 | 169.12 | 15.77 |
| 滩涂湿地 | 140.50 | 11.20 | 91.79 | 9.01 | 105.28 | 9.82 |
| 盐田湿地 | 258.54 | 20.61 | 218.29 | 21.43 | 190.50 | 17.77 |
| 合计 | 1 254.57 | | 1 018.71 | | 1 072.15 | |

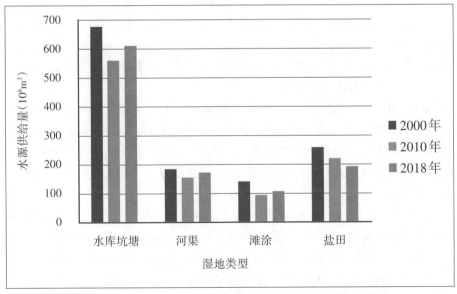

图127 2000—2018年天津市各类型湿地水源供给总量

### 4.1.3　天津湿地碳储量演变特征

（1）2000—2018年天津湿地碳储量时空格局。

整体来看，2000年、2010年和2018年天津市碳储量空间分布格局基本稳定，没有发生剧烈变化。碳储量较高的地区主要为北部林地区域；与其他土地利用类型相比，湿地区域单位面积碳储量相对较低，整体介于0~10.47吨/公顷之间。

从空间上看，2000—2018年间各类型湿地单位面积碳储量差异较大，且存在骤升/骤降现象。①2000年大黄堡湿地、七里海湿地及滨海新区南部沿海滩涂单位面积碳储量最高，约为10.47吨/公顷；潮白新河、独流减河、滨海新区中部及南部的部分滩涂单位面积碳储量最低，接近0；其他湿地区域单位面积碳储量差距不大，约为5.27吨/公顷。②2010年七里海湿地单位面积碳储量最高，约为10.47吨/公顷；潮白新河、独流减河和滨海新区两大盐田单位面积碳储量最低，接近0；其他区域单位面积碳储量差距不大，约为5.27吨/公顷。③2018年潮白新河、独流减河及大黄堡湿地东部部分湿地单位面积碳储量最高，约为10.47吨/公顷；滨海新区两大盐田单位面积碳储量最低，接近0；其他区域单位面积碳储量差距不大，约为5.12吨/公顷。

整体上，各类型湿地的单位面积碳储量由大到小排序为：滩涂>河渠>水库坑塘>盐田。其中，盐田单位面积碳储量最低，水库坑塘次之，河渠单位面积碳储量相对较高，滩涂单位面积碳储量最高。2000—2010年，单位面积碳储量上升区域主要为滨海新区南部滩涂，单位面积碳储量下降区域主要为大黄堡湿地和滨海新区两大盐田，而河渠及各大水库坑塘无明显变化。2010—2018年，单位面积碳储量上升区域主要是以潮白新河、独流减河为代表的河渠，单位面积碳储量下降区域主要是七里海湿地，而其他区域各类型湿地单位面积碳储量无明显变化。

（2）各类型湿地碳储量变化

2000-2018年，天津市各土地利用覆被类型碳储总量如表74所示，占全市各类用地碳储总量比重如图128和图129所示。整体上看，2000—2018年间天津湿地的碳储总量呈下降趋势，2000年、2010年和2018年分别为956.57×10⁴吨、840.24×10⁴吨和838.32×10⁴吨，占天津市碳储总量11.36%、10.45%和11.51%，整体减少了12.36%。

如表74所示，2000—2018年间各类型湿地占湿地碳储总量比重由大到小依次排序，各年份均为水库坑塘>滩涂>河渠>盐田。其中，水库坑塘的碳储总量在2000—2018年间呈先减后增趋势，2000—2010年减少了50.7×10⁴吨，2010—2018年增加了18.59×10⁴吨，但占全部湿地碳储总量的比值持续递增，从2000年的48.57%上升至2018年的51.59%。滩涂碳储总量呈持续递减趋势，2000—2010

年、2010—2018年分别减少了50.68×10⁴吨、34.68×10⁴吨,降低速度减缓;占全部湿地碳储总量的比值小幅度递减,从2000年的39.18%降至2018年的34.52%。河渠碳储总量先减后增,2000—2010年降低11.73×10⁴吨,2010—2018年增加15.18×10⁴吨;盐田碳储总量递减,2000—2010年、2010-2018年分别减少了3.21×10⁴吨、1.01×10⁴吨。由于河渠和盐田碳储总量占湿地区域碳储总量的比值较低,其变化影响较小。

表74 2000—2018年各土地利用/覆被类型碳储总量(单位:10⁴吨)

| 土地覆被类型 | 2000 年 | 2010 年 | 2018 年 |
|---|---|---|---|
| 滩涂湿地 | 374.79 | 324.11 | 289.43 |
| 河渠湿地 | 70.30 | 58.57 | 73.75 |
| 水库坑塘湿地 | 464.57 | 413.87 | 432.46 |
| 盐田湿地 | 46.90 | 43.69 | 42.68 |
| 耕地 | 6 803.63 | 6 667.17 | 5 727.96 |
| 林地 | 534.92 | 401.22 | 539.48 |
| 草地 | 112.57 | 128.04 | 162.25 |
| 建设用地 | 0.00 | 0.00 | 0.00 |
| 未利用地 | 13.40 | 1.06 | 13.80 |
| 合计 | 8 421.09 | 8 037.74 | 7 281.80 |

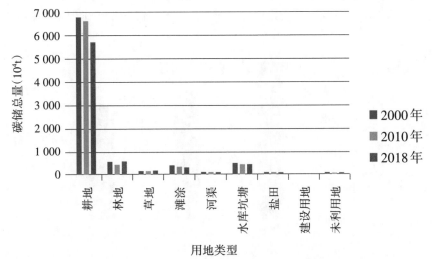

图128 2000—2018年各土地利用/覆被类型碳储总量占比

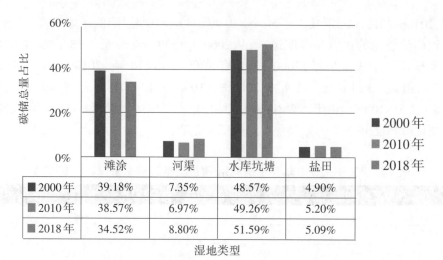

| | 滩涂 | 河渠 | 水库坑塘 | 盐田 |
|---|---|---|---|---|
| 2000年 | 39.18% | 7.35% | 48.57% | 4.90% |
| 2010年 | 38.57% | 6.97% | 49.26% | 5.20% |
| 2018年 | 34.52% | 8.80% | 51.59% | 5.09% |

**图129  2000—2018年各类型湿地占市域湿地碳储总量比重**

### 4.1.4 天津湿地芦苇生产演变特征

（1）2000—2018年天津市芦苇湿地时空格局

天津湿地面积达2 956平方千米,占全区总面积的45.9%。芦苇是天津市重要农产品之一,更是七里海湿地、北大港湿地和大黄堡湿地的重要植物资源。本节选取上述3个重要湿地为芦苇的主要生产区域进行分析,得到2000—2018年间天津市芦苇湿地总面积变化如图130所示,各芦苇湿地空间变化如图131所示。

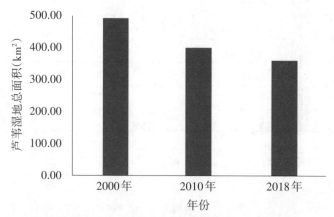

**图130  2000—2018年主要芦苇湿地总面积变化**

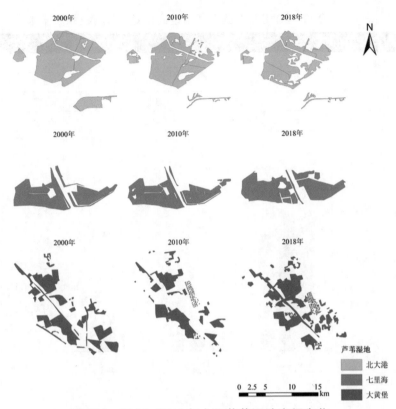

图 131 2000-2018 年主要芦苇湿地空间变化

2000年、2010年和2018年,芦苇湿地总面积分别为494.39平方千米、402.21平方千米和361.99平方千米,呈现逐年减少趋势。其中2000—2010年减少了92.18平方千米,2010—2018年减少了40.22平方千米;2000—2018年整体减少约26.78%。

空间上,各芦苇湿地均呈现逐渐破碎化的趋势,其中北大港湿地和大黄堡湿地尤为明显。2000年、2010年和2018年主要芦苇湿地面积变化如表75和图132所示。其中北大港湿地的芦苇湿地面积最大,但呈现逐年减少趋势,2000—2010年减少了83.69平方千米,2010—2018年减少了44.36平方千米,2000—2018年整体减少约33.44%;其次,七里海湿地的芦苇湿地也呈现逐年减少趋势,2000—2010年减少了2.32平方千米,2010—2018年减少了3.45平方千米,2000—2018年整体减少约7.95%;大黄堡湿地的芦苇湿地面积最小,呈现先减少后上升趋势,2000—2010年减少了6.17平方千米,2010—2018年增加了7.6平方千米,2000—2018年整体增长约3.66%。

天津湿地生物多样性

表75　2000—2018年主要芦苇湿地面积变化（单位：平方千米）

| 芦苇湿地面积 | 2000 年 | 2010 年 | 2018 年 |
| --- | --- | --- | --- |
| 七里海湿地 | 72.50 | 70.18 | 66.73 |
| 北大港湿地 | 382.95 | 299.26 | 254.90 |
| 大黄堡湿地 | 38.94 | 32.77 | 40.37 |
| 合计 | 494.39 | 402.21 | 361.99 |

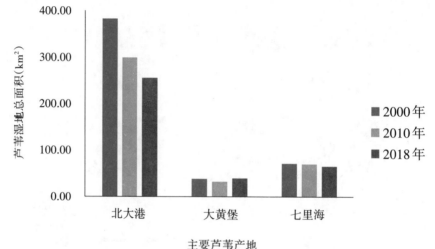

图132　2000—2018年主要芦苇湿地面积变化

（2）2000—2018年天津湿地芦苇生产价值

通过查阅天津市统计年鉴及张海燕等和李东等的研究成果,确定天津市年芦苇平均产量为7 500千克/公顷,芦苇平均市场价格为500元/吨。基于天津市芦苇湿地矢量数据,计算得出2000年、2010年和2018年间天津市主要芦苇生产湿地的芦苇产量和生产经济价值(如表76和表77所示),并对其进行可视化处理。其中北大港湿地区域芦苇主要起生境维持作用,不用于售卖,但仍使用市场价值法对其进行了估算,以便于进行湿地间的比较。

表76　2000—2018年天津主要芦苇湿地芦苇年产量（单位：$10^6$吨）

| 芦苇产量 | 2000 年 | 2010 年 | 2018 年 | 合计 |
| --- | --- | --- | --- | --- |
| 七里海湿地 | 0.54 | 0.53 | 0.50 | 1.57 |
| 北大港湿地 | 2.87 | 2.24 | 1.91 | 7.02 |
| 大黄堡湿地 | 0.29 | 0.25 | 0.30 | 0.84 |

| 芦苇产量 | 2000 年 | 2010 年 | 2018 年 | 合计 |
|---|---|---|---|---|
| 合计 | 3.70 | 3.02 | 2.71 | |

表 77  2000—2018 年天津主要芦苇湿地年经济价值（单位：亿元）

| 芦苇价值 | 2000 年 | 2010 年 | 2018 年 | 平均值 |
|---|---|---|---|---|
| 七里海湿地 | 0.272 | 0.263 | 0.250 | 0.262 |
| 北大港湿地 | 1.436 | 1.122 | 0.956 | 1.171 |
| 大黄堡湿地 | 0.146 | 0.123 | 0.151 | 0.140 |
| 合计 | 1.854 | 1.508 | 1.357 | |

如表 76 所示，2000 年、2010 年和 2018 年天津湿地芦苇总产量分别为 $3.71 \times 10^6$ 吨、$3.02 \times 10^6$ 吨和 $2.71 \times 10^6$ 吨，呈现逐年下降趋势。3 个主要湿地产区中，北大港湿地芦苇产量最大，3 年总计 $7.02 \times 10^6$ 吨；七里海湿地次之，3 年总计 $1.57 \times 10^6$ 吨；大黄堡湿地最少，3 年总计 $0.84 \times 10^6$ 吨。北大港湿地和七里海湿地芦苇产量均呈现逐年下降趋势，大黄堡湿地呈现先下降后上升趋势。

如表 77 所示，2000—2018 年芦苇湿地总经济生产价值分别为 1.854 亿元、1.508 亿元和 1.357 亿元，呈逐年递减趋势，整体上减少了约 26.81%。2000 年、2010 年和 2018 年，各产区 3 年芦苇经济价值由大到小排序为北大港湿地＞七里海湿地＞大黄堡湿地。其中北大港湿地和七里海湿地芦苇产量及经济价值逐年减少，北大港湿地由 2000 年的 1.436 亿元降低至 2018 年的 0.956 亿元，整体减少约 33.43%；七里海湿地由 2000 年的 0.272 亿元降低至 2018 年的 0.250 亿元，整体减少约 8.09%；大黄堡湿地芦苇产量及经济价值先减后增，整体上由 2000 年 0.146 亿元变化至 2018 年的 0.151 亿元，增加约 3.42%。

# 4.2  天津湿地生物多样性评估

作为生态系统功能与服务的基础，生物多样性通过影响生态系统结构、过程和功能从而对生态系统服务产生影响。从决策者的角度而言，湿地生态系统的生物多样性与其生态系统服务价值的评估是作为可持续管理及支持决策的重要依据，进而为区域的生态环境保护和可持续发展提供科学的理论指导。从研究内容的角度而言，国内外对湿地生态系统生物多样性研究主要从动态和静态 2 个层面进行。从研究方法上来看，目前关于湿地生物多样性的评估方法主要包括替代指标评估、情景模拟分析和模型评估3个方面。

本书采用InVEST模型的生境质量模块对研究区生物多样性进行量化模拟。在前人相关研究及模型所提供的参数表的基础上,选取建设用地、耕地及未利用地为湿地威胁因子,采用生境质量指数表征区域生境质量的优劣和研究区的生物多样性。InVEST模型生境质量模块原理如下。

(1)运行原理

基于土地利用/覆被信息,以栅格作为基本评价单元,借助生物多样性威胁因素得出生境质量的分布信息。

(2)计算公式

$$Q_{xj} = H_j \left[ 1 - \left( \frac{D_{xj}^z}{D_{xj}^z + k^z} \right) \right] \tag{4.1}$$

$$D_{xj} = \sum_{r=1}^{R} \sum_{y=1}^{Y_r} \left( \frac{w_r}{\sum_{r=1}^{R} w_r} \right) r_y i_{rxy} \beta_x S_{jr} \tag{4.2}$$

$$i_{rxy} = 1 - \left( \frac{d_{xy}}{d_{r\max}} \right) (\text{线性距离衰减函数}) \tag{4.3}$$

$$i_{rxy} = \exp \left[ - \left( \frac{2 \circ 99}{d_{r\max}} \right) d_{xy} \right] (\text{指数距离衰减函数}) \tag{4.4}$$

公式中各参数的含义如下:

$Q_{xj}$:土地利用类型是$j$时栅格$x$的生境质量。

$H_j$:土地利用类型$j$的生境适应性。

$D_{xj}$:土地利用类型$j$时栅格$x$的受威胁水平。

$k$和$z$:比例因子,$k$为半饱和常数,通常等于D值。

$R$:威胁因子。

$y$:$r$威胁栅格图的总栅格数。

$Y_r$:$r$威胁栅格图中的一组威胁栅格。

$w_r$:威胁因子权重,取值范围0~1。

$r_y$:栅格$y$是否为威胁栅格(0或1)。

$i_{rxy}$:威胁栅格$y$的威胁因子值$r_y$对区域内栅格$x$的威胁水平。

$\beta_x$:栅格$x$的可达性水平,取值范围0~1。

$S_{jr}$:土地利用类型$j$的威胁因子$r$的敏感度,取值范围0~1。

$d_{xy}$:栅格$x$与$y$之间的线性距离。

$d_{r\max}$:威胁因子$r$的最大作用距离。

### 4.2.1 天津湿地生物多样性时空格局变化

采用InVEST模型对2000—2018年间天津湿地生物多样性的空间分布格局进行分析,得出天津市生境质量空间分布及天津湿地生境质量空间分布。生境指数(无量纲综合指标)取值为0~0.9。生境指数越大,生境质量越高,生物多样性越高;生境指数越小,生境质量越低,生物多样性越低。

空间尺度上,2000—2010年间天津湿地生境质量空间格局基本稳定。2000年,于桥水库、大黄堡湿地、北大港湿地和团泊洼湿地生境质量指数最高,接近0.9;七里海湿地和沿海滩涂次之,约为0.5;滨海新区盐田生境质量指数最低,约为0.3。2000—2010年滨海新区盐田生境质量提升幅度较大,大黄堡湿地生境质量随时间逐年提升,七里海湿地生境质量随时间逐年提升,于桥水库和滨海滩涂生境质量无明显变化,团泊洼湿地和北大港湿地生境质量逐年下降,市内河渠及众多小微湿地生境质量指数无明显变化,但小微湿地数量逐年减少。

2010—2018年天津湿地生境质量空间格局变化较大。于桥水库和大黄堡湿地生境质量指数变化不大,接近0.9;北大港湿地和团泊洼湿地生境质量指数略有降低,由2010年的0.9降至2018年的0.8左右;七里海湿地及滨海滩涂生境质量随时间逐年增加,由2010年的0.5左右升至2018年的0.8左右;滨海新区盐田生境质量降低幅度较大,由2010年的0.8左右降至2018年的0.2左右;市内众多小微湿地生境质量指数无明显变化。

采用ArcGIS分区统计工具得出天津湿地平均生境质量指数如图133所示。2000年的平均生境质量指数为0.75,2010年为0.82,2018年为0.76,可见天津湿地平均生境质量整体较高,2000—2010年呈逐年上升趋势,2010—2018年逐年下降;生物多样性呈现先提升后下降趋势。

### 4.2.2 天津各类型湿地的生物多样性变化

采用ArcGIS软件中的空间分析工具对天津湿地生境质量指数按湿地类型进行分区统计,得出各类型平均生境质量指数及时间变化如表78和图134所示。整体上看,天津市各类型湿地的平均生境质量指数由大到小排序为水库坑塘>河渠>滩涂>盐田,其中水库坑塘的生境质量最高,接近天津市生境质量指数的最高值0.9;河渠其次,约为0.73;滩涂生境质量一般;盐田生境质量最低为0.63。

2000—2010年水库坑塘的平均生境质量指数不变,2010—2018年减少了0.01,整体上减少幅度不大。河渠的生境质量在2000年、2010年和2018年逐年减少,2010—2018年减少幅度较大,为0.25。2000—2010年,滩涂的平均生境质量指数不变,2010—2018年增加了0.29,整体上呈现上升趋势。2000年、2010年和2018年,盐田平均生境质量指数先增加0.38,后减少0.38,2010年指数值最高,但2000—2018年整体上无明显变化。区域生物多样性变化的主要原因是土地利用/覆被变化、建设用地、交通用地扩张和人类活动等。

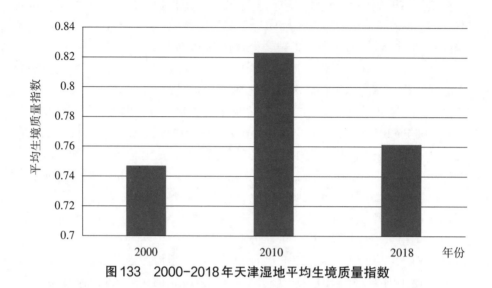

图133　2000-2018年天津湿地平均生境质量指数

表78　2000-2018年各类型湿地平均生境质量指数

| 湿地类型 | 2000年 | 2010年 | 2018年 | 平均值 |
| --- | --- | --- | --- | --- |
| 盐田湿地 | 0.50 | 0.88 | 0.50 | 0.63 |
| 滩涂湿地 | 0.59 | 0.59 | 0.88 | 0.69 |
| 水库坑塘湿地 | 0.87 | 0.86 | 0.85 | 0.86 |
| 河渠湿地 | 0.82 | 0.81 | 0.56 | 0.73 |

### 4.2.3　天津4个湿地自然保护区维持生物多样性价值评估

天津市第二次湿地资源调查确定的4个重点调查湿地分别为七里海湿地、北大港湿地、大黄堡湿地和团泊洼湿地,目前均已建立了自然保护区。这4个湿地自然保护区总面积为880.4平方千米(占全市国土总面积的6.88%);其中湿地总面积为551.58平方千米(约占湿地自然保护区总面积的62.65%),包含滩涂、芦苇沼泽、水库等生境类型,为大量珍稀濒危水鸟提供了重要的栖息地。截至目前,4个湿地自然保护区共记录鸟类351种,其中包括东方白鹳(*Ciconia boyciana*)、遗鸥(*Ichthyaetus relictus*)和白鹤(*Grus leucogeranus*)等国内外重点关注的受威胁物种。评估上述湿地自然保护区的维持生物多样性价值具有重要意义。

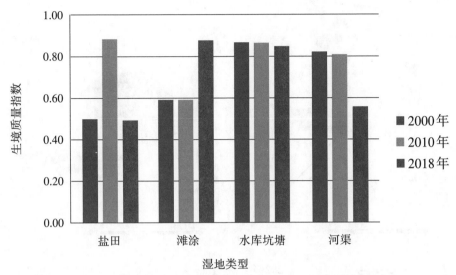

**图134    2000—2018年各类型湿地平均生境质量指数变化**

各湿地的分类结果如图135所示。结合谢高地等的研究得到生态系统服务功能单位面积价值当量表,其中2007年的价值为1 657.18元/(公顷·年)。在此基础上进行乘积运算得天津4个湿地自然保护区维持生物多样性价值量,再根据历年居民价格消费指数调整为2020年的价值。

如表79所示,2020年4个湿地自然保护区维持生物多样性总经济价值为12 273.92万元,按照由大到小排序为北大港湿地>七里海湿地>大黄堡湿地>团泊洼湿地,其维持生物多样性经济价值分别为6 945.6万元、2 170.04万元、1 890.56万元和1 267.72万元。从湿地类型来看,其维持生物多样性价值由高到低依次排序为人工湿地>沼泽湿地>河流湿地>近海与海岸湿地>湖泊湿地,其评估价值分别为6 071.98万元、4 484.95万元、1 183.38万元、449.27万元和84.34万元。评估结果说明了人工湿地在提供生态系统服务功能和维护生物多样性中具有不可或缺的作用。需要说明的是,由于使用的价值当量因子是从全国尺度下估算而产生的,因此评估结果的准确性还有待用实测数据来验证。

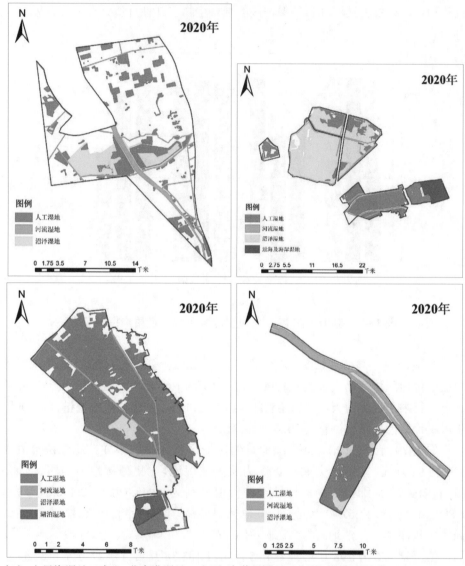

左上：七里海湿地。右上：北大港湿地。左下：大黄堡湿地。右下：团泊洼湿地。
图135　2020年天津4个湿地自然保护区的斑块分布

表 79　2020 年天津重要湿地维持生物多样性价值(单位:万元)

| 湿地类型 | 七里海湿地 | 北大港湿地 | 大黄堡湿地 | 团泊洼湿地 | 合计 |
|---|---|---|---|---|---|
| 河流湿地 | 330.89 | 385.19 | 105.03 | 362.27 | 1 183.38 |
| 近海与海岸湿地 | – | 449.27 | – | – | 449.27 |
| 湖泊湿地 | – | – | 84.34 | – | 84.34 |
| 人工湿地 | 1 204.29 | 2 464.44 | 1 648.45 | 754.8 | 6 071.98 |
| 沼泽湿地 | 634.86 | 3 646.7 | 52.74 | 150.65 | 4 484.95 |
| 合计 | 2 170.04 | 6 945.6 | 1 890.56 | 1 267.72 | 12 273.92 |

# 5 天津湿地生物多样性保护与管理

## 5.1 国内外湿地生态保护和管理现状

本节尝试从湿地生物多样性保护的政策保障(政策、法律、法规、公约和协定等)、湿地优先恢复区划定、湿地保护与恢复的实践等方面阐述国内外湿地生态保护和恢复现状。因近年来湿地鸟类成为湿地生态系统中备受关注的生物类群和环境指示物种类群,本节将国内外湿地鸟类多样性保护尤其是湿地水鸟生境修复的进展单列一节加以详细阐述。

### 5.1.1 国内外湿地生物多样性保护的政策保障

#### 5.1.1.1 国外湿地生物多样性保护的法律法规

在联合国环境规划署(United Nations Environment Programme, UNEP)的组织协调下,众多国际组织如IUCN、世界野生动物基金会(World Wildlife Fund, WWF)、联合国粮农组织(Food and Agriculture Organization of the United Nation, FAO)等围绕生物多样性的相关问题开展了紧密合作。《湿地公约》《濒危物种国际贸易公约》和《生物多样性公约》等多边环境公约面向大众,在各自的工作和专业领域内发挥着重要作用(如表80所示)。

其中,在UNEP指导下,一项名为千年生态系统评估(Millennium Ecosystem Assessment, MA)国际合作项目于2001年启动,对全球生态系统进行了多层次的综合评估,MA的概念框架除了阐述人类福祉和生态系统之间的密切关系外,还反映了生态系统服务中生物多样性变化的直接和间接驱动因素,该概念框架与《生物多样性公约》的生态系统方法为决策者和管理者从法律角度研究保护和利用生物多样性提供了依据。

2021年10月15日,《生物多样性公约》缔约方大会第15次会议(简称"COP15")在中国昆明举行。本次大会的主题为"生态文明:共建地球生命共同体"。尽管保护生物多样性的政策与行动有所增加,但指标显示,2011—2020年期间导致生物多样性丧失的威胁因素持续增多,生物多样性进一步下降。

表80　重要的全球性生物多样性相关国际公约

| 序号 | 公约名称 | 通过年份 | 地点 | 主要目标或作用 |
|---|---|---|---|---|
| 1 | 《国际植物保护公约》 | 1951 | 罗马 | 用来保护植物物种、防治植物及植物产品有害生物在国际上扩散等 |
| 2 | 《湿地公约》 | 1971 | 伊朗 | 通过各成员国之间的合作加强对世界湿地资源的保护及合理利用,以实现生态系统的持续发展 |
| 3 | 《保护世界文化和自然遗产公约》 | 1972 | 巴黎 | 保护世界文化和自然遗产 |
| 4 | 《濒危野生动植物种国际贸易公约》 | 1973 | 华盛顿 | 保护某些野生动物和植物物种不致由于国际贸易而遭到过度开发利用 |
| 5 | 《联合国海洋法公约》 | 1982 | 牙买加 | 对当前全球各处领海主权争端、海上天然资源管理、污染处理等具有重要的指导和裁决作用 |
| 6 | 《生物多样性公约》 | 1992 | 内罗毕 | 保护生物多样性;生物多样性组成成分的可持续利用;以公平合理的方式共享遗传资源的商业利益和其他形式的利用 |
| 7 | 《国际热带木材协定》 | 1994 | 日内瓦 | 促进和支持研究与发展,争取改善森林经营和木材利用效率并提高养护能力、增进热带产材森林的其他森林价值,为永续发展进程做出贡献等 |

在政策方面,世界各国家和地区的基本国情不同,颁布的法律法规也不相同。

（1）美国

20世纪90年代初,美国政府颁布相关政策,指出应该以各种方式保护湿地,因其他目的转为其他用途的湿地必须通过新建或恢复新湿地的方式予以补偿,始终保持甚至增加湿地资源总量。除此之外,美国大部分州都有专门的湿地立法,有些州甚至针对不同类型湿地提出专门适用该类型的湿地的法律,如马里兰州将湿地划分为非潮汐湿地、潮汐湿地、海岸区3种类型,并分别设立3部不同的湿地法律进行保护。

（2）加拿大

加拿大于1992年颁布联邦湿地保护政策,各联邦或省在对湿地开发利用前往往需要进行环境影响评价。联邦、省和地区各级政府、社区及其他投资者制定了一系列行动计划或流域规划,有效促进了加拿大湿地保护行动的顺利开展。

（3）欧盟

欧盟关于生物多样性保护的主要政策有《动植物栖息地法令》《欧盟野鸟保护指令》和《关于生物技术发明的法律保护指令》等，并组建了"Natura 2000"，即欧洲自然保护框架网络。此外，在湿地保护方面，欧盟制定了《欧洲水资源框架法令》，要求各成员国提升境内水域水质；《保护东北大西洋海洋环境条约》和《保护波罗的海区域海洋环境公约》提出了重要物种及其生态环境的保护要求；《保护地中海海洋环境和沿海地区公约》和《黑海防止污染公约》强调了地中海和黑海区域滨海湿地的保护。

（4）印度

印度生物多样性保护的初次探索起源于1934年《国家公园法》和第一个国家公园的建立。此后，印度政府制定了大量生物多样性保护的法律法规，包括《环境保护法》《环境保护条例》《野生生物保护法》《森林保护法》《野生动物保护法》等。印度"国家行动计划"中确定了生物多样性的完整内容和濒危生物资源的种类，制定了保护生物遗传资源及其原始生境的计划框架。与此相比，印度的湿地保护条例尚未形成体系，分散于其他法律法规中。

（5）南非

南非出台的生物多样性法律法规主要有《南非生物多样性保护和持久利用白皮书》《南非国家生物技术战略》《国家生物多样性行动计划》《濒危物种保护法案》《生物多样性法》和《生物安全法》等，在国家层面上与湿地保护有关的法律主要有《农业资源保护法案》《水资源法案》《环境保护法案》和《湿地保护法案》等。

5.1.1.2　我国湿地生物多样性保护的法律法规

湿地和生物多样性保护立法是我国保护湿地和生物多样性的重要途径。国家通过法律手段确定生物多样性保护有关的方针、政策和行为规范，明确各级机构的管理范围和分工，规定对违法行为的处罚方法和处理程序。经过半个多世纪的不断探索和实践，我国湿地和生物多样性保护法律体系日趋健全。总体而言，我国的湿地和生物多样性法律体系建立过程可划分为以下3个阶段。

（1）第一阶段

1992年加入《湿地公约》前。该阶段湿地生物资源立法的主要目的是为促进资源开发利用以谋取经济利益，而对湿地和生物多样性保护的作用有限。在该阶段，我国颁布的规范性文件主要有《中华人民共和国环境保护法》（1989年通过）和《中华人民共和国野生动物保护法》（1989年起施行）。此外还陆续颁布了保护单一对象的法规条例和政策，如《渔业法》《水法》和《河道管理条例》等。随着围填海等湿地破坏活动的加剧，我国对湿地保护的认识不断提高，1987年国务院17个部委联合编写了《中国自然保护纲要》。为进一步加强国际交流合作，我国于1992年2月20日正式申请加入《湿地公约》。

（2）第二阶段

1992年加入湿地公约后至党的十八大前。该阶段尚无专门的湿地法律,关于湿地的规定零散见于各单项法律中。与此同时,湿地保护的行业标准、技术规则、名录等逐步构建起来。如1994年颁布了《中华人民共和国自然保护区条例》,首次明确提出应该在重要湿地区域建立湿地自然保护区;同年,《中国21世纪议程》提出了对生物多样性保护的要求;1999年12月修订了相关法律法规,规定在"滨海湿地"建立海洋自然保护区;2002年12月修订了《农业法》,对围垦湿地活动做出明确的限制;2007年发布了《全国生物物种资源保护与利用规划纲要》;2008年2月修订了《水污染防治法》,规定饮用水水源地湿地的保护措施;2010年提出了《中国生物多样性保护战略与行动计划》等。此外,还针对不同类型、不同功能的湿地颁布了《中国重要湿地名录》《中国湿地保护行动计划》,以及《中华人民共和国野生植物保护条例》等。

（3）第三阶段

党的十八大以来。该阶段最重要的进展是将湿地作为独立的环境要素并立法加以保护。2013年3月,我国第一个专门规范湿地保护的国家层面文件诞生,即国家林业局颁布《湿地保护管理规定》。2014年4月,全国人大常委会修订的《环境保护法》将湿地作为唯一新增的环境要素。2015年,国家也颁布了一系列法律法规。2016年,国家将湿地列为生态保护补偿重点领域,并提出到2020年实现重要区域生态保护补偿全覆盖的目标;同年11月国务院办公厅发布《湿地保护恢复制度方案》,突出生态优先、保护优先的原则,规定湿地保护管理体制,建立湿地保护目标责任制,建立健全退化湿地恢复制度等。2021年,我国通过了《湿地保护法》并于2022年6月1日起施行。独立成篇、涵盖全面的《湿地保护法》填补了我国湿地保护的法律空白。

### 5.1.2　国内外湿地生物多样性优先恢复区划定

由于用于保护的资源往往有限,且生态恢复的费用往往较为昂贵,在开展生态恢复前,决策者需要解决的首要问题是确定在哪里进行生态恢复,即划定生态恢复的优先恢复区。优先恢复区的确定需要综合考虑重要性、脆弱性和可达性等,优先级评价的关键在于明确恢复目标及恢复目的。目前确定湿地生态恢复优先级的方法有很多,如评分系统方法,该方法主要是使用社会经济的生态、水文和地理参数,并对每个参数进行评分以确定优先恢复湿地区域;又如基于GIS的地理信息系统方法,该方法主要是使用一组空间数据进行湿地恢复区域的选择。

国外对湿地优先恢复区研究进行了大量的尝试,研究主要集中于研究对象、研究方法和研究尺度等方面,其中研究对象主要包括城市湿地生态系统、海岸带生态系统等;研究方法主要包括GIS与遥感技术、概念性生态系统模型、生态系统服务价值评估等;研究尺度包括景观尺度、流域尺度等。如Fromdecember等在城市湿地保护与恢复研讨会上指出,若想达到有效开展湿地生态恢复以保护城市湿地的功能和价值的目标,必须推动湿地生态恢复专家与各相关专业领域的研究人员通力合作,制订一个科学和完备的湿地生态恢复合作战略框架。Mazzota等开发了一个湿地生态系统生态恢复的决策支持工具,该工具利用区域生态和社会经济指标,并结合生态和社会经济价值权衡结果,对沿海湿地生态系统的优先恢复区进行划定,划定过程由以下3部分组成:①组织相关专业领域的专家结合区域实际情况对沿海湿地生态系统功能进行系统评估;②组织相关专业领域的专家对沿海湿地生态系统的社会经济公共价值进行全面评估;③开发基于地理信息系统(GIS)的决策支持工具,对待恢复区域的恢复优先级进行划分,最终确定优先恢复区并输出可视化结果。此外,Kim等基于“1990年沿海湿地规划、保护和恢复法”,使用较大范围的连续普查组块(CBGs)中的空间回归顺序序列组块,对沿路易斯安那海岸线的滨海湿地优先恢复区进行了划定;Avon等基于森林哺乳动物的不同扩散距离指数,采用最低成本距离(Least-Cost Distance,LCD)、阻力距离(Resistance Distance,RD)、整体连通性指数(IIC)和可能连通性指数(PC)等指标比较了森林哺乳动物栖息地斑块生态恢复的优先级,并将优先恢复区划定的结果用于指导两处受损森林景观的生态恢复;Saeideh Maleki等则利用多标准-空间决策支持系统(Multicriteria-Spatial Decision Support System,MC-SDSS)研究了Hamun Wildlife Refuge的生态恢复优先次序,优先恢复区划定的结果用于指导待恢复区域的沙尘暴防治和水鸟栖息地保护。上述研究和实践为后来的湿地生物多样性优先恢复区的划定提供了有益借鉴。

相比之下,我国针对湿地优先恢复区划定的研究起步较晚,且研究内容较为单一:主要是基于GIS/RS技术进行景观生态学方面的分析,如景观破碎化和湿地景观格局演变等;但也涉及了生态恢复优先级的研究,主要是在景观格局分析的基础上,结合目标物种的生境要求进行恢复优先级划分。如Song等利用系统保护规划(SCP)和Marxa空间优化软件,结合生产力和人口等社会经济因素对黄淮海区湿地进行了分析,建立了不同层次的湿地生态系统优先恢复模式。董张玉基于GIS/RS技术,从5个方面对东北地区湿地的生态恢复潜力进行了空间分析,确定了东北地区湿地生态系统的优先恢复区和次优先恢复区,并对恢复效果进行了验证。Dong基于遥感和GIS技术分析了松花江下游湿地的水文调控功能和生态适宜性并确定了其优先恢复区。曲艺等通过分析三江平原湿地的景观格局变化,结合其生物多样性保护价值(即湿地恢复价值)及湿地景观结构,对湿地生态恢复的优先性进行了分析,最终确定一级恢复区2个,二级恢复区6个,三级恢复区9个,四级恢复区2个。郭云等则以系统保护规划理论作为指导,采用Marxan工具对长江流域的湿地生态系统进行了分析,最终选择湿地鸟类作为主要的保护目标,确定了长江流域湿地的优先恢复区。我国研究者开展的湿地生物多样性优先恢复区划定的相关研究和实践,为未来相关领域的研究和实践提供了科学指导。

### 5.1.3　国内外湿地生物多样性保护与恢复实践

随着人口剧增、工农业迅猛发展和城市化的不断推进,湿地生态系统正面临生物多样性锐减、生态系统结构和功能丧失、服务功能价值下降等问题。为有效保护湿地生态系统,合理开发湿地资源,国内外学者在湿地生物多样性、湿地生态系统保护和恢复方面进行了大量研究和实践。湿地恢复是指通过一些工程或非工程措施恢复、重建已退化或消失的湿地生态系统,使其逐步恢复到受干扰前的状态,并最终达到自维持状态。湿地生态恢复实践包括湿地水生态环境恢复、湿地景观恢复、栖息地恢复与重建、生物多样性保护等。

#### 5.1.3.1　国外湿地保护与恢复实践

在湿地保护与恢复实践方面,世界各国家和地区的进程各异,也各具特色。

(1)美国

1990—2009年,美国政府不断上调湿地保护和恢复项目的面积。2005年,全美共启动9 226个湿地恢复项目,新增湿地面积1 744 000英亩(约合705 772公顷)。20世纪80年代,美国联邦政府与佛罗里达州政府共同制定实施一系列大沼泽湿地恢复计划,并于2000年通过了《大沼泽湿地恢复综合规划》。自1996年开始,国会与南佛罗里达生态系统恢复工作组合作,利用"系统性生态指标"对项目实施效果进行动态监测和评估。1998年,路易斯安那州沿海湿地保护与恢复工作组发起"海岸2050计划",通过分流河道引入淡水、修复植被和补充泥沙等措施恢复湿地生境。1990-2014年间,俄勒冈州约翰逊溪流域实施了200多个恢复项目,恢复洪泛平原,并改善鱼类和野生动物栖息地。

(2)日本

日本先后修订了"河流法"和"海岸法"等法律,以保护沿海湿地和恢复受损海湾。2003年3月,"东京湾文艺复兴行动计划"得到东京湾文艺复兴促进委员会的认可,其目标是维持海湾的生物多样性并恢复美丽的海岸环境。东京芝浦岛栖息地恢复于2005年12月完工,并于2006年3月开始初步监测。目前,公民、科学家和地方政府正在继续进行监测,由政府颁发监测设施的许可证,科学家设计监测计划,公民参与监测计划,上述监测将为栖息地恢复的效果评估提供重要参考依据。

(3)欧洲

欧洲的湿地保护和恢复工作起步较早,欧洲各国开展了大量的湿地保护与恢复工作,并积累了丰富的经验。如德国易北河沿岸的Lenzener Elbaue项目,英国Sevarn河的恢复项目、法国卢瓦尔河河口Donges-Est淡水潮汐漫滩的筑坝拆除项目、比利时De Blankaart和法国索姆河岸的清除污泥项目、丹麦Skjern河和拉脱维亚Slampe河的大尺度河流漫滩系统恢复项目,以及英国科尔河、Skerne河、丹麦Brede河的小尺度重塑河段或河流蜿蜒性的恢复项目等。

5.1.3.2　中国湿地保护与恢复实践

我国在开展湿地保护与恢复实践方面,先后制定和颁布了全国湿地保护工程实施规划(2005—2010年)、全国湿地保护工程实施规划(2011—2015年)和全国湿地保护"十三五"实施规划(2016年)等国家层面的总体规划,分述如下:

(1)全国湿地保护工程实施规划(2005—2010年)

该规划以2005—2010年为建设期,通过加大湿地自然保护区建设和管理等措施,使我国50%的自然湿地、70%的重要湿地得到有效保护,基本形成自然湿地保护网络体系;通过在我国一些重要湿地开展恢复示范工程,使自然湿地面积缩减和功能退化的趋势得以初步遏制;同时,较大程度地提高我国湿地资源监测、管理、科研、宣教和合理利用能力。该规划建设内容主要包括湿地保护工程、湿地生态恢复工程、可持续利用示范工程、能力建设工程。其中湿地生态恢复和综合整治工程包括退耕(养)还泽(滩)、植被恢复、栖息地恢复和红树林恢复4项工程。

(2)全国湿地保护工程实施规划(2011—2015年)

该规划主要针对我国各流域范围内有重要影响的国际及国家重要湿地、湿地保护区和国家级湿地公园、重要保护小区,同时重点考虑沿海、高原和鸟类迁飞网络的主要湿地、对气候变化有重大影响的泥炭湿地,以及跨流域、跨地区湿地。规划要求与时俱进、稳步发展,因地制宜、保护优先,强化管理、试点带动,全面规划、突出重点,改变"十一五"湿地规划项目中措施单一或者主要进行基础设施建设的情况,采取综合措施,通过建立自然保护区、加大水资源管理、控制污染、防治有害生物等综合措施对有重要影响的国际重要湿地、国家重要湿地进行生态综合治理。规划的重点内容包括了湿地保护体系建设、重要湿地综合治理、科技支撑体系与能力建设和可持续利用示范。提升科研、宣传、管理、培训及执法的能力建设力度,促进湿地保护的对外交流与国际合作,加大对湿地社区的扶持,开展湿地资源合理利用的示范,促进湿地保护事业的健康发展。

（3）全国湿地保护"十三五"实施规划（2016年）

全国湿地保护"十三五"实施规划在总结和评估"十二五"湿地保护工程实施情况的基础上，根据湿地保护工程中长期规划的总体部署，提出"十三五"期间湿地保护恢复主要任务和工作内容。该规划以2015年为规划基准年，规划期确定为2016—2020年，与国民经济和社会发展规划同步，建设总目标为对湿地实施全面保护，科学修复退化湿地，扩大湿地面积，增强湿地生态功能，保护生物多样性，加强湿地保护管理能力建设，积极推进湿地可持续利用，不断满足新时期建设生态文明和美丽中国对湿地生态资源的多样化需求，为实施国家三大战略提供生态保障。到2020年，全国湿地面积不低于8亿亩，湿地保护率达50%以上，恢复退化湿地14万公顷，新增湿地面积20万公顷（含退耕还湿）；建立比较完善的湿地保护体系、科普宣教体系和监测评估体系，明显提高湿地保护管理能力，增强湿地生态系统的自然性、完整性和稳定性。

在上述湿地保护规划的指导下，"十三五"规划期间，我国累计安排中央投资98.7亿元，开展2 000余个项目进行湿地生态效益补偿补助、退耕还湿、湿地保护与恢复补助，新增湿地面积300多万亩，修复退化湿地面积700多万亩。2021年我国又新增和修复湿地109万亩。与此同时，我国也涌现了较具代表性的湿地生态恢复成功案例。

1）温州洞头湿地保护和恢复。温州洞头位于浙江省东南沿海，是全国14个海岛区（县）之一，通过两轮蓝色海湾整治行动，洞头尊重自然、顺应自然，修复受损退化的海洋生态系统，生态恢复效果显著。第一轮完成清淤疏浚157万平方米，修复沙滩面积10.51万平方米，建设海洋生态廊道23千米，种植红树林419亩，修复污水管网5.69千米。第二轮的核心任务为"破堤通海、十里湿地、生态海堤、退养还海"，重新连通被人工隔开的"两片海域"，恢复瓯江流域鲈鱼、凤尾鱼的繁衍栖息地；种植千亩红树林、百亩柽柳林以打造湿地，形成全国唯一的"南红北柳"生态交错区，构筑潮间带，增加了生物多样性；将15千米硬化海堤修复成为"堤前"湿地带、"堤身"结构带、"堤后"缓冲带，形成滨海绿色生态走廊；推动污染严重、效益低下的传统渔业向环境友好的都市休闲渔业转型。洞头全力复原沙滩岸线，共修复了10个被过度挖掘、侵蚀蜕化的沙砾滩，累计修复岸线22.76千米，恢复了岸线亲水功能。

2）广东湛江红树林湿地保护和恢复。广东湛江红树林国家级自然保护区是我国红树林面积最大的自然保护区，总面积约为2万公顷。作为候鸟的重要迁徙中停地和越冬地，极危物种勺嘴鹬（*Calidris pygmaea*）和濒危物种黑脸琵鹭（*Platalea minor*）在此越冬。红树林生态恢复项目实施后，湛江红树林生态系统质量和稳定性进一步提升，为海洋生物和鸟类提供了优良的栖息和觅食环境。联合国

《生物多样性公约》缔约方第十五次会议(COP15)上,自然资源部国土空间生态修复司将该项目与温州洞头蓝色海湾整治行动共同列入了《中国生态修复典型案例集》。

### 5.1.4　国内外湿地水鸟多样性保护与生境修复

#### 5.1.4.1　湿地水鸟潜在适宜分布区预测

水鸟生境是指水鸟个体或种群某一生活史阶段所选取的生存环境类型或进行各种生命活动的场所,是各种生活环境因子的总和。生境的适宜性强烈影响着湿地水鸟的地理分布、种群密度和繁殖成功率。在湿地水鸟管理和保护的实际工作中,常需要对湿地水鸟的潜在适宜分布区进行预测,以制定更科学的湿地水鸟栖息地管理对策。

目前针对湿地水鸟潜在适宜分布区的研究方兴未艾,众多研究者采用多种研究方法、从多个角度对此开展了丰富的研究。如刘威等人利用地理信息系统技术和最大熵模型(Maximum Entropy Modeling,MaxEnt)分析了青头潜鸭(*Aythya baeri*)繁殖季和越冬季的潜在适宜分布区,结果表明青头潜鸭高度依赖低海拔的湿地生境,合适的最湿月降水量、最湿季度降水量和最热季度降水量对青头潜鸭的分布具有主要影响作用;唐强在对丹顶鹤(*Grus japonensis*)、黑嘴鸥(*Saundersilarus saundersi*)和绿翅鸭(*Anas crecca*)等6种水鸟进行生境斑块破碎度与连接度分析的基础上,采用最小累积阻力模型生成了各种水鸟的阻抗扩散区域,并生成了上述6种水鸟的潜在生境分布图等。

近年来,随着信息技术的发展与相关模型模拟精度的提高,相关研究者开始转向利用数学模型(如元胞自动机和马尔克夫链等)预测湿地水鸟潜在适宜分布区。其中元胞自动机(Cellular Automata,CA)是一种时间、空间、状态都离散,空间相互作用和时间因果关系为局部的网格动力学模型,具有模拟复杂系统时空演化过程的能力,被广泛应用于土地利用变化、湿地变化等的预测;马尔可夫链(Markov Chain,MC)则是概率论和数理统计中具有马尔可夫性质且存在于离散的指数集和状态空间内的随机过程,被广泛用于动力系统、化学反应、排队论、市场行为和信息检索的数学建模。为提高模型模拟的科学性和模拟精度,国内外学者多采用CA与其他模型耦合(如Logistic-CA和CA-Markov等)的方式预测湿地水鸟潜在适宜分布区。如邹业爱利用遥感影像对崇明东滩湿地水鸟数量与栖息地面积变化之间的关系进行了分析,并采用CA-Markov模型预测了湿地水鸟潜在生境的空间分布情况,结果表明湿地修复对扩大水鸟的生境面积有一定帮助。

传统的CA模型在元胞转化规则方面有一定的局限性,且模型参数的准确获取也存在诸多局限性,鉴于此,本书采用FLUS中的ANN作为研究的切入点,生成适宜性转移概率图集作为CA模拟的转换规则,较大程度消除了主观因素赋权的影响,提高了CA的模拟精度。此外,本书中选用的FLUS模型耦合了Markov数量预测与ANN-CA空间预测,能很好地适用于区域土地利用变化动态模拟。

### 5.1.4.2　湿地水鸟生境适宜性评价

在对湿地水鸟潜在适宜分布区预测的基础上,需要继续开展湿地水鸟生境适宜性分析,以进一步分析水鸟对其生境的选择利用方式并对其生境适宜性进行科学评价,这对湿地鸟类的保护和管理至关重要。

近年来,随着3S技术应用的不断推广,研究者利用遥感技术对水鸟生境的空间分布进行反演。何春光利用多时相的遥感影像提取水体指数与植被指数,从而研究了向海湿地内丹顶鹤(*Grus japonensis*)栖息地的适宜性;刘春悦等利用Landsat TM遥感影像分析了黑嘴鸥(*Saundersilarus saundersi*)适宜繁殖栖息地的动态变化,结果表明人为因素并非干扰黑嘴鸥栖息活动的主要因素,外来物种入侵才是对其重要的不利因素。Tian等人利用Landsat影像和基于面向对象分类法,定期监测了2000—2015年松嫩平原土地利用的变化状况,研究了该区域鸟类生境适宜性变化程度。Tang等人基于Landsat TM/ETM+/OLI遥感影像和面向对象分类方法对鄱阳湖水鸟栖息地适宜性和土地利用对其变化的影响进行分析。在此类研究中,遥感技术相对传统野外调查方法可以为模型提供更多的定量信息,使鸟类栖息地质量评价由定性转向定量化,为今后湿地鸟类保护政策的制定提供了更加可靠的理论支撑。

层次分析法(Analytic hierarchy process,AHP)可以对各因子进行两两比较并引入专家打分对各因子赋以权重。由于该方法相对简单又可定量化,因此成为近年来被广泛采用的一种半决策方法。满卫东等人基于Landsat TM/ETM+和HJ-1B为遥感信息源,采用层次分析法和熵值法对水鸟栖息地适宜性进行快速有效的评价,获取了三江平原不同时期水鸟栖息地的适宜性等级,进而为该区域水鸟栖息地和生物多样性保护管理提供了科学依据。刘奕彤等人基于GIS和层次分析法对江口鸟洲一带湿地适宜性做出评价,选取距水源距离、坡度、植被覆盖度、高程、食物丰富度和距道路距离等影响指标,构建湿地适宜性评价体系,研究结果为未来湿地保护范围的划定提供了合理性依据与数据支撑。

### 5.1.4.3　湿地水鸟生境修复和与营造

在进行了湿地水鸟潜在适宜分布区预测、湿地水鸟生境适宜性评价的基础上,需要开展湿地水鸟优先恢复区的划定(详见5.1.2节)。对于划定的优先恢复区,则可以进一步开展湿地水鸟的生境修复和营造了。

水鸟生境修复和营造,对水鸟种群规模和群落多样性的维持具有重要作用。

国外对于鸟类生境的研究可以追溯到20世纪初。1917年美国学者Grinnel在《加州鹩的生态位关系》中提出某一物种的生存和繁衍与其所在生境的环境特征之间具有一定的关联性。对于水鸟而言,这些环境特征包括但不限于植被特征、水体特征等。多项研究结果表明,鸟类分布与栖息地植被特征具有明显的相关性,鸟类对生境的选择受植被结构和植物区系的制约。湿地植物能为水鸟提供筑巢材料和提高其繁殖成功率;水鸟的种丰富度和水鸟群落多样性在一定程度上与植被覆盖率成正比。Hattori同样也认为湿地中的植被能给水鸟提供隐蔽场所和减少人为干扰。

当水位深浅合适时,湿地能够为冬候水鸟提供适宜的生境。Dimalexis和Pyrovetsi认为波动的水位可以提高水鸟的丰富度。水深则直接决定了不同类型水鸟的觅食生境;由于体型、喙长、脖颈长度和腿长等因素的不同,不同水鸟的觅食生境类型迥异。鸻鹬类选择浅水生境觅食,鹭类、鹳类和鹤类能够适应稍深的水位,而潜水鸟类则偏爱较深的水位,较浅的水位反而限制了它们觅食。一般而言,水越深,阻力越大,水鸟下探速度越慢,而猎物逃脱的概率则逐渐增大,也会影响水鸟的觅食成功率。

近年来,随着多种技术手段的发展和应用,国内外对鸟类栖息地的研究得以更加深入。通过无线电侦测技术、多元统计分析、地理信息系统等先进的技术手段,不仅能解释鸟类在特定地区分布的原因,还能分析栖息地关键环境因子对水鸟行为和习性的影响,从而指导制定更科学的鸟类生境管理和保护措施。2005年,张毅川等人对城市环境中的鸟类栖息环境进行了分析,提出了应在城市范围内重建鸟类食物链和采取其他行之有效的引鸟设施,从而构建丰富多样的景观类型来吸引和保护城市鸟类。2006年,严少君等结合白鹭(*Egretta garzetta*)、大白鹭(*Ardea alba*)等鹭科水鸟的生态习性,从鹭类营巢繁殖、觅食和栖息等方面探讨了华中地区鹭类栖息地营建模式和策略。2011年,康丹东从鸟类栖息地营建的角度出发,分析了不同季节和生活史阶段对鸟类栖息地选择的影响,提出了鸟类在不同空间尺度下栖息地选择的主要影响因子,并对城市湿地公园水鸟生境修复和营造方法进行了探讨。2012年,秦帅就如何平衡鹭类栖息地保护与城市公园功能维持的关系进行了相关研究。2013年杨云峰从景观格局、水系规划、种植规划、人为干扰控制和鸟类招引措施5方面展开分析,提出了城市湿地公园中水鸟栖息地营造的策略。2014年,黄越和李树华基于城市鸟类保护的角度,提出了北京青年湖水鸟生境改造的针对性建议。2016年,单秀凯提出城市湿地的水鸟生境设计应该着重考虑生物廊道设计、生物繁衍区设计、生物活动区设计、湿地缓冲区设计、食物链的构建和水循环设计等6个方面的因素。2017年,李桐从水鸟栖息地营建的角度对珠江三角洲城市湿地公园规划设计进行分析,并从焦点物种出发对城市湿地公园的选址、分区布局和栖息地营造策略进行了探讨。上述研究和实践,为未来的湿地水鸟生境修复和营造提供了有益的参考。

### 5.1.5 基于自然的解决方案应用于生物多样性保护

2008年,世界银行发布了《生物多样性、气候变化和适应:世界银行投资中基于自然的解决方案》报告,首次提出了基于自然的解决方案(Nature-based Solutions,NbS)。该报告强调了保护生物多样性可作为减缓和适应气候变化的重要手段,从而延续人类福祉和促进可持续发展。在2016年的世界保护大会上,世界自然保护联盟(IUCN)明确提出了NbS的定义,即"通过保护、可持续管理和修复自然或人工生态系统,从而有效和适应性地应对社会挑战,并为人类福祉和生物多样性带来益处的行动"。2020年,IUCN在其发布的《IUCN基于自然的解决方案全球标准》中明确了基于自然的解决方案应强调环境可持续性、社会公平性和经济可持续性,同时还要重视多效益之间的权衡。其中,准则三"NbS应带来生物多样性净增长和生态系统完整性"中指出,NbS要确保对生物多样性的保护和提升,应为生物多样性和生态系统完整性带来净收益,且生物多样性保护是解决方案的关键内容。这进一步明确了,是否有益于生物多样性保护是判断某一措施能否被认定为NbS的重要准则。综上所述,NbS就是在充分理解生态系统理论和演替规律的基础上,通过保护、修复/构建、管理3种类型的措施以提升生态系统的质量和稳定性,形成稳定健康有序的生态系统,并能产生社会-生态-经济的多重效益。

NbS在保护生物多样性方面具有直接和间接两方面的作用。前者是指通过保护、修复/构建及可持续管理,保护自然生态系统、修复退化生态系统、维护可持续的人工生态系统,从而达到保护生态系统多样性的目标;后者是指通过保护生态系统多样性,为物种提供多样而稳定的栖息地,为物种栖息和繁衍提供适宜的生态空间,从而对保护物种多样性和基因多样性具有促进作用。以湿地生态系统为例,鸟类是湿地生物多样性的重要指标,指示湿地生态系统的健康状况。根据《世界鸟类状况:2020年年度更新》报告可知,2019年IUCN红色名录中受胁物种的统计数据不容乐观(如图136所示)。多项研究表明,湿地生态系统遭到破坏时,湿地水鸟的栖息地势必受到负面影响。而在应对湿地水鸟栖息地退化和湿地水鸟多样性降低这一挑战时,NbS能够发挥显著的作用(如图137所示)。

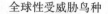

图136　2019年每个IUCN受威胁物种红色名录中的物种数量（资料来源：根据 State of the world's Birds 2020改绘）

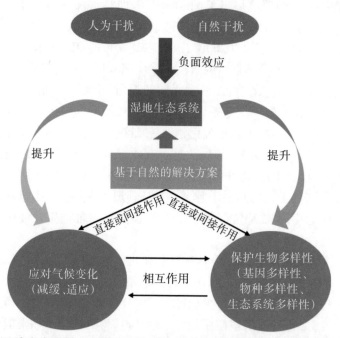

图137　以湿地生态系统为例，NbS推进应对气候变化与保护生物多样性对协同治理的概念框架（改绘自张蒙等）

实际上，中国传统文化中就渗透着"道法自然""天人合一"的自然哲学观，这与当前国际上广为推广的NbS理念有异曲同工之妙。从农业社会阶段"桑基鱼塘"等人工生态系统的构建，到现当代"山水林田湖草"协同治理修复生态文明建设思想的提出，在传统文化自然哲学观的指引下，我国从未停止过探讨人与自然和谐共生的辩证关系。2020年，自然资源部、财政部和生态环境部联合印发《山水林田湖草生态保护修复工程指南（试行）》，明确指出"遵循自然生态系统的整体性、系统性、动态性及其内在规律，用基于自然的解决方案，综合运用科学、法律、政策、经济和公众参与等手段,统筹整合项目和资金,采取工程、技术、生物等多种措施,对山水林田湖草等各类自然生态要素进行保护和修复,实现国土空间优化,提高社会—经济—自然复合生态系统弹性"。因此,我们在湿地生物多样性保护与管理中将继续遵循"人与自然和谐共生"的基本方略,在湿地生态修复与治理、国土空间综合整治中融入NbS的基本理念,注重湿地生态系统连通性建设和湿地生物多样性保护,使湿地生态系统能够持续保持生态平衡。

## 5.2　天津湿地生物多样性保护与管理现状

本节尝试从湿地生物多样性保护的政策保障(政策、法律、法规、公约和协定等)、湿地生物多样性优先恢复区划定、湿地生物多样性保护与恢复的实践等方面来阐述天津湿地生物多样性保护和与管理的现状。因为近年来湿地鸟类成为湿地生态系统中备受关注的生物类群和环境指示物种类群,本节将天津湿地鸟类多样性保护与生境修复的进展单列一节并加以详细阐述。

### 5.2.1　天津湿地生物多样性保护的政策保障

在开展生物资源管理和生物多样性的保护方面,生物多样性保护的法律法规起着极其重要的作用,为维护生态系统稳定和实现生物资源的可持续利用提供了政策保障。近年来,天津不断完善湿地和生物多样性保护的政策法规,编制实施了《天津市生态环境保护条例》《天津市湿地保护条例》《湿地保护"1+4"规划》《天津市级重要湿地名录制度》《天津市生态用地保护红线方案》《天津市生态保护红线方案》等多项制度和条例;修正了《天津市野生动物保护条例》和《天津市植物保护条例》,进一步强化生物多样性和生态环境保护力度。天津市坚持统筹山水林田湖草一体的生态保护理念,陆续实施了湿地自然保护区升级保护、双城间屏障区规划建设、海岸线严格保护等"871"重大生态保护修复工程,为湿地和生物多样性保护提供了保障,现分述如下。

(1)《天津市生态用地保护红线划定方案》(2014年)

为贯彻落实党的十八届三中全会关于"建立系统完整的生态文明体系,划定生态保护红线"的要求,加快建设"美丽天津",2014年天津市人民政府发布了《天津市生态用地保护红线划定方案》,对市域范围内各类自然保护区和重要生态功能区进行了系统梳理,突出本市生态资源特色,明确了各类生态用地保护界线、功能定位及管控要求,提出了相应的保障措施。通过生态用地保护红线方案构建了具有天津特色的生态保护体系,形成碧野环绕、绿廊相间、绿园镶嵌、生态连片的总体空间格局。

方案划定本市生态用地保护范围面积约 2 980 平方千米(扣除重复及农田面积),占市域国土总面积的 25%。结合天津市生态资源现状,将生态用地保护范围划定为红线区和黄线区,其中红线区总面积约 1 800 平方千米(占市域国土总面积的 15%);红线区和黄线区分别采取不同的管控要求。生态用地的保护类型可分为山 69 平方千米、公园 679 平方千米、林带 757 平方千米、河 1 315 平方千米、湖 979 平方千米、湿地 633 平方千米(重复面积主要涉及各类型生态用地重叠部分面积约 1 050 平方千米;各类生态用地保护范围中基本农田面积约 1 600 平方千米);其中后三类均为湿地。天津市生态用地保护红线方案的具体内容详见相关文件,这里不再赘述。

(2)《天津市湿地保护条例》(2016 年)

为了加强湿地保护,维护湿地生物多样性,促进湿地资源可持续利用,保护和改善生态环境,建设生态宜居城市,根据有关法律法规,结合天津市实际,2016 年天津市第十六届人民代表大会常务委员会第二十七次会议通过了《天津市湿地保护条例》,并于 2020 年进行了修正。《天津市湿地保护条例》共 5 章 31 条,是天津市首部保护湿地的地方性法规。

第十二条 本市对湿地实行分级保护管理。按照湿地保护规划和湿地生态功能、生物多样性的重要程度等,将湿地分为国家重要湿地、市级重要湿地和一般湿地。本市永久性保护生态区域内的湿地,应当纳入重要湿地予以保护。

第十三条 本市对重要湿地实施名录管理。本市重要湿地名录包括国家重要湿地和市级重要湿地。市级重要湿地由市规划和自然资源行政主管部门会同城市管理、水务等部门提出,经专家论证,报市人民政府批准后列入名录管理。本市重要湿地名录应当载明湿地的名称、地理位置、范围、保护级别、类型、主要保护内容与标准、责任单位、主管部门等事项。

第二章的第十二条~第十四条规定阐明了分级保护和名录管理制度,第三章"监督与管理"明确了湿地保护的管理体制,其中第二十一条明令禁止在列入天津市重要湿地名录的湿地内从事猎捕野生动物、采挖野生植物;挖砂、取土、开垦、围垦、烧荒;填埋、排干湿地;取用或者截断湿地水源;倾倒垃圾,排放生活污水、工业废水;引进外来物种;破坏湿地保护监测设施、设备及其他破坏湿地及其生态功能的活动。如有违反,将承担法律责任。

(3)天津湿地保护"1+4"规划(2017 年)

湿地生态功能退化等因素严重制约了重要湿地自然保护区的有效监管。为解决湿地保护与发展矛盾日益突出的问题,2017 年天津市委、市人民政府发布了《天津市湿地自然保护区规划(2017—2025 年)》。规划明确了 2017—2025 年全市湿地类型自然保护区将实施"1275"保护战略,即围绕1大目标、构建2大体系、完成7大任务、实施5大优先行动,并以此推动构建天津市"南北生态"的安全格局。①1大目标:保护好湿地资源,提升湿地生态功能,保护生物多样性,改善天津市乃至京津冀生态环境质量。②2大体系:全面构建并完善湿地保护体系及湿地管理体系。③7大任务:通过实施污染整治、湿地恢复与修复、移民搬迁、土地流转、护林保湿、宣教培训、资源合理开发等7项任务,推动湿地保护与恢复,实现经济社会发展与生态环境保护共赢。④5大优先行动:重点实施违法违规整治、历史遗留问题整改、管护能力提升、规章制度保障、保护体系构建5大优先行动。

天津市现有湿地类型自然保护区共4个,分别是天津古海岸与湿地国家级自然保护区、天津市北大港湿地自然保护区、天津大黄堡湿地自然保护区和天津市团泊鸟类自然保护区,总面积875平方千米(占全市总面积的7.4%,全市自然保护区的96.6%)。针对上述4个重要湿地自然保护区分别编制了规划,即:《七里海湿地生态保护修复规划(2017—2025年)》《天津市北大港湿地自然保护区总体规划(2017—2025年)》《天津大黄堡湿地自然保护区规划(2017—2025年)》和《天津市团泊鸟类自然保护区规划(2017—2025年)》。这4个规划与《天津市湿地自然保护区规划(2017—2025年)》合称天津湿地保护"1+4"规划,经天津市委、市政府颁布执行。天津湿地保护"1+4"规划的具体内容详见相关文件,这里不再赘述。

(4)天津市级重要湿地名录制度(2017)

2016年11月30日,国务院办公厅印发了《湿地保护修复制度方案》,明确要求建立湿地分级体系。根据生态区位、生态系统功能和生物多样性,将全国湿地划分为国家重要湿地(含国际重要湿地)、地方重要湿地和一般湿地,列入不同级别湿地名录并定期更新。省级林业主管部门会同有关部门制定地方重要湿地和一般湿地认定标准和管理办法,发布地方重要湿地和一般湿地名录。为贯彻落实以上规定,天津市政府要求相关部门认真研究抓紧制定完善我市湿地认定标准和管理办法,及时发布湿地名录。

2017年,天津市政府农业农村委员会发布了《天津市重要湿地和一般湿地认定和管理办法》(津农委规〔2017〕2号),主要内容包括:明确了湿地名录的认定发布程序;明确了市级重要湿地和一般湿地的管理权限;明确了市级重要湿地和一般湿地的认定标准;明确了重要湿地用途管制措施。与此同时,天津市发布了《天津市重要湿地目录(第一批)》(津农委规〔2017〕3号),初步确定了14块重要湿地作为天津市第一批重要湿地名录并予以公布,包括:天津古海岸与湿地国家级自然保护区、天津市北大港湿地自然保护区、天津大黄堡湿地自然保护区、天津市团泊鸟类自然保护区、天津市于桥水库重要湿地、天津市海河重要湿地、天津市子牙新河重要湿地、天津市潮白新河重要湿地、天津市北运河重要湿地、天津市永定河重要湿地、天津市尔王庄水库、天津市州河重要湿地、天津市杨庄截潜重要湿地和天津市水上公园重要湿地。

(5)湿地保护修复工作实施方案(2017年)

2017年12月1日,天津市人民政府为贯彻落实《国务院办公厅关于印发湿地保护修复制度方案的通知》(国办发〔2016〕89号)和国家林业局等八部委《贯彻落实〈湿地保护修复制度方案〉的实施意见》(林函湿字〔2017〕63号),结合本市湿地保护和修复工作的实际情况,制定并印发了《天津市人民政府办公厅关于印发湿地保护修复工作实施方案的通知》(津政办函〔2017〕151号)。天津市湿地保护修复工作实施方案明确了指导思想、基本原则和目标任务,并规定建立湿地分级体系、研究推进湿地管理事权划分改革、完善保护管理体系的具体工作方案,明确了各区人民政府和各职能委办局的主体责任。

(6)《天津市湿地生态补偿办法》(2017年发布,2021年修订)

为完善湿地生态补偿机制,促进湿地保护与修复,根据《天津市湿地保护条例》和《天津市湿地自然保护区规划(2017—2025年)》,2017年12月,天津市人民政府办公厅发布《天津市人民政府办公厅关于印发天津市湿地生态补偿办法(试行)的通知》。2018年1月1日起试行,有效期3年。生态补偿办法实施以来,有力保证了天津市湿地自然保护区"1+4"规划流转集体土地、生态移民和生态补水工作的实施。为保证生态补偿工作持续实施,2021年3月,天津市又对该生态补偿办法进行了修订。《天津市湿地生态补偿办法》共分十五条,对补偿原则、范围、标准及资金来源和管理等方面做了规定,明确湿地生态补偿范围包括对重要湿地内自然保护区核心区和缓冲区实施退耕还湿和退渔还湿工程,流转集体土地和实施生态移民,以及对湿地自然保护区实施生态补水的补偿。市规划资源局会同市财政局确定补偿范围、补偿标准,监督补偿资金使用,有关区人民政府负责具体实施补偿工作。

(7)天津市生态保护红线(2018年)

根据中共中央办公厅、国务院办公厅《关于划定并严守生态保护红线的若干意见》,2018年天津市人民政府发布了《天津市生态保护红线方案》。经过生态功能重要性评价和生态环境敏感脆弱性评价等一系列科学评估,天津市确定需要重点保护的区域作为生态保护红线区域,主要涉及主体功能区规划中明确的自然保护区、国家公园、湿地公园、饮用水水源地等禁止开发区域,以及各地认为事关生态安全格局、有必要严格保护的重要区域(如国家级生态公益林、重要湿地、极小种群栖息地等);城镇空间和农业空间是与生态空间并列的三大国土空间,为避免相互交叉,城镇建成区和永久基本农田不纳入生态保护红线。据此,全市划定陆域生态保护红线面积1 195平方千米(占天津陆域国土面积的10%),海洋生态红线区面积219.79平方千米(占天津管辖海域面积的10.24%),自然岸线合计18.63千米(占天津岸线的12.12%)。陆海统筹划定生态保护红线总面积1 393.79平方千米(扣除重叠,占陆海总面积的9.91%)。天津市生态保护红线空间基本格局为"三区一带多点",其中"三区"为蓟州山地丘陵区(北部)、七里海——大黄堡湿地区(中部)和团泊洼——北大港湿地区(南部);"一带"为海岸带区域生态保护红线;"多点"为市级及以上禁止开发区和其他各类保护地。天津市生态保护红线方案的具体内容详见相关文件,这里不再赘述。

按照天津市人民代表大会常务委员会《关于进一步加强永久性保护生态区域管理的决议》,天津市永久性保护生态区域和生态保护红线在划定方法原则、涵盖范围、管控要求等均不同,在空间上既有关联也有差异。两个保护管理制度一并实施,二者共同构成天津市受严格保护的生态空间,保护管理规定有差异的,按照最严格的管控标准进行保护和管理(如图138所示)。

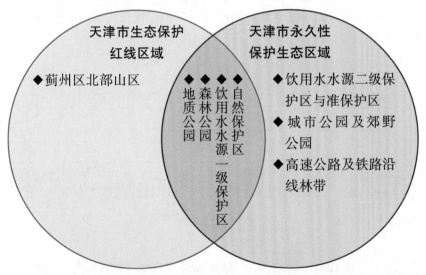

图138 天津市生态保护红线与天津市永久性保护生态区域在空间上的关联与差异

(8)天津市滨海湿地保护与围填海管控工作实施方案(2019年)

为深入贯彻习近平生态文明思想,践行"绿水青山就是金山银山"的理念,切实加强本市滨海湿地保护和围填海管控,加快建设"美丽天津",按照《国务院关于加强滨海湿地保护严格管控围填海的通知》(国发〔2018〕24号)和自然资源部、国家发展改革委的实施意见及《围填海管控办法》有关要求,2019年4月23日天津

市人民政府办公厅发布了《天津市人民政府办公厅关于印发天津市加强滨海湿地保护严格管控围填海工作实施方案的通知》(津政办发〔2019〕23号)。工作实施方案包括以下主要措施：①严控新增围填海，严格执行国家重大战略用海审批程序；②做好围填海项目管理的政策衔接；③开展现状调查，加快处理围填海历史遗留问题；④严守生态保护红线；⑤加强滨海湿地保护；⑥强化滨海湿地整治修复；⑦建立完善长效机制。方案还提出了具体的工作要求，明确要求滨海新区人民政府要严格落实加强滨海湿地保护、严格管控围填海的主体责任，政府主要负责人是本行政区域第一责任人，认真履行第一责任人责任，切实加强对围填海的监管。

### 5.2.2  天津湿地生物多样性优先恢复区的划定

#### 5.2.2.1  优先恢复区划定的基本框架

生物多样性保护优先恢复区划定的基本框架包括3个步骤：①划分焦点景观并计算各个焦点景观内生境覆盖度和可能景观连通性指数；②根据第一步骤中得到的计算结果，结合相关文献资料建立恢复等级标准，并进行景观恢复力等级划分；③对焦点景观连接度重要性进行分析以确定优先恢复区。具体方法框架如139所示。

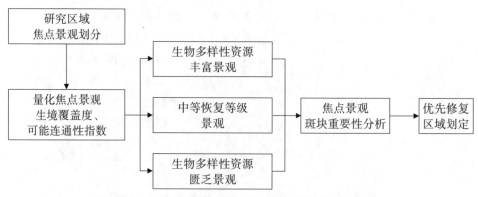

图139  天津市滨海湿地优先恢复区划定方法框架

在步骤①中，将整个研究区域划分为若干大小相等的六边形焦点景观(Focal Landscape，FLs)。焦点景观的大小依据研究区域内的国家一级重点保护鸟类[如东方白鹳(*Ciconia boyciana*)、丹顶鹤(*Grus japonensis*)、大鸨(*Otis tarda*)等]的最小生境面积来确定。使用图论方法来评估焦点景观连通性。基于物种扩散能力来计算可能连通性指数。为计算可能连通性指数，每个焦点景观被描绘为一个图形，其中栖息地斑块作为节点，斑块面积作为节点属性，并用鸟类扩散能力代表功能连接。

在步骤②中,根据可能连通性指数和生境覆盖度的计算结果,将焦点景观分为3类:生物多样性资源丰富景观,即具有高栖息地覆盖或中等栖息地覆盖和高连通性的焦点景观;生物多样性资源中等恢复等级景观,即具有中间栖息地覆盖和连通性的焦点景观;生物多样性资源匮乏景观,即具有低栖息地覆盖和连通性的焦点景观。假设生物多样性资源匮乏景观由于资源过于匮乏且破碎化严重,在恢复过程中需要投入大量的人力物力,实施难度很大且恢复效果也不能保证,而生物多样性资源丰富景观往往具有较高的景观恢复能力,能够进行自我恢复,因此,在中等恢复力等级景观进行生态恢复的成本和收益比是最佳的。

在步骤③中,进行更大尺度的分析时,将整个研究区域视为图形,将焦点景观视为节点,而将步骤①中计算得到的可能连通性指数作为节点属性。基于焦点景观去除实验计算整个研究区域的连通性,并确定连接生物多样性来源的最重要中等恢复力景观。在上述实验中,移除每个焦点景观之前和之后均须计算可能连通性指数,同时计算整个研究区域的连通性指数变化,用以表示各焦点景观在整个研究区域景观连接度中的重要性。

### 5.2.2.2　可恢复等级的划定

通过查阅相关文献,对能够计算景观连接度指数的焦点景观,按照标准1进行可恢复等级划分;对不能计算景观连接度指数的焦点景观,则按照标准2进行划分。研究区域景观可恢复等级的划分标准如表81所示。

#### 表81　可恢复等级划分标准

| 标准 | 名称 | 描述 |
|---|---|---|
| 标准1 | 生物资源匮乏景观 | 湿地生境覆盖度为0%~20% |
| | 中等恢复等级景观 | 湿地生境覆盖度为20%~40%或生境覆盖度为40%~60%且可能连通性指数低于该区域的平均值 |
| | 生物资源丰富景观 | 湿地生境覆盖度为60%~100%或生境覆盖度为40%~60%且可能连通性指数高于该地区的平均值 |
| 标准2 | 生物资源匮乏景观 | 湿地生境覆盖度为0%~60% |
| | 生物资源丰富景观 | 湿地生境覆盖度为60%~100% |

根据上述分类标准对研究区域内的894个焦点景观进行分类,得到分类结果如表82所示。

表82　天津市滨海新区焦点景观可恢复等级

| 指数 | 恢复等级 | 焦点景观个数 | 占比（%） |
|---|---|---|---|
| PC | 生物资源匮乏景观 | 346 | 38.70 |
| | 中等恢复等级景观 | 144 | 16.11 |
| | 生物资源丰富景观 | 404 | 45.19 |
| EC（PC） | 生物资源匮乏景观 | 346 | 38.70 |
| | 中等恢复等级景观 | 117 | 13.09 |
| | 生物资源丰富景观 | 431 | 48.21 |

由上表可知,2种景观连接度指数计算所得到的不同可恢复等级的焦点景观个数差别不大,其中生物资源丰富景观占比均为最大,分别为45.19%和48.21%;中等恢复等级景观占比最少,分别为16.11%和13.09%;生物资源匮乏景观占比居中,均为38.7%。

在计算中等恢复等级景观、生物资源丰富景观时,2种连接度指数表现出较大差异,这是因为2种连接度指数的计算公式不同;而计算生物资源匮乏景观时,两者并未表现出明显差异,这是因为在定义标准时是根据生境覆盖度定义,并未涉及景观连接度指数。

在ArcGIS中将上述分析结果进行可视化,得到如图140所示的分析结果。

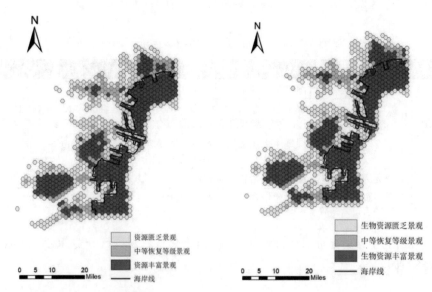

左图:PC指数;右图:EC(PC)指数。

图140　天津市滨海新区景观恢复等级

由图140可知,2种方法分析得到的恢复等级分布图相似程度较高。虽然根据PC指数分析得到的中等恢复等级焦点景观的个数多于根据EC(PC)指数得到的个数,但多出的焦点景观均分布在原中等恢复等级景观的周围,因此范围并未发生明显变化。沿海湿地边缘被归类为生物资源匮乏景观,这是因为在进行焦点景观划分时,剩余边缘地区面积较小且生境覆盖度低。本书最终选择根据PC指数分析得到的结果进行后续分析。

(1)生物资源丰富景观

如图140所示,生物资源丰富景观主要位于3个区域,分别为沿海湿地、盐田湿地、北大港水库。

1)沿海湿地。沿海湿地区在图中位为海岸线右侧区域。沿海湿地斑块为大面积斑块,生境覆盖度较高。沿海湿地包括沿海滩涂和海域,其中海域面积斑块为大面积斑块。在过去30年间,海岸线长度整体呈增长态势,虽然近年来围填海活动持续进行,沿海湿地破坏严重,但相比其他湿地来说,海域湿地斑块仍属于大面积斑块。除去边缘区域后,其生境覆盖度维持在90%~100%间。

2)盐田湿地。盐田湿地是滨海新区人工湿地的主要组成部分,包括汉沽盐田和塘沽盐田两部分。在滨海新区城市总体规划中,盐田面积约为203平方千米。该区域的水主要为咸水,水生态系统构建较难;而土壤高度盐渍化,植被覆盖极少,陆生生态系统构建较难。盐田湿地在滨海新区总体规划空间管制规划中属于限制建设区,但具有生态服务功能。

3)北大港水库。北大港水库是北大港湿地的核心区,属于湿地保护红线区。水库内仅存几处养殖场,并无其他施工建筑设施。2014年1月,天津市出台生态用地保护红线方案,划定各类生态用地保护界限,明确功能定位及管控要求,并制定了相关保障措施。2014年3月1日、2014年9月1日,天津市分别施行的《市人大常委会关于批准划定永久性保护生态区域的决定》和《天津市永久性保护生态区域管理规定》,对湿地区域建设活动提出明确要求,以更好地保护包括北大港湿地在内的重要湿地。

(2)中等恢复等级景观

如图140所示,中等恢复等级景观主要包括4个区域,分别为:北大港湿地,河口海域区,汉沽和塘沽盐田人工湿地边缘区域,蓟运河、潮白新河和永定新河河流湿地区及周边区域,分述如下。

1)北大港湿地。天津市北大港湿地自然保护区属于市级自然保护区。由图140可知,北大港湿地中除了北大港水库外,其余区域均为中等恢复等级景观。其中独流减河宽河槽属于北大港湿地的重要组成部分,主要景观类型包括水体和草本沼泽,具有防洪、调节气候、净化环境等多种生态功能;钱圈水库、沙井子水库、李二湾水库及周围水产养殖场均为人工湿地,受人为活动因素影响较大。上述区域要保障湿地水源质量,严格防止湿地水体污染,以确保湿地生态系统服务价值不降低;同时应减少上游不合理开发建设活动,集约使用水资源,增加湿地生态水功能;水产养殖业必须严格控制渔药的使用,加强养殖废水净化及养殖废物排放管理,实现水产养殖的可持续发展。

2)河口海域。滨海新区河口海域主要包括4个区域,从北向南依次为永定新河南北治导线之间、海河南北治导线之间、独流减河南北治导线之间的河口海域,以及沙井子行洪道、青静黄与北排水河河口之间的海域。河口海域主要作为城市的泄洪区,同时也均为限制区。近年来,河口海域的港口建设如火如荼,如天津港、临港和南港等。其中天津港是世界等级最高的人工深水港,是京津冀现代化综合交通网络结构的重要枢纽点,也是国家重要的对外贸易港口。近20年来,天津港建设用地不断扩张。港口的快速发展势必会对该区域的生态环境造成负面影响,而生态系统环境恶化、土地资源短缺、土地利用效率低下等问题又会反过来制约港口的可持续发展。由于地理位置、用地类型和生态环境的特殊性,在河口海域进行生态恢复时需要综合考量,科学规划。

3)汉沽和塘沽盐田人工湿地边缘区域。中等恢复等级焦点景观主要分布于盐田的边缘区域,主要包括汉沽和塘沽盐田边缘区域。日晒盐田是由一系列相通且可人为控制水量的盐池构成的人工湿地。与海水、淡水环境不同,盐田内的蒸发池和结晶池中具有独特的物理和化学反应。同时,盐田也成为湿地水鸟的重要栖息地、觅食地和繁殖地,在水鸟多样性的维持方面具有重要作用。在进行盐田人工湿地及其边缘区域建设时,应以生态文明建设理念作为指导,服从滨海新区整体规划,以实现盐田的可持续发展。

4)蓟运河、潮白新河和永定新河河流湿地区及周边区域。永定新河是永定河、潮白新河和蓟运河的共同入海河流,其右堤即为天津城市防洪圈北部防线,对天津市的防洪排涝具有重要作用。永定河-潮白新河与蓟运河汇流处形成了三河岛,现已成为一座生态岛屿,忠实反映着泥质海岸带变化的完整过程,具有重要的研究价值。此外,周边区域还有黄港水库、北塘水库等半天然半人工大型水库,主要功能为蓄积潮白新河的汛期排水,同时还能提供丰富的旅游资源。南水北调中线工程实施后,北塘水库的功能将由农业灌溉用水调蓄水库调整为集中式饮用水水源地,对滨海新区城市发展具有重要作用。在进行城市规划建设及生态恢复活动时,应充分考虑上述区域的生态功能,提高区域的生态系统服务价值。

（3）生物资源匮乏景观

生物资源匮乏焦点景观主要分布于生境破碎化较为严重的区域及其周边地区。这些区域往往具有湿地生境覆盖度低的特征。值得注意的是,独流减河宽河槽区域面积广阔,主要为沼泽湿地,尽管景观遥感解译的结果表现为湿地生境覆盖度降低,景观连接度也有所降低,但由于该区域属于天津市北大港湿地自然保护区的实验区,同时也属于禁止建设区,因此区域内湿地生态系统得到较好保护,并成为湿地鸟类生存和繁殖的重要栖息地。

### 5.2.2.3　优先恢复区的划定

（1）划定方法

优先恢复区划定是在恢复等级划分的基础上进行斑块重要性分析,并以斑块重要性分析的结果来指导恢复的优先性。斑块重要性即斑块对景观整体连接度的重要性。选取不同连接度指数进行斑块重要性计算,得到的结果也不相同。重要值计算公式如下:

$$DI(\%) = 100\frac{I - I_{\text{remove}}}{I} \tag{5.1}$$

式中,$I$指所有景观斑块整体指数值,$I_{\text{remove}}$是去除某单个斑块后其余斑块的整体连接度指数值。

基于恢复等级划分的结果,选择PC指数计算斑块重要性。将节点数据输入Conefor Sensinode软件,设置距离阈值为400米,PC指数相关可能性概率设为0.5,$A_{\text{L}}$设置为3平方千米。为更好地呈现斑块重要性的计算结果,将计算结果导入Excel中并绘制散点图。其中生物资源匮乏焦点景观PC指数重要性结果如图141所示,中等恢复等级焦点景观PC指数重要性结果如图142所示,生物资源丰富焦点景观PC指数重要性结果如图143所示。

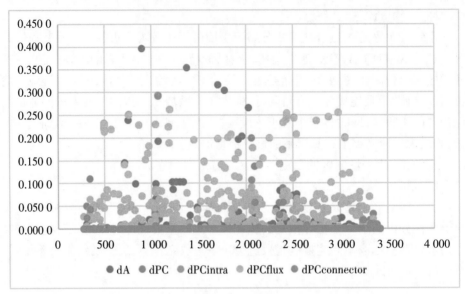

图 141　生物资源匮乏焦点景观 PC 指数重要性

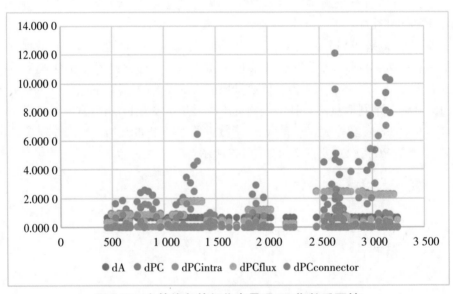

图 142　中等恢复等级焦点景观 PC 指数重要性

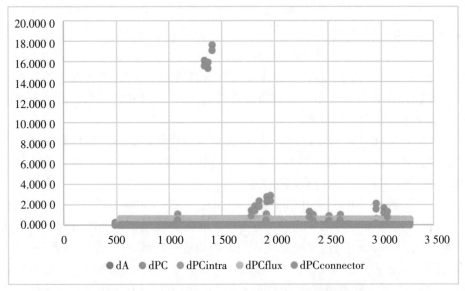

**图143　生物资源丰富焦点景观PC指数重要性**

　　将以上步骤计算得到的中等恢复等级景观重要性指数值输入到ArcMAP软件中进行可视化分析,得到景观连通性的重要性排序,结果如图144所示。

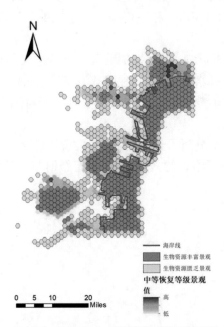

**图144　天津市滨海湿地中等恢复景观重要性分布图**

由图143分析可知,优先恢复区主要位于高庄水库至北疆电厂附近的盐田区域、潮白新河至潮白新河与永定新河交汇处、永定新河至北塘水库及独流减河宽河槽入口处;其次为河口海域,包括海河南北治导线之间、独流减河南北治导线之间、沙井子行洪道、青静黄与北排水河河口之间的海域;再次为几个重要水库(包括钱圈水库、黄港水库和东丽湖)、公园(包括官港森林公园和临港生态湿地公园)、水库及盐田边缘区域。

考虑到某种景观元素 k(斑块或连接)为景观中的栖息地连通性和可用性做贡献的方式不同,$dPC_k$ 值可以划分为3个不同的分数:$dPCintra_k$(内部斑块连接)、$dPCflux_k$、$dPCconnect_k$,且存在以下关系:

$$dPC_K = dPCintra_k + dPCflux_k + dPCconnect_k \qquad (5.2)$$

$dPC_k$ 的3个部分考虑了斑块 k 为斑块之间的连接及栖息地的可用性的不同贡献方式。$dPCintra_k$ 对应于栖息地斑块之间的连接区域,与扩散距离无关,而仅取决于斑块面积;$dPCintra_k$ 对具有较低扩散能力或较短扩散距离的生物体具有更大的影响,因为它更容易在更大斑块内部移动,但在孤立斑块之间移动较为有限。$dPCflux_k$ 对应于斑块属性加权的扩散通量,依赖于斑块 k 的属性及斑块 k 相对于其他斑块的拓扑位置(即斑块间连接)。$dPCconnector_k$ 评估 k 作为连接环节在其他栖息地区域(垫脚石)之间的作用,测量斑块 k 作为连通性增强元素的重要性,并且独立于斑块 k 的面积,但取决于其与其他斑块之间的拓扑关系。结合区域实际情况,本书选择 $dPCflux_k$ 和 $dPCconnector_k$ 指数进行分析,结果分别如图145和图146所示。

通过 $dPCflux_k$ 分析可知,对生物扩散具有重要意义的斑块主要位于潮白新河、蓟运河和永定河河段,汉沽盐田,独流减河宽河槽及河口海域,后者包括海河南北治导线之间、独流减河南北治导线之间、沙井子行洪道、青静黄与北排水河河口之间的河口海域。

通过 $dPCconnector_k$ 分析可知,对整体生境斑块连接具有重要意义的斑块位于高庄水库至北疆电厂附近的盐田区域,永定新河与北塘水库边界交汇处及独流减河河槽入口处。

图145 天津滨海湿地中等恢复景观可能连通性分数重要性分析（dPCflux）

图146 天津滨海湿地中等恢复景观可能连通性分数重要性分析（dPCconnector）

(2)划定结果

1)天津市滨海湿地生态恢复等级可划分生物资源匮乏景观、中等恢复等级景观、生物资源丰富景观3类等级,划分标准如下:生物资源匮乏景观指湿地生境覆盖度为0~20%的景观;中等恢复等级景观指湿地生境覆盖率为20%~40%或生境覆盖率为40%~60%且连通性指数低于该区域平均值的景观;生物资源丰富景观指湿地生境覆盖率为60%~100%或生境覆盖率为40%~60%且连通性指数高于该地区平均值的景观。

2)天津市滨海湿地生态系统生物资源丰富景观主要位于沿海湿地、汉沽盐田和北大港水库;中等恢复景观主要位于海口海域、汉沽和塘沽盐田的边缘区域,蓟运河、潮白新河和永定新河河流湿地区及周边区域及北大港湿地;生物资源匮乏景观主要指周围破碎化严重的景观。

3)天津市滨海湿地优先恢复区主要为高庄水库至北疆电厂附近的盐田区域、潮白新河至潮白新河与永定新河交汇处、永定新河至北塘水库和独流减河宽河槽入口处;其次为河口海域,包括海河海口海域(海河南北治导线之间)、独流减河河口海域(独流减河南北治导线之间)、沙井子行洪道、青静黄与北排水河河口之间的海域;再次为几个重要的水库(包括钱圈水库、黄港水库和东丽湖)、公园(包括官港森林公园和临港生态湿地公园)、水库及盐田边缘区域。

### 5.2.3 天津湿地生物多样性保护与恢复实践

#### 5.2.3.1 自然保护地体系建设和保护

中国自然保护体系,简称"自然保护地",是由各级政府依法划定或确认,对重要的自然生态系统、自然遗迹、自然景观及其所承载的自然资源、生态功能和文化价值实施长期保护的陆域或海域。建立自然保护地的目的是守护自然生态,保育自然资源,保护生物多样性与地质地貌景观多样性,维护自然生态系统健康稳定,提高生态系统服务功能;为人民提供优质生态产品,为全社会提供科研、教育、体验、游憩等公共服务;维持人与自然和谐共生并永续发展。按照自然生态系统原真性、整体性、系统性及其内在规律,依据管理目标与效能并借鉴国际经验,将自然保护地按生态价值和保护强度高低分为以下3类。

国家公园:是指以保护具有国家代表性的自然生态系统为主要目的,实现自然资源科学保护和合理利用的特定陆域或海域,是中国自然生态系统中最重要、自然景观最独特、自然遗产最精华、生物多样性最富集的部分。国家公园的保护范围大,生态过程完整,具有全球价值和国家象征,国民认同度高。目前我国已有三江源、大熊猫、东北虎豹、祁连山、海南热带雨林等10处国家公园体制试点。

自然保护区:是指保护典型的自然生态系统、珍稀濒危野生动植物种的天然集中分布区和有特殊意义的自然遗迹的区域。自然保护区往往具有较大面积，以确保主要保护对象安全，维持和恢复珍稀濒危野生动植物种群数量及其赖以生存的栖息环境。

自然公园：是指保护重要的自然生态系统、自然遗迹和自然景观，具有生态、观赏、文化和科学价值，能够可持续利用的区域。自然公园的目标是要确保森林、海洋、湿地、水域、冰川、草原、生物等珍贵自然资源，以及所承载的景观、地质地貌和文化多样性得到有效保护。自然公园包括森林公园、地质公园、海洋公园、湿地公园、沙漠公园和草原公园等各类自然公园。

我国是全球生物多样性最丰富的国家之一。目前我国已建立各级各类自然保护地1.18万处，占国土陆域面积的18%、领海面积的4.6%。在这其中，湿地类型的自然保护地占比较大。我国目前共有国际重要湿地64处，国家重要湿地29处，省级重要湿地1 001处；建立了湿地自然保护区600多处，湿地公园1 600多处。

近30年以来，天津市大力推进以国家公园为主体的自然保护地体系的建立，现有各类自然保护地17处，总面积约1 317平方千米，自然保护地体系日趋完善，各类重点保护野生动植物种类数量持续增加。由于其特殊的地理位置和自然生态系统特征，天津市构建的自然保护地体系中尚未包括国家公园类型的自然保护地，而仅包括了自然保护区和自然公园两大类，其中湿地类型的自然保护地占据了较大比例。

（1）自然保护区

天津市目前共建成4个重要湿地自然保护区，即天津古海岸与湿地国家级自然保护区、天津市北大港湿地自然保护区、天津大黄堡湿地自然保护区和天津市团泊鸟类自然保护区。上述湿地类型的自然保护区，为种类和数量均极为丰富的生物提供了适宜的栖息地，成为名副其实的生物多样性宝库。关于上述4个重要湿地自然保护区的具体情况，上文已经有过详细阐述，这里不再赘述。

（2）自然公园

目前天津市共有自然公园类的国家湿地公园4个，分别为天津武清永定河故道国家湿地公园、天津宝坻潮白河国家湿地公园、天津蓟州州河国家湿地公园和天津蓟州下营环秀湖国家湿地公园。4个国家湿地公园的总面积为7 072.6公顷，其中生态保育区面积为3 368.22公顷，恢复重建区面积为1 967.88公顷，宣教展示区面积为1 279.48公顷，合理利用区面积为431.55公顷，管理服务区面积为25.47公顷。

1）天津武清永定河故道国家湿地公园：于2019年12月25日通过中国国家林业和草原局2019年试点国家湿地公园验收。天津武清永定河故道国家湿地公园位于天津市武清区黄庄街道，地域范围主要包括龙凤河故道、永定河故道及其两岸人工湿地,湿地公园总面积为249公顷,其中湿地面积为210.8公顷,湿地率为84.7%。

2)天津宝坻潮白河国家湿地公园:于2019年12月25日通过中国国家林业和草原局2019年试点国家湿地公园验收。天津宝坻潮白河国家湿地公园位于天津市宝坻区,北起宝坻边界,沿潮白河河道向东南至里自沽蓄水闸,包括境内引泃入潮河、青龙湾河及潮白河黄庄分洪区等区域,总面积为5 582公顷。

3)天津蓟州州河国家湿地公园:2016年12月30日,国家林业局发布《国家林业局关于同意天津蓟县州河等134处湿地开展国家湿地公园试点工作的通知》(林湿发〔2016〕193号)文件,批准建设天津蓟州州河国家湿地公园(试点)。该国家湿地公园位于蓟州中南部,北起州河公园北端,沿州河河道自北向南,至九王庄州河、泃河、蓟运河三河交汇处,总规划面积为508.20公顷。

4)天津蓟州下营环秀湖国家湿地公园:2016年12月30日,国家林业局发布《国家林业局关于同意天津蓟县州河等134处湿地开展国家湿地公园试点工作的通知》(林湿发〔2016〕193号)文件,批准建设天津下营环秀湖国家湿地公园(试点)。该国家湿地公园位于天津市蓟州区境内,北起蓟州区与河北省兴隆县的交汇处,南抵罗庄子镇,西靠北京平谷区,东临下营镇桑树庵,包括环秀湖,以及上下游泃河、泃河直流下营沟三部分,总规划面积为733.40公顷。

(3)其他类型的自然保护地

除了自然保护地体系所划定的自然保护地外,天津还拥有其他类型的自然保护地,如生态保护红线区域和(国际/国家/市级)重要湿地等。在生态保护红线区域方面,目前天津共划定生态保护红线1 393.79平方千米,占全市陆海总面积的9.91%。天津正在加快推进"871"重大生态建设工程,即:升级保护875平方千米湿地自然保护区,规划建设736平方千米双城间屏障区,稳步提升153千米海岸线生态功能。在重要湿地方面,根据《关于特别是作为水禽栖息地的国际重要湿地公约》(以下简称《湿地公约》)第二条第一款规定,我国于2020年2月3日指定天津北大港等7处湿地为国际重要湿地;经《湿地公约》秘书处按程序核准,北大港湿地目前已成功列入《国际重要湿地名录》。天津七里海湿地也正在积极申报国际重要湿地。此外,天津市目前已经划定了七里海湿地和北大港两处国家重要湿地,划定了14处市级重要湿地。

5.2.3.2 湿地生态系统生态恢复

近30多年间,天津市的天然湿地面积不断减少,人工湿地尤其是水产养殖水面不断增加,湿地的自然景观格局演变为自然与人工湿地的复合景观,湿地景观类型日趋单一,湿地自我调节能力和恢复能力明显减弱,给湿地生物多样性带来了巨大威胁。保护好湿地资源和湿地生物多样性,保持湿地生态系统的稳定性、

完整性和连通性,对于推进生态文明建设,实现人与自然和谐发展,具有十分重要的意义。天津市委、市政府高度重视生态文明建设工作,在湿地生态系统和生物多样性保护方面做出了很大的努力。2016年7月,市十六届人大常委会审议通过了《天津市湿地保护条例》,湿地保护法制体系建设得到全面完善。2017年,天津市委、市政府发布了《天津市湿地自然保护区规划(2017—2025年)》和4个湿地自然保护区的总体规划[即《七里海湿地生态保护修复规划(2017—2025年)》《天津市北大港湿地自然保护区总体规划(2017—2025年)》《天津大黄堡湿地自然保护区规(2017—2025年)》和《天津市团泊鸟类自然保护区规划(2017—2025年)》],即天津湿地"1+4"规划。

天津湿地"1+4"规划严格遵守《中华人民共和国自然保护区条例》《天津市人民代表大会常务委员会关于批准划定永久性保护生态区域的决定》《天津市湿地保护条例》等法规规定,划定并严守湿地生态保护红线,实施湿地资源保护,核心区封闭式管理,其他区严格管控人类活动,以维护湿地生态功能和生物多样性,保护和改善生态环境,促进湿地资源可持续利用。湿地"1+4"规划要求加大湿地保护修复,提升湿地生态功能,坚持自然恢复为主、与人工修复相结合,对集中连片、破碎化严重、功能退化的自然湿地进行修复和综合整治,优先修复生态功能严重退化的重要湿地;实施"退耕还湿"和"退渔还湿",扩大湿地面积,以保护湿地生物多样性和提高湿地生态服务功能;加大野生动植物保护,提高生物多样性,加大对保护区内野生动植物的保护力度,实施野生动植物保护工程,禁止人为干扰、威胁野生动物生息繁衍的行为,定期开展外来物种调查,制定并实施外来入侵物种防治方案及监控方案,防止外来物种入侵;开展护林保湿规划,将湿地保护与森林资源保护和建设有机结合;开展宣传教育,利用互联网和新媒体等手段,普及湿地科学知识,努力形成全社会保护湿地的良好氛围。

(1)七里海湿地生态保护修复规划

七里海湿地生态保护修复规划提出开展水绿一体工程,对宁河区所有引水工程两岸开展绿化工程,确保有水的地方就要有绿,除了发挥增强河道自净、保持水土、涵养水源、削弱洪峰、美化景观的作用外,还可以增强河流水与植物的水气循环,减缓流速,使得水生植物增多,植物根系可使氧气传入水中,有利于鱼类的生长并改善水质;增加七里海核心区苇田面积,提高苇田生产力,改善现有内部水系不畅、苇田老化等情况,对芦苇进行复壮;鸟类保护工程主要包含营建鸟岛、浅滩、浅水水域3项内容,通过这3项内容注重空间层次、丰富植物配置、搭配植被类型、完善引鸟设施、重视湿地景观建设,为地面营巢或树洞营巢类鸟类,为涉禽、鸣禽、水禽提供适宜的生活环境;改善七里海湿地生物链亚健康状态,通过改善物种营养结构、优化物种生态位空间布局等措施对湿地生物链进行修复与

构建,恢复能量流动功能与物质循环功能,完善种间关系与湿地生物链结构,开展地形地貌改造与植物物种配置;恢复缓冲区内生态环境,对农田、养殖水面与搬迁后的村庄开展生态修复,修建环海林带,对村庄搬迁后留下的遗址进行改造、重组与修复,开展退耕还林与退养还湿,同时开展实验区人工湿地建设规划,打造兼具生态服务功能和美学价值的"小七里海"。

(2)北大港湿地生态保护修复规划

北大港湿地生态保护修复规划提出开展野生动植物保护工程,建立野生动物保护、巡护与救护机制和野生植物保护工程。营造浅滩岛,引进人工抚育、人工浮岛等技术,模拟自然环境,增加野生动物种群栖息地,改善栖息质量,创造珍稀物种栖息繁育条件。购置野生动物监测设施,建设野生动物保护、救助与疫源疫病监测中心,完善保护区野生动物监测体系。采取人工辅助、自然恢复的方式,实施芦苇复壮工程,引种适宜的耐盐植物,建立保护区耐盐碱植物资源基因库,清除互花米草生物入侵影响,开展湿地植被恢复,提高保护区生物多样性指数。构筑自然环境大保护、小修复模式,保持野生动植物群落多样性与稳定性,提高珍稀物种生存环境质量。在科研监测与科普宣教规划中开展重点保护物种专项研究,如生物多样性监测与生态环境评估,鸟类群落多样性的时空格局研究,鸟类生境选择、生境修复及生态廊道建设,世界濒危物种迁徙停歇地保护生物学研究,在原有科研成果的基础上,开展定位监测,进一步查清保护区野生动植物、湿地等自然资源变化状况。

(3)大黄堡湿地生态保护修复规划

大黄堡湿地自然保护区开展护林保湿规划,将湿地保护与森林资源保护相结合,避免大规模造林,不断增强湿地自然保护区生态系统稳定性;推动芦苇沼泽湿地生态系统的修复,在鸟类保护规划中综合考虑鸟类对潜在栖息地的响应,综合考虑环境因素对鸟类生境进行规划配置,秉承"生态优先、最小干预、关注鸟类需求、注重场地特征"的设计原则,以生态保护为基础,充分考虑人为干扰介入后对水鸟的影响,建立人与水鸟活动区的缓冲区,合理保护和配置防护林带、食源地、开阔水面、营巢区和生活区,重视河岸带的植物群落建造,使得水陆交替的浅滩生境、芦苇荡草本沼泽地和开阔的深水区域分别为陆禽类、攀禽类、涉禽类、鸣禽类与游禽类提供觅食及筑巢环境,将人对场地的破坏与干扰降到最低,设立鸟类救护中心和候鸟跃动野外投食点。

(4)团泊洼湿地生态保护修复规划

团泊鸟类自然保护区生态修复工程规划主要包括退化湿地修复工程、绿化改造提升工程、生态补水工程及1号岛屿的植被封育与人工辅助工程。1号岛位于保护区团泊水库北端,部分区域在缓冲区,紧邻核心区,滨水区域植被以芦苇

为主,大部分区域为土壤裸露区域,是鸟类迁徙、停歇、补充食物和越冬的主要场所,对全岛实施封育和人工辅助播撒粮食作物,为迁徙、越冬鸟类提供充足食物。

此外,以《天津市湿地保护条例》和《天津市湿地自然保护区规划(2017—2025年)》为指导,天津市还针对其他湿地开展了丰富的湿地生态系统恢复和生物多样性保护的工作,限于篇幅,这里不再一一详述。

### 5.2.4　天津湿地鸟类多样性保护与生境修复

#### 5.2.4.1　天津湿地水鸟生境适宜性动态变化

天津位于东亚-澳大利西亚候鸟迁徙通道(East Asian-Australasian Flyway)上,特殊的地理区位和丰富的湿地资源为迁徙水鸟提供了良好的栖息、觅食和繁殖环境,是多种珍稀濒危水鸟的重要繁殖地和越冬地,同时也是迁徙水鸟极为重要的能量补给地。受气候变化及人类活动的影响,1990—2020年这30多年间天津湿地水鸟生境适宜性发生了剧烈变化,而这些变化的时空演变特征及各生境适宜性等级间相互转化机制尚不明确。

本书着重分析了1990—2020年天津湿地水鸟生境适宜性的年际变化特征,研究结果有望为天津湿地水鸟的栖息地保护政策制定提供科学依据。在分析水鸟生境适应性时,选取了多种生态因子进行模型模拟,其中高程、坡度是不变的,土地利用类型、距离公路、距离铁路、距离居民地、植被覆盖度、水体密度、湿地类型和栖息生境面积是随时间变化的。在对天津湿地各水鸟生境因子进行等级划分和权重赋予的基础上,将生态因子数值代入公式计算得到水鸟生境适宜性评价结果。以栅格数据结构中的像元作为基本的评价单元,将上述每一个生境因子看作是一个单独的图层,把所有图层用ArcGIS 10.5中Weighted Sum进行加权叠加,最终得到水鸟生境适宜性等级的空间分布情况(如图147所示),水鸟生境适宜性各等级的面积如表83所示。

分析1990—2020年间天津湿地水鸟生境适宜性等级的空间分布及面积变化可以得出以下结论。

1990—1996年间,水鸟生境适宜性各等级面积变化不一致,适宜性最好、适宜性一般、适宜性差和不适宜的区域面积呈现出增加趋势,分别增加了67.86平方千米、5.13平方千米、66.57平方千米和148.52平方千米;适宜性良好的区域面积减少了288.08平方千米。总之,水鸟生境适宜性等级总体比较适合水鸟生存和繁殖。水鸟生境适宜性等级总体较好(适宜性最好、适宜性良好和适宜性一般)的生境面积从9 284.86平方千米减少到9 069.77平方千米,减少约2.32%;相反地,水鸟生境适宜性总体较差(适宜性较差和不适宜)的生境面积从3 518.31平方千米增加到3 733.40平方千米,增加约6.11%。1990—1996年间,生境适宜等级较适合水鸟的区域多分布在天津近海与海岸湿地、4大湿地自然保护区及盐田周边,适宜性最好的区域有明显的增加趋势;1990—1996年间,适宜性总体较差生境的区域面积呈现增加的趋势,增加的原因主要为天津市城市的建设及扩张。

1996—2002年间,水鸟生境适宜性良好和不适宜的区域面积呈现出增加趋势,分别增加了395.62平方千米和186.93平方千米;适宜性最好、适宜性一般和适宜性差的区域面积分别减少了277.83平方千米、298.32平方千米和6.4平方千米。水鸟生境适宜性等级总体较好(适宜性最好、适宜性良好和适宜性一般)的生境面积从9 069.77平方千米减少到8 889.24平方千米,减少约2.00%;水鸟生境适宜性总体较差(适宜性较差和不适宜)的生境面积从3 733.40平方千米增加到3 913.93平方千米,增加约4.84%。1996—2002年间,生境适宜最好的区域分布范围明显缩小,主要的减少部分位于4大湿地自然保护区及其周边,具体变现为湿地生境的斑块比较分散,小斑块数量明显增多;1996—2002年间,适宜性总体较差生境区域的分布范围明显扩大,多位于天津市内6区。

2002—2008年间,水鸟生境适宜性差和不适宜的生境面积呈现出增加趋势,分别增加了303.44平方千米和189.48平方千米;适宜性最好、适宜性良好和适宜性一般的生境面积分别减少了98.59平方千米、358.49平方千米和35.85平方千米。水鸟生境适宜性等级总体较好(适宜性最好、适宜性良好和适宜性一般)的生境面积从8 889.24平方千米减少到8 396.31平方千米,减少约5.55%;水鸟生境适宜性总体较差(适宜性较差和不适宜)的生境面积从3913.93平方千米增加到4 406.85平方千米,增加约12.59%。2002—2008年间,适宜水鸟栖息的生境面积整体呈减少趋势,主要表现为盐田面积的减少;2002—2008年间,水鸟生境适宜性总体较差生境分布范围明显扩大,成片状分布,该等级大面积分布于城市中心向远郊方向扩散的区域。

2008—2014年间,水鸟生境适宜性一般和不适宜的区域面积呈现出增加趋势,分别增加了909.03平方千米和153.64平方千米;适宜性最好、适宜性良好和适宜性差的区域面积分别减少了323.92平方千米、108.82平方千米和629.92平方千米。水鸟生境适宜性等级总体较好(适宜性最好、适宜性良好和适宜性一般)的生境面积从8 396.31平方千米增加到8 872.6平方千米,增加约5.67%;水鸟生境适宜性总体较差(适宜性较差和不适宜)的生境面积从4 406.85平方千米减少到3 930.57平方千米,减少约10.81%。2008—2014年间,适宜水鸟栖息的生境面积整体呈增加趋势,主要表现为全境生境适宜性的提升;2008—2014年间,适宜性总体较差生境区域分布范围减少,呈小斑块状散乱分布于全区。

2014—2020年间,水鸟生境适宜性良好和适宜性差的区域面积呈现出增加趋势,分别增加了72.97平方千米和1 180.45平方千米;适宜性最好、适宜性一般和不适宜的区域面积分别减少了119.07平方千米、752.83平方千米和381.53平方千米。水鸟生境适宜性等级总体较好(适宜性最好、适宜性良好和适宜性一般)的生境面积从8 872.6平方千米减少到8 073.67平方千米,减少约9.00%;水鸟生境适宜性总体较差(适宜性较差和不适宜)的生境面积从3 930.57平方千米增加到4 729.49平方千米,增加约20.33%。2014—2020年间,适宜水鸟栖息的生境面积整体呈减少趋势,主要表现为湿地保护区和盐田面积的减少;2014—2020年间,适宜性总体较差生境区域分布范围明显扩大,城市进一步扩张。

整体来说,1990—2020年这30多年间,水鸟生境适宜性差和不适宜的区域面积呈现出明显增加的趋势,分别增加了914.14平方千米和297.04平方千米;适宜性最好、适宜性良好和适宜性一般的区域面积分别减少了751.55平方千米、286.8平方千米和172.84平方千米。水鸟生境适宜性等级总体较好(适宜性最好、适宜性良好和适宜性一般)的生境面积从9 284.86平方千米减少到8 073.67平方千米,减少了13.05%;水鸟生境适宜性总体较差(适宜性较差和不适宜)的生境面积从3 518.31平方千米增加到4 729.49平方千米,增加约34.43%。综上所述,1990—2020年间,适宜水鸟栖息的生境面积整体呈减少趋势,这主要与土地利用类型的变化有直接关系;1990—2020年间,适宜性总体较差生境分布范围增加,主要表现为城市的扩张和土地类型的转换等。

表83　1990—2020年天津湿地水鸟生境适宜性等级面积的年际变化

| 序号 | 年份 | 评价等级 | 面积(平方千米) | 占比(%) |
|---|---|---|---|---|
| 1 | 1990年 | 适宜性最好 | 2 053.63 | 16.04 |
| | | 适宜性良好 | 1 679.78 | 13.12 |
| | | 适宜性一般 | 5 551.45 | 43.36 |
| | | 适宜性差 | 2 538.87 | 19.83 |
| | | 不适宜 | 979.44 | 7.65 |
| 2 | 1996年 | 适宜性最好 | 2 121.49 | 16.57 |
| | | 适宜性良好 | 1 391.70 | 10.87 |
| | | 适宜性一般 | 5 556.58 | 43.40 |
| | | 适宜性差 | 2 605.44 | 20.35 |
| | | 不适宜 | 1 127.96 | 8.81 |
| 3 | 2002年 | 适宜性最好 | 1 843.66 | 14.40 |
| | | 适宜性良好 | 1 787.32 | 13.96 |
| | | 适宜性一般 | 5 258.26 | 41.07 |
| | | 适宜性差 | 2 599.04 | 20.30 |
| | | 不适宜 | 1 314.89 | 10.27 |

续表

| 序号 | 年份 | 评价等级 | 面积（平方千米） | 占比（%） |
|---|---|---|---|---|
| 4 | 2008年 | 适宜性最好 | 1 745.07 | 13.63 |
| | | 适宜性良好 | 1 428.83 | 11.16 |
| | | 适宜性一般 | 5 222.41 | 40.79 |
| | | 适宜性差 | 2 902.48 | 22.67 |
| | | 不适宜 | 1 504.37 | 11.75 |
| 5 | 2014年 | 适宜性最好 | 1 421.15 | 11.10 |
| | | 适宜性良好 | 1 320.01 | 10.31 |
| | | 适宜性一般 | 6 131.44 | 47.89 |
| | | 适宜性差 | 2 272.56 | 17.75 |
| | | 不适宜 | 1 658.01 | 12.95 |
| 6 | 2020年 | 适宜性最好 | 1 302.08 | 10.17 |
| | | 适宜性良好 | 1 392.98 | 10.88 |
| | | 适宜性一般 | 5 378.61 | 42.01 |
| | | 适宜性差 | 3 453.01 | 26.97 |
| | | 不适宜 | 1 276.48 | 9.97 |

1990—2020年间，天津湿地水鸟生境适宜性等级的面积占比如图150所示，趋势线以下的面积占比是水鸟生境比较适宜的生境面积占比之和，趋势线以上则是适宜性较差或不适宜水鸟的生境面积占比之和。综上所述，天津湿地水鸟生境的适宜性优良的区域（适宜性最好、适宜性良好和适宜性一般）面积占比呈现先减少后增加再减少的变化趋势，1990年为最大值72.52%，2020年为最小值63.06%；1990—2008年表现为减少趋势，2008—2014年表现为增加趋势，2014-2020年表现为减少趋势；而适宜性较差和不适宜的生境面积占比则表现出相反的变化趋势，2020年最大值为36.94%，1990年最小值为27.48%；1990—2008年表现为增加趋势，2008—2014年表现为减少趋势，2014—2020年表现为增加趋势。总之，在全球环境变化的大背景下，1990—2020年间，天津湿地无法为水鸟提供更多优质的栖息地，导致水鸟种类和数量越来越少，甚至会影响到周边区域的水鸟种类和数量。主管部门应采取积极应对措施，加强滨海湿地保护力度，为水鸟提供更多优质的栖息环境。

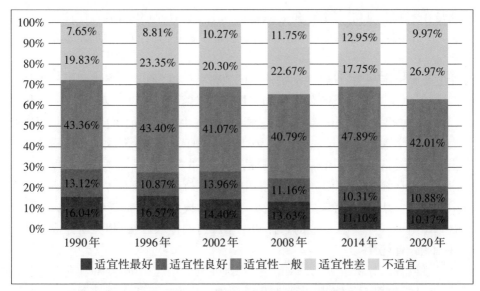

图 147　1990—2020 年天津水鸟生境适宜性等级面积占比

　　将天津湿地水鸟生境适宜性评价结果与天津水鸟的主要分布图加以比较，可以看出水鸟生境处于前 2 个较优等级的空间恰好与水鸟的主要分布区域相吻合，反映出上述生态因子的选取和评价的准则较为合理。天津湿地水鸟生境适宜性评价结果可为将来的水鸟生境适宜性变化监测和栖息地修复保护提供科学支撑。

5.2.4.2　天津湿地水鸟多样性保护和生境修复策略

（1）构建水鸟栖息与迁移的生态廊道

　　区域生态网络（Ecological Network）构建是生态建设的重要内容。在区域水鸟多样性保护和生境修复中，常借助生态网络理论来选择生态源地（Ecological Source Region），进而提取生态廊道（Ecological Corridor）并构建形成区域的生态网络。生态网络分析时，生态源地选择和生态廊道提取是重中之重的步骤。

　　生态源地是物种进行扩散和维持的源地，本身具有一定的景观连通性和空间拓展性，不仅能够促进景观生态过程的发展，而且还是物质、能量、信息甚至自然生态功能服务的起源点或聚集处。一个生态系统中具有重要生态系统功能或生态服务功能，以及生态环境脆弱、生态敏感性较高的斑块，其面积的大小对生态服务的发挥、物种多样性、物质传递和信息交流有着极为重要的作用，常被认为是该生态系统的生态源地。在研究中，常将较大面积的核心水域、湿地、林地、草地或其他对维持生物多样性较为重要的生态单元等作为生态源地。生态源地往往是在区域土地利用调查、生态敏感性和重要性评估、生态适宜性评价的基础上，选取重要性、敏感性和不可替代性较高的图斑，并经过阈值筛选进而最终确定。

生态廊道定义为"供野生动物使用的狭带状区域，通常能促进两地间生物因素的运动"。生态廊道具有保护生物多样性、过滤污染物、防止水土流失、防风固沙、调控洪水等多种功能。建立生态廊道是景观生态规划的重要方法，是解决当前人类剧烈活动造成的景观破碎化及随之而来的众多环境问题的重要措施。潜在生态廊道是指不同于周围景观基质的线状或带状生态景观要素。提取生态廊道通常涉及区域的阻力面分析，并用相应模型进行计算得到。当前的研究和实践中，提取生态廊道用得较多的是最小累积阻力模型（Minimum Cumulative Resistance，MCR）。关于生态源地的选择和生态廊道的提取方法，相关研究成果非常丰富，本书不再赘述。

经过调查和分析可知，天津市生态源地主要集中在东部、南部和北部生境适宜性高值区，中部人口密集，多为非生态源地。生态廊道沿源地和河流水系呈勺状分布，贯通了天津市大部分的生态源地，保障了水鸟生境格局的整体性。从水鸟生境保护视角出发，结合天津市自然生态本底、生态源地和廊道的空间分布特征，构建出天津湿地水鸟生态网络格局。根据生态网络分析的结果，对源生态要素进行整体规划布局，提出构建水鸟活动生态廊道、建立水鸟活动保护热点、设立水鸟活动重点保护地块等水鸟生境保护的优化修复方案，以期为天津湿地水鸟生境保护修复工作提供借鉴。

基于水鸟生态网络分析的结果，未来在天津开展水鸟栖息与迁移生态廊道建设的努力方向可分为2个。

宏观层面上：北部于桥水库，通过生态治理、林地保护、水源涵养等措施保障该区域的生态功能安全，构建生态廊道和城镇建设相互交融的空间格局；中部七里海—大黄堡湿地，开展七里海湿地修复工程，加强永定新河生态廊道和潮白河生态廊道的建设，严守生态红线，坚决守护"京津绿肺"；南部大清河—独流减河联通河网水系，开展跨界水污染协同治理，全面提升沿岸林海建设水平，实现河湖相连、水系互通、水清岸绿的津沽水乡美景；沿海地区应严格保护天津海域自然岸线，严控围海填海项目，加强陆海关系修补，修复生态岸线，加强以入海河流为主线的源头生态廊道建设，重塑滨海湿地生境，修复海岛生境，建成环渤海湾生态修复带。以七里海湿地、大黄堡湿地、团泊洼湿地和北大港湿地4处湿地为重要节点，形成独具天津特色、功能复合的水系生态廊道网络。尽可能地减少人类活动对水鸟栖息地及其周边地区的过度干扰，如减少道路、水利工程的修建及城市的扩张，恢复水鸟原始的栖息地环境，为水鸟提供良好的迁徙廊道。

微观层面上：主要为道路型廊道和绿带型廊道的建设。道路型廊道主要表现为在关键铁路周边，可通过优秀"五带一体"工程的树种结构，特别是拓宽"灌溉造林带"，增强生态屏障功能，减少大型铁路对水鸟活动的影响；在公路主干道周边，可通过引进不同类型的绿化树种、控制车辆鸣笛等措施，减少过多车流量对水鸟活动的生态阻力；提高道路边水渠的利用率，满足排水与水鸟取水的需求。绿带型廊道则可通过植物配置、设计水鸟栖息木桩、划定廊道周边的水鸟摄食空间及减少人类活动的影响进行规划。

（2）增设水鸟栖居繁殖的人工辅助设施

1）研究表明人工增加引鸟设施可以增加研究区内水鸟的种类与数量。木桩、芦苇等都可以成为水鸟的停歇场所，通过人为有意识的建造一定的停歇设施或种植一些挺水植物，可以吸引更多的水鸟来此繁殖。当然，增加引鸟设施的前提是要了解各种水鸟的生活习性，如明确其通常的栖息地选择偏好，并在其中添加巢穴、增加食物量等。但是，目前湿地水鸟的人工招引研究较少，多数招引项目都是在林地鸟类中开展的，具体措施包括增加森林生物量、树高和胸径等参数，并尽量减少树林周边人类活动的影响。水鸟栖息地内各生境因子的优劣会直接影响到水鸟的种类与数量，因此，在增加引鸟设施的同时还要兼顾其周边的生境状况，包括食物量、水源、遮蔽物及人类干扰等方面。另外，水鸟对栖息地各生境因子的选择多较为复杂，且其对生境因子的选择也是随环境变化而变化的。

黄河三角洲湿地招引东方白鹳（*Ciconia boyciana*）营巢的成功案例对天津湿地水鸟多样性保护具有重要借鉴意义。2013年，天津北大港湿地东方白鹳首次成功营巢并繁殖，其营巢地点在甜水井村旁的一个高压电线的铁塔上。2015年，北大港湿地借鉴黄河三角洲湿地招引东方白鹳的经验，在高大的人工招引塔上搭建了20个人工巢。2018年，监测人员发现3对东方白鹳在人工架设的鸟巢上配对和营巢；2019年，监测人员在北大港湿地共发现了13对东方白鹳在人工招引巢上筑巢并成功孵化出16只雏鸟。连续多年的观测记录表明，北大港湿地可以为东方白鹳的栖息提供良好的条件，而人工巢的架设使东方白鹳参与繁殖的个体数量逐年增多，这对东方白鹳繁殖种群数量的增加起到了积极的促进作用。

2）处于非重要源的源点可构建自然驳岸等微型水鸟生境，发挥水鸟活动中的"跳板"作用。近年来，由于大量的防汛工程建设，天津市不同级别的河道、水库和湖泊等都改成"高标准"的钢筋混凝土或浆砌石护岸，河道断面单一，生物生存条件被破坏。因此，应该尽量还原河岸、湖畔等水体的自然边界，为湿地水鸟提供更多活动"跳板"。为方便涉禽类觅食和站立，岸际土壤应松软多孔隙、尽量避免淤泥基底，且驳岸坡度不宜超过1:15，驳岸的护坡材料则应选择天然石材、木材、植物和多孔隙材料，此外还可以利用水生植物护岸和陆生植物护岸技术进

行生态驳岸设计。采用自然驳岸形成的水陆复合型生物共生的生态系统,能够为水鸟提供更为适宜的栖息和觅食场所。

(3)设立水鸟活动重点保护生境

重点保护生境可分为以下两大类,即栖息地保护生境和保护关键区域生境。

1)栖息地保护生境。水鸟栖息地质量决定着水鸟种群数量和群落结构,在整个生态网络构建中起至关重要的作用。湿地生境类型的多样性取决于水文、土壤、气候等环境因素,其中尤以水深的影响最为显著。对于涉禽和游禽等水鸟来说,浅水区尤为重要。浅水区通常指水深小于1米的区域,具有透光性良好、水温可随气候回暖迅速升高等特征,拥有丰富的植物、两栖动物和无脊椎动物,为水鸟提供了充足的食物来源和良好的栖息环境。水鸟栖息地中浅水区比例宜在50%以上,沉水植物和挺水植物覆盖率宜在40%~60%之间。浅水区的位置应尽量选择在防护屏障附近,宽阔的有遮蔽的区域更有利于动植物生长。营建岸线时应注意曲折变化和水流的构建,蜿蜒的岸线能够增加水陆物质交换量,丰富沿岸视线方向,便于水鸟觅食、筑巢和隐蔽等活动。因此,在四大重要湿地自然保护区的水鸟生境修复中,应尝试营建多水位梯度的复合型水鸟栖息地,为不同类型的水鸟提供适宜的栖息和觅食条件。以鹭科和鹮科为主的涉禽,多分布于水深0.10~0.25米的浅水区觅食,营巢繁殖于芦苇丛或岸际高大乔木林地中,因此岸际和湖泊内应设置相当比例的水深0.1~0.25米的浅水区;浅水区挺水植物、沉水植物的覆盖率40%~60%为宜,以片植为主,并可围合若干小型的内部安全水域;基底不可全为淤泥,增加部分沙石更利于涉禽站立。鸭科(Anatidae)和䴙䴘科(Podicipedidae)等游禽鸟类主要在水深0.5~2米水域栖息,在0.30米以内的浅水区域觅食,且要求空间开敞的大水面便于起飞。鸭科喜水域内植被覆盖率高(50%~75%)的区域,以便于栖息和隐蔽;而䴙䴘科喜开阔水面(挺水植物占水面比例小于30%)。

此外,从景观生态学角度来看,城市湿地是城市中的富水斑块,斑块面积越大,竖向空间越丰富,结构越复杂,水鸟的种类和数量就会越多。因此,天津在未来发展中,城市湿地中水系、林地的布局整合度要高,岛屿、林地、水体等各类栖息地需保持连通,保持生态保护热点的通达,减少人为干扰,确保水鸟栖息所需的生存空间。水鸟生境的景观格局应通过林地、大面积水体、带状水系等生态廊道加强孤立的栖息地之间的联系。鸟岛面积在5 000平方米以内,面积越大鸟类栖息适宜指数超高,面积不宜过大,超过0.36平方千米(或0.8平方千米,不同科的鸟类根据体型差异略有差别)即有天敌存在的可能。对于岛屿与陆地的距离而言,400米是一个拐点:400米以内,离陆地越远越适宜鸟类栖息;400米以上便无区别。

2)保护关键区域生境。关键区域的水鸟活动阻力较小,但同样也面临着原生植被破坏和人为开发利用所带来的负面影响。鉴于此,应该采取有针对性的保护和恢复措施。植物在水鸟栖息环境中扮演着至关重要的角色,一方面,植物是水鸟食物来源之一;另一方面,植物可以为水鸟提供遮蔽条件,减少了人为干扰的影响,为水鸟提供合适的筑巢场所。植物多样性是影响水鸟多样性的最主要生态因子,因此应适当丰富植被群落层次,既为不同的水鸟提供各自的生存、繁衍空间,又可在受到觅食者侵扰时提供有利的隐蔽空间。在选择植物种类时,尽量采用场地原有植物,进行合理搭配。水鸟的多度和丰富度在一定范围内和植被的覆盖率成正比,尤其是在对生境敏感的繁殖期。过于稠密的植被影响了觅食效率,多数水鸟更倾向于选择无植被和稀疏植被的区域觅食,尤其是涉禽中的鸻鹬类水鸟。不同水鸟对植被环境的要求也存在差异。如对鹭科水鸟而言,陆地植物高度在7米以上最为适宜,挺水植物也应高于4米,安全岛屿上高于1米的植被覆盖率应达60%以上;但对于燕鸥类水鸟而言,水域内湿地植物和灌木丛的覆盖率应控制在15%内,湿地植物和灌木丛高度也应小于10厘米,植物过高反而不利于栖息;而白腰杓鹬(*Numenius arquata*)、黑翅长脚鹬(*Himantopus himantopus*)、红脚鹬(*Tringa totanus*)和环颈鸻(*Charadrius alexandrinus*)等鸻鹬类水鸟对生境要求高,倾向于选择植被覆盖率低、裸露光滩、面积充足、浅水位等抗性低、持水量高的基质。对于分布于中部的沼泽湿地,可以适当种植一些块茎、块根类植物,既能满足水鸟取食,又可以体现湿地特色;对于开阔水面或水库区域,可适当引入沉水植物和浮叶根生植物来丰富植物群落结构,起到增加水鸟栖息地景观异质性和提供充足食物的作用。综上所述,在保护关键区域生境时,应根据不同水鸟的生境需求选择不同的植物种类和营造不同的植被景观。

# 6 附表

## 6.1 天津湿地植物名录

| 序号 | 科 | 属 | 物种 | 七里海 | 北大港 | 大黄堡 | 团泊洼 |
|---|---|---|---|---|---|---|---|
| 001 | 木贼科<br>Equisetaceae | 木贼属<br>*Equisetum* | 问荆<br>*Equisetum arvense* | – | – | – | – |
| 002 | 木贼科<br>Equisetaceae | 木贼属<br>*Equisetum* | 犬问荆<br>*Equisetum palustre* | – | – | – | – |
| 003 | 木贼科<br>Equisetaceae | 木贼属<br>*Equisetum* | 节节草<br>*Equisetum ramosissimum* | – | √ | – | √ |
| 004 | 蘋科<br>Marsileaceae | 蘋属<br>*Marsilea* | 蘋<br>*Marsilea quadrifolia* | – | √ | – | – |
| 005 | 槐叶蘋科<br>Salviniaceae | 槐叶蘋属<br>*Salvinia* | 槐叶蘋<br>*Salvinia natans* | – | – | – | – |
| 006 | 满江红科<br>Azollaceae | 满江红属<br>*Azolla* | 细叶满江红<br>*Azolla filiculoides* | – | – | – | – |
| 007 | 满江红科<br>Azollaceae | 满江红属<br>*Azolla* | 满江红<br>*Azolla imbricata* | – | – | – | – |
| 008 | 苏铁科<br>Cycadaceae | 苏铁属<br>*Cycas* | 苏铁<br>*Cycas revoluta* | √ | – | – | – |
| 009 | 银杏科<br>Ginkgoaceae | 银杏属<br>*Ginkgo* | 银杏<br>*Ginkgo biloba* | √ | √ | √ | √ |
| 010 | 松科<br>Pinaceae | 雪松属<br>*Cedrus* | 雪松<br>*Cedrus deodara* | √ | – | – | – |
| 011 | 松科<br>Pinaceae | 云杉属<br>*Picea* | 青杆<br>*Picea wilsonii* | √ | – | – | – |
| 012 | 松科<br>Pinaceae | 松属<br>*Pinus* | 白皮松<br>*Pinus bungeana* | √ | – | – | – |
| 013 | 松科<br>Pinaceae | 松属<br>*Pinus* | 油松<br>*Pinus tabuleaformis* | √ | – | – | √ |

续表

| 序号 | 科 | 属 | 物种 | 七里海 | 北大港 | 大黄堡 | 团泊洼 |
|---|---|---|---|---|---|---|---|
| 014 | 柏科 Cupressaceae | 圆柏属 *Sabina* | 铺地柏 *Sabina procumbens* | √ | √ | – | √ |
| 015 | 柏科 Cupressaceae | 侧柏属 *Platycladus* | 侧柏 *Platycladus orientalis* | – | √ | – | √ |
| 016 | 柏科 Cupressaceae | 圆柏属 *Sabina* | 龙柏 *Juniperus chinensis* 'Kaizuca' | √ | √ | √ | √ |
| 017 | 杨柳科 Salicaceae | 杨属 *Populus* | 加杨 *Populus canadensis* | √ | √ | √ | √ |
| 018 | 杨柳科 Salicaceae | 杨属 *Populus* | 速生杨 *Populus* sp. | √ | – | – | – |
| 019 | 杨柳科 Salicaceae | 杨属 *Populus* | 毛白杨 *Populus tomentosa* | √ | √ | – | √ |
| 020 | 杨柳科 Salicaceae | 柳属 *Salix* | 垂柳 *Salix babylonica* | – | – | √ | – |
| 021 | 杨柳科 Salicaceae | 柳属 *Salix* | 旱柳 *Salix matsudana* | √ | √ | – | √ |
| 022 | 杨柳科 Salicaceae | 柳属 *Salix* | 绦柳 *Salix matsudana* f. *pendula* | – | √ | – | √ |
| 023 | 胡桃科 Juglandaceae | 胡桃属 *Juglans* | 胡桃 *Juglans regia* | √ | – | √ | – |
| 024 | 壳斗科 Fagaceae | 栎属 *Quercus* | 蒙古栎 *Quercus mongolica* | – | – | √ | – |
| 025 | 榆科 Ulmaceae | 榆属 *Ulmus* | 榆树 *Ulmus pumila* | √ | √ | √ | √ |
| 026 | 榆科 Ulmaceae | 榆属 *Ulmus* | 金叶榆 *Ulmus pumila* 'Jinye' | √ | √ | – | √ |
| 027 | 榆科 Ulmaceae | 榆属 *Ulmus* | 垂枝榆 *Ulmus pumila* 'Tenue' | – | √ | – | – |
| 028 | 桑科 Moraceae | 构树属 *Broussonetia* | 构树 *Broussonetia papyrifera* | – | √ | – | √ |
| 029 | 桑科 Moraceae | 大麻属 *Cannabis* | 大麻 *Cannabis sativa* | – | √ | – | – |
| 030 | 桑科 Moraceae | 榕属 *Ficus* | 无花果 *Ficus carica* | – | √ | – | – |
| 031 | 桑科 Moraceae | 榕属 *Ficus* | 小叶榕 *Ficus concinna* | √ | – | – | – |
| 032 | 桑科 Moraceae | 葎草属 *Humulus* | 葎草 *Humulus scandens* | √ | √ | √ | √ |
| 033 | 桑科 Moraceae | 桑属 *Morus* | 桑 *Morus alba* | √ | √ | – | √ |

续表

| 序号 | 科 | 属 | 物种 | 七里海 | 北大港 | 大黄堡 | 团泊洼 |
|---|---|---|---|---|---|---|---|
| 034 | 荨麻科<br>Urticaceae | 冷水花属<br>*Pilea* | 透茎冷水花<br>*Pilea mongolica* | - | - | - | - |
| 035 | 荨麻科<br>Urticaceae | 荨麻属<br>*Urtica* | 狭叶荨麻<br>*Urtica angustifolia* | | | | |
| 036 | 檀香科<br>Santalaceae | 百蕊草属<br>*Thesium* | 百蕊草<br>*Thesium chinense* | - | - | - | - |
| 037 | 蓼科<br>Polygonaceae | 蓼属<br>*Polygonum* | 齿翅蓼<br>*Polygonum dentatoalata* | - | - | - | - |
| 038 | 蓼科<br>Polygonaceae | 蓼属<br>*Polygonum* | 两栖蓼<br>*Polygonum amphibium* | - | - | - | √ |
| 039 | 蓼科<br>Polygonaceae | 蓼属<br>*Polygonum* | 萹蓄<br>*Polygonum aviculare* | √ | √ | √ | √ |
| 040 | 蓼科<br>Polygonaceae | 蓼属<br>*Polygonum* | 柳叶刺蓼<br>*Polygonum bungeanum* | - | - | - | - |
| 041 | 蓼科<br>Polygonaceae | 蓼属<br>*Polygonum* | 稀花蓼<br>*Polygonum dissitiflorum* | - | - | - | - |
| 042 | 蓼科<br>Polygonaceae | 蓼属<br>*Polygonum* | 水蓼<br>*Polygonum hydropiper* | √ | - | - | - |
| 043 | 蓼科<br>Polygonaceae | 蓼属<br>*Polygonum* | 酸模叶蓼<br>*Polygonum lapathifolium* | √ | √ | √ | √ |
| 044 | 蓼科<br>Polygonaceae | 蓼属<br>*Polygonum* | 绵毛酸模叶蓼<br>*Polygonum lapathifolium* var. *salicifolium* | √ | √ | √ | √ |
| 045 | 蓼科<br>Polygonaceae | 蓼属<br>*Polygonum* | 长鬃蓼<br>*Polygonum longisetum* | - | - | - | - |
| 046 | 蓼科<br>Polygonaceae | 蓼属<br>*Polygonum* | 尼泊尔蓼<br>*Polygonum nepalense* | - | - | - | - |
| 047 | 蓼科<br>Polygonaceae | 蓼属<br>*Polygonum* | 红蓼<br>*Polygonum orientale* | √ | √ | √ | √ |
| 048 | 蓼科<br>Polygonaceae | 蓼属<br>*Polygonum* | 杠板归<br>*Polygonum perfoliatum* | - | - | - | - |
| 049 | 蓼科<br>Polygonaceae | 蓼属<br>*Polygonum* | 习见蓼<br>*Polygonum plebeium* | - | - | - | - |
| 050 | 蓼科<br>Polygonaceae | 蓼属<br>*Polygonum* | 刺蓼<br>*Polygonum senticosum* | - | - | - | - |
| 051 | 蓼科<br>Polygonaceae | 蓼属<br>*Polygonum* | 西伯利亚蓼<br>*Polygonum sibiricum* | - | √ | √ | √ |
| 052 | 蓼科<br>Polygonaceae | 蓼属<br>*Polygonum* | 戟叶蓼<br>*Polygonum thunbergii* | - | - | - | - |
| 053 | 蓼科<br>Polygonaceae | 酸模属<br>*Rumex* | 黑龙江酸模<br>*Rumex amurensis* | - | - | √ | - |

续表

| 序号 | 科 | 属 | 物种 | 七里海 | 北大港 | 大黄堡 | 团泊洼 |
|---|---|---|---|---|---|---|---|
| 054 | 蓼科<br>Polygonaceae | 酸模属<br>*Rumex* | 齿果酸模<br>*Rumex dentatus* | √ | √ | √ | √ |
| 055 | 蓼科<br>Polygonaceae | 酸模属<br>*Rumex* | 羊蹄<br>*Rumex hadroocarpus* | √ | √ | √ | √ |
| 056 | 蓼科<br>Polygonaceae | 酸模属<br>*Rumex* | 巴天酸模<br>*Rumex patientia* | √ | √ | - | √ |
| 057 | 蓼科<br>Polygonaceae | 酸模属<br>*Rumex* | 长刺酸模<br>*Rumex maritimus* | - | - | √ | - |
| 058 | 藜科<br>Chenopodiaceae | 滨藜属<br>*Atriplex* | 中亚滨藜<br>*Atriplex centralasiatica* | √ | √ | - | √ |
| 059 | 藜科<br>Chenopodiaceae | 滨藜属<br>*Atriplex* | 滨藜<br>*Atriplex patens* | √ | √ | | |
| 060 | 藜科<br>Chenopodiaceae | 藜属<br>*Chenopodium* | 尖头叶藜<br>*Chenopodium acuminatum* | - | √ | | |
| 061 | 藜科<br>Chenopodiaceae | 藜属<br>*Chenopodium* | 狭叶尖头叶藜<br>*Chenopodium acuminatum* subsp. *virgatum* | - | - | - | - |
| 062 | 藜科<br>Chenopodiaceae | 藜属<br>*Chenopodium* | 藜<br>*Chenopodium album* | √ | √ | √ | √ |
| 063 | 藜科<br>Chenopodiaceae | 藜属<br>*Chenopodium* | 小藜<br>*Chenopodium serotinum* | √ | √ | √ | √ |
| 064 | 藜科<br>Chenopodiaceae | 藜属<br>*Chenopodium* | 灰绿藜<br>*Chenopodium glaucum* | √ | √ | √ | √ |
| 065 | 藜科<br>Chenopodiaceae | 藜属<br>*Chenopodium* | 杂配藜<br>*Chenopodium hybridum* | - | - | √ | - |
| 066 | 藜科<br>Chenopodiaceae | 藜属<br>*Chenopodium* | 东亚市藜<br>*Chenopodium urbicum* | √ | √ | √ | √ |
| 067 | 藜科<br>Chenopodiaceae | 虫实属<br>*Corispermum* | 绳虫实<br>*Corispermum declinatum* | - | - | - | - |
| 068 | 藜科<br>Chenopodiaceae | 虫实属<br>*Corispermum* | 软毛虫实<br>*Corispermum puberulum* | - | - | - | - |
| 069 | 藜科<br>Chenopodiaceae | 虫实属<br>*Corispermum* | 华虫实<br>*Corispermum stauntonii* | - | - | - | - |
| 070 | 藜科<br>Chenopodiaceae | 藜属<br>*Chenopodium* | 刺藜<br>*Chenopodium aristata* | - | - | - | - |
| 071 | 藜科<br>Chenopodiaceae | 地肤属<br>*Kochia* | 地肤<br>*Kochia scoparia* | √ | √ | √ | √ |
| 072 | 藜科<br>Chenopodiaceae | 地肤属<br>*Kochia* | 扫帚菜<br>*Kochia scoparia* f. *trichophylla* | √ | √ | - | - |
| 073 | 藜科<br>Chenopodiaceae | 地肤属<br>*Kochia* | 碱地肤<br>*Kochia scoparia* var. *sieversiana* | - | - | - | - |

续表

| 序号 | 科 | 属 | 物种 | 七里海 | 北大港 | 大黄堡 | 团泊洼 |
|---|---|---|---|---|---|---|---|
| 074 | 藜科 Chenopodiaceae | 盐角草属 *Salicornia* | 盐角草 *Salicornia europaea* | − | √ | − | − |
| 075 | 藜科 Chenopodiaceae | 猪毛菜属 *Salsola* | 猪毛菜 *Salsola collina* | √ | √ | √ | √ |
| 076 | 藜科 Chenopodiaceae | 猪毛菜属 *Salsola* | 无翅猪毛菜 *Salsola komarovii* | − | − | − | − |
| 077 | 藜科 Chenopodiaceae | 猪毛菜属 *Salsola* | 刺沙蓬 *Salsola ruthenica* | − | − | − | − |
| 078 | 藜科 Chenopodiaceae | 碱蓬属 *Suaeda* | 角果碱蓬 *Suaeda corniculata* | − | − | − | − |
| 079 | 藜科 Chenopodiaceae | 碱蓬属 *Suaeda* | 碱蓬 *Suaeda glauca* | √ | √ | √ | √ |
| 080 | 藜科 Chenopodiaceae | 碱蓬属 *Suaeda* | 盐地碱蓬 *Suaeda salsa* | √ | √ | − | √ |
| 081 | 苋科 Amaranthaceae | 莲子草属 *Alternanthera* | 喜旱莲子草 *Alternanthera philoxeroides* | | | | |
| 082 | 苋科 Amaranthaceae | 苋属 *Amaranthus* | 北美苋 *Amaranthus blitoides* | | √ | | |
| 083 | 苋科 Amaranthaceae | 苋属 *Amaranthus* | 凹头苋 *Amaranthus lividus* | √ | √ | | |
| 084 | 苋科 Amaranthaceae | 苋属 *Amaranthus* | 繁穗苋 *Amaranthus paniculatus* | √ | − | | |
| 085 | 苋科 Amaranthaceae | 苋属 *Amaranthus* | 绿穗苋 *Amaranthus hybridus* | | √ | | |
| 086 | 苋科 Amaranthaceae | 苋属 *Amaranthus* | 长芒苋 *Amaranthus palmeri* | √ | − | √ | √ |
| 087 | 苋科 Amaranthaceae | 苋属 *Amaranthus* | 合被苋 *Amaranthus polygonoides* | √ | √ | − | √ |
| 088 | 苋科 Amaranthaceae | 苋属 *Amaranthus* | 反枝苋 *Amaranthus retroflexus* | √ | √ | √ | √ |
| 089 | 苋科 Amaranthaceae | 苋属 *Amaranthus* | 腋花苋 *Amaranthus roxburghianus* | | − | | |
| 090 | 苋科 Amaranthaceae | 苋属 *Amaranthus* | 西部苋 *Amaranthus rudis* | √ | − | √ | |
| 091 | 苋科 Amaranthaceae | 苋属 *Amaranthus* | 苋 *Amaranthus tricolor* | √ | − | | |
| 092 | 苋科 Amaranthaceae | 苋属 *Amaranthus* | 皱果苋 *Amaranthus viridis* | √ | √ | √ | √ |
| 093 | 苋科 Amaranthaceae | 青葙属 *Celosia* | 鸡冠花 *Celosia cristata* | √ | − | √ | − |

续表

| 序号 | 科 | 属 | 物种 | 七里海 | 北大港 | 大黄堡 | 团泊洼 |
|---|---|---|---|---|---|---|---|
| 094 | 苋科<br>Amaranthaceae | 千日红属<br>*Gomphrena* | 千日红<br>*Gomphrena globosa* | √ | – | – | – |
| 095 | 紫茉莉科<br>Nyctaginaceae | 叶子花属<br>*Bougainvillea* | 叶子花<br>*Bougainvillea spectabilis* | √ | – | – | – |
| 096 | 紫茉莉科<br>Nyctaginaceae | 紫茉莉属<br>*Mirabilis* | 紫茉莉<br>*Mirabilis jalapa* | √ | – | √ | – |
| 097 | 商陆科<br>Phytolaccaceae | 商陆属<br>*Phytolacca* | 商陆<br>*Phytolacca acinosa* | – | – | – | – |
| 098 | 商陆科<br>Phytolaccaceae | 商陆属<br>*Phytolacca* | 垂序商陆<br>*Phytolacca americana* | – | – | – | – |
| 099 | 马齿苋科<br>Portulacaceae | 马齿苋属<br>*Portulaca* | 大花马齿苋<br>*Portulaca grandiflora* | √ | – | √ | – |
| 100 | 马齿苋科<br>Portulacaceae | 马齿苋属<br>*Portulaca* | 马齿苋<br>*Portulaca oleracea* | √ | √ | √ | √ |
| 101 | 石竹科<br>Caryophyllaceae | 石竹属<br>*Dianthus* | 香石竹<br>*Dianthus caryophyllus* | √ | – | – | – |
| 102 | 石竹科<br>Caryophyllaceae | 石竹属<br>*Dianthus* | 石竹<br>*Dianthus chinensis* | – | – | √ | – |
| 103 | 石竹科<br>Caryophyllaceae | 鹅肠菜属<br>*Myosoton* | 鹅肠菜<br>*Myosoton aquaticum* | – | – | – | – |
| 104 | 石竹科<br>Caryophyllaceae | 漆姑草属<br>*Sagina* | 漆姑草<br>*Sagina japonica* | – | – | – | – |
| 105 | 石竹科<br>Caryophyllaceae | 拟漆姑属<br>*Spergularia* | 拟漆姑<br>*Spergularia salina* | √ | – | – | – |
| 106 | 石竹科<br>Caryophyllaceae | 繁缕属<br>*Stellaria* | 繁缕<br>*Stellaria media* | – | – | – | – |
| 107 | 睡莲科<br>Nymphaeaceae | 芡属<br>*Euryale* | 芡实<br>*Euryale ferox* | – | – | – | – |
| 108 | 睡莲科<br>Nymphaeaceae | 莲属<br>*Nelumbo* | 莲<br>*Nelumbo nucifera* | – | – | √ | – |
| 109 | 睡莲科<br>Nymphaeaceae | 睡莲属<br>*Nymphaea* | 白睡莲<br>*Nymphaea alba* | – | – | – | – |
| 110 | 睡莲科<br>Nymphaeaceae | 睡莲属<br>*Nymphaea* | 红睡莲<br>*Nymphaea alba* var. *rubra* | – | – | – | – |
| 111 | 睡莲科<br>Nymphaeaceae | 睡莲属<br>*Nymphaea* | 黄睡莲<br>*Nymphaea mexicana* | – | – | – | – |
| 112 | 睡莲科<br>Nymphaeaceae | 睡莲属<br>*Nymphaea* | 睡莲<br>*Nymphaea tetragona* | √ | – | – | – |
| 113 | 金鱼藻科<br>Ceratophyllaceae | 金鱼藻属<br>*Ceratophyllum* | 金鱼藻<br>*Ceratophyllum demersum* | √ | √ | √ | √ |

续表

| 序号 | 科 | 属 | 物种 | 七里海 | 北大港 | 大黄堡 | 团泊洼 |
|---|---|---|---|---|---|---|---|
| 114 | 金鱼藻科 Ceratophyllaceae | 金鱼藻属 Ceratophyllum | 东北金鱼藻 Ceratophyllum manschuricum | – | – | – | – |
| 115 | 金鱼藻科 Ceratophyllaceae | 金鱼藻属 Ceratophyllum | 五刺金鱼藻 Ceratophyllum platyacanthum var. quadrispinum | | | | |
| 116 | 金鱼藻科 Ceratophyllaceae | 金鱼藻属 Ceratophyllum | 细金鱼藻 Ceratophyllum submersum | | | | |
| 117 | 毛茛科 Ranunculaceae | 水毛茛属 Batrachium | 水毛茛 Batrachium bungei | – | – | – | – |
| 118 | 毛茛科 Ranunculaceae | 铁线莲属 Clematis | 短尾铁线莲 Clematis brevicaudata | | | | |
| 119 | 毛茛科 Ranunculaceae | 碱毛茛属 Halerpestes | 水葫芦苗 Halerpestes cymbalaria | | | | |
| 120 | 毛茛科 Ranunculaceae | 毛茛属 Ranunculus | 茴茴蒜 Ranunculus chinensis | – | √ | – | – |
| 121 | 毛茛科 Ranunculaceae | 毛茛属 Ranunculus | 毛茛 Ranunculus japonicus | – | – | – | – |
| 122 | 毛茛科 Ranunculaceae | 毛茛属 Ranunculus | 石龙芮 Ranunculus sceleratus | | | | |
| 123 | 毛茛科 Ranunculaceae | 唐松草属 Thalictrum | 箭头唐松草 Thalictrum simplex | √ | – | | |
| 124 | 小檗科 Berberidaceae | 小檗属 Berberis | 紫叶小檗 Berberis thunbegii var. atropurpurea | – | √ | √ | √ |
| 125 | 罂粟科 Papaveraceae | 白屈菜属 Chelidonium | 白屈菜 Chelidonium majus | | | | |
| 126 | 罂粟科 Papaveraceae | 紫堇属 Corydalis | 地丁草 Corydalis bungeana | – | – | √ | √ |
| 127 | 白花菜科 Cleomaceae | 白花菜属 Cleome | 醉蝶花 Cleome spinosa | √ | – | – | – |
| 128 | 十字花科 Brassicaceae | 芸薹属 Brassica | 白菜 Brassica pekinensis | √ | – | | |
| 129 | 十字花科 Brassicaceae | 荠属 Capsella | 荠 Capsella bursa-pastoris | √ | √ | √ | √ |
| 130 | 十字花科 Brassicaceae | 碎米荠属 Cardamine | 白花碎米荠 Cardamine leucantha | – | – | – | – |
| 131 | 十字花科 Brassicaceae | 播娘蒿属 Descurainia | 播娘蒿 Descurainia sophia | √ | √ | – | √ |
| 132 | 十字花科 Brassicaceae | 菘蓝属 Isatis | 菘蓝 Isatis tinctoria | – | – | – | – |
| 133 | 十字花科 Brassicaceae | 独行菜属 Lepidium | 独行菜 Lepidium apetalum | √ | √ | √ | √ |

续表

| 序号 | 科 | 属 | 物种 | 七里海 | 北大港 | 大黄堡 | 团泊洼 |
|---|---|---|---|---|---|---|---|
| 134 | 十字花科<br>Brassicaceae | 独行菜属<br>*Lepidium* | 宽叶独行菜<br>*Lepidium latifolium* var. *affine* | √ | √ | – | √ |
| 135 | 十字花科<br>Brassicaceae | 豆瓣菜属<br>*Nasturtium* | 豆瓣菜<br>*Nasturtium officinale* | – | – | – | – |
| 136 | 十字花科<br>Brassicaceae | 诸葛菜属<br>*Orychophragmus* | 诸葛菜<br>*Orychophragmus violaceus* | – | – | √ | √ |
| 137 | 十字花科<br>Brassicaceae | 蔊菜属<br>*Rorippa* | 风花菜<br>*Rorippa globosa* | √ | √ | √ | √ |
| 138 | 十字花科<br>Brassicaceae | 蔊菜属<br>*Rorippa* | 蔊菜<br>*Rorippa indica* | √ | – | – | – |
| 139 | 十字花科<br>Brassicaceae | 蔊菜属<br>*Rorippa* | 沼生蔊菜<br>*Rorippa islandica* | √ | √ | – | √ |
| 140 | 十字花科<br>Brassicaceae | 盐芥属<br>*Thellungiella* | 盐芥<br>*Thellungiella salsuginea* | – | √ | – | √ |
| 141 | 十字花科<br>Brassicaceae | 匙荠属<br>*Bunias* | 匙荠<br>*Bunias cochlearioides* | √ | √ | √ | √ |
| 142 | 景天科<br>Crassulaceae | 景天属<br>*Sedum* | 八宝<br>*Sedum erythrostictum* | √ | – | √ | √ |
| 143 | 景天科<br>Crassulaceae | 伽蓝菜属<br>*Kalanchoe* | 长寿花<br>*Kalanchoe blossfeldiana* | √ | – | – | – |
| 144 | 景天科<br>Crassulaceae | 景天属<br>*Sedum* | 费菜<br>*Sedum aizoon* | √ | – | – | √ |
| 145 | 虎耳草科<br>Saxifragaceae | 溲疏属<br>*Deutzia* | 重瓣溲疏<br>*Deutzia scabra* var. *plena* | – | √ | – | – |
| 146 | 虎耳草科<br>Saxifragaceae | 扯根菜属<br>*Penthorum* | 扯根菜<br>*Penthorum chinense* | – | – | – | – |
| 147 | 虎耳草科<br>Saxifragaceae | 茶藨子属<br>*Ribes* | 香茶藨子<br>*Ribes odoratum* | √ | – | – | – |
| 148 | 杜仲科<br>Eucommiaceae | 杜仲属<br>*Eucommia* | 杜仲<br>*Eucommia ulmoides* | – | – | – | – |
| 149 | 悬铃木科<br>Platanaceae | 悬铃木属<br>*Platanus* | 二球悬铃木<br>*Platanus × acerifolia* | – | – | √ | √ |
| 150 | 悬铃木科<br>Platanaceae | 悬铃木属<br>*Platanus* | 三球悬铃木<br>*Platanus orientalis* | – | √ | – | – |
| 151 | 蔷薇科<br>Rosaceae | 龙牙草属<br>*Agrimonia* | 龙牙草<br>*Agrimonia pilosa* | – | – | – | – |
| 152 | 蔷薇科<br>Rosaceae | 桃属<br>*Amygdalus* | 山桃<br>*Amygdalus davidiana* | – | √ | √ | √ |
| 153 | 蔷薇科<br>Rosaceae | 桃属<br>*Amygdalus* | 桃<br>*Amygdalus persica* | √ | √ | √ | – |

续表

| 序号 | 科 | 属 | 物种 | 七里海 | 北大港 | 大黄堡 | 团泊洼 |
|---|---|---|---|---|---|---|---|
| 154 | 蔷薇科 Rosaceae | 桃属 Amygdalus | 紫叶碧桃 Amygdalus persica 'Atropurpurea' | – | √ | – | – |
| 155 | 蔷薇科 Rosaceae | 桃属 Amygdalus | 碧桃 Amygdalus persica 'Duplex' | √ | √ | √ | √ |
| 156 | 蔷薇科 Rosaceae | 桃属 Amygdalus | 榆叶梅 Amygdalus triloba | √ | √ | – | √ |
| 157 | 蔷薇科 Rosaceae | 杏属 Armeniaca | 杏 Armeniaca armeniaca | – | √ | √ | √ |
| 158 | 蔷薇科 Rosaceae | 樱属 Cerasus | 日本晚樱 Cerasus serrulata var. lannesiana | √ | – | – | – |
| 159 | 蔷薇科 Rosaceae | 樱属 Cerasus | 毛樱桃 Cerasus tomentosa | – | – | √ | – |
| 160 | 蔷薇科 Rosaceae | 山楂属 Crataegus | 山楂 Crataegus pinnatifida | – | √ | √ | √ |
| 161 | 蔷薇科 Rosaceae | 蛇莓属 Duchesnea | 蛇莓 Duchesnea indica | – | – | – | √ |
| 162 | 蔷薇科 Rosaceae | 水杨梅属 Geum | 路边青 Geum aleppicum | | | | |
| 163 | 蔷薇科 Rosaceae | 苹果属 Malus | 花红 Malus asiatica | – | – | √ | – |
| 164 | 蔷薇科 Rosaceae | 苹果属 Malus | 山荆子 Malus baccata | – | – | √ | – |
| 165 | 蔷薇科 Rosaceae | 苹果属 Malus | 西府海棠 Malus micromalus | √ | √ | √ | √ |
| 166 | 蔷薇科 Rosaceae | 苹果属 Malus | 苹果 Malus pumila | √ | √ | – | – |
| 167 | 蔷薇科 Rosaceae | 苹果属 Malus | 北美海棠 Malus sp. | – | √ | – | – |
| 168 | 蔷薇科 Rosaceae | 委陵菜属 Potentilla | 鹅绒委陵菜 Potentilla anserina | – | – | – | – |
| 169 | 蔷薇科 Rosaceae | 委陵菜属 Potentilla | 委陵菜 Potentilla chinensis | – | – | – | – |
| 170 | 蔷薇科 Rosaceae | 委陵菜属 Potentilla | 朝天委陵菜 Potentilla supina | √ | √ | √ | √ |
| 171 | 蔷薇科 Rosaceae | 委陵菜属 Potentilla | 匍枝委陵菜 Potentilla flagellaris | – | – | √ | – |
| 172 | 蔷薇科 Rosaceae | 李属 Prunus | 紫叶矮樱 Prunus × cistena | √ | √ | – | – |
| 173 | 蔷薇科 Rosaceae | 李属 Prunus | 紫叶李 Prunus cerasifera f. atropurpurea | √ | √ | – | √ |

续表

| 序号 | 科 | 属 | 物种 | 七里海 | 北大港 | 大黄堡 | 团泊洼 |
|---|---|---|---|---|---|---|---|
| 174 | 蔷薇科 Rosaceae | 李属 *Prunus* | 欧洲李 *Prunus domestica* | – | √ | – | – |
| 175 | 蔷薇科 Rosaceae | 梨属 *Pyrus* | 杜梨 *Pyrus betulifolia* | – | √ | – | √ |
| 176 | 蔷薇科 Rosaceae | 梨属 *Pyrus* | 白梨 *Pyrus bretschneideri* | – | √ | – | – |
| 177 | 蔷薇科 Rosaceae | 梨属 *Pyrus* | 沙梨 *Pyrus pyrifolia* | – | √ | – | – |
| 178 | 蔷薇科 Rosaceae | 蔷薇属 *Rosa* | 现代月季 *Rosa hybrida* | √ | – | √ | √ |
| 179 | 蔷薇科 Rosaceae | 蔷薇属 *Rosa* | 玫瑰 *Rosa rugosa* | √ | – | – | – |
| 180 | 蔷薇科 Rosaceae | 蔷薇属 *Rosa* | 黄刺玫 *Rosa xanthina* | √ | – | – | √ |
| 181 | 蔷薇科 Rosaceae | 珍珠梅属 *Sorbaria* | 华北珍珠梅 *Sorbaria kirilowii* | – | – | – | √ |
| 182 | 蔷薇科 Rosaceae | 珍珠梅属 *Sorbaria* | 珍珠梅 *Sorbaria sorbifolia* | – | – | – | – |
| 183 | 蔷薇科 Rosaceae | 绣线菊属 *Spiraea* | 金焰绣线菊 *Spiraea japonica 'Goldflame'* | – | √ | – | – |
| 184 | 豆科 Fabaceae | 合萌属 *Aeschynomene* | 合萌 *Aeschynomene indica* | √ | – | – | – |
| 185 | 豆科 Fabaceae | 合欢属 *Albizia* | 合欢 *Albizia julibrissin* | √ | √ | – | √ |
| 186 | 豆科 Fabaceae | 紫穗槐属 *Amorpha* | 紫穗槐 *Amorpha fruticosa* | √ | √ | √ | √ |
| 187 | 豆科 Fabaceae | 落花生属 *Arachis* | 落花生 *Arachis hypogaea* | – | – | √ | – |
| 188 | 豆科 Fabaceae | 黄耆属 *Astragalus* | 斜茎黄耆 *Astragalus adsurgens* | – | – | – | – |
| 189 | 豆科 Fabaceae | 黄耆属 *Astragalus* | 华黄耆 *Astragalus chinensis* | – | – | – | √ |
| 190 | 豆科 Fabaceae | 黄耆属 *Astragalus* | 背扁黄耆 *Astragalus complanatus* | – | √ | – | – |
| 191 | 豆科 Fabaceae | 黄耆属 *Astragalus* | 达乌里黄耆 *Astragalus dahuricus* | – | – | – | – |
| 192 | 豆科 Fabaceae | 黄耆属 *Astragalus* | 草木樨状黄耆 *Astragalus melilotoides* | – | – | – | – |
| 193 | 豆科 Fabaceae | 黄耆属 *Astragalus* | 糙叶黄耆 *Astragalus scaberrimus* | √ | – | – | √ |

天津湿地生物多样性

续表

| 序号 | 科 | 属 | 物种 | 七里海 | 北大港 | 大黄堡 | 团泊洼 |
|---|---|---|---|---|---|---|---|
| 194 | 豆科 Fabaceae | 大豆属 Glycine | 大豆 Glycine max | √ | √ | – | – |
| 195 | 豆科 Fabaceae | 大豆属 Glycine | 野大豆 Glycine soja | √ | √ | √ | √ |
| 196 | 豆科 Fabaceae | 甘草属 Glycyrrhiza | 圆果甘草 Glycyrrhiza squamulosa | – | √ | – | √ |
| 197 | 豆科 Fabaceae | 米口袋属 Gueldenstaedtia | 狭叶米口袋 Gueldenstaedtia stenophylla | √ | √ | – | √ |
| 198 | 豆科 Fabaceae | 米口袋属 Gueldenstaedtia | 少花米口袋 Gueldenstaedtia verna | – | – | – | √ |
| 199 | 豆科 Fabaceae | 鸡眼草属 Kummerowia | 长萼鸡眼草 Kummerowia stipulacea | √ | – | – | – |
| 200 | 豆科 Fabaceae | 鸡眼草属 Kummerowia | 鸡眼草 Kummerowia striata | – | – | √ | – |
| 201 | 豆科 Fabaceae | 扁豆属 Dolichos | 扁豆 Dolichos lablab | √ | – | √ | – |
| 202 | 豆科 Fabaceae | 胡枝子属 Lespedeza | 兴安胡枝子 Lespedeza tomentosa | √ | √ | √ | √ |
| 203 | 豆科 Fabaceae | 百脉根属 Lotus | 百脉根 Lotus corniculatus | – | – | – | – |
| 204 | 豆科 Fabaceae | 苜蓿属 Medicago | 天蓝苜蓿 Medicago lupulina | – | √ | – | √ |
| 205 | 豆科 Fabaceae | 苜蓿属 Medicago | 紫苜蓿 Medicago sativa | – | √ | √ | √ |
| 206 | 豆科 Fabaceae | 草木樨属 Melilotus | 细齿草木樨 Melilotus dentatus | – | √ | – | – |
| 207 | 豆科 Fabaceae | 草木樨属 Melilotus | 草木樨 Melilotus officinalis | √ | √ | √ | √ |
| 208 | 豆科 Fabaceae | 菜豆属 Phaseolus | 菜豆 Phaseolus vulgaris | √ | – | √ | – |
| 209 | 豆科 Fabaceae | 豌豆属 Pisum | 豌豆 Pisum sativum | √ | – | – | – |
| 210 | 豆科 Fabaceae | 刺槐属 Robinia | 红花刺槐 Robinia × ambigua 'Idahoensis' | – | √ | – | √ |
| 211 | 豆科 Fabaceae | 刺槐属 Robinia | 毛洋槐 Robinia hispida | – | – | – | – |
| 212 | 豆科 Fabaceae | 刺槐属 Robinia | 刺槐 Robinia pseudoacacia | √ | √ | √ | √ |
| 213 | 豆科 Fabaceae | 决明属 Senna | 决明 Senna tora | √ | – | – | – |

续表

| 序号 | 科 | 属 | 物种 | 七里海 | 北大港 | 大黄堡 | 团泊洼 |
|---|---|---|---|---|---|---|---|
| 214 | 豆科 Fabaceae | 田菁属 *Sesbania* | 田菁 *Sesbania cannabina* | – | – | √ | – |
| 215 | 豆科 Fabaceae | 槐属 *Sophora* | 槐 *Sophora japonica* | √ | √ | √ | √ |
| 216 | 豆科 Fabaceae | 槐属 *Sophora* | 龙爪槐 *Sophora japonica* f. *pendula* | – | – | √ | √ |
| 217 | 豆科 Fabaceae | 槐属 *Sophora* | 金枝国槐 *Sophora japonica* 'Golden Stem' | – | √ | √ | √ |
| 218 | 豆科 Fabaceae | 槐属 *Sophora* | 金叶国槐 *Sophora japonicum* 'Jinye' | – | – | – | √ |
| 219 | 豆科 Fabaceae | 野决明属 *Thermopsis* | 霍州油菜 *Thermopsis chinensis* | – | – | – | – |
| 220 | 豆科 Fabaceae | 野决明属 *Thermopsis* | 披针叶野决明 *Thermopsis lanceolata* | – | – | – | – |
| 221 | 豆科 Fabaceae | 车轴草属 *Trifolium* | 白车轴草 *Trifolium repens* | √ | – | – | – |
| 222 | 豆科 Fabaceae | 豇豆属 *Vigna* | 饭豆 *Vigna cylindrica* | – | – | – | – |
| 223 | 豆科 Fabaceae | 豇豆属 *Vigna* | 贼小豆 *Vigna minimus* | – | √ | √ | – |
| 224 | 豆科 Fabaceae | 豇豆属 *Vigna* | 绿豆 *Vigna radiata* | √ | √ | √ | – |
| 225 | 豆科 Fabaceae | 豇豆属 *Vigna* | 豇豆 *Vigna sinensis* | – | √ | – | – |
| 226 | 酢浆草科 Oxalidaceae | 酢浆草属 *Oxalis* | 酢浆草 *Oxalis corniculata* | √ | √ | – | √ |
| 227 | 牻牛儿苗科 Geraniaceae | 牻牛儿苗属 *Erodium* | 牻牛儿苗 *Erodium stephanianum* | √ | √ | – | √ |
| 228 | 牻牛儿苗科 Geraniaceae | 老鹳草属 *Geranium* | 老鹳草 *Geranium wilfordii* | – | – | – | – |
| 229 | 亚麻科 Linaceae | 亚麻属 *Linum* | 亚麻 *Linum usitatissimum* | – | – | √ | – |
| 230 | 蒺藜科 Zygophyllaceae | 白刺属 *Nitraria* | 小果白刺 *Nitraria sibirica* | – | √ | – | – |
| 231 | 蒺藜科 Zygophyllaceae | 蒺藜属 *Tribulus* | 蒺藜 *Tribulus terrestris* | √ | √ | √ | √ |
| 232 | 芸香科 Rutaceae | 花椒属 *Zanthoxylum* | 花椒 *Zanthoxylum bungeanum* | √ | √ | √ | – |
| 233 | 苦木科 Simaroubaceae | 臭椿属 *Ailanthus* | 臭椿 *Ailanthus altissima* | √ | √ | √ | √ |

续表

| 序号 | 科 | 属 | 物种 | 七里海 | 北大港 | 大黄堡 | 团泊洼 |
|---|---|---|---|---|---|---|---|
| 234 | 楝科 Meliaceae | 楝属 *Melia* | 楝 *Melia azedarach* | – | √ | – | – |
| 235 | 楝科 Meliaceae | 香椿属 *Toona* | 香椿 *Toona sinensis* | √ | – | √ | – |
| 236 | 大戟科 Euphorbiaceae | 铁苋菜属 *Acalypha* | 铁苋菜 *Acalypha australis* | √ | √ | √ | √ |
| 237 | 大戟科 Euphorbiaceae | 大戟属 *Euphorbia* | 猩猩草 *Euphorbia heterophylla* | – | – | √ | – |
| 238 | 大戟科 Euphorbiaceae | 大戟属 *Euphorbia* | 齿裂大戟 *Euphorbia dentata* | – | – | √ | – |
| 239 | 大戟科 Euphorbiaceae | 大戟属 *Euphorbia* | 乳浆大戟 *Euphorbia esula* | – | – | √ | – |
| 240 | 大戟科 Euphorbiaceae | 大戟属 *Euphorbia* | 地锦 *Euphorbia humifusa* | √ | √ | √ | √ |
| 241 | 大戟科 Euphorbiaceae | 大戟属 *Euphorbia* | 斑地锦 *Euphorbia maculata* | √ | √ | – | √ |
| 242 | 大戟科 Euphorbiaceae | 大戟属 *Euphorbia* | 大地锦 *Euphorbia nutans* | √ | – | – | – |
| 243 | 大戟科 Euphorbiaceae | 大戟属 *Euphorbia* | 大戟 *Euphorbia pekinensis* | – | – | √ | – |
| 244 | 黄杨科 Buxaceae | 黄杨属 *Buxus* | 小叶黄杨 *Buxus sinica* var. *parvifolia* | – | – | – | √ |
| 245 | 漆树科 Anacardiaceae | 黄栌属 *Cotinus* | 黄栌 *Cotinus coggygria* | √ | √ | √ | – |
| 246 | 漆树科 Anacardiaceae | 黄栌属 *Cotinus* | 毛黄栌 *Cotinus coggygria* var. *pubescens* | – | – | √ | – |
| 247 | 漆树科 Anacardiaceae | 盐肤木属 *Rhus* | 火炬树 *Rhus typhina* | √ | √ | √ | √ |
| 248 | 卫矛科 Celastraceae | 卫矛属 *Euonymus* | 冬青卫矛 *Euonymus japonicus* | √ | √ | √ | – |
| 249 | 卫矛科 Celastraceae | 卫矛属 *Euonymus* | 白杜 *Euonymus maackii* | – | – | – | √ |
| 250 | 槭树科 Aceraceae | 槭属 *Acer* | 梣叶槭 *Acer negundo* | √ | – | – | – |
| 251 | 无患子科 Sapindaceae | 倒地铃属 *Cardiospermum* | 倒地铃 *Cardiospermum halicacabum* | √ | – | – | – |
| 252 | 无患子科 Sapindaceae | 栾树属 *Koelreuteria* | 栾树 *Koelreuteria paniculata* | √ | √ | – | √ |
| 253 | 凤仙花科 Balsaminaceae | 凤仙花属 *Impatiens* | 凤仙花 *Impatiens balsamina* | – | – | √ | – |

续表

| 序号 | 科 | 属 | 物种 | 七里海 | 北大港 | 大黄堡 | 团泊洼 |
|---|---|---|---|---|---|---|---|
| 254 | 凤仙花科<br>Balsaminaceae | 凤仙花属<br>*Impatiens* | 水金凤<br>*Impatiens noli-tangere* | – | – | – | – |
| 255 | 鼠李科<br>Rhamnaceae | 枣属<br>*Ziziphus* | 枣<br>*Ziziphus jujuba* | √ | √ | – | √ |
| 256 | 鼠李科<br>Rhamnaceae | 枣属<br>*Ziziphus* | 无刺枣<br>*Ziziphus jujuba* var. *inermis* | – | – | √ | – |
| 257 | 鼠李科<br>Rhamnaceae | 枣属<br>*Ziziphus* | 酸枣<br>*Ziziphus jujuba* var. *spinosa* | √ | √ | – | √ |
| 258 | 葡萄科<br>Vitaceae | 蛇葡萄属<br>*Ampelopsis* | 葎叶蛇葡萄<br>*Ampelopsis humulifolia* | | | | |
| 259 | 葡萄科<br>Vitaceae | 爬山虎属<br>*Parthenocissus* | 五叶地锦<br>*Parthenocissus quinquefolia* | √ | √ | – | √ |
| 260 | 葡萄科<br>Vitaceae | 葡萄属<br>*Vitis* | 葡萄<br>*Vitis vinifera* | √ | √ | – | |
| 261 | 锦葵科<br>Malvaceae | 苘麻属<br>*Abutilon* | 苘麻<br>*Abutilon theophrasti* | √ | √ | √ | √ |
| 262 | 锦葵科<br>Malvaceae | 蜀葵属<br>*Alcea* | 蜀葵<br>*Alcea rosea* | √ | √ | √ | √ |
| 263 | 锦葵科<br>Malvaceae | 棉属<br>*Gossypium* | 陆地棉<br>*Gossypium hirsutum* | √ | √ | √ | – |
| 264 | 锦葵科<br>Malvaceae | 木槿属<br>*Hibiscus* | 大花秋葵<br>*Hibiscus grandiflorus* | √ | √ | – | – |
| 265 | 锦葵科<br>Malvaceae | 木槿属<br>*Hibiscus* | 芙蓉葵<br>*Hibiscus moscheutos* | – | – | √ | – |
| 266 | 锦葵科<br>Malvaceae | 木槿属<br>*Hibiscus* | 木槿<br>*Hibiscus syriacus* | √ | √ | √ | √ |
| 267 | 锦葵科<br>Malvaceae | 木槿属<br>*Hibiscus* | 野西瓜苗<br>*Hibiscus trionum* | √ | √ | √ | √ |
| 268 | 锦葵科<br>Malvaceae | 锦葵属<br>*Malva* | 锦葵<br>*Malva sinensis* | – | – | – | – |
| 269 | 锦葵科<br>Malvaceae | 黄花稔属<br>*Sida* | 刺黄花稔<br>*Sida spinosa* | – | √ | – | – |
| 270 | 柽柳科<br>Tamaricaceae | 柽柳属<br>*Tamarix* | 柽柳<br>*Tamarix chinensis* | √ | √ | √ | √ |
| 271 | 堇菜科<br>Violaceae | 堇菜属<br>*Viola* | 紫花地丁<br>*Viola yedoensis* | – | √ | – | √ |
| 272 | 堇菜科<br>Violaceae | 堇菜属<br>*Viola* | 早开堇菜<br>*Viola prionantha* | √ | √ | – | √ |
| 273 | 秋海棠科<br>Begoniaceae | 秋海棠属<br>*Begonia* | 中华秋海棠<br>*Begonia sinensis* | – | – | – | – |

天津湿地生物多样性

续表

| 序号 | 科 | 属 | 物种 | 七里海 | 北大港 | 大黄堡 | 团泊洼 |
|---|---|---|---|---|---|---|---|
| 274 | 秋海棠科 Begoniaceae | 秋海棠属 Begonia | 四季海棠 Begonia semperflorens | √ | - | - | - |
| 275 | 千屈菜科 Lythraceae | 水苋菜属 Ammannia | 水苋菜 Ammannia baccifera | - | - | - | - |
| 276 | 千屈菜科 Lythraceae | 水苋菜属 Ammannia | 多花水苋 Ammannia multiflora | - | - | - | - |
| 277 | 千屈菜科 Lythraceae | 紫薇属 Lagerstroemia | 紫薇 Lagerstroemia indica | √ | - | - | √ |
| 278 | 千屈菜科 Lythraceae | 千屈菜属 Lythrum | 千屈菜 Lythrum salicaria | √ | - | √ | √ |
| 279 | 石榴科 Punicaceae | 石榴属 Punica | 石榴 Punica granatum | √ | √ | √ | - |
| 280 | 菱科 Trapaceae | 菱属 Trapa | 细果野菱 Trapa incisa | - | - | √ | |
| 281 | 菱科 Trapaceae | 菱属 Trapa | 欧菱 Trapa natans | | | | |
| 282 | 柳叶菜科 Onagraceae | 柳叶菜属 Epilobium | 柳兰 Epilobium angustifolium | | | | |
| 283 | 柳叶菜科 Onagraceae | 柳叶菜属 Epilobium | 柳叶菜 Epilobium hirsutum | - | | | |
| 284 | 柳叶菜科 Onagraceae | 山桃草属 Gaura | 小花山桃草 Gaura parviflora | - | √ | | |
| 285 | 柳叶菜科 Onagraceae | 丁香蓼属 Ludwigia | 丁香蓼 Ludwigia prostrata | | | | |
| 286 | 柳叶菜科 Onagraceae | 月见草属 Oenothera | 月见草 Oenothera biennis | - | - | √ | - |
| 287 | 小二仙草科 Haloragaceae | 狐尾藻属 Myriophyllum | 穗状狐尾藻 Myriophyllum spicatum | - | √ | - | √ |
| 288 | 小二仙草科 Haloragaceae | 狐尾藻属 Myriophyllum | 狐尾藻 Myriophyllum verticillatum | | | | |
| 289 | 伞形科 Apiaceae | 柴胡属 Bupleurum | 北柴胡 Bupleurum chinense | - | - | √ | - |
| 290 | 伞形科 Apiaceae | 蛇床属 Cnidium | 蛇床 Cnidium monnieri | √ | √ | √ | √ |
| 291 | 伞形科 Apiaceae | 水芹属 Oenanthe | 水芹 Oenanthe javanica | | | | |
| 292 | 报春花科 Primulaceae | 点地梅属 Androsace | 点地梅 Androsace umbellata | - | √ | - | √ |
| 293 | 报春花科 Primulaceae | 海乳草属 Glaux | 海乳草 Glaux maritima | - | - | | - |

续表

| 序号 | 科 | 属 | 物种 | 七里海 | 北大港 | 大黄堡 | 团泊洼 |
|---|---|---|---|---|---|---|---|
| 294 | 蓝雪科 Plumbaginaceae | 补血草属 *Limonium* | 二色补血草 *Limonium bicolor* | – | √ | – | √ |
| 295 | 蓝雪科 Plumbaginaceae | 补血草属 *Limonium* | 中华补血草 *Limonium sinense* | – | – | – | – |
| 296 | 柿树科 Ebenaceae | 柿属 *Diospyros* | 柿 *Diospyros kaki* | √ | √ | – | – |
| 297 | 柿树科 Ebenaceae | 柿属 *Diospyros* | 君迁子 *Diospyros lotus* | √ | | – | – |
| 298 | 马钱科 Loganiaceae | 灰莉属 *Fagraea* | 灰莉 *Fagraea ceilanica* | √ | | | |
| 299 | 木樨科 Oleaceae | 连翘属 *Forsythia* | 连翘 *Forsythia suspensa* | – | √ | | √ |
| 300 | 木樨科 Oleaceae | 连翘属 *Forsythia* | 金钟花 *Forsythia viridissima* | – | √ | | √ |
| 301 | 木樨科 Oleaceae | 梣属 *Fraxinus* | 美国红梣 *Fraxinus pennsylvanica* | √ | | | |
| 302 | 木樨科 Oleaceae | 梣属 *Fraxinus* | 绒毛梣 *Fraxinus velutina* | √ | √ | √ | √ |
| 303 | 木樨科 Oleaceae | 梣属 *Fraxinus* | 光叶毡毛梣 *Fraxinus velutina* var. *glabra* | – | | | |
| 304 | 木樨科 Oleaceae | 女贞属 *Ligustrum* | 金叶女贞 *Ligustrum × vicaryi* | √ | √ | | |
| 305 | 木樨科 Oleaceae | 丁香属 *Syringa* | 紫丁香 *Syringa oblata* | √ | √ | √ | √ |
| 306 | 木樨科 Oleaceae | 丁香属 *Syringa* | 白丁香 *Syringa oblata* var. *alba* | – | √ | – | √ |
| 307 | 龙胆科 Gentianaceae | 莕菜属 *Nymphoides* | 莕菜 *Nymphoides peltatum* | – | √ | – | √ |
| 308 | 夹竹桃科 Apocynaceae | 罗布麻属 *Apocynum* | 罗布麻 *Apocynum venetum* | √ | √ | √ | √ |
| 309 | 萝藦科 Asclepiadaceae | 鹅绒藤属 *Cynanchum* | 鹅绒藤 *Cynanchum chinense* | √ | √ | √ | √ |
| 310 | 萝藦科 Asclepiadaceae | 鹅绒藤属 *Cynanchum* | 地梢瓜 *Cynanchum thesioides* | √ | √ | – | – |
| 311 | 萝藦科 Asclepiadaceae | 鹅绒藤属 *Cynanchum* | 雀瓢 *Cynanchum thesioides* var. *australe* | – | – | – | – |
| 312 | 萝藦科 Asclepiadaceae | 萝藦属 *Metaplexis* | 萝藦 *Metaplexis japonica* | √ | √ | √ | √ |
| 313 | 萝藦科 Asclepiadaceae | 杠柳属 *Periploca* | 杠柳 *Periploca sepium* | – | – | – | – |

续表

| 序号 | 科 | 属 | 物种 | 七里海 | 北大港 | 大黄堡 | 团泊洼 |
|---|---|---|---|---|---|---|---|
| 314 | 旋花科 Convolvulaceae | 打碗花属 *Calystegia* | 打碗花 *Calystegia hederacea* | √ | √ | √ | √ |
| 315 | 旋花科 Convolvulaceae | 打碗花属 *Calystegia* | 藤长苗 *Calystegia pellita* | √ | – | – | – |
| 316 | 旋花科 Convolvulaceae | 打碗花属 *Calystegia* | 旋花 *Calystegia sepium* | √ | – | – | – |
| 317 | 旋花科 Convolvulaceae | 打碗花属 *Calystegia* | 肾叶打碗花 *Calystegia soldanella* | – | – | – | – |
| 318 | 旋花科 Convolvulaceae | 旋花属 *Convolvulus* | 田旋花 *Convolvulus arvensis* | √ | √ | √ | √ |
| 319 | 旋花科 Convolvulaceae | 菟丝子属 *Cuscuta* | 菟丝子 *Cuscuta chinensis* | √ | √ | √ | – |
| 320 | 旋花科 Convolvulaceae | 菟丝子属 *Cuscuta* | 金灯藤 *Cuscuta japonica* | √ | √ | – | √ |
| 321 | 旋花科 Convolvulaceae | 番薯属 *Ipomoea* | 金叶甘薯 *Ipomoea batatas* | √ | – | – | – |
| 322 | 旋花科 Convolvulaceae | 番薯属 *Ipomoea* | 瘤梗甘薯 *Ipomoea lacunosa* | √ | – | – | – |
| 323 | 旋花科 Convolvulaceae | 牵牛花属 *Pharbitis* | 裂叶牵牛 *Pharbitis hederacea* | – | √ | √ | – |
| 324 | 旋花科 Convolvulaceae | 牵牛花属 *Pharbitis* | 牵牛 *Pharbitis nil* | √ | √ | – | – |
| 325 | 旋花科 Convolvulaceae | 牵牛花属 *Pharbitis* | 圆叶牵牛 *Pharbitis purpurea* | √ | √ | √ | √ |
| 326 | 旋花科 Convolvulaceae | 茑萝属 *Quamoclit* | 茑萝 *Quamoclit pennata* | √ | – | √ | – |
| 327 | 紫草科 Boraginaceae | 斑种草属 *Bothriospermum* | 斑种草 *Bothriospermum chinense* | √ | √ | √ | √ |
| 328 | 紫草科 Boraginaceae | 鹤虱属 *Lappula* | 鹤虱 *Lappula myosotis* | – | √ | √ | √ |
| 329 | 紫草科 Boraginaceae | 砂引草属 *Messerschmidia* | 砂引草 *Messerschmidia sibirica* | √ | √ | √ | √ |
| 330 | 紫草科 Boraginaceae | 附地菜属 *Trigonotis* | 附地菜 *Trigonotis peduncularis* | √ | √ | √ | √ |
| 331 | 马鞭草科 Verbenaceae | 牡荆属 *Vitex* | 荆条 *Vitex negundo* var. *heterophylla* | – | √ | – | – |
| 332 | 唇形科 Lamiaceae | 水棘针属 *Amethystea* | 水棘针 *Amethystea caerulea* | – | – | – | – |
| 333 | 唇形科 Lamiaceae | 活血丹属 *Glechoma* | 活血丹 *Glechoma longituba* | – | – | – | – |

续表

| 序号 | 科 | 属 | 物种 | 七里海 | 北大港 | 大黄堡 | 团泊洼 |
|------|-----|-----|------|--------|--------|--------|--------|
| 334 | 唇形科 Lamiaceae | 夏至草属 *Lagopsis* | 夏至草 *Lagopsis supina* | – | √ | √ | √ |
| 335 | 唇形科 Lamiaceae | 益母草属 *Leonurus* | 白花益母草 *Leonurus artemisia* var. *albiflorus* | – | √ | – | – |
| 336 | 唇形科 Lamiaceae | 益母草属 *Leonurus* | 益母草 *Leonurus japonicus* | √ | √ | √ | √ |
| 337 | 唇形科 Lamiaceae | 益母草属 *Leonurus* | 錾菜 *Leonurus pseudomacranthus* | √ | – | – | – |
| 338 | 唇形科 Lamiaceae | 益母草属 *Leonurus* | 细叶益母草 *Leonurus sibiricus* | – | √ | √ | – |
| 339 | 唇形科 Lamiaceae | 地笋属 *Lycopus* | 地笋 *Lycopus lucidus* | √ | √ | – | √ |
| 340 | 唇形科 Lamiaceae | 薄荷属 *Mentha* | 薄荷 *Mentha haplocalyx* | √ | – | √ | – |
| 341 | 唇形科 Lamiaceae | 假龙头花属 *Physostegia* | 随意草 *Physostegia virginiana* | √ | – | – | – |
| 342 | 唇形科 Lamiaceae | 鼠尾草属 *Salvia* | 蓝花鼠尾草 *Salvia farinacea* | √ | – | – | – |
| 343 | 唇形科 Lamiaceae | 鼠尾草属 *Salvia* | 丹参 *Salvia miltiorrhiza* | – | – | – | – |
| 344 | 唇形科 Lamiaceae | 鼠尾草属 *Salvia* | 荔枝草 *Salvia plebeia* | √ | √ | – | √ |
| 345 | 唇形科 Lamiaceae | 鼠尾草属 *Salvia* | 一串红 *Salvia splendens* | √ | – | – | – |
| 346 | 唇形科 Lamiaceae | 黄芩属 *Scutellaria* | 黄芩 *Scutellaria baicalensis* | – | – | √ | – |
| 347 | 唇形科 Lamiaceae | 水苏属 *Stachys* | 华水苏 *Stachys chinensis* | – | – | √ | – |
| 348 | 茄科 Solanaceae | 辣椒属 *Capsicum* | 辣椒 *Capsicum annuum* | √ | – | √ | – |
| 349 | 茄科 Solanaceae | 曼陀罗属 *Datura* | 曼陀罗 *Datura stramonium* | √ | √ | √ | √ |
| 350 | 茄科 Solanaceae | 枸杞属 *Lycium* | 宁夏枸杞 *Lycium barbarum* | – | √ | – | √ |
| 351 | 茄科 Solanaceae | 枸杞属 *Lycium* | 枸杞 *Lycium chinense* | √ | √ | √ | – |
| 352 | 茄科 Solanaceae | 番茄属 *Lycopersicon* | 番茄 *Lycopersicon esculentum* | √ | √ | – | – |
| 353 | 茄科 Solanaceae | 烟草属 *Nicotiana* | 烟草 *Nicotiana tabacum* | √ | – | – | – |

天津湿地生物多样性

续表

| 序号 | 科 | 属 | 物种 | 七里海 | 北大港 | 大黄堡 | 团泊洼 |
|---|---|---|---|---|---|---|---|
| 354 | 茄科<br>Solanaceae | 碧冬茄属<br>*Petunia* | 碧冬茄<br>*Petunia hybrida* | √ | – | – | – |
| 355 | 茄科<br>Solanaceae | 酸浆属<br>*Physalis* | 酸浆<br>*Physalis alkekengi* | – | – | – | √ |
| 356 | 茄科<br>Solanaceae | 酸浆属<br>*Physalis* | 苦蘵<br>*Physalis angulata* | – | – | – | – |
| 357 | 茄科<br>Solanaceae | 酸浆属<br>*Physalis* | 小酸浆<br>*Physalis minima* | √ | – | – | – |
| 358 | 茄科<br>Solanaceae | 茄属<br>*Solanum* | 茄<br>*Solanum melongena* | – | √ | – | – |
| 359 | 茄科<br>Solanaceae | 茄属<br>*Solanum* | 龙葵<br>*Solanum nigrum* | √ | √ | √ | √ |
| 360 | 玄参科<br>Scrophulariaceae | 母草属<br>*Lindernia* | 母草<br>*Lindernia procumbens* | – | – | – | – |
| 361 | 玄参科<br>Scrophulariaceae | 通泉草属<br>*Mazus* | 通泉草<br>*Mazus japonicus* | – | – | – | √ |
| 362 | 玄参科<br>Scrophulariaceae | 沟酸浆属<br>*Mimulus* | 沟酸浆<br>*Mimulus tenellus* | – | – | – | – |
| 363 | 玄参科<br>Scrophulariaceae | 疗齿草属<br>*Odontites* | 疗齿草<br>*Odontites serotina* | – | – | – | – |
| 364 | 玄参科<br>Scrophulariaceae | 泡桐属<br>*Paulownia* | 毛泡桐<br>*Paulownia tomentosa* | √ | √ | √ | √ |
| 365 | 玄参科<br>Scrophulariaceae | 地黄属<br>*Rehmannia* | 地黄<br>*Rehmannia glutinosa* | √ | √ | √ | √ |
| 366 | 玄参科<br>Scrophulariaceae | 婆婆纳属<br>*Veronica* | 北水苦荬<br>*Veronica anagallis-aquatica* | – | – | – | – |
| 367 | 玄参科<br>Scrophulariaceae | 婆婆纳属<br>*Veronica* | 水苦荬<br>*Veronica undulata* | – | – | – | – |
| 368 | 紫葳科<br>Bignoniaceae | 凌霄花属<br>*Campsis* | 凌霄<br>*Campsis grandiflora* | √ | – | – | – |
| 369 | 紫葳科<br>Bignoniaceae | 角蒿属<br>*Incarvillea* | 角蒿<br>*Incarvillea sinensis* | – | – | – | – |
| 370 | 胡麻科<br>Pedaliaceae | 胡麻属<br>*Sesamum* | 芝麻<br>*Sesamum indicum* | √ | – | √ | – |
| 371 | 胡麻科<br>Pedaliaceae | 茶菱属<br>*Trapella* | 茶菱<br>*Trapella sinensis* | – | – | – | – |
| 372 | 狸藻科<br>Lentibulariaceae | 狸藻属<br>*Utricularia* | 狸藻<br>*Utricularia vulgaris* | – | – | – | – |
| 373 | 车前科<br>Plantaginaceae | 车前属<br>*Plantago* | 车前<br>*Plantago asiatica* | √ | √ | √ | √ |

续表

| 序号 | 科 | 属 | 物种 | 七里海 | 北大港 | 大黄堡 | 团泊洼 |
|---|---|---|---|---|---|---|---|
| 374 | 车前科<br>Plantaginaceae | 车前属<br>*Plantago* | 平车前<br>*Plantago depressa* | – | √ | √ | – |
| 375 | 车前科<br>Plantaginaceae | 车前属<br>*Plantago* | 大车前<br>*Plantago major* | – | √ | – | – |
| 376 | 茜草科<br>Rubiaceae | 拉拉藤属<br>*Galium* | 四叶葎<br>*Galium bungei* | – | – | – | – |
| 377 | 茜草科<br>Rubiaceae | 茜草属<br>*Rubia* | 茜草<br>*Rubia cordifolia* | √ | √ | √ | √ |
| 378 | 忍冬科<br>Caprifoliaceae | 忍冬属<br>*Lonicera* | 忍冬<br>*Lonicera japonica* | √ | – | – | – |
| 379 | 忍冬科<br>Caprifoliaceae | 忍冬属<br>*Lonicera* | 金银忍冬<br>*Lonicera maackii* | √ | √ | √ | √ |
| 380 | 葫芦科<br>Cucurbitaceae | 盒子草属<br>*Actinostemma* | 盒子草<br>*Actinostemma lobatum* | √ | – | – | – |
| 381 | 葫芦科<br>Cucurbitaceae | 西瓜属<br>*Citrullus* | 西瓜<br>*Citrullus lanatus* | √ | √ | √ | – |
| 382 | 葫芦科<br>Cucurbitaceae | 黄瓜属<br>*Cucumis* | 甜瓜<br>*Cucumis melo* | √ | – | √ | – |
| 383 | 葫芦科<br>Cucurbitaceae | 黄瓜属<br>*Cucumis* | 马泡瓜<br>*Cucumis melo* var. *agrestis* | √ | √ | √ | √ |
| 384 | 葫芦科<br>Cucurbitaceae | 黄瓜属<br>*Cucumis* | 黄瓜<br>*Cucumis sativus* | – | – | – | √ |
| 385 | 葫芦科<br>Cucurbitaceae | 南瓜属<br>*Cucurbita* | 南瓜<br>*Cucurbita moschata* | – | – | √ | √ |
| 386 | 葫芦科<br>Cucurbitaceae | 南瓜属<br>*Cucurbita* | 西葫芦<br>*Cucurbita pepo* | √ | – | – | – |
| 387 | 葫芦科<br>Cucurbitaceae | 葫芦属<br>*Lagenaria* | 葫芦<br>*Lagenaria siceraria* | √ | – | √ | – |
| 388 | 葫芦科<br>Cucurbitaceae | 丝瓜属<br>*Luffa* | 广东丝瓜<br>*Luffa acutangula* | √ | – | – | – |
| 389 | 葫芦科<br>Cucurbitaceae | 丝瓜属<br>*Luffa* | 丝瓜<br>*Luffa cylindrica* | √ | – | √ | – |
| 390 | 葫芦科<br>Cucurbitaceae | 苦瓜属<br>*Momordica* | 苦瓜<br>*Momordica charantia* | – | – | √ | – |
| 391 | 葫芦科<br>Cucurbitaceae | 栝楼属<br>*Trichosanthes* | 栝楼<br>*Trichosanthes kirilowii* | – | √ | – | – |
| 392 | 菊科<br>Asteraceae | 蒿属<br>*Artemisia* | 碱蒿<br>*Artemisia anethifolia* | √ | √ | – | √ |
| 393 | 菊科<br>Asteraceae | 蒿属<br>*Artemisia* | 莳萝蒿<br>*Artemisia anethoides* | √ | – | – | – |

续表

| 序号 | 科 | 属 | 物种 | 七里海 | 北大港 | 大黄堡 | 团泊洼 |
|---|---|---|---|---|---|---|---|
| 394 | 菊科 Asteraceae | 蒿属 Artemisia | 黄花蒿 Artemisia annua | √ | √ | √ | √ |
| 395 | 菊科 Asteraceae | 蒿属 Artemisia | 艾 Artemisia argyi | √ | √ | √ | √ |
| 396 | 菊科 Asteraceae | 蒿属 Artemisia | 茵陈蒿 Artemisia capillaris | √ | √ | – | |
| 397 | 菊科 Asteraceae | 蒿属 Artemisia | 青蒿 Artemisia carvifolia | – | – | √ | – |
| 398 | 菊科 Asteraceae | 蒿属 Artemisia | 柳叶蒿 Artemisia integrifolia | √ | – | – | – |
| 399 | 菊科 Asteraceae | 蒿属 Artemisia | 野艾蒿 Artemisia lavandulifolia | √ | √ | √ | √ |
| 400 | 菊科 Asteraceae | 蒿属 Artemisia | 蒙古蒿 Artemisia mongolica | √ | – | – | – |
| 401 | 菊科 Asteraceae | 蒿属 Artemisia | 红足蒿 Artemisia rubripes | – | – | √ | – |
| 402 | 菊科 Asteraceae | 蒿属 Artemisia | 猪毛蒿 Artemisia scoparia | √ | √ | √ | √ |
| 403 | 菊科 Asteraceae | 蒿属 Artemisia | 蒌蒿 Artemisia selengensis | √ | √ | – | – |
| 404 | 菊科 Asteraceae | 蒿属 Artemisia | 大籽蒿 Artemisia sieversiana | | | | |
| 405 | 菊科 Asteraceae | 蒿属 Artemisia | 阴地蒿 Artemisia sylvatica | – | – | √ | – |
| 406 | 菊科 Asteraceae | 紫菀属 Aster | 三脉紫菀 Aster ageratoides | – | – | – | – |
| 407 | 菊科 Asteraceae | 紫菀属 Aster | 荷兰菊 Aster novi-belgii | √ | – | – | – |
| 408 | 菊科 Asteraceae | 紫菀属 Aster | 钻叶紫菀 Aster subulatus | – | – | – | – |
| 409 | 菊科 Asteraceae | 紫菀属 Aster | 紫菀 Aster tataricus | – | – | – | – |
| 410 | 菊科 Asteraceae | 鬼针草属 Bidens | 婆婆针 Bidens bipinnata | – | √ | √ | √ |
| 411 | 菊科 Asteraceae | 鬼针草属 Bidens | 金盏银盘 Bidens biternata | √ | √ | √ | √ |
| 412 | 菊科 Asteraceae | 鬼针草属 Bidens | 小花鬼针草 Bidens parviflora | – | – | √ | – |
| 413 | 菊科 Asteraceae | 鬼针草属 Bidens | 鬼针草 Bidens pilosa | √ | √ | – | – |

续表

| 序号 | 科 | 属 | 物种 | 七里海 | 北大港 | 大黄堡 | 团泊洼 |
|---|---|---|---|---|---|---|---|
| 414 | 菊科 Asteraceae | 鬼针草属 *Bidens* | 狼杷草 *Bidens tripartita* | √ | √ | √ | – |
| 415 | 菊科 Asteraceae | 飞廉属 *Carduus* | 飞廉 *Carduus crispus* | – | – | – | – |
| 416 | 菊科 Asteraceae | 矢车菊属 *Centaurea* | 矢车菊 *Centaurea cyanus* | – | – | √ | – |
| 417 | 菊科 Asteraceae | 蓟属 *Cirsium* | 刺儿菜 *Cirsium segetum* | √ | √ | √ | √ |
| 418 | 菊科 Asteraceae | 蓟属 *Cirsium* | 蓟 *Cirsium japonicum* | √ | – | √ | – |
| 419 | 菊科 Asteraceae | 白酒草属 *Conyza* | 小蓬草 *Conyza canadensis* | √ | √ | √ | √ |
| 420 | 菊科 Asteraceae | 金鸡菊属 *Coreopsis* | 金鸡菊 *Coreopsis basalis* | √ | – | – | – |
| 421 | 菊科 Asteraceae | 金鸡菊属 *Coreopsis* | 剑叶金鸡菊 *Coreopsis lanceolata* | – | – | √ | – |
| 422 | 菊科 Asteraceae | 秋英属 *Cosmos* | 秋英 *Cosmos bipinnata* | √ | √ | √ | √ |
| 423 | 菊科 Asteraceae | 秋英属 *Cosmos* | 黄秋英 *Cosmos sulphureus* | √ | – | – | – |
| 424 | 菊科 Asteraceae | 大丽花属 *Dahlia* | 大丽花 *Dahlia pinnata* | √ | – | – | – |
| 425 | 菊科 Asteraceae | 松果菊属 *Echinacea* | 松果菊 *Echinacea purpurea* | √ | – | √ | – |
| 426 | 菊科 Asteraceae | 鳢肠属 *Eclipta* | 鳢肠 *Eclipta prostrata* | √ | √ | √ | √ |
| 427 | 菊科 Asteraceae | 飞蓬属 *Erigeron* | 飞蓬 *Erigeron acris* | – | – | – | – |
| 428 | 菊科 Asteraceae | 飞蓬属 *Erigeron* | 一年蓬 *Erigeron annuus* | – | – | – | – |
| 429 | 菊科 Asteraceae | 泽兰属 *Eupatorium* | 林泽兰 *Eupatorium lindleyanum* | – | – | – | – |
| 430 | 菊科 Asteraceae | 黄顶菊属 *Flaveria* | 黄顶菊 *Flaveria bidentis* | – | √ | – | √ |
| 431 | 菊科 Asteraceae | 天人菊属 *Gaillardia* | 宿根天人菊 *Gaillardia aristata* | √ | – | – | – |
| 432 | 菊科 Asteraceae | 天人菊属 *Gaillardia* | 天人菊 *Gaillardia pulchella* | – | – | √ | – |
| 433 | 菊科 Asteraceae | 牛膝菊属 *Galinsoga* | 牛膝菊 *Galinsoga parviflora* | – | – | – | – |

续表

| 序号 | 科 | 属 | 物种 | 七里海 | 北大港 | 大黄堡 | 团泊洼 |
|---|---|---|---|---|---|---|---|
| 434 | 菊科 Asteraceae | 勋章菊属 *Gazania* | 勋章菊 *Gazania rigens* | √ | – | – | – |
| 435 | 菊科 Asteraceae | 向日葵属 *Helianthus* | 向日葵 *Helianthus annuus* | √ | √ | – | – |
| 436 | 菊科 Asteraceae | 向日葵属 *Helianthus* | 菊芋 *Helianthus tuberosus* | √ | √ | √ | √ |
| 437 | 菊科 Asteraceae | 泥胡菜属 *Hemisteptia* | 泥胡菜 *Hemisteptia lyrata* | √ | √ | – | √ |
| 438 | 菊科 Asteraceae | 狗娃花属 *Heteropappus* | 阿尔泰狗娃花 *Heteropappus altaicus* | √ | √ | – | √ |
| 439 | 菊科 Asteraceae | 狗娃花属 *Heteropappus* | 狗娃花 *Heteropappus hispidus* | √ | – | – | – |
| 440 | 菊科 Asteraceae | 旋覆花属 *Inula* | 旋覆花 *Inula japonica* | √ | √ | – | √ |
| 441 | 菊科 Asteraceae | 旋覆花属 *Inula* | 线叶旋覆花 *Inula lineariifolia* | √ | – | – | – |
| 442 | 菊科 Asteraceae | 苦荬菜属 *Ixeris* | 中华小苦荬 *Ixeris chinensis* | √ | √ | – | √ |
| 443 | 菊科 Asteraceae | 苦荬菜属 *Ixeris* | 苦荬菜 *Ixeris polycephala* | √ | – | – | – |
| 444 | 菊科 Asteraceae | 苦荬菜属 *Ixeris* | 抱茎小苦荬 *Ixeris sonchifolium* | – | √ | √ | √ |
| 445 | 菊科 Asteraceae | 马兰属 *Kalimeris* | 全叶马兰 *Kalimeris integrifolia* | – | √ | – | – |
| 446 | 菊科 Asteraceae | 莴苣属 *Lactuca* | 山莴苣 *Lactuca sibirica* | – | – | – | – |
| 447 | 菊科 Asteraceae | 母菊属 *Matricaria* | 母菊 *Matricaria recutita* | – | – | – | – |
| 448 | 菊科 Asteraceae | 黑足菊属 *Melampodium* | 黄帝菊 *Melampodium paludosum* | √ | – | – | – |
| 449 | 菊科 Asteraceae | 莴苣属 *Lactuca* | 乳苣 *Lactuca tatarica* | √ | √ | √ | √ |
| 450 | 菊科 Asteraceae | 苦荬菜属 *Ixeris* | 黄瓜菜 *Ixeris denticulata* | – | – | – | – |
| 451 | 菊科 Asteraceae | 莴苣属 *Lactuca* | 翅果菊 *Lactuca indica* | √ | √ | – | √ |
| 452 | 菊科 Asteraceae | 金光菊属 *Rudbeckia* | 二色金光菊 *Rudbeckia bicolor* | – | – | √ | – |
| 453 | 菊科 Asteraceae | 金光菊属 *Rudbeckia* | 黑心金光菊 *Rudbeckia hirta* | – | – | √ | – |

续表

| 序号 | 科 | 属 | 物种 | 七里海 | 北大港 | 大黄堡 | 团泊洼 |
|---|---|---|---|---|---|---|---|
| 454 | 菊科 Asteraceae | 鸦葱属 *Scorzonera* | 华北鸦葱 *Scorzonera albicaulis* | – | √ | √ | – |
| 455 | 菊科 Asteraceae | 鸦葱属 *Scorzonera* | 鸦葱 *Scorzonera austriaca* | – | – | – | – |
| 456 | 菊科 Asteraceae | 鸦葱属 *Scorzonera* | 蒙古鸦葱 *Scorzonera mongolica* | – | √ | – | √ |
| 457 | 菊科 Asteraceae | 苦苣菜属 *Sonchus* | 苣荬菜 *Sonchus brachyotus* | √ | √ | √ | √ |
| 458 | 菊科 Asteraceae | 苦苣菜属 *Sonchus* | 长裂苦苣菜 *Sonchus brachyotus* | – | – | – | – |
| 459 | 菊科 Asteraceae | 苦苣菜属 *Sonchus* | 苦苣菜 *Sonchus oleraceus* | √ | √ | √ | √ |
| 460 | 菊科 Asteraceae | 孔雀草属 *Tagetes* | 万寿菊 *Tagetes erecta* | √ | – | √ | – |
| 461 | 菊科 Asteraceae | 孔雀草属 *Tagetes* | 孔雀草 *Tagetes patula* | √ | – | – | – |
| 462 | 菊科 Asteraceae | 蒲公英属 *Taraxacum* | 华蒲公英 *Taraxacum borealisinense* | √ | – | – | – |
| 463 | 菊科 Asteraceae | 蒲公英属 *Taraxacum* | 蒲公英 *Taraxacum mongolicum* | √ | √ | √ | √ |
| 464 | 菊科 Asteraceae | 蒲公英属 *Taraxacum* | 白缘蒲公英 *Taraxacum platypecidum* | – | – | √ | – |
| 465 | 菊科 Asteraceae | 碱菀属 *Tripolium* | 碱菀 *Tripolium vulgare* | √ | √ | √ | √ |
| 466 | 菊科 Asteraceae | 女菀属 *Turczaninovia* | 女菀 *Turczaninovia fastigiata* | – | – | √ | – |
| 467 | 菊科 Asteraceae | 苍耳属 *Xanthium* | 苍耳 *Xanthium sibiricum* | √ | √ | √ | √ |
| 468 | 菊科 Asteraceae | 黄鹌菜属 *Youngia* | 黄鹌菜 *Youngia japonica* | – | – | – | √ |
| 469 | 菊科 Asteraceae | 百日菊属 *Zinnia* | 百日菊 *Zinnia elegans* | √ | √ | √ | – |
| 470 | 菊科 Asteraceae | 百日菊属 *Zinnia* | 多花百日菊 *Zinnia peruviana* | – | – | √ | – |
| 471 | 香蒲科 Typhaceae | 香蒲属 *Typha* | 水烛 *Typha angustifolia* | √ | √ | √ | √ |
| 472 | 香蒲科 Typhaceae | 香蒲属 *Typha* | 无苞香蒲 *Typha laxmanni* | √ | – | – | – |
| 473 | 香蒲科 Typhaceae | 香蒲属 *Typha* | 小香蒲 *Typha minima* | – | – | – | – |

续表

| 序号 | 科 | 属 | 物种 | 七里海 | 北大港 | 大黄堡 | 团泊洼 |
|---|---|---|---|---|---|---|---|
| 474 | 黑三棱科 Sparganiaceae | 黑三棱属 Sparganium | 黑三棱 Sparganium stoloniferum | − | − | − | − |
| 475 | 眼子菜科 Potamogetonaceae | 眼子菜属 Potamogeton | 菹草 Potamogeton crispus | − | √ | √ | √ |
| 476 | 眼子菜科 Potamogetonaceae | 眼子菜属 Potamogeton | 眼子菜 Potamogeton distinctus | − | √ | − | − |
| 477 | 眼子菜科 Potamogetonaceae | 眼子菜属 Potamogeton | 微齿眼子菜 Potamogeton maackianus | − | − | − | − |
| 478 | 眼子菜科 Potamogetonaceae | 眼子菜属 Potamogeton | 浮叶眼子菜 Potamogeton natans | − | − | √ | − |
| 479 | 眼子菜科 Potamogetonaceae | 眼子菜属 Potamogeton | 线叶眼子菜 Potamogeton pusillus | − | − | − | − |
| 480 | 眼子菜科 Potamogetonaceae | 眼子菜属 Potamogeton | 篦齿眼子菜 Potamogeton pectinatus | − | √ | √ | √ |
| 481 | 眼子菜科 Potamogetonaceae | 眼子菜属 Potamogeton | 竹叶眼子菜 Potamogeton wrightii | − | − | − | − |
| 482 | 眼子菜科 Potamogetonaceae | 川蔓藻属 Ruppia | 川蔓藻 Ruppia maritima | − | − | − | − |
| 483 | 眼子菜科 Potamogetonaceae | 角果藻属 Zannichellia | 角果藻 Zannichellia palustris | − | − | − | − |
| 484 | 茨藻科 Najadaceae | 茨藻属 Najas | 多孔茨藻 Najas faveolata | − | − | − | − |
| 485 | 茨藻科 Najadaceae | 茨藻属 Najas | 纤细茨藻 Najas gracillima | − | − | − | − |
| 486 | 茨藻科 Najadaceae | 茨藻属 Najas | 大茨藻 Najas marina | − | √ | √ | √ |
| 487 | 茨藻科 Najadaceae | 茨藻属 Najas | 小茨藻 Najas minor | − | − | − | − |
| 488 | 水麦冬科 Juncaginaceae | 水麦冬属 Triglochin | 水麦冬 Triglochin palustre | − | − | − | − |
| 489 | 泽泻科 Alismataceae | 泽泻属 Alisma | 草泽泻 Alisma gramineum | − | − | − | − |
| 490 | 泽泻科 Alismataceae | 泽泻属 Alisma | 泽泻 Alisma orientale | − | − | − | − |
| 491 | 泽泻科 Alismataceae | 慈姑属 Sagittaria | 矮慈姑 Sagittaria pygmaea | − | − | − | − |
| 492 | 泽泻科 Alismataceae | 慈姑属 Sagittaria | 野慈姑 Sagittaria trifolia | − | − | − | − |
| 493 | 泽泻科 Alismataceae | 慈姑属 Sagittaria | 慈姑 Sagittaria trifolia var. sinensis | − | − | − | − |

续表

| 序号 | 科 | 属 | 物种 | 七里海 | 北大港 | 大黄堡 | 团泊洼 |
|---|---|---|---|---|---|---|---|
| 494 | 花蔺科 Butomaceae | 花蔺属 Butomus | 花蔺 Butomus umbellatus | – | √ | – | – |
| 495 | 水鳖科 Hydrocharitaceae | 黑藻属 Hydrilla | 黑藻 Hydrilla verticillata | | | √ | – |
| 496 | 水鳖科 Hydrocharitaceae | 水鳖属 Hydrocharis | 水鳖 Hydrocharis dubia | – | – | √ | √ |
| 497 | 水鳖科 Hydrocharitaceae | 苦草属 Vallisneria | 苦草 Vallisneria natans | – | – | – | – |
| 498 | 禾本科 Poaceae | 芨芨草属 Achnatherum | 远东芨芨草 Achnatherum extremiorientale | – | – | – | – |
| 499 | 禾本科 Poaceae | 獐毛属 Aeluropus | 獐毛 Aeluropus sinensis | √ | √ | – | √ |
| 500 | 禾本科 Poaceae | 看麦娘属 Alopecurus | 看麦娘 Alopecurus aequalis | √ | – | – | – |
| 501 | 禾本科 Poaceae | 荩草属 Arthraxon | 荩草 Arthraxon hispidus | – | – | – | – |
| 502 | 禾本科 Poaceae | 芦竹属 Arundo | 芦竹 Arundo donax | – | √ | √ | – |
| 503 | 禾本科 Poaceae | 芦竹属 Arundo | 花叶芦竹 Arundo donax 'Versicolor' | – | – | √ | – |
| 504 | 禾本科 Poaceae | 燕麦属 Avena | 野燕麦 Avena fatua | – | – | – | – |
| 505 | 禾本科 Poaceae | 菵草属 Beckmannia | 菵草 Beckmannia syzigachne | – | – | – | – |
| 506 | 禾本科 Poaceae | 孔颖草属 Bothriochloa | 白羊草 Bothriochloa ischaemum | √ | √ | √ | √ |
| 507 | 禾本科 Poaceae | 雀麦属 Bromus | 无芒雀麦 Bromus inermis | – | – | – | – |
| 508 | 禾本科 Poaceae | 拂子茅属 Calamagrostis | 假苇拂子茅 Calamagrostis pseudophragmites | – | – | – | – |
| 509 | 禾本科 Poaceae | 虎尾草属 Chloris | 虎尾草 Chloris virgata | √ | √ | √ | √ |
| 510 | 禾本科 Poaceae | 隐子草属 Cleistogenes | 宽叶隐子草 Cleistogenes hackelii var. nakaii | √ | √ | – | – |
| 511 | 禾本科 Poaceae | 隐子草属 Cleistogenes | 北京隐子草 Cleistogenes hancei | √ | – | – | – |
| 512 | 禾本科 Poaceae | 隐子草属 Cleistogenes | 多叶隐子草 Cleistogenes polyphylla | – | – | – | – |
| 513 | 禾本科 Poaceae | 薏苡属 Coix | 薏苡 Coix lacryma-jobi | – | – | – | – |

天津湿地生物多样性

续表

| 序号 | 科 | 属 | 物种 | 七里海 | 北大港 | 大黄堡 | 团泊洼 |
|---|---|---|---|---|---|---|---|
| 514 | 禾本科 Poaceae | 隐花草属 *Crypsis* | 隐花草 *Crypsis aculeata* | – | – | – | – |
| 515 | 禾本科 Poaceae | 狗牙根属 *Cynodon* | 狗牙根 *Cynodon dactylon* | – | √ | √ | √ |
| 516 | 禾本科 Poaceae | 马唐属 *Digitaria* | 升马唐 *Digitaria adscendens* | √ | – | – | – |
| 517 | 禾本科 Poaceae | 马唐属 *Digitaria* | 毛马唐 *Digitaria ciliaris* | – | √ | – | – |
| 518 | 禾本科 Poaceae | 马唐属 *Digitaria* | 止血马唐 *Digitaria ischaemum* | – | – | – | – |
| 519 | 禾本科 Poaceae | 马唐属 *Digitaria* | 马唐 *Digitaria sanguinalis* | √ | √ | √ | √ |
| 520 | 禾本科 Poaceae | 马唐属 *Digitaria* | 紫马唐 *Digitaria violascens* | √ | – | – | – |
| 521 | 禾本科 Poaceae | 稗属 *Echinochloa* | 长芒稗 *Echinochloa caudata* | √ | √ | √ | √ |
| 522 | 禾本科 Poaceae | 稗属 *Echinochloa* | 光头稗 *Echinochloa colonum* | – | – | – | – |
| 523 | 禾本科 Poaceae | 稗属 *Echinochloa* | 稗 *Echinochloa crusgalli* | √ | √ | √ | √ |
| 524 | 禾本科 Poaceae | 稗属 *Echinochloa* | 无芒稗 *Echinochloa crusgalli* var. *mitis* | √ | – | – | · |
| 525 | 禾本科 Poaceae | 稗属 *Echinochloa* | 西来稗 *Echinochloa crusgalli* var. *zelayensis* | √ | – | – | – |
| 526 | 禾本科 Poaceae | 穇属 *Eleusine* | 牛筋草 *Eleusine indica* | √ | √ | √ | √ |
| 527 | 禾本科 Poaceae | 画眉草属 *Eragrostis* | 大画眉草 *Eragrostis cilianensis* | – | – | – | – |
| 528 | 禾本科 Poaceae | 画眉草属 *Eragrostis* | 知风草 *Eragrostis ferruginea* | – | – | – | – |
| 529 | 禾本科 Poaceae | 画眉草属 *Eragrostis* | 小画眉草 *Eragrostis minor* | √ | √ | √ | – |
| 530 | 禾本科 Poaceae | 画眉草属 *Eragrostis* | 画眉草 *Eragrostis pilosa* | √ | √ | – | √ |
| 531 | 禾本科 Poaceae | 野黍属 *Eriochloa* | 野黍 *Eriochloa villosa* | – | √ | √ | – |
| 532 | 禾本科 Poaceae | 羊茅属 *Festuca* | 苇状羊茅 *Festuca arundinacea* | – | – | √ | – |
| 533 | 禾本科 Poaceae | 羊茅属 *Festuca* | 高羊茅 *Festuca elata* | √ | – | √ | – |

续表

| 序号 | 科 | 属 | 物种 | 七里海 | 北大港 | 大黄堡 | 团泊洼 |
|---|---|---|---|---|---|---|---|
| 534 | 禾本科 Poaceae | 羊茅属 *Festuca* | 远东羊茅 *Festuca subulata* | – | – | – | – |
| 535 | 禾本科 Poaceae | 牛鞭草属 *Hemarthria* | 牛鞭草 *Hemarthria sibirica* | √ | √ | √ | – |
| 536 | 禾本科 Poaceae | 白茅属 *Imperata* | 白茅 *Imperata cylindrica* | √ | √ | √ | √ |
| 537 | 禾本科 Poaceae | 假稻属 *Leersia* | 假稻 *Leersia japonica* | – | – | – | – |
| 538 | 禾本科 Poaceae | 双稃草属 *Leptochloa* | 双稃草 *Leptochloa fusca* | – | – | – | – |
| 539 | 禾本科 Poaceae | 赖草属 *Leymus* | 羊草 *Leymus chinensis* | √ | √ | – | √ |
| 540 | 禾本科 Poaceae | 赖草属 *Leymus* | 滨麦 *Leymus mollis* | – | – | – | – |
| 541 | 禾本科 Poaceae | 黑麦草属 *Lolium* | 黑麦草 *Lolium perenne* | √ | – | √ | √ |
| 542 | 禾本科 Poaceae | 臭草属 *Melica* | 臭草 *Melica scabrosa* | – | √ | – | – |
| 543 | 禾本科 Poaceae | 芒属 *Miscanthus* | 荻 *Miscanthus sacchariflorus* | √ | – | – | √ |
| 544 | 禾本科 Poaceae | 芒属 *Miscanthus* | 芒 *Miscanthus sinensis* | – | – | – | – |
| 545 | 禾本科 Poaceae | 求米草属 *Oplismenus* | 求米草 *Oplismenus undulatifolius* | – | – | – | – |
| 546 | 禾本科 Poaceae | 稻属 *Oryza* | 稻 *Oryza sativa* | √ | – | – | – |
| 547 | 禾本科 Poaceae | 黍属 *Panicum* | 发枝黍 *Panicum capillare* | √ | √ | √ | √ |
| 548 | 禾本科 Poaceae | 黍属 *Panicum* | 稷 *Panicum miliaceum* | √ | – | – | – |
| 549 | 禾本科 Poaceae | 狼尾草属 *Pennisetum* | 狼尾草 *Pennisetum alopecuroides* | – | – | – | – |
| 550 | 禾本科 Poaceae | 虉草属 *Phalaris* | 虉草 *Phalaris arundinacea* | – | – | – | – |
| 551 | 禾本科 Poaceae | 芦苇属 *Phragmites* | 芦苇 *Phragmites australis* | √ | √ | √ | √ |
| 552 | 禾本科 Poaceae | 刚竹属 *Phyllostachys* | 早园竹 *Phyllostachys propinqua* | – | √ | – | – |
| 553 | 禾本科 Poaceae | 早熟禾属 *Poa* | 早熟禾 *Poa annua* | √ | – | – | – |

续表

| 序号 | 科 | 属 | 物种 | 七里海 | 北大港 | 大黄堡 | 团泊洼 |
|------|-----|-----|------|--------|--------|--------|--------|
| 554 | 禾本科 Poaceae | 伪针茅属 Pseudoraphis | 瘦瘪伪针茅 Pseudoraphis spinescens var. depauperata | – | – | – | – |
| 555 | 禾本科 Poaceae | 碱茅属 Puccinellia | 朝鲜碱茅 Puccinellia chinampoensis | – | √ | – | – |
| 556 | 禾本科 Poaceae | 碱茅属 Puccinellia | 碱茅 Puccinellia distans | √ | √ | – | – |
| 557 | 禾本科 Poaceae | 碱茅属 Puccinellia | 星星草 Puccinellia tenuiflora | – | √ | – | – |
| 558 | 禾本科 Poaceae | 鹅观草属 Roegneria | 纤毛鹅观草 Roegneria ciliaris | √ | √ | √ | √ |
| 559 | 禾本科 Poaceae | 鹅观草属 Roegneria | 鹅观草 Roegneria kamoji | – | √ | – | – |
| 560 | 禾本科 Poaceae | 狗尾草属 Setaria | 金色狗尾草 Setaria glauca | √ | √ | √ | √ |
| 561 | 禾本科 Poaceae | 狗尾草属 Setaria | 狗尾草 Setaria viridis | √ | √ | √ | √ |
| 562 | 禾本科 Poaceae | 狗尾草属 Setaria | 大狗尾草 Setaria viridis var. gigantea | – | – | √ | – |
| 563 | 禾本科 Poaceae | 高粱属 Sorghum | 高粱 Sorghum bicolor | √ | √ | √ | – |
| 564 | 禾本科 Poaceae | 高粱属 Sorghum | 苏丹草 Sorghum sudanense | – | – | √ | – |
| 565 | 禾本科 Poaceae | 米草属 Spartina | 互花米草 Spartina alterniflora | – | √ | – | – |
| 566 | 禾本科 Poaceae | 米草属 Spartina | 大米草 Spartina anglica | – | – | – | – |
| 567 | 禾本科 Poaceae | 菅属 Themeda | 黄背草 Themeda japonica | – | – | – | – |
| 568 | 禾本科 Poaceae | 锋芒草属 Tragus | 虱子草 Tragus berteronianus | – | – | – | – |
| 569 | 禾本科 Poaceae | 小麦属 Triticum | 小麦 Triticum aestivum | – | √ | √ | – |
| 570 | 禾本科 Poaceae | 玉蜀黍属 Zea | 玉蜀黍 Zea mays | √ | √ | √ | √ |
| 571 | 禾本科 Poaceae | 菰属 Zizania | 菰 Zizania latifolia | – | – | – | – |
| 572 | 莎草科 Cyperaceae | 薹草属 Carex | 寸草 Carex duriuscula | – | √ | – | – |
| 573 | 莎草科 Cyperaceae | 薹草属 Carex | 白颖薹草 Carex duriuscula subsp. rigescens | – | – | – | – |

续表

| 序号 | 科 | 属 | 物种 | 七里海 | 北大港 | 大黄堡 | 团泊洼 |
|---|---|---|---|---|---|---|---|
| 574 | 莎草科<br>Cyperaceae | 薹草属<br>Carex | 细叶薹草<br>Carex rigescens | √ | − | − | − |
| 575 | 莎草科<br>Cyperaceae | 薹草属<br>Carex | 低矮薹草<br>Carex humilis var. nana | − | − | − | − |
| 576 | 莎草科<br>Cyperaceae | 薹草属<br>Carex | 大披针薹草<br>Carex lanceolata | √ | − | − | − |
| 577 | 莎草科<br>Cyperaceae | 薹草属<br>Carex | 尖嘴薹草<br>Carex leiorhyncha | − | − | − | − |
| 578 | 莎草科<br>Cyperaceae | 薹草属<br>Carex | 翼果薹草<br>Carex neurocarpa | − | − | − | − |
| 579 | 莎草科<br>Cyperaceae | 薹草属<br>Carex | 扁杆薹草<br>Carex planiculmis | − | − | − | − |
| 580 | 莎草科<br>Cyperaceae | 薹草属<br>Carex | 锥囊薹草<br>Carex raddei | − | − | − | − |
| 581 | 莎草科<br>Cyperaceae | 薹草属<br>Carex | 糙叶薹草<br>Carex scabrifolia | − | − | − | − |
| 582 | 莎草科<br>Cyperaceae | 莎草属<br>Cyperus | 扁穗莎草<br>Cyperus compressus | √ | − | − | − |
| 583 | 莎草科<br>Cyperaceae | 莎草属<br>Cyperus | 异型莎草<br>Cyperus difformis | √ | − | − | − |
| 584 | 莎草科<br>Cyperaceae | 莎草属<br>Cyperus | 褐穗莎草<br>Cyperus fuscus | √ | − | − | − |
| 585 | 莎草科<br>Cyperaceae | 莎草属<br>Cyperus | 头状穗莎草<br>Cyperus glomeratus | √ | √ | − | √ |
| 586 | 莎草科<br>Cyperaceae | 莎草属<br>Cyperus | 碎米莎草<br>Cyperus iria | − | − | − | − |
| 587 | 莎草科<br>Cyperaceae | 莎草属<br>Cyperus | 旋鳞莎草<br>Cyperus michelianus | − | − | − | − |
| 588 | 莎草科<br>Cyperaceae | 莎草属<br>Cyperus | 具芒碎米莎草<br>Cyperus microiria | − | √ | √ | − |
| 589 | 莎草科<br>Cyperaceae | 莎草属<br>Cyperus | 白鳞莎草<br>Cyperus nipponicus | √ | − | − | − |
| 590 | 莎草科<br>Cyperaceae | 莎草属<br>Cyperus | 香附子<br>Cyperus rotundus | √ | − | − | − |
| 591 | 莎草科<br>Cyperaceae | 水莎草属<br>Juncellus | 水莎草<br>Juncellus serotinus | − | − | − | − |
| 592 | 莎草科<br>Cyperaceae | 荸荠属<br>Eleocharis | 中间型荸荠<br>Eleocharis intersita | − | − | − | − |
| 593 | 莎草科<br>Cyperaceae | 荸荠属<br>Eleocharis | 无刚毛荸荠<br>Eleocharis kamtschatica f. reducta | − | − | − | − |

| 序号 | 科 | 属 | 物种 | 七里海 | 北大港 | 大黄堡 | 团泊洼 |
|---|---|---|---|---|---|---|---|
| 594 | 莎草科 Cyperaceae | 荸荠属 *Eleocharis* | 槽秆荸荠 *Eleocharis valleculosa* | – | – | – | – |
| 595 | 莎草科 Cyperaceae | 荸荠属 *Eleocharis* | 牛毛毡 *Eleocharis yokoscensis* | – | – | – | – |
| 596 | 莎草科 Cyperaceae | 飘拂草属 *Fimbristylis* | 两歧飘拂草 *Fimbristylis dichotoma* | – | – | – | – |
| 597 | 莎草科 Cyperaceae | 扁莎属 *Pycreus* | 红鳞扁莎 *Pycreus sanguinolentus* | – | – | – | – |
| 598 | 莎草科 Cyperaceae | 藨草属 *Scirpus* | 萤蔺 *Scirpus juncoides* | – | – | – | – |
| 599 | 莎草科 Cyperaceae | 藨草属 *Scirpus* | 水葱 *Scirpus tabernaemontani* | √ | √ | – | √ |
| 600 | 莎草科 Cyperaceae | 藨草属 *Scirpus* | 东方藨草 *Scirpus orientalis* | – | – | – | – |
| 601 | 莎草科 Cyperaceae | 藨草属 *Scirpus* | 剑苞藨草 *Scirpus ehrenbergii* | – | – | – | – |
| 602 | 莎草科 Cyperaceae | 藨草属 *Scirpus* | 扁秆藨草 *Scirpus planiculmis* | √ | √ | √ | √ |
| 603 | 莎草科 Cyperaceae | 藨草属 *Scirpus* | 藨草 *Scirpus triqueter* | – | – | – | – |
| 604 | 莎草科 Cyperaceae | 藨草属 *Scirpus* | 荆三棱 *Scirpus yagara* | – | – | – | – |
| 605 | 棕榈科 Arecaceae | 棕榈属 *Trachycarpus* | 棕榈 *Trachycarpus fortunei* | √ | – | – | – |
| 606 | 天南星科 Araceae | 菖蒲属 *Acorus* | 菖蒲 *Acorus calamus* | – | – | √ | – |
| 607 | 天南星科 Araceae | 大薸属 *Pistia* | 大薸 *Pistia stratiotes* | – | – | – | – |
| 608 | 浮萍科 Lemnaceae | 浮萍属 *Lemna* | 浮萍 *Lemna minor* | √ | √ | √ | √ |
| 609 | 浮萍科 Lemnaceae | 紫萍属 *Spirodela* | 紫萍 *Spirodela polyrrhiza* | – | √ | √ | √ |
| 610 | 浮萍科 Lemnaceae | 芜萍属 *Wolffia* | 芜萍 *Wolffia arrhiza* | – | – | – | – |
| 611 | 鸭跖草科 Commelinaceae | 鸭跖草属 *Commelina* | 饭包草 *Commelina benghalensis* | √ | – | √ | – |
| 612 | 鸭跖草科 Commelinaceae | 鸭跖草属 *Commelina* | 鸭跖草 *Commelina communis* | √ | – | – | – |
| 613 | 雨久花科 Pontederiaceae | 凤眼莲属 *Eichhornia* | 凤眼蓝 *Eichhornia crassipes* | – | – | – | – |

续表

| 序号 | 科 | 属 | 物种 | 七里海 | 北大港 | 大黄堡 | 团泊洼 |
|---|---|---|---|---|---|---|---|
| 614 | 雨久花科 Pontederiaceae | 雨久花属 *Monochoria* | 雨久花 *Monochoria korsakowii* | – | – | – | – |
| 615 | 雨久花科 Pontederiaceae | 雨久花属 *Monochoria* | 鸭舌草 *Monochoria vaginalis* | – | – | – | – |
| 616 | 雨久花科 Pontederiaceae | 梭鱼草属 *Pontederia* | 梭鱼草 *Pontederia cordata* | – | – | – | – |
| 617 | 灯芯草科 Juncaceae | 灯芯草属 *Juncus* | 扁茎灯芯草 *Juncus gracillimus* | – | – | – | – |
| 618 | 灯芯草科 Juncaceae | 灯芯草属 *Juncus* | 灯芯草 *Juncus decipiens* | – | – | – | – |
| 619 | 灯芯草科 Juncaceae | 灯芯草属 *Juncus* | 小花灯芯草 *Juncus lampocarpus* | – | – | – | – |
| 620 | 灯芯草科 Juncaceae | 灯芯草属 *Juncus* | 洮南灯芯草 *Juncus taonanensis* | – | – | – | – |
| 621 | 百合科 Liliaceae | 葱属 *Allium* | 葱 *Allium fistulosum* | √ | √ | √ | – |
| 622 | 百合科 Liliaceae | 葱属 *Allium* | 韭 *Allium tuberosum* | √ | – | √ | – |
| 623 | 百合科 Liliaceae | 天门冬属 *Asparagus* | 攀缘天门冬 *Asparagus brachyphyllus* | – | – | – | – |
| 624 | 百合科 Liliaceae | 天门冬属 *Asparagus* | 兴安天门冬 *Asparagus dauricus* | – | – | – | – |
| 625 | 百合科 Liliaceae | 萱草属 *Hemerocallis* | 萱草 *Hemerocallis fulva* | √ | √ | – | √ |
| 626 | 百合科 Liliaceae | 玉簪属 *Hosta* | 玉簪 *Hosta plantaginea* | √ | – | – | √ |
| 627 | 百合科 Liliaceae | 丝兰属 *Yucca* | 凤尾丝兰 *Yucca gloriosa* | √ | √ | – | √ |
| 628 | 鸢尾科 Iridaceae | 射干属 *Belamcanda* | 射干 *Belamcanda chinensis* | – | – | √ | – |
| 629 | 鸢尾科 Iridaceae | 鸢尾属 *Iris* | 马蔺 *Iris lactea* var. *chinensis* | √ | √ | √ | √ |
| 630 | 鸢尾科 Iridaceae | 鸢尾属 *Iris* | 黄菖蒲 *Iris pseudacorus* | – | – | – | – |
| 631 | 鸢尾科 Iridaceae | 鸢尾属 *Iris* | 鸢尾 *Iris tectorum* | √ | – | – | √ |
| 632 | 鸢尾科 Iridaceae | 鸢尾属 *Iris* | 黄花鸢尾 *Iris wilsonii* | √ | – | – | – |
| 633 | 美人蕉科 Cannaceae | 美人蕉属 *Canna* | 大花美人蕉 *Canna generalis* | – | – | √ | – |

---

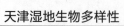

天津湿地生物多样性

续表

| 序号 | 科 | 属 | 物种 | 七里海 | 北大港 | 大黄堡 | 团泊洼 |
|---|---|---|---|---|---|---|---|
| 634 | 美人蕉科 Cannaceae | 美人蕉属 Canna | 美人蕉 Canna indica | √ | - | - | - |
| 635 | 竹芋科 Marantaceae | 水竹芋属 Thalia | 再力花 Thalia dealbata | - | - | - | - |
| 636 | 兰科 Orchidaceae | 绶草属 Spiranthes | 绶草 Spiranthes sinensis | - | - | - | - |

296

# 6.2 天津湿地鸟类名录

| 序号 | 目 | 科 | 物种 | 保护 | IUCN | CITES | 生态类群 | 居留类型 | 七里海 | 北大港 | 大黄堡 | 团泊洼 |
|------|-----|-----|------|------|------|-------|----------|----------|--------|--------|--------|--------|
| 001 | 鸡形目<br>Galliformes | 雉科<br>Phasianidae | 鹌鹑<br>*Coturnix japonica* | – | NT | – | 陆 | P | √ | √ | √ | √ |
| 002 | 鸡形目<br>Galliformes | 雉科<br>Phasianidae | 环颈雉<br>*Phasianus colchicus* | – | LC | – | 陆 | R | √ | √ | √ | √ |
| 003 | 雁形目<br>Anseriformes | 鸭科<br>Anatidae | 鸿雁<br>*Anser cygnoid* | 二 | VU | – | 游 | P | √ | √ | √ | √ |
| 004 | 雁形目<br>Anseriformes | 鸭科<br>Anatidae | 豆雁<br>*Anser fabalis* | – | LC | – | 游 | PW | √ | √ | √ | √ |
| 005 | 雁形目<br>Anseriformes | 鸭科<br>Anatidae | 短嘴豆雁<br>*Anser serrirostris* | – | NR | – | 游 | PW | √ | √ | √ | √ |
| 006 | 雁形目<br>Anseriformes | 鸭科<br>Anatidae | 灰雁<br>*Anser anser* | – | LC | – | 游 | PW | √ | √ | √ | √ |
| 007 | 雁形目<br>Anseriformes | 鸭科<br>Anatidae | 白额雁<br>*Anser albifrons* | 二 | LC | – | 游 | P | √ | √ | √ | √ |
| 008 | 雁形目<br>Anseriformes | 鸭科<br>Anatidae | 小白额雁<br>*Anser erythropus* | 二 | VU | – | 游 | P | √ | √ | √ | – |
| 009 | 雁形目<br>Anseriformes | 鸭科<br>Anatidae | 斑头雁<br>*Anser indicus* | – | LC | – | 游 | V | – | √ | – | – |
| 010 | 雁形目<br>Anseriformes | 鸭科<br>Anatidae | 雪雁<br>*Anser caerulescens* | – | LC | – | 游 | V | – | √ | – | – |
| 011 | 雁形目<br>Anseriformes | 鸭科<br>Anatidae | 加拿大雁<br>*Branta canadensis* | – | LC | – | 游 | V | – | – | – | – |
| 012 | 雁形目<br>Anseriformes | 鸭科<br>Anatidae | 疣鼻天鹅<br>*Cygnus olor* | 二 | LC | – | 游 | PW | √ | √ | √ | √ |
| 013 | 雁形目<br>Anseriformes | 鸭科<br>Anatidae | 小天鹅<br>*Cygnus columbianus* | 二 | LC | – | 游 | PW | √ | √ | √ | √ |
| 014 | 雁形目<br>Anseriformes | 鸭科<br>Anatidae | 大天鹅<br>*Cygnus cygnus* | 二 | LC | – | 游 | P | √ | √ | √ | |
| 015 | 雁形目<br>Anseriformes | 鸭科<br>Anatidae | 翘鼻麻鸭<br>*Tadorna tadorna* | – | LC | – | 游 | WP | √ | √ | √ | √ |
| 016 | 雁形目<br>Anseriformes | 鸭科<br>Anatidae | 赤麻鸭<br>*Tadorna ferruginea* | – | LC | – | 游 | PW | √ | √ | √ | √ |
| 017 | 雁形目<br>Anseriformes | 鸭科<br>Anatidae | 鸳鸯<br>*Aix galericulata* | 二 | LC | – | 游 | P | √ | √ | – | – |

续表

| 序号 | 目 | 科 | 物种 | 保护 | IUCN | CITES | 生态类群 | 居留类型 | 七里海 | 北大港 | 大黄堡 | 团泊洼 |
|---|---|---|---|---|---|---|---|---|---|---|---|---|
| 018 | 雁形目 Anseriformes | 鸭科 Anatidae | 棉凫 Nettapus coromandelianus | 二 | LC | – | 游 | V | – | √ | – | – |
| 019 | 雁形目 Anseriformes | 鸭科 Anatidae | 赤膀鸭 Mareca strepera | – | LC | – | 游 | PW | √ | √ | √ | √ |
| 020 | 雁形目 Anseriformes | 鸭科 Anatidae | 罗纹鸭 Mareca falcata | – | NT | – | 游 | PW | √ | √ | √ | √ |
| 021 | 雁形目 Anseriformes | 鸭科 Anatidae | 赤颈鸭 Mareca penelope | – | LC | – | 游 | PW | √ | √ | √ | √ |
| 022 | 雁形目 Anseriformes | 鸭科 Anatidae | 绿头鸭 Anas platyrhynchos | – | LC | – | 游 | SWP | √ | √ | √ | √ |
| 023 | 雁形目 Anseriformes | 鸭科 Anatidae | 斑嘴鸭 Anas zonorhyncha | – | LC | – | 游 | SWP | √ | √ | √ | √ |
| 024 | 雁形目 Anseriformes | 鸭科 Anatidae | 针尾鸭 Anas acuta | – | LC | – | 游 | PW | √ | √ | √ | √ |
| 025 | 雁形目 Anseriformes | 鸭科 Anatidae | 绿翅鸭 Anas crecca | – | LC | – | 游 | P | √ | √ | √ | √ |
| 026 | 雁形目 Anseriformes | 鸭科 Anatidae | 琵嘴鸭 Spatula clypeata | – | LC | – | 游 | PW | √ | √ | √ | √ |
| 027 | 雁形目 Anseriformes | 鸭科 Anatidae | 白眉鸭 Spatula querquedula | – | LC | – | 游 | P | √ | √ | √ | √ |
| 028 | 雁形目 Anseriformes | 鸭科 Anatidae | 花脸鸭 Sibirionetta formosa | 二 | LC | II | 游 | P | √ | √ | √ | √ |
| 029 | 雁形目 Anseriformes | 鸭科 Anatidae | 赤嘴潜鸭 Netta rufina | – | LC | – | 游 | P | – | √ | √ | √ |
| 030 | 雁形目 Anseriformes | 鸭科 Anatidae | 红头潜鸭 Aythya ferina | – | VU | – | 游 | PWS | √ | √ | √ | √ |
| 031 | 雁形目 Anseriformes | 鸭科 Anatidae | 青头潜鸭 Aythya baeri | 一 | CR | – | 游 | PW | √ | √ | √ | √ |
| 032 | 雁形目 Anseriformes | 鸭科 Anatidae | 白眼潜鸭 Aythya nyroca | – | NT | – | 游 | SPW | √ | √ | √ | √ |
| 033 | 雁形目 Anseriformes | 鸭科 Anatidae | 凤头潜鸭 Aythya fuligula | – | LC | – | 游 | P | √ | √ | √ | √ |
| 034 | 雁形目 Anseriformes | 鸭科 Anatidae | 斑背潜鸭 Aythya marila | – | LC | – | 游 | WP | – | √ | √ | – |
| 035 | 雁形目 Anseriformes | 鸭科 Anatidae | 斑脸海番鸭 Melanitta fusca | – | LC | – | 游 | P | – | √ | √ | – |
| 036 | 雁形目 Anseriformes | 鸭科 Anatidae | 长尾鸭 Clangula hyemalis | – | VU | – | 游 | WP | – | √ | – | √ |

续表

| 序号 | 目 | 科 | 物种 | 保护 | IUCN | CITES | 生态类群 | 居留类型 | 七里海 | 北大港 | 大黄堡 | 团泊洼 |
|---|---|---|---|---|---|---|---|---|---|---|---|---|
| 037 | 雁形目 Anseriformes | 鸭科 Anatidae | 鹊鸭 *Bucephala clangula* | – | LC | – | 游 | PW | √ | √ | √ | √ |
| 038 | 雁形目 Anseriformes | 鸭科 Anatidae | 斑头秋沙鸭 *Mergellus albellus* | 二 | LC | – | 游 | PW | √ | √ | √ | √ |
| 039 | 雁形目 Anseriformes | 鸭科 Anatidae | 普通秋沙鸭 *Mergus merganser* | – | LC | – | 游 | PW | √ | √ | √ | √ |
| 040 | 雁形目 Anseriformes | 鸭科 Anatidae | 红胸秋沙鸭 *Mergus serrator* | – | LC | – | 游 | WP | – | √ | √ | √ |
| 041 | 雁形目 Anseriformes | 鸭科 Anatidae | 中华秋沙鸭 *Mergus squamatus* | 一 | EN | – | 游 | P | – | √ | √ | – |
| 042 | 雁形目 Anseriformes | 鸭科 Anatidae | 白头硬尾鸭 *Oxyura leucocephala* | 一 | EN | II | 游 | V | – | √ | – | – |
| 043 | 鸊鷉目 Podicipediformes | 鸊鷉科 Podicipedidae | 小鸊鷉 *Tachybaptus ruficollis* | – | LC | – | 游 | SP | √ | √ | √ | √ |
| 044 | 鸊鷉目 Podicipediformes | 鸊鷉科 Podicipedidae | 凤头鸊鷉 *Podiceps cristatus* | – | LC | – | 游 | SP | √ | √ | √ | √ |
| 045 | 鸊鷉目 Podicipediformes | 鸊鷉科 Podicipedidae | 角鸊鷉 *Podiceps auritus* | 二 | VU | – | 游 | P | √ | √ | – | √ |
| 046 | 鸊鷉目 Podicipediformes | 鸊鷉科 Podicipedidae | 黑颈鸊鷉 *Podiceps nigricollis* | 二 | LC | – | 游 | P | √ | √ | √ | √ |
| 047 | 红鹳目 Phoenicopteriformes | 红鹳科 Phoenicopteridae | 大红鹳 *Phoenicopterus roseus* | – | LC | – | 涉 | V | – | √ | – | – |
| 048 | 鸽形目 Columbiformes | 鸠鸽科 Columbidae | 岩鸽 *Columba rupestris* | – | LC | – | 陆 | R | – | – | √ | – |
| 049 | 鸽形目 Columbiformes | 鸠鸽科 Columbidae | 山斑鸠 *Streptopelia orientalis* | – | LC | – | 陆 | R | √ | √ | √ | √ |
| 050 | 鸽形目 Columbiformes | 鸠鸽科 Columbidae | 灰斑鸠 *Streptopelia decaocto* | – | LC | – | 陆 | R | √ | √ | √ | √ |
| 051 | 鸽形目 Columbiformes | 鸠鸽科 Columbidae | 珠颈斑鸠 *Streptopelia chinensis* | – | LC | – | 陆 | R | √ | √ | √ | √ |
| 052 | 沙鸡目 Pterocliformes | 沙鸡科 Pteroclidae | 毛腿沙鸡 *Syrrhaptes paradoxus* | – | LC | – | 陆 | WP | √ | √ | – | – |
| 053 | 夜鹰目 Caprimulgiformes | 夜鹰科 Caprimulgidae | 普通夜鹰 *Caprimulgus indicus* | – | LC | – | 攀 | SP | – | √ | √ | √ |

续表

| 序号 | 目 | 科 | 物种 | 保护 | IUCN | CITES | 生态类群 | 居留类型 | 七里海 | 北大港 | 大黄堡 | 团泊洼 |
|---|---|---|---|---|---|---|---|---|---|---|---|---|
| 054 | 夜鹰目 Caprimulgiformes | 雨燕科 Apodidae | 短嘴金丝燕 *Aerodramus brevirostris* | – | LC | – | 攀 | V | – | √ | – | – |
| 055 | 夜鹰目 Caprimulgiformes | 雨燕科 Apodidae | 普通雨燕 *Apus apus* | – | LC | – | 攀 | S | √ | √ | √ | √ |
| 056 | 夜鹰目 Caprimulgiformes | 雨燕科 Apodidae | 白腰雨燕 *Apus pacificus* | – | LC | – | 攀 | P | – | √ | √ | – |
| 057 | 鹃形目 Cuculiformes | 杜鹃科 Cuculidae | 红翅凤头鹃 *Clamator coromandus* | – | LC | – | 攀 | P | √ | – | – | – |
| 058 | 鹃形目 Cuculiformes | 杜鹃科 Cuculidae | 大鹰鹃 *Hierococcyx sparverioides* | – | LC | – | 攀 | S | √ | – | √ | – |
| 059 | 鹃形目 Cuculiformes | 杜鹃科 Cuculidae | 小杜鹃 *Cuculus poliocephalus* | – | LC | – | 攀 | SP | – | – | – | – |
| 060 | 鹃形目 Cuculiformes | 杜鹃科 Cuculidae | 四声杜鹃 *Cuculus micropterus* | – | LC | – | 攀 | S | √ | √ | √ | √ |
| 061 | 鹃形目 Cuculiformes | 杜鹃科 Cuculidae | 大杜鹃 *Cuculus canorus* | – | LC | – | 攀 | S | √ | √ | √ | √ |
| 062 | 鸨形目 Otidiformes | 鸨科 Otididae | 大鸨 *Otis tarda* | 一 | VU | Ⅱ | 陆 | W | √ | √ | √ | √ |
| 063 | 鹤形目 Gruiformes | 秧鸡科 Rallidae | 西秧鸡 *Rallus aquaticus* | – | LC | – | 涉 | V | – | √ | – | – |
| 064 | 鹤形目 Gruiformes | 秧鸡科 Rallidae | 普通秧鸡 *Rallus indicus* | – | LC | – | 涉 | SP | – | √ | √ | – |
| 065 | 鹤形目 Gruiformes | 秧鸡科 Rallidae | 小田鸡 *Zapornia pusilla* | – | LC | – | 涉 | SP | – | – | √ | – |
| 066 | 鹤形目 Gruiformes | 秧鸡科 Rallidae | 红胸田鸡 *Zapornia fusca* | – | LC | – | 涉 | SP | – | – | √ | – |
| 067 | 鹤形目 Gruiformes | 秧鸡科 Rallidae | 斑胁田鸡 *Zapornia paykullii* | 二 | NT | – | 涉 | P | – | √ | – | – |
| 068 | 鹤形目 Gruiformes | 秧鸡科 Rallidae | 白胸苦恶鸟 *Amaurornis phoenicurus* | – | LC | – | 涉 | SP | – | √ | – | √ |
| 069 | 鹤形目 Gruiformes | 秧鸡科 Rallidae | 董鸡 *Gallicrex cinerea* | – | LC | – | 涉 | SP | √ | √ | √ | √ |
| 070 | 鹤形目 Gruiformes | 秧鸡科 Rallidae | 黑水鸡 *Gallinula chloropus* | – | LC | – | 涉 | SP | √ | √ | √ | √ |

续表

| 序号 | 目 | 科 | 物种 | 保护 | IUCN | CITES | 生态类群 | 居留类型 | 七里海 | 北大港 | 大黄堡 | 团泊洼 |
|---|---|---|---|---|---|---|---|---|---|---|---|---|
| 071 | 鹤形目<br>Gruiformes | 秧鸡科<br>Rallidae | 白骨顶<br>*Fulica atra* | – | LC | – | 涉 | SWP | √ | √ | √ | √ |
| 072 | 鹤形目<br>Gruiformes | 鹤科<br>Gruidae | 白鹤<br>*Grus leucogeranus* | 一 | CR | I | 涉 | P | √ | √ | – | – |
| 073 | 鹤形目<br>Gruiformes | 鹤科<br>Gruidae | 白枕鹤<br>*Grus vipio* | 一 | VU | I | 涉 | PW | √ | √ | – | √ |
| 074 | 鹤形目<br>Gruiformes | 鹤科<br>Gruidae | 蓑羽鹤<br>*Grus virgo* | 二 | LC | II | 涉 | P | – | √ | – | – |
| 075 | 鹤形目<br>Gruiformes | 鹤科<br>Gruidae | 丹顶鹤<br>*Grus japonensis* | 一 | VU | I | 涉 | P | – | √ | √ | √ |
| 076 | 鹤形目<br>Gruiformes | 鹤科<br>Gruidae | 灰鹤<br>*Grus grus* | 二 | LC | II | 涉 | WP | √ | √ | √ | √ |
| 077 | 鹤形目<br>Gruiformes | 鹤科<br>Gruidae | 白头鹤<br>*Grus monacha* | 一 | VU | I | 涉 | P | – | √ | – | √ |
| 078 | 鸻形目<br>Charadriiformes | 蛎鹬科<br>Haematopodidae | 蛎鹬<br>*Haematopus ostralegus* | – | NT | – | 涉 | SP | – | √ | – | – |
| 079 | 鸻形目<br>Charadriiformes | 反嘴鹬科<br>Recurvirostridae | 黑翅长脚鹬<br>*Himantopus himantopus* | – | LC | – | 涉 | SP | √ | √ | √ | √ |
| 080 | 鸻形目<br>Charadriiformes | 反嘴鹬科<br>Recurvirostridae | 反嘴鹬<br>*Recurvirostra avosetta* | – | LC | – | 涉 | SP | √ | √ | √ | √ |
| 081 | 鸻形目<br>Charadriiformes | 鸻科<br>Charadriidae | 凤头麦鸡<br>*Vanellus vanellus* | – | NT | – | 涉 | P | √ | √ | √ | √ |
| 082 | 鸻形目<br>Charadriiformes | 鸻科<br>Charadriidae | 灰头麦鸡<br>*Vanellus cinereus* | – | LC | – | 涉 | P | √ | √ | √ | √ |
| 083 | 鸻形目<br>Charadriiformes | 鸻科<br>Charadriidae | 金鸻<br>*Pluvialis fulva* | – | LC | – | 涉 | P | √ | √ | √ | √ |
| 084 | 鸻形目<br>Charadriiformes | 鸻科<br>Charadriidae | 灰鸻<br>*Pluvialis squatarola* | – | LC | – | 涉 | PW | √ | √ | √ | √ |
| 085 | 鸻形目<br>Charadriiformes | 鸻科<br>Charadriidae | 长嘴剑鸻<br>*Charadrius placidus* | – | LC | – | 涉 | SP | √ | √ | √ | √ |
| 086 | 鸻形目<br>Charadriiformes | 鸻科<br>Charadriidae | 金眶鸻<br>*Charadrius dubius* | – | LC | – | 涉 | PS | √ | √ | √ | √ |
| 087 | 鸻形目<br>Charadriiformes | 鸻科<br>Charadriidae | 环颈鸻<br>*Charadrius alexandrinus* | – | LC | – | 涉 | PS | √ | √ | √ | √ |

续表

| 序号 | 目 | 科 | 物种 | 保护 | IUCN | CITES | 生态类群 | 居留类型 | 七里海 | 北大港 | 大黄堡 | 团泊洼 |
|---|---|---|---|---|---|---|---|---|---|---|---|---|
| 088 | 鸻形目 Charadriiformes | 鸻科 Charadriidae | 蒙古沙鸻 *Charadrius mongolus* | – | LC | – | 涉 | P | √ | √ | √ | √ |
| 089 | 鸻形目 Charadriiformes | 鸻科 Charadriidae | 铁嘴沙鸻 *Charadrius leschenaultii* | – | LC | – | 涉 | P | √ | √ | √ | √ |
| 090 | 鸻形目 Charadriiformes | 鸻科 Charadriidae | 东方鸻 *Charadrius veredus* | – | LC | – | 涉 | P | √ | √ | – | – |
| 091 | 鸻形目 Charadriiformes | 彩鹬科 Rostratulidae | 彩鹬 *Rostratula benghalensis* | – | LC | – | 涉 | SP | – | – | – | √ |
| 092 | 鸻形目 Charadriiformes | 水雉科 Jacanidae | 水雉 *Hydrophasianus chirurgus* | 二 | LC | – | 涉 | V | – | √ | √ | – |
| 093 | 鸻形目 Charadriiformes | 鹬科 Scolopacidae | 丘鹬 *Scolopax rusticola* | – | LC | – | 涉 | P | – | – | – | √ |
| 094 | 鸻形目 Charadriiformes | 鹬科 Scolopacidae | 针尾沙锥 *Gallinago stenura* | – | LC | – | 涉 | P | √ | √ | √ | √ |
| 095 | 鸻形目 Charadriiformes | 鹬科 Scolopacidae | 大沙锥 *Gallinago megala* | – | LC | – | 涉 | P | – | √ | – | – |
| 096 | 鸻形目 Charadriiformes | 鹬科 Scolopacidae | 扇尾沙锥 *Gallinago gallinago* | – | LC | – | 涉 | P | √ | √ | √ | √ |
| 097 | 鸻形目 Charadriiformes | 鹬科 Scolopacidae | 长嘴半蹼鹬 *Limnodromus scolopaceus* | – | LC | – | 涉 | P | – | √ | – | – |
| 098 | 鸻形目 Charadriiformes | 鹬科 Scolopacidae | 半蹼鹬 *Limnodromus semipalmatus* | 二 | NT | – | 涉 | P | √ | √ | √ | – |
| 099 | 鸻形目 Charadriiformes | 鹬科 Scolopacidae | 黑尾塍鹬 *Limosa limosa* | – | NT | – | 涉 | P | √ | √ | √ | √ |
| 100 | 鸻形目 Charadriiformes | 鹬科 Scolopacidae | 斑尾塍鹬 *Limosa lapponica* | – | NT | – | 涉 | P | √ | √ | √ | √ |
| 101 | 鸻形目 Charadriiformes | 鹬科 Scolopacidae | 中杓鹬 *Numenius phaeopus* | – | LC | – | 涉 | P | √ | √ | √ | – |
| 102 | 鸻形目 Charadriiformes | 鹬科 Scolopacidae | 白腰杓鹬 *Numenius arquata* | 二 | NT | – | 涉 | PW | √ | √ | – | √ |
| 103 | 鸻形目 Charadriiformes | 鹬科 Scolopacidae | 大杓鹬 *Numenius madagascariensis* | 二 | EN | – | 涉 | P | √ | √ | – | √ |

续表

| 序号 | 目 | 科 | 物种 | 保护 | IUCN | CITES | 生态类群 | 居留类型 | 七里海 | 北大港 | 大黄堡 | 团泊洼 |
|---|---|---|---|---|---|---|---|---|---|---|---|---|
| 104 | 鸻形目 Charadriiformes | 鹬科 Scolopacidae | 鹤鹬 *Tringa erythropus* | – | LC | – | 涉 | P | √ | √ | √ | √ |
| 105 | 鸻形目 Charadriiformes | 鹬科 Scolopacidae | 红脚鹬 *Tringa totanus* | – | LC | – | 涉 | SP | √ | √ | √ | √ |
| 106 | 鸻形目 Charadriiformes | 鹬科 Scolopacidae | 泽鹬 *Tringa stagnatilis* | – | LC | – | 涉 | P | √ | √ | √ | √ |
| 107 | 鸻形目 Charadriiformes | 鹬科 Scolopacidae | 青脚鹬 *Tringa nebularia* | – | LC | – | 涉 | P | √ | √ | √ | √ |
| 108 | 鸻形目 Charadriiformes | 鹬科 Scolopacidae | 白腰草鹬 *Tringa ochropus* | – | LC | – | 涉 | P | √ | √ | √ | √ |
| 109 | 鸻形目 Charadriiformes | 鹬科 Scolopacidae | 林鹬 *Tringa glareola* | – | LC | – | 涉 | P | √ | √ | √ | √ |
| 110 | 鸻形目 Charadriiformes | 鹬科 Scolopacidae | 灰尾漂鹬 *Tringa brevipes* | – | NT | – | 涉 | P | – | √ | – | – |
| 111 | 鸻形目 Charadriiformes | 鹬科 Scolopacidae | 翘嘴鹬 *Xenus cinereus* | – | LC | – | 涉 | P | √ | √ | – | – |
| 112 | 鸻形目 Charadriiformes | 鹬科 Scolopacidae | 矶鹬 *Actitis hypoleucos* | – | LC | – | 涉 | P | √ | √ | √ | √ |
| 113 | 鸻形目 Charadriiformes | 鹬科 Scolopacidae | 翻石鹬 *Arenaria interpres* | 二 | LC | – | 涉 | P | √ | √ | – | – |
| 114 | 鸻形目 Charadriiformes | 鹬科 Scolopacidae | 大滨鹬 *Calidris tenuirostris* | 二 | EN | – | 涉 | P | √ | √ | – | – |
| 115 | 鸻形目 Charadriiformes | 鹬科 Scolopacidae | 红腹滨鹬 *Calidris canutus* | – | NT | – | 涉 | P | √ | √ | √ | – |
| 116 | 鸻形目 Charadriiformes | 鹬科 Scolopacidae | 三趾滨鹬 *Calidris alba* | – | LC | – | 涉 | P | – | √ | – | – |
| 117 | 鸻形目 Charadriiformes | 鹬科 Scolopacidae | 红颈滨鹬 *Calidris ruficollis* | – | NT | – | 涉 | P | √ | √ | √ | √ |
| 118 | 鸻形目 Charadriiformes | 鹬科 Scolopacidae | 小滨鹬 *Calidris minuta* | – | LC | – | 涉 | P | √ | √ | – | – |
| 119 | 鸻形目 Charadriiformes | 鹬科 Scolopacidae | 青脚滨鹬 *Calidris temminckii* | – | LC | – | 涉 | P | √ | √ | √ | √ |
| 120 | 鸻形目 Charadriiformes | 鹬科 Scolopacidae | 长趾滨鹬 *Calidris subminuta* | – | LC | – | 涉 | P | √ | √ | √ | √ |
| 121 | 鸻形目 Charadriiformes | 鹬科 Scolopacidae | 尖尾滨鹬 *Calidris acuminata* | – | LC | – | 涉 | P | √ | √ | – | √ |
| 122 | 鸻形目 Charadriiformes | 鹬科 Scolopacidae | 阔嘴鹬 *Calidris falcinellus* | 二 | LC | – | 涉 | P | – | √ | – | – |

天津湿地生物多样性

续表

| 序号 | 目 | 科 | 物种 | 保护 | IUCN | CITES | 生态类群 | 居留类型 | 七里海 | 北大港 | 大黄堡 | 团泊洼 |
|---|---|---|---|---|---|---|---|---|---|---|---|---|
| 123 | 鸻形目 Charadriiformes | 鹬科 Scolopacidae | 流苏鹬 *Calidris pugnax* | – | LC | – | 涉 | P | √ | √ | – | – |
| 124 | 鸻形目 Charadriiformes | 鹬科 Scolopacidae | 弯嘴滨鹬 *Calidris ferruginea* | – | NT | – | 涉 | P | √ | √ | √ | √ |
| 125 | 鸻形目 Charadriiformes | 鹬科 Scolopacidae | 黑腹滨鹬 *Calidris alpina* | – | LC | – | 涉 | PW | √ | √ | √ | √ |
| 126 | 鸻形目 Charadriiformes | 鹬科 Scolopacidae | 红颈瓣蹼鹬 *Phalaropus lobatus* | – | LC | – | 涉 | P | √ | √ | – | – |
| 127 | 鸻形目 Charadriiformes | 三趾鹑科 Turnicidae | 黄脚三趾鹑 *Turnix tanki* | – | LC | – | 涉 | P | – | √ | √ | – |
| 128 | 鸻形目 Charadriiformes | 燕鸻科 Glareolidae | 普通燕鸻 *Glareola maldivarum* | – | LC | – | 涉 | SP | √ | √ | √ | – |
| 129 | 鸻形目 Charadriiformes | 鸥科 Laridae | 三趾鸥 *Rissa tridactyla* | – | VU | – | 游 | P | – | – | – | – |
| 130 | 鸻形目 Charadriiformes | 鸥科 Laridae | 棕头鸥 *Chroicocephalus brunnicephalus* | – | LC | – | 游 | P | – | √ | – | – |
| 131 | 鸻形目 Charadriiformes | 鸥科 Laridae | 红嘴鸥 *Chroicocephalus ridibundus* | – | LC | – | 游 | PW | √ | √ | √ | √ |
| 132 | 鸻形目 Charadriiformes | 鸥科 Laridae | 黑嘴鸥 *Saundersilarus saundersi* | 一 | VU | – | 游 | WP | √ | √ | – | – |
| 133 | 鸻形目 Charadriiformes | 鸥科 Laridae | 小鸥 *Hydrocoloeus minutus* | 二 | LC | – | 游 | P | – | √ | – | – |
| 134 | 鸻形目 Charadriiformes | 鸥科 Laridae | 遗鸥 *Ichthyaetus relictus* | 一 | VU | I | 游 | WP | √ | √ | – | – |
| 135 | 鸻形目 Charadriiformes | 鸥科 Laridae | 渔鸥 *Ichthyaetus ichthyaetus* | – | LC | – | 游 | PW | √ | √ | √ | √ |
| 136 | 鸻形目 Charadriiformes | 鸥科 Laridae | 黑尾鸥 *Larus crassirostris* | – | LC | – | 游 | P | √ | √ | √ | √ |
| 137 | 鸻形目 Charadriiformes | 鸥科 Laridae | 普通海鸥 *Larus canus* | – | LC | – | 游 | WP | √ | √ | √ | √ |
| 138 | 鸻形目 Charadriiformes | 鸥科 Laridae | 北极鸥 *Larus hyperboreus* | – | LC | – | 游 | P | √ | – | – | – |
| 139 | 鸻形目 Charadriiformes | 鸥科 Laridae | 小黑背银鸥 *Larus heuglini* | – | LC | – | 游 | P | √ | √ | – | √ |

续表

| 序号 | 目 | 科 | 物种 | 保护 | IUCN | CITES | 生态类群 | 居留类型 | 七里海 | 北大港 | 大黄堡 | 团泊洼 |
|---|---|---|---|---|---|---|---|---|---|---|---|---|
| 140 | 鸻形目<br>Charadriiformes | 鸥科<br>Laridae | 西伯利亚银鸥<br>*Larus smithsonianus* | – | LC | – | 游 | WP | √ | √ | √ | √ |
| 141 | 鸻形目<br>Charadriiformes | 鸥科<br>Laridae | 鸥嘴噪鸥<br>*Gelochelidon nilotica* | – | LC | – | 游 | SP | √ | √ | – | – |
| 142 | 鸻形目<br>Charadriiformes | 鸥科<br>Laridae | 红嘴巨燕鸥<br>*Hydroprogne caspia* | – | LC | – | 游 | P | √ | √ | √ | – |
| 143 | 鸻形目<br>Charadriiformes | 鸥科<br>Laridae | 白额燕鸥<br>*Sternula albifrons* | – | LC | – | 游 | SP | √ | √ | √ | √ |
| 144 | 鸻形目<br>Charadriiformes | 鸥科<br>Laridae | 普通燕鸥<br>*Sterna hirundo* | – | LC | – | 游 | SP | √ | √ | √ | √ |
| 145 | 鸻形目<br>Charadriiformes | 鸥科<br>Laridae | 灰翅浮鸥<br>*Chlidonias hybrida* | – | LC | – | 游 | SP | √ | √ | √ | √ |
| 146 | 鸻形目<br>Charadriiformes | 鸥科<br>Laridae | 白翅浮鸥<br>*Chlidonias leucopterus* | – | LC | – | 游 | SP | √ | √ | √ | √ |
| 147 | 潜鸟目<br>Gaviiformes | 潜鸟科<br>Gaviidae | 红喉潜鸟<br>*Gavia stellata* | – | LC | – | 游 | P | – | – | – | – |
| 148 | 鹱形目<br>Procellariiformes | 鹱科<br>Procellariidae | 白额鹱<br>*Calonectris leucomelas* | – | NT | – | 游 | V | – | √ | – | – |
| 149 | 鹳形目<br>Ciconiiformes | 鹳科<br>Ciconiidae | 黑鹳<br>*Ciconia nigra* | 一 | LC | Ⅱ | 涉 | P | √ | √ | √ | √ |
| 150 | 鹳形目<br>Ciconiiformes | 鹳科<br>Ciconiidae | 东方白鹳<br>*Ciconia boyciana* | 一 | EN | I | 涉 | PSW | √ | √ | √ | √ |
| 151 | 鲣鸟目<br>Suliformes | 鸬鹚科<br>Phalacrocoracidae | 普通鸬鹚<br>*Phalacrocorax carbo* | – | LC | – | 游 | P | √ | √ | √ | √ |
| 152 | 鹈形目<br>Pelecaniformes | 鹮科<br>Threskiornithidae | 彩鹮<br>*Plegadis falcinellus* | 一 | LC | – | 涉 | V | – | √ | – | – |
| 153 | 鹈形目<br>Pelecaniformes | 鹮科<br>Threskiornithidae | 白琵鹭<br>*Platalea leucorodia* | 二 | LC | Ⅱ | 涉 | P | √ | √ | √ | √ |
| 154 | 鹈形目<br>Pelecaniformes | 鹮科<br>Threskiornithidae | 黑脸琵鹭<br>*Platalea minor* | 一 | EN | – | 涉 | P | √ | √ | – | – |
| 155 | 鹈形目<br>Pelecaniformes | 鹭科<br>Ardeidae | 大麻鸦<br>*Botaurus stellaris* | – | LC | – | 涉 | PW | √ | √ | √ | √ |
| 156 | 鹈形目<br>Pelecaniformes | 鹭科<br>Ardeidae | 黄斑苇鸦<br>*Ixobrychus sinensis* | – | LC | – | 涉 | SP | √ | √ | √ | √ |
| 157 | 鹈形目<br>Pelecaniformes | 鹭科<br>Ardeidae | 紫背苇鸦<br>*Ixobrychus eurhythmus* | – | LC | – | 涉 | SP | √ | √ | √ | √ |

天津湿地生物多样性

续表

| 序号 | 目 | 科 | 物种 | 保护 | IUCN | CITES | 生态类群 | 居留类型 | 七里海 | 北大港 | 大黄堡 | 团泊洼 |
|---|---|---|---|---|---|---|---|---|---|---|---|---|
| 158 | 鹈形目 Pelecaniformes | 鹭科 Ardeidae | 栗苇鳽 *Ixobrychus cinnamomeus* | – | LC | – | 涉 | SP | √ | √ | √ | √ |
| 159 | 鹈形目 Pelecaniformes | 鹭科 Ardeidae | 夜鹭 *Nycticorax nycticorax* | – | LC | – | 涉 | SW | √ | √ | √ | √ |
| 160 | 鹈形目 Pelecaniformes | 鹭科 Ardeidae | 绿鹭 *Butorides striata* | – | LC | – | 涉 | P | √ | – | – | – |
| 161 | 鹈形目 Pelecaniformes | 鹭科 Ardeidae | 池鹭 *Ardeola bacchus* | – | LC | – | 涉 | S | √ | √ | √ | √ |
| 162 | 鹈形目 Pelecaniformes | 鹭科 Ardeidae | 牛背鹭 *Bubulcus ibis* | – | NR | – | 涉 | SP | √ | √ | √ | |
| 163 | 鹈形目 Pelecaniformes | 鹭科 Ardeidae | 苍鹭 *Ardea cinerea* | – | LC | – | 涉 | SWP | √ | √ | √ | √ |
| 164 | 鹈形目 Pelecaniformes | 鹭科 Ardeidae | 草鹭 *Ardea purpurea* | – | LC | – | 涉 | PS | √ | √ | √ | √ |
| 165 | 鹈形目 Pelecaniformes | 鹭科 Ardeidae | 大白鹭 *Ardea alba* | – | LC | – | 涉 | PSW | √ | √ | √ | √ |
| 166 | 鹈形目 Pelecaniformes | 鹭科 Ardeidae | 中白鹭 *Ardea intermedia* | – | LC | – | 涉 | P | √ | √ | √ | √ |
| 167 | 鹈形目 Pelecaniformes | 鹭科 Ardeidae | 白鹭 *Egretta garzetta* | – | LC | – | 涉 | S | √ | √ | √ | √ |
| 168 | 鹈形目 Pelecaniformes | 鹭科 Ardeidae | 黄嘴白鹭 *Egretta eulophotes* | 一 | VU | – | 涉 | P | √ | √ | – | – |
| 169 | 鹈形目 Pelecaniformes | 鹈鹕科 Pelecanidae | 卷羽鹈鹕 *Pelecanus crispus* | 一 | NT | I | 游 | P | √ | √ | – | – |
| 170 | 鹰形目 Accipitriformes | 鹗科 Pandionidae | 鹗 *Pandion haliaetus* | 二 | LC | II | 猛 | P | √ | √ | √ | – |
| 171 | 鹰形目 Accipitriformes | 鹰科 Accipitridae | 黑翅鸢 *Elanus caeruleus* | 二 | LC | II | 猛 | R | √ | √ | √ | √ |
| 172 | 鹰形目 Accipitriformes | 鹰科 Accipitridae | 凤头蜂鹰 *Pernis ptilorhynchus* | 二 | LC | II | 猛 | P | √ | √ | – | – |
| 173 | 鹰形目 Accipitriformes | 鹰科 Accipitridae | 秃鹫 *Aegypius monachus* | 一 | NT | II | 猛 | R | – | – | √ | – |
| 174 | 鹰形目 Accipitriformes | 鹰科 Accipitridae | 乌雕 *Clanga clanga* | 一 | VU | II | 猛 | P | √ | √ | √ | – |
| 175 | 鹰形目 Accipitriformes | 鹰科 Accipitridae | 白肩雕 *Aquila heliaca* | 一 | VU | I | 猛 | P | – | √ | – | – |

续表

| 序号 | 目 | 科 | 物种 | 保护 | IUCN | CITES | 生态类群 | 居留类型 | 七里海 | 北大港 | 大黄堡 | 团泊洼 |
|---|---|---|---|---|---|---|---|---|---|---|---|---|
| 176 | 鹰形目 Accipitriformes | 鹰科 Accipitridae | 金雕 *Aquila chrysaetos* | 一 | LC | II | 猛 | R | – | √ | √ | – |
| 177 | 鹰形目 Accipitriformes | 鹰科 Accipitridae | 赤腹鹰 *Accipiter soloensis* | 二 | LC | II | 猛 | P | – | – | – | – |
| 178 | 鹰形目 Accipitriformes | 鹰科 Accipitridae | 日本松雀鹰 *Accipiter gularis* | 二 | LC | II | 猛 | SP | √ | √ | √ | √ |
| 179 | 鹰形目 Accipitriformes | 鹰科 Accipitridae | 雀鹰 *Accipiter nisus* | 二 | LC | II | 猛 | SP | √ | √ | √ | √ |
| 180 | 鹰形目 Accipitriformes | 鹰科 Accipitridae | 苍鹰 *Accipiter gentilis* | 二 | LC | II | 猛 | PW | √ | – | √ | √ |
| 181 | 鹰形目 Accipitriformes | 鹰科 Accipitridae | 白腹鹞 *Circus spilonotus* | 二 | LC | II | 猛 | PS | √ | √ | √ | √ |
| 182 | 鹰形目 Accipitriformes | 鹰科 Accipitridae | 白尾鹞 *Circus cyaneus* | 二 | LC | II | 猛 | PW | √ | √ | √ | √ |
| 183 | 鹰形目 Accipitriformes | 鹰科 Accipitridae | 鹊鹞 *Circus melanoleucos* | 二 | LC | II | 猛 | SP | √ | √ | √ | √ |
| 184 | 鹰形目 Accipitriformes | 鹰科 Accipitridae | 黑鸢 *Milvus migrans* | 二 | LC | II | 猛 | P | √ | √ | √ | – |
| 185 | 鹰形目 Accipitriformes | 鹰科 Accipitridae | 白尾海雕 *Haliaeetus albicilla* | 一 | LC | I | 猛 | WP | √ | √ | √ | √ |
| 186 | 鹰形目 Accipitriformes | 鹰科 Accipitridae | 灰脸𫛭鹰 *Butastur indicus* | 二 | LC | II | 猛 | P | √ | √ | – | – |
| 187 | 鹰形目 Accipitriformes | 鹰科 Accipitridae | 毛脚𫛭 *Buteo lagopus* | 二 | LC | II | 猛 | WP | √ | √ | √ | √ |
| 188 | 鹰形目 Accipitriformes | 鹰科 Accipitridae | 大𫛭 *Buteo hemilasius* | 二 | LC | II | 猛 | PW | √ | √ | √ | √ |
| 189 | 鹰形目 Accipitriformes | 鹰科 Accipitridae | 普通𫛭 *Buteo japonicus* | 二 | LC | – | 猛 | PW | √ | √ | √ | √ |
| 190 | 鸮形目 Strigiformes | 鸱鸮科 Strigidae | 红角鸮 *Otus sunia* | 二 | LC | II | 猛 | SP | √ | √ | √ | √ |
| 191 | 鸮形目 Strigiformes | 鸱鸮科 Strigidae | 雕鸮 *Bubo bubo* | 二 | LC | II | 猛 | R | – | – | √ | √ |
| 192 | 鸮形目 Strigiformes | 鸱鸮科 Strigidae | 纵纹腹小鸮 *Athene noctua* | 二 | LC | II | 猛 | R | √ | √ | √ | √ |
| 193 | 鸮形目 Strigiformes | 鸱鸮科 Strigidae | 长耳鸮 *Asio otus* | 二 | LC | II | 猛 | WS | √ | √ | √ | √ |
| 194 | 鸮形目 Strigiformes | 鸱鸮科 Strigidae | 短耳鸮 *Asio flammeus* | 二 | LC | II | 猛 | PW | √ | √ | √ | √ |

续表

| 序号 | 目 | 科 | 物种 | 保护 | IUCN | CITES | 生态类群 | 居留类型 | 七里海 | 北大港 | 大黄堡 | 团泊洼 |
|---|---|---|---|---|---|---|---|---|---|---|---|---|
| 195 | 犀鸟目 Bucerotiformes | 戴胜科 Upupidae | 戴胜 *Upupa epops* | – | LC | – | 攀 | R | √ | √ | √ | √ |
| 196 | 佛法僧目 Coraciiformes | 佛法僧科 Coraciidae | 三宝鸟 *Eurystomus orientalis* | – | LC | – | 攀 | SP | √ | – | – | – |
| 197 | 佛法僧目 Coraciiformes | 翠鸟科 Alcedinidae | 蓝翡翠 *Halcyon pileata* | – | LC | – | 攀 | P | – | √ | √ | √ |
| 198 | 佛法僧目 Coraciiformes | 翠鸟科 Alcedinidae | 普通翠鸟 *Alcedo atthis* | – | LC | – | 攀 | R | √ | √ | √ | √ |
| 199 | 佛法僧目 Coraciiformes | 翠鸟科 Alcedinidae | 冠鱼狗 *Megaceryle lugubris* | – | LC | – | 攀 | R | – | – | √ | – |
| 200 | 啄木鸟目 Piciformes | 啄木鸟科 Picidae | 蚁䴕 *Jynx torquilla* | – | LC | – | 攀 | P | √ | √ | √ | – |
| 201 | 啄木鸟目 Piciformes | 啄木鸟科 Picidae | 棕腹啄木鸟 *Dendrocopos hyperythrus* | – | LC | – | 攀 | P | √ | √ | √ | √ |
| 202 | 啄木鸟目 Piciformes | 啄木鸟科 Picidae | 星头啄木鸟 *Dendrocopos canicapillus* | – | LC | – | 攀 | R | √ | √ | √ | – |
| 203 | 啄木鸟目 Piciformes | 啄木鸟科 Picidae | 大斑啄木鸟 *Dendrocopos major* | – | LC | – | 攀 | R | √ | √ | √ | √ |
| 204 | 啄木鸟目 Piciformes | 啄木鸟科 Picidae | 灰头绿啄木鸟 *Picus canus* | – | LC | – | 攀 | R | √ | √ | √ | √ |
| 205 | 隼形目 Falconiformes | 隼科 Falconidae | 红隼 *Falco tinnunculus* | 二 | LC | II | 猛 | R | √ | √ | √ | √ |
| 206 | 隼形目 Falconiformes | 隼科 Falconidae | 红脚隼 *Falco amurensis* | 二 | LC | II | 猛 | SP | √ | √ | √ | √ |
| 207 | 隼形目 Falconiformes | 隼科 Falconidae | 灰背隼 *Falco columbarius* | 二 | LC | II | 猛 | WP | √ | √ | √ | √ |
| 208 | 隼形目 Falconiformes | 隼科 Falconidae | 燕隼 *Falco subbuteo* | 二 | LC | II | 猛 | P | √ | √ | √ | √ |
| 209 | 隼形目 Falconiformes | 隼科 Falconidae | 猎隼 *Falco cherrug* | 一 | EN | II | 猛 | P | √ | √ | √ | – |
| 210 | 隼形目 Falconiformes | 隼科 Falconidae | 游隼 *Falco peregrinus* | 二 | LC | I | 猛 | PW | √ | √ | √ | √ |
| 211 | 雀形目 Passeriformes | 黄鹂科 Oriolidae | 黑枕黄鹂 *Oriolus chinensis* | – | LC | – | 鸣 | SP | √ | √ | √ | √ |
| 212 | 雀形目 Passeriformes | 山椒鸟科 Campephagidae | 灰山椒鸟 *Pericrocotus divaricatus* | – | LC | – | 鸣 | P | √ | – | √ | – |

续表

| 序号 | 目 | 科 | 物种 | 保护 | IUCN | CITES | 生态类群 | 居留类型 | 七里海 | 北大港 | 大黄堡 | 团泊洼 |
|---|---|---|---|---|---|---|---|---|---|---|---|---|
| 213 | 雀形目 Passeriformes | 山椒鸟科 Campephagidae | 长尾山椒鸟 *Pericrocotus ethologus* | – | LC | – | 鸣 | SP | – | – | – | – |
| 214 | 雀形目 Passeriformes | 卷尾科 Dicruridae | 黑卷尾 *Dicrurus macrocercus* | – | LC | – | 鸣 | SP | √ | √ | √ | √ |
| 215 | 雀形目 Passeriformes | 卷尾科 Dicruridae | 发冠卷尾 *Dicrurus hottentottus* | – | LC | – | 鸣 | S | – | – | √ | – |
| 216 | 雀形目 Passeriformes | 王鹟科 Monarchidae | 寿带 *Terpsiphone incei* | – | LC | – | 鸣 | SP | – | – | √ | – |
| 217 | 雀形目 Passeriformes | 伯劳科 Laniidae | 牛头伯劳 *Lanius bucephalus* | – | LC | – | 鸣 | P | √ | – | √ | – |
| 218 | 雀形目 Passeriformes | 伯劳科 Laniidae | 红尾伯劳 *Lanius cristatus* | – | LC | – | 鸣 | P | √ | √ | √ | √ |
| 219 | 雀形目 Passeriformes | 伯劳科 Laniidae | 棕背伯劳 *Lanius schach* | – | LC | – | 鸣 | R | √ | √ | √ | √ |
| 220 | 雀形目 Passeriformes | 伯劳科 Laniidae | 楔尾伯劳 *Lanius sphenocercus* | – | LC | – | 鸣 | WP | √ | √ | √ | √ |
| 221 | 雀形目 Passeriformes | 鸦科 Corvidae | 灰喜鹊 *Cyanopica cyanus* | – | LC | – | 鸣 | R | √ | √ | √ | √ |
| 222 | 雀形目 Passeriformes | 鸦科 Corvidae | 红嘴蓝鹊 *Urocissa erythroryncha* | – | LC | – | 鸣 | R | √ | – | – | – |
| 223 | 雀形目 Passeriformes | 鸦科 Corvidae | 喜鹊 *Pica pica* | – | LC | – | 鸣 | R | √ | √ | √ | √ |
| 224 | 雀形目 Passeriformes | 鸦科 Corvidae | 达乌里寒鸦 *Corvus dauuricus* | – | LC | – | 鸣 | WP | √ | √ | √ | √ |
| 225 | 雀形目 Passeriformes | 鸦科 Corvidae | 秃鼻乌鸦 *Corvus frugilegus* | – | LC | – | 鸣 | SP | √ | √ | √ | √ |
| 226 | 雀形目 Passeriformes | 鸦科 Corvidae | 小嘴乌鸦 *Corvus corone* | – | LC | – | 鸣 | WP | √ | √ | √ | √ |
| 227 | 雀形目 Passeriformes | 鸦科 Corvidae | 大嘴乌鸦 *Corvus macrorhynchos* | – | LC | – | 鸣 | R | √ | √ | √ | √ |
| 228 | 雀形目 Passeriformes | 玉鹟科 Stenostiridae | 方尾鹟 *Culicicapa ceylonensis* | – | LC | – | 鸣 | V | – | – | – | – |
| 229 | 雀形目 Passeriformes | 山雀科 Paridae | 煤山雀 *Periparus ater* | – | LC | Ⅲ | 鸣 | R | √ | √ | – | √ |

| 序号 | 目 | 科 | 物种 | 保护 | IUCN | CITES | 生态类群 | 居留类型 | 七里海 | 北大港 | 大黄堡 | 团泊洼 |
|---|---|---|---|---|---|---|---|---|---|---|---|---|
| 230 | 雀形目 Passeriformes | 山雀科 Paridae | 黄腹山雀 *Pardaliparus venustulus* | – | LC | – | 鸣 | S | √ | √ | √ | √ |
| 231 | 雀形目 Passeriformes | 山雀科 Paridae | 沼泽山雀 *Poecile palustris* | – | LC | – | 鸣 | R | √ | – | √ | – |
| 232 | 雀形目 Passeriformes | 山雀科 Paridae | 大山雀 *Parus cinereus* | – | NR | – | 鸣 | R | √ | √ | √ | √ |
| 233 | 雀形目 Passeriformes | 攀雀科 Remizidae | 中华攀雀 *Remiz consobrinus* | – | LC | – | 鸣 | SP | √ | √ | √ | – |
| 234 | 雀形目 Passeriformes | 百灵科 Alaudidae | 蒙古百灵 *Melanocorypha mongolica* | 二 | LC | – | 鸣 | WP | – | √ | √ | – |
| 235 | 雀形目 Passeriformes | 百灵科 Alaudidae | 短趾百灵 *Alaudala cheleensis* | – | LC | – | 鸣 | WP | √ | √ | √ | √ |
| 236 | 雀形目 Passeriformes | 百灵科 Alaudidae | 凤头百灵 *Galerida cristata* | – | LC | III | 鸣 | WP | √ | – | – | √ |
| 237 | 雀形目 Passeriformes | 百灵科 Alaudidae | 云雀 *Alauda arvensis* | 二 | LC | III | 鸣 | SWP | √ | √ | √ | √ |
| 238 | 雀形目 Passeriformes | 百灵科 Alaudidae | 角百灵 *Eremophila alpestris* | – | LC | – | 鸣 | W | √ | √ | √ | √ |
| 239 | 雀形目 Passeriformes | 文须雀科 Panuridae | 文须雀 *Panurus biarmicus* | – | LC | – | 鸣 | W | √ | √ | √ | – |
| 240 | 雀形目 Passeriformes | 扇尾莺科 Cisticolidae | 棕扇尾莺 *Cisticola juncidis* | – | LC | – | 鸣 | S | √ | √ | √ | √ |
| 241 | 雀形目 Passeriformes | 苇莺科 Acrocephalidae | 东方大苇莺 *Acrocephalus orientalis* | – | LC | – | 鸣 | S | √ | √ | √ | √ |
| 242 | 雀形目 Passeriformes | 苇莺科 Acrocephalidae | 黑眉苇莺 *Acrocephalus bistrigiceps* | – | LC | – | 鸣 | SP | √ | √ | √ | √ |
| 243 | 雀形目 Passeriformes | 苇莺科 Acrocephalidae | 钝翅苇莺 *Acrocephalus concinens* | – | LC | – | 鸣 | P | – | – | – | – |
| 244 | 雀形目 Passeriformes | 苇莺科 Acrocephalidae | 远东苇莺 *Acrocephalus tangorum* | – | VU | – | 鸣 | P | – | √ | – | – |
| 245 | 雀形目 Passeriformes | 苇莺科 Acrocephalidae | 厚嘴苇莺 *Arundinax aedon* | – | LC | – | 鸣 | P | √ | √ | √ | √ |
| 246 | 雀形目 Passeriformes | 蝗莺科 Locustellidae | 北短翅蝗莺 *Locustella davidi* | – | LC | – | 鸣 | P | – | – | – | – |

续表

| 序号 | 目 | 科 | 物种 | 保护 | IUCN | CITES | 生态类群 | 居留类型 | 七里海 | 北大港 | 大黄堡 | 团泊洼 |
|---|---|---|---|---|---|---|---|---|---|---|---|---|
| 247 | 雀形目 Passeriformes | 蝗莺科 Locustellidae | 矛斑蝗莺 *Locustella lanceolata* | – | LC | – | 鸣 | P | – | √ | – | – |
| 248 | 雀形目 Passeriformes | 蝗莺科 Locustellidae | 小蝗莺 *Locustella certhiola* | – | LC | – | 鸣 | P | √ | √ | – | – |
| 249 | 雀形目 Passeriformes | 蝗莺科 Locustellidae | 斑背大尾莺 *Locustella pryeri* | – | NT | – | 鸣 | PS | – | √ | – | – |
| 250 | 雀形目 Passeriformes | 燕科 Hirundinidae | 崖沙燕 *Riparia riparia* | – | LC | – | 鸣 | P | √ | √ | √ | √ |
| 251 | 雀形目 Passeriformes | 燕科 Hirundinidae | 家燕 *Hirundo rustica* | – | LC | – | 鸣 | SP | √ | √ | √ | √ |
| 252 | 雀形目 Passeriformes | 燕科 Hirundinidae | 金腰燕 *Cecropis daurica* | – | LC | – | 鸣 | SP | √ | √ | √ | √ |
| 253 | 雀形目 Passeriformes | 鹎科 Pycnonotidae | 白头鹎 *Pycnonotus sinensis* | – | LC | – | 鸣 | R | √ | √ | √ | √ |
| 254 | 雀形目 Passeriformes | 鹎科 Pycnonotidae | 栗耳短脚鹎 *Hypsipetes amaurotis* | – | LC | – | 鸣 | W | √ | √ | – | – |
| 255 | 雀形目 Passeriformes | 柳莺科 Phylloscopidae | 褐柳莺 *Phylloscopus fuscatus* | – | LC | – | 鸣 | PW | √ | √ | √ | √ |
| 256 | 雀形目 Passeriformes | 柳莺科 Phylloscopidae | 棕眉柳莺 *Phylloscopus armandii* | – | LC | – | 鸣 | SP | – | – | – | – |
| 257 | 雀形目 Passeriformes | 柳莺科 Phylloscopidae | 巨嘴柳莺 *Phylloscopus schwarzi* | – | LC | – | 鸣 | P | √ | √ | √ | – |
| 258 | 雀形目 Passeriformes | 柳莺科 Phylloscopidae | 云南柳莺 *Phylloscopus yunnanensis* | – | LC | – | 鸣 | SP | – | – | – | – |
| 259 | 雀形目 Passeriformes | 柳莺科 Phylloscopidae | 黄腰柳莺 *Phylloscopus proregulus* | – | LC | – | 鸣 | PW | √ | √ | √ | √ |
| 260 | 雀形目 Passeriformes | 柳莺科 Phylloscopidae | 黄眉柳莺 *Phylloscopus inornatus* | – | LC | – | 鸣 | P | √ | √ | √ | √ |
| 261 | 雀形目 Passeriformes | 柳莺科 Phylloscopidae | 淡眉柳莺 *Phylloscopus humei* | – | LC | – | 鸣 | P | – | – | – | – |
| 262 | 雀形目 Passeriformes | 柳莺科 Phylloscopidae | 极北柳莺 *Phylloscopus borealis* | – | LC | – | 鸣 | P | √ | √ | √ | – |

天津湿地生物多样性

续表

| 序号 | 目 | 科 | 物种 | 保护 | IUCN | CITES | 生态类群 | 居留类型 | 七里海 | 北大港 | 大黄堡 | 团泊洼 |
|---|---|---|---|---|---|---|---|---|---|---|---|---|
| 263 | 雀形目 Passeriformes | 柳莺科 Phylloscopidae | 双斑绿柳莺 *Phylloscopus plumbeitarsus* | – | LC | – | 鸣 | P | √ | √ | – | – |
| 264 | 雀形目 Passeriformes | 柳莺科 Phylloscopidae | 淡脚柳莺 *Phylloscopus tenellipes* | – | LC | – | 鸣 | P | – | – | – | – |
| 265 | 雀形目 Passeriformes | 柳莺科 Phylloscopidae | 冕柳莺 *Phylloscopus coronatus* | – | LC | – | 鸣 | SP | – | – | – | – |
| 266 | 雀形目 Passeriformes | 柳莺科 Phylloscopidae | 冠纹柳莺 Phylloscopus claudiae | – | LC | – | 鸣 | SP | – | – | – | – |
| 267 | 雀形目 Passeriformes | 树莺科 Cettiidae | 远东树莺 *Horornis canturians* | – | LC | – | 鸣 | SP | – | – | – | – |
| 268 | 雀形目 Passeriformes | 树莺科 Cettiidae | 鳞头树莺 *Urosphena squameiceps* | – | LC | – | 鸣 | SP | – | – | – | – |
| 269 | 雀形目 Passeriformes | 长尾山雀科 Aegithalidae | 北长尾山雀 *Aegithalos caudatus* | – | LC | – | 鸣 | W | √ | – | – | – |
| 270 | 雀形目 Passeriformes | 长尾山雀科 Aegithalidae | 银喉长尾山雀 *Aegithalos glaucogularis* | – | LC | – | 鸣 | R | √ | √ | – | – |
| 271 | 雀形目 Passeriformes | 莺鹛科 Sylviidae | 山鹛 *Rhopophilus pekinensis* | – | LC | – | 鸣 | R | √ | √ | – | – |
| 272 | 雀形目 Passeriformes | 莺鹛科 Sylviidae | 棕头鸦雀 *Sinosuthora webbiana* | – | LC | – | 鸣 | R | √ | √ | √ | √ |
| 273 | 雀形目 Passeriformes | 莺鹛科 Sylviidae | 震旦鸦雀 *Paradoxornis heudei* | 二 | NT | – | 鸣 | R | √ | √ | √ | √ |
| 274 | 雀形目 Passeriformes | 绣眼鸟科 Zosteropidae | 红胁绣眼鸟 *Zosterops erythropleurus* | 二 | LC | – | 鸣 | P | √ | √ | √ | – |
| 275 | 雀形目 Passeriformes | 绣眼鸟科 Zosteropidae | 暗绿绣眼鸟 *Zosterops japonicus* | – | LC | – | 鸣 | P | √ | √ | √ | √ |
| 276 | 雀形目 Passeriformes | 噪鹛科 Leiothrichidae | 山噪鹛 *Garrulax davidi* | – | LC | – | 鸣 | R | – | – | – | – |
| 277 | 雀形目 Passeriformes | 鹪鹩科 Troglodytidae | 鹪鹩 *Troglodytes troglodytes* | – | LC | Ⅲ | 鸣 | R | √ | √ | – | – |

312

续表

| 序号 | 目 | 科 | 物种 | 保护 | IUCN | CITES | 生态类群 | 居留类型 | 七里海 | 北大港 | 大黄堡 | 团泊洼 |
|---|---|---|---|---|---|---|---|---|---|---|---|---|
| 278 | 雀形目 Passeriformes | 椋鸟科 Sturnidae | 八哥 *Acridotheres cristatellus* | – | LC | – | 鸣 | R | √ | – | – | – |
| 279 | 雀形目 Passeriformes | 椋鸟科 Sturnidae | 丝光椋鸟 *Spodiopsar sericeus* | – | LC | – | 鸣 | R | – | √ | √ | √ |
| 280 | 雀形目 Passeriformes | 椋鸟科 Sturnidae | 灰椋鸟 *Spodiopsar cineraceus* | – | LC | – | 鸣 | R | √ | √ | √ | √ |
| 281 | 雀形目 Passeriformes | 椋鸟科 Sturnidae | 北椋鸟 *Agropsar sturninus* | – | LC | – | 鸣 | PS | – | – | – | – |
| 282 | 雀形目 Passeriformes | 椋鸟科 Sturnidae | 紫翅椋鸟 *Sturnus vulgaris* | – | LC | – | 鸣 | PW | √ | √ | √ | √ |
| 283 | 雀形目 Passeriformes | 鸫科 Turdidae | 白眉地鸫 *Geokichla sibirica* | – | LC | – | 鸣 | P | – | – | – | – |
| 284 | 雀形目 Passeriformes | 鸫科 Turdidae | 虎斑地鸫 *Zoothera aurea* | – | LC | – | 鸣 | P | √ | – | √ | – |
| 285 | 雀形目 Passeriformes | 鸫科 Turdidae | 灰背鸫 *Turdus hortulorum* | – | LC | – | 鸣 | P | √ | – | – | – |
| 286 | 雀形目 Passeriformes | 鸫科 Turdidae | 乌鸫 *Turdus mandarinus* | – | LC | – | 鸣 | R | – | – | – | – |
| 287 | 雀形目 Passeriformes | 鸫科 Turdidae | 白眉鸫 *Turdus obscurus* | – | LC | – | 鸣 | P | – | √ | – | – |
| 288 | 雀形目 Passeriformes | 鸫科 Turdidae | 赤胸鸫 *Turdus chrysolaus* | – | LC | – | 鸣 | P | – | √ | – | – |
| 289 | 雀形目 Passeriformes | 鸫科 Turdidae | 赤颈鸫 *Turdus ruficollis* | – | LC | – | 鸣 | WP | √ | √ | √ | √ |
| 290 | 雀形目 Passeriformes | 鸫科 Turdidae | 红尾斑鸫 *Turdus naumanni* | – | LC | – | 鸣 | WP | √ | √ | √ | √ |
| 291 | 雀形目 Passeriformes | 鸫科 Turdidae | 斑鸫 *Turdus eunomus* | – | LC | – | 鸣 | WP | √ | √ | √ | √ |
| 292 | 雀形目 Passeriformes | 鸫科 Turdidae | 宝兴歌鸫 *Turdus mupinensis* | – | LC | – | 鸣 | SP | – | – | – | √ |
| 293 | 雀形目 Passeriformes | 鹟科 Muscicapidae | 红尾歌鸲 *Larvivora sibilans* | – | LC | – | 鸣 | P | – | – | – | – |
| 294 | 雀形目 Passeriformes | 鹟科 Muscicapidae | 蓝歌鸲 *Larvivora cyane* | – | LC | – | 鸣 | P | √ | √ | – | √ |
| 295 | 雀形目 Passeriformes | 鹟科 Muscicapidae | 红喉歌鸲 *Calliope calliope* | 二 | LC | – | 鸣 | P | √ | √ | √ | √ |

续表

| 序号 | 目 | 科 | 物种 | 保护 | IUCN | CITES | 生态类群 | 居留类型 | 七里海 | 北大港 | 大黄堡 | 团泊洼 |
|---|---|---|---|---|---|---|---|---|---|---|---|---|
| 296 | 雀形目 Passeriformes | 鹟科 Muscicapidae | 蓝喉歌鸲 *Luscinia svecica* | 二 | LC | Ⅲ | 鸣 | P | √ | √ | √ | – |
| 297 | 雀形目 Passeriformes | 鹟科 Muscicapidae | 红胁蓝尾鸲 *Tarsiger cyanurus* | – | LC | – | 鸣 | P | √ | √ | √ | √ |
| 298 | 雀形目 Passeriformes | 鹟科 Muscicapidae | 北红尾鸲 *Phoenicurus auroreus* | – | LC | – | 鸣 | SWP | √ | √ | √ | √ |
| 299 | 雀形目 Passeriformes | 鹟科 Muscicapidae | 黑喉石䳭 *Saxicola maurus* | – | NR | – | 鸣 | P | √ | √ | √ | √ |
| 300 | 雀形目 Passeriformes | 鹟科 Muscicapidae | 蓝矶鸫 *Monticola solitarius* | – | LC | – | 鸣 | SP | √ | – | – | – |
| 301 | 雀形目 Passeriformes | 鹟科 Muscicapidae | 白喉矶鸫 *Monticola gularis* | – | LC | – | 鸣 | P | – | √ | – | – |
| 302 | 雀形目 Passeriformes | 鹟科 Muscicapidae | 灰纹鹟 *Muscicapa griseisticta* | – | LC | – | 鸣 | P | √ | √ | – | – |
| 303 | 雀形目 Passeriformes | 鹟科 Muscicapidae | 乌鹟 *Muscicapa sibirica* | – | LC | – | 鸣 | P | √ | √ | √ | – |
| 304 | 雀形目 Passeriformes | 鹟科 Muscicapidae | 北灰鹟 *Muscicapa dauurica* | – | LC | – | 鸣 | P | √ | √ | √ | – |
| 305 | 雀形目 Passeriformes | 鹟科 Muscicapidae | 白眉姬鹟 *Ficedula zanthopygia* | – | LC | – | 鸣 | SP | √ | √ | √ | – |
| 306 | 雀形目 Passeriformes | 鹟科 Muscicapidae | 鸲姬鹟 *Ficedula mugimaki* | – | LC | – | 鸣 | P | – | – | – | – |
| 307 | 雀形目 Passeriformes | 鹟科 Muscicapidae | 红胸姬鹟 *Ficedula parva* | – | LC | – | 鸣 | V | √ | – | – | – |
| 308 | 雀形目 Passeriformes | 鹟科 Muscicapidae | 红喉姬鹟 *Ficedula albicilla* | – | LC | – | 鸣 | P | √ | √ | √ | – |
| 309 | 雀形目 Passeriformes | 鹟科 Muscicapidae | 白腹蓝鹟 *Cyanoptila cyanomelana* | – | LC | – | 鸣 | P | – | √ | – | – |
| 310 | 雀形目 Passeriformes | 鹟科 Muscicapidae | 铜蓝鹟 *Eumyias thalassinus* | – | LC | – | 鸣 | V | – | √ | – | – |
| 311 | 雀形目 Passeriformes | 戴菊科 Regulidae | 戴菊 *Regulus regulus* | – | LC | – | 鸣 | W | √ | – | – | – |
| 312 | 雀形目 Passeriformes | 太平鸟科 Bombycillidae | 太平鸟 *Bombycilla garrulus* | – | LC | – | 鸣 | W | √ | – | – | √ |
| 313 | 雀形目 Passeriformes | 太平鸟科 Bombycillidae | 小太平鸟 *Bombycilla japonica* | – | NT | – | 鸣 | W | √ | – | – | – |

续表

| 序号 | 目 | 科 | 物种 | 保护 | IUCN | CITES | 生态类群 | 居留类型 | 七里海 | 北大港 | 大黄堡 | 团泊洼 |
|---|---|---|---|---|---|---|---|---|---|---|---|---|
| 314 | 雀形目 Passeriformes | 岩鹨科 Prunellidae | 领岩鹨 *Prunella collaris* | – | LC | – | 鸣 | W | √ | – | – | – |
| 315 | 雀形目 Passeriformes | 岩鹨科 Prunellidae | 棕眉山岩鹨 *Prunella montanella* | | LC | – | 鸣 | W | – | √ | – | – |
| 316 | 雀形目 Passeriformes | 雀科 Passeridae | 麻雀 *Passer montanus* | – | LC | – | 鸣 | R | √ | √ | √ | √ |
| 317 | 雀形目 Passeriformes | 鹡鸰科 Motacillidae | 山鹡鸰 *Dendronanthus indicus* | – | LC | – | 鸣 | SP | √ | √ | | |
| 318 | 雀形目 Passeriformes | 鹡鸰科 Motacillidae | 黄鹡鸰 *Motacilla tschutschensis* | – | LC | – | 鸣 | P | √ | √ | √ | √ |
| 319 | 雀形目 Passeriformes | 鹡鸰科 Motacillidae | 黄头鹡鸰 *Motacilla citreola* | – | LC | – | 鸣 | P | √ | √ | – | √ |
| 320 | 雀形目 Passeriformes | 鹡鸰科 Motacillidae | 灰鹡鸰 *Motacilla cinerea* | – | LC | – | 鸣 | P | √ | √ | √ | √ |
| 321 | 雀形目 Passeriformes | 鹡鸰科 Motacillidae | 白鹡鸰 *Motacilla alba* | – | LC | – | 鸣 | SWP | √ | √ | √ | √ |
| 322 | 雀形目 Passeriformes | 鹡鸰科 Motacillidae | 田鹨 *Anthus richardi* | – | LC | – | 鸣 | P | √ | √ | √ | √ |
| 323 | 雀形目 Passeriformes | 鹡鸰科 Motacillidae | 布氏鹨 *Anthus godlewskii* | – | LC | – | 鸣 | P | – | √ | – | – |
| 324 | 雀形目 Passeriformes | 鹡鸰科 Motacillidae | 树鹨 *Anthus hodgsoni* | – | LC | – | 鸣 | P | √ | √ | √ | √ |
| 325 | 雀形目 Passeriformes | 鹡鸰科 Motacillidae | 北鹨 *Anthus gustavi* | – | LC | – | 鸣 | P | √ | √ | | |
| 326 | 雀形目 Passeriformes | 鹡鸰科 Motacillidae | 粉红胸鹨 *Anthus roseatus* | – | LC | – | 鸣 | P | √ | √ | – | – |
| 327 | 雀形目 Passeriformes | 鹡鸰科 Motacillidae | 红喉鹨 *Anthus cervinus* | – | LC | – | 鸣 | P | √ | √ | √ | |
| 328 | 雀形目 Passeriformes | 鹡鸰科 Motacillidae | 黄腹鹨 *Anthus rubescens* | – | LC | – | 鸣 | W | √ | √ | √ | √ |
| 329 | 雀形目 Passeriformes | 鹡鸰科 Motacillidae | 水鹨 *Anthus spinoletta* | – | LC | – | 鸣 | PW | √ | √ | √ | √ |
| 330 | 雀形目 Passeriformes | 燕雀科 Fringillidae | 燕雀 *Fringilla montifringilla* | – | LC | – | 鸣 | PW | √ | √ | √ | √ |
| 331 | 雀形目 Passeriformes | 燕雀科 Fringillidae | 黑尾蜡嘴雀 *Eophona migratoria* | – | LC | – | 鸣 | SPW | √ | √ | √ | |

| 序号 | 目 | 科 | 物种 | 保护 | IUCN | CITES | 生态类群 | 居留类型 | 七里海 | 北大港 | 大黄堡 | 团泊洼 |
|---|---|---|---|---|---|---|---|---|---|---|---|---|
| 332 | 雀形目 Passeriformes | 燕雀科 Fringillidae | 普通朱雀 Carpodacus erythrinus | – | LC | Ⅲ | 鸣 | P | √ | √ | √ | – |
| 333 | 雀形目 Passeriformes | 燕雀科 Fringillidae | 长尾雀 Carpodacus sibiricus | – | LC | – | 鸣 | W | √ | – | – | – |
| 334 | 雀形目 Passeriformes | 燕雀科 Fringillidae | 金翅雀 Chloris sinica | – | LC | – | 鸣 | R | √ | √ | √ | √ |
| 335 | 雀形目 Passeriformes | 燕雀科 Fringillidae | 白腰朱顶雀 Acanthis flammea | – | LC | Ⅲ | 鸣 | WP | √ | – | √ | √ |
| 336 | 雀形目 Passeriformes | 燕雀科 Fringillidae | 黄雀 Spinus spinus | – | LC | Ⅲ | 鸣 | PW | √ | – | √ | √ |
| 337 | 雀形目 Passeriformes | 铁爪鹀科 Calcariidae | 铁爪鹀 Calcarius lapponicus | – | LC | – | 鸣 | W | – | √ | – | – |
| 338 | 雀形目 Passeriformes | 鹀科 Emberizidae | 白头鹀 Emberiza leucocephalos | – | LC | – | 鸣 | W | √ | | | |
| 339 | 雀形目 Passeriformes | 鹀科 Emberizidae | 三道眉草鹀 Emberiza cioides | – | LC | – | 鸣 | R | √ | √ | √ | √ |
| 340 | 雀形目 Passeriformes | 鹀科 Emberizidae | 白眉鹀 Emberiza tristrami | – | LC | – | 鸣 | P | √ | √ | | |
| 341 | 雀形目 Passeriformes | 鹀科 Emberizidae | 栗耳鹀 Emberiza fucata | – | LC | – | 鸣 | P | √ | √ | – | – |
| 342 | 雀形目 Passeriformes | 鹀科 Emberizidae | 小鹀 Emberiza pusilla | – | LC | – | 鸣 | PW | √ | √ | √ | √ |
| 343 | 雀形目 Passeriformes | 鹀科 Emberizidae | 黄眉鹀 Emberiza chrysophrys | – | LC | – | 鸣 | P | √ | √ | √ | – |
| 344 | 雀形目 Passeriformes | 鹀科 Emberizidae | 田鹀 Emberiza rustica | – | VU | – | 鸣 | PW | √ | √ | √ | √ |
| 345 | 雀形目 Passeriformes | 鹀科 Emberizidae | 黄喉鹀 Emberiza elegans | – | LC | – | 鸣 | PW | √ | √ | √ | √ |
| 346 | 雀形目 Passeriformes | 鹀科 Emberizidae | 黄胸鹀 Emberiza aureola | — | CR | – | 鸣 | P | √ | √ | √ | √ |
| 347 | 雀形目 Passeriformes | 鹀科 Emberizidae | 栗鹀 Emberiza rutila | – | LC | – | 鸣 | P | | √ | √ | – |
| 348 | 雀形目 Passeriformes | 鹀科 Emberizidae | 灰头鹀 Emberiza spodocephala | – | LC | – | 鸣 | PW | √ | √ | √ | √ |
| 349 | 雀形目 Passeriformes | 鹀科 Emberizidae | 苇鹀 Emberiza pallasi | – | LC | – | 鸣 | WP | √ | √ | √ | √ |

续表

| 序号 | 目 | 科 | 物种 | 保护 | IUCN | CITES | 生态类群 | 居留类型 | 七里海 | 北大港 | 大黄堡 | 团泊洼 |
|---|---|---|---|---|---|---|---|---|---|---|---|---|
| 350 | 雀形目 Passeriformes | 鹀科 Emberizidae | 红颈苇鹀 *Emberiza yessoensis* | – | NT | – | 鸣 | PW | – | √ | √ | – |
| 351 | 雀形目 Passeriformes | 鹀科 Emberizidae | 芦鹀 *Emberiza schoeniclus* | – | LC | – | 鸣 | PW | √ | √ | √ | √ |

注:

1.保护列中:"一"为国家一级重点保护;"二"为国家二级重点保护。

2.IUCN列中:"CR"为极危;"EN"为濒危;"VU"为易危;"NT"为近危;"LC"为低度关注;"NR"为未认可。

3.CITES列中:"Ⅰ"为CITES附录Ⅰ;"Ⅱ"为CITES附录Ⅱ。

4.生态类群列中:"游"为游禽;"涉"为涉禽;"陆"为陆禽;"攀"为攀禽;"猛"为猛禽;"鸣"为鸣禽。

5.居留类型列中,"P"为迁经鸟;"R"为留鸟;"S"为夏候鸟;"V"为迷鸟;"W"为冬候鸟;字母组合的释义即为对应中文释义的组合。

## 6.3  天津湿地哺乳动物名录

| 序号 | 目 | 科 | 物种 | 保护 | IUCN | CITES | 七里海 | 北大港 | 大黄堡 | 团泊洼 |
|---|---|---|---|---|---|---|---|---|---|---|
| 01 | 啮齿目 Rodentia | 仓鼠科 Cricetidae | 东北鼢鼠 *Myospalax psilurus* | – | LC | – | √ | – | √ | – |
| 02 | 啮齿目 Rodentia | 仓鼠科 Cricetidae | 黑线仓鼠 *Cricetulus barabensis* | – | LC | – | √ | √ | √ | √ |
| 03 | 啮齿目 Rodentia | 仓鼠科 Cricetidae | 长尾仓鼠 *Cricetulus longicaudatus* | – | LC | – | – | √ | – | – |
| 04 | 啮齿目 Rodentia | 仓鼠科 Cricetidae | 大仓鼠 *Tscherskia triton* | – | LC | – | √ | √ | √ | √ |
| 05 | 啮齿目 Rodentia | 仓鼠科 Cricetidae | 麝鼠 *Ondatra zibethicus* | – | LC | – | √ | √ | √ | √ |
| 06 | 啮齿目 Rodentia | 鼠科 Muridae | 黑线姬鼠 *Apodemus agrarius* | – | LC | – | √ | √ | √ | √ |
| 07 | 啮齿目 Rodentia | 鼠科 Muridae | 大林姬鼠 *Apodemus peninsulae* | – | LC | – | – | √ | – | – |
| 08 | 啮齿目 Rodentia | 鼠科 Muridae | 小家鼠 *Mus musculus* | – | LC | – | √ | √ | – | – |
| 09 | 啮齿目 Rodentia | 鼠科 Muridae | 北社鼠 *Niviventer confucianus* | – | LC | – | – | √ | – | √ |
| 10 | 啮齿目 Rodentia | 鼠科 Muridae | 褐家鼠 *Rattus norvegicus* | – | LC | – | √ | √ | √ | √ |
| 11 | 兔形目 Lagomorpha | 兔科 Leporidae | 蒙古兔 *Lepus tolai* | – | LC | – | √ | √ | √ | √ |
| 12 | 猬形目 Erinaceomorpha | 猬科 Erinaceidae | 东北刺猬 *Erinaceus amurensis* | – | LC | – | √ | √ | √ | √ |
| 13 | 翼手目 Chiroptera | 菊头蝠科 Rhinolophidae | 马铁菊头蝠 *Rhinolophus ferrumequinum* | – | LC | – | – | √ | – | – |
| 14 | 翼手目 Chiroptera | 蝙蝠科 Vespertilionidae | 大棕蝠 *Eptesicus serotinus* | – | LC | – | – | √ | – | – |
| 15 | 翼手目 Chiroptera | 蝙蝠科 Vespertilionidae | 萨氏伏翼 *Hypsugo savii* | – | LC | – | – | √ | – | – |
| 16 | 翼手目 Chiroptera | 蝙蝠科 Vespertilionidae | 中华山蝠 *Nyctalus plancyi* | – | LC | – | – | √ | – | – |
| 17 | 翼手目 Chiroptera | 蝙蝠科 Vespertilionidae | 东亚伏翼 *Pipistrellus abramus* | – | LC | – | √ | √ | √ | √ |

续表

| 序号 | 目 | 科 | 物种 | 保护 | IUCN | CITES | 七里海 | 北大港 | 大黄堡 | 团泊洼 |
|---|---|---|---|---|---|---|---|---|---|---|
| 18 | 翼手目 Chiroptera | 蝙蝠科 Vespertilionidae | 褐长耳蝠 *Plecotus auritus* | – | LC | – | – | √ | – | – |
| 19 | 翼手目 Chiroptera | 蝙蝠科 Vespertilionidae | 东方蝙蝠 *Vespertilio superans* | – | LC | – | √ | √ | √ | √ |
| 20 | 翼手目 Chiroptera | 蝙蝠科 Vespertilionidae | 大卫鼠耳蝠 *Myotis davidii* | – | LC | – | – | √ | – | – |
| 21 | 翼手目 Chiroptera | 蝙蝠科 Vespertilionidae | 白腹管鼻蝠 *Murina leucogaster* | – | DD | – | – | √ | – | – |
| 22 | 食肉目 Carnivora | 鼬科 mustelidae | 猪獾 *Arctonyx collaris* | – | NT | – | √ | √ | √ | √ |
| 23 | 食肉目 Carnivora | 鼬科 mustelidae | 狗獾 *Meles meles* | – | LC | – | – | √ | – | – |
| 24 | 食肉目 Carnivora | 鼬科 mustelidae | 艾鼬 *Mustela eversmanii* | – | LC | – | √ | √ | – | – |
| 25 | 食肉目 Carnivora | 鼬科 mustelidae | 黄鼬 *Mustela sibirica* | – | LC | Ⅲ | √ | √ | √ | √ |

注:
1.保护列中:"一"为国家一级重点保护;"二"为国家二级重点保护。
2.IUCN列中:"CR"为极危;"EN"为濒危;"VU"为易危;"NT"为近危;"LC"为低度关注;"NR"为未认可。
3.CITES列中:"Ⅰ"为CITES附录Ⅰ;"Ⅱ"为CITES附录Ⅱ。

# 6.4 天津湿地两栖爬行动物名录

| 序号 | 纲 | 目 | 科 | 物种 | 保护 | IUCN | CITES | 七里海 | 北大港 | 大黄堡 | 团泊洼 |
|------|-----|-----|-----|------|------|------|-------|--------|--------|--------|--------|
| 01 | 两栖纲 Amphibia | 无尾目 Anura | 蟾蜍科 Bufonidae | 中华蟾蜍指名亚种 *Bufo gargarizans gargarizans* | – | LC | – | √ | √ | √ | √ |
| 02 | 两栖纲 Amphibia | 无尾目 Anura | 蟾蜍科 Bufonidae | 花背蟾蜍 *Strauchbufo raddei* | – | LC | – | – | √ | √ | √ |
| 03 | 两栖纲 Amphibia | 无尾目 Anura | 蛙科 Ranidae | 黑斑侧褶蛙 *Pelophylax nigromaculatus* | – | NT | – | √ | √ | √ | √ |
| 04 | 两栖纲 Amphibia | 无尾目 Anura | 蛙科 Ranidae | 金线侧褶蛙 *Pelophylax plancyi* | – | LC | – | √ | √ | √ | √ |
| 05 | 两栖纲 Amphibia | 无尾目 Anura | 蛙科 Ranidae | 泽陆蛙 *Fejervarya multist* | – | DD | – | √ | √ | √ | √ |
| 06 | 两栖纲 Amphibia | 无尾目 Anura | 姬蛙科 Microhylidae | 北方狭口蛙 *Kaloula borealis* | – | LC | – | √ | √ | √ | √ |
| 07 | 爬行纲 Reptilia | 龟鳖目 Testudoformes | 鳖科 Trionychidae | 中华鳖 *Trionyx sinensis* | – | VU | – | √ | √ | √ | √ |
| 08 | 爬行纲 Reptilia | 蜥蜴亚目 Lacertilia | 壁虎科 Gekkonidae | 无蹼壁虎 *Gekko swinhonis* | – | VU | – | √ | √ | √ | – |
| 09 | 爬行纲 Reptilia | 蜥蜴亚目 Lacertilia | 蜥蜴科 Lacertidae | 黄纹石龙子 *Plestiodon capito* | – | LC | – | – | √ | √ | √ |
| 10 | 爬行纲 Reptilia | 蜥蜴亚目 Lacertilia | 蜥蜴科 Lacertidae | 宁波滑蜥北方亚种 *Scincella modesta septentrinalis* | – | LC | – | – | √ | √ | – |
| 11 | 爬行纲 Reptilia | 蜥蜴亚目 Lacertilia | 蜥蜴科 Lacertidae | 丽斑麻蜥 *Eremias argus* | – | LC | – | √ | √ | √ | √ |
| 12 | 爬行纲 Reptilia | 蛇亚目 Serpentes | 游蛇科 Colubridae | 黄脊游蛇 *Orientocoluber spinalis* | – | LC | – | √ | √ | √ | √ |
| 13 | 爬行纲 Reptilia | 蛇亚目 Serpentes | 游蛇科 Colubridae | 赤链蛇 *Lycodon rufozonatum* | – | LC | – | √ | √ | √ | √ |
| 14 | 爬行纲 Reptilia | 蛇亚目 Serpentes | 游蛇科 Colubridae | 王锦蛇 *Elaphe carinata* | – | LC | – | – | √ | √ | – |
| 15 | 爬行纲 Reptilia | 蛇亚目 Serpentes | 游蛇科 Colubridae | 黑眉锦蛇 *Elaphe taeniura* | – | VU | – | – | √ | √ | – |
| 16 | 爬行纲 Reptilia | 蛇亚目 Serpentes | 游蛇科 Colubridae | 团花锦蛇 *Elaphe davidi* | 二级 | DD | – | – | √ | √ | – |
| 17 | 爬行纲 Reptilia | 蛇亚目 Serpentes | 游蛇科 Colubridae | 白条锦蛇 *Elaphe dione* | – | LC | – | √ | √ | √ | √ |

续表

| 序号 | 纲 | 目 | 科 | 物种 | 保护 | IUCN | CITES | 七里海 | 北大港 | 大黄堡 | 团泊洼 |
|---|---|---|---|---|---|---|---|---|---|---|---|
| 18 | 爬行纲<br>Reptilia | 蛇亚目<br>Serpentes | 游蛇科<br>Colubridae | 玉斑锦蛇<br>*Euprepiophis mandarina* | – | LC | – | – | √ | – | – |
| 19 | 爬行纲<br>Reptilia | 蛇亚目<br>Serpentes | 游蛇科<br>Colubridae | 红纹滞卵蛇<br>*Oocatochus rufodorsatus* | – | LC | – | – | √ | √ | √ |
| 20 | 爬行纲<br>Reptilia | 蛇亚目<br>Serpentes | 游蛇科<br>Colubridae | 乌梢蛇<br>*Ptyas dhumnades* | – | LC | – | – | √ | √ | – |
| 21 | 爬行纲<br>Reptilia | 蛇亚目<br>Serpentes | 游蛇科<br>Colubridae | 虎斑颈槽蛇<br>*Rhabdophis tigrinus* | – | LC | – | √ | √ | √ | √ |

注:
1.保护列中:"一"为国家一级重点保护;"二"为国家二级重点保护。
2.IUCN列中:"CR"为极危;"EN"为濒危;"VU"为易危;"NT"为近危;"LC"为低度关注;"NR"为未认可。
3.CITES列中:"Ⅰ"为CITES附录Ⅰ;"Ⅱ"为CITES附录Ⅱ。

# 6.5 天津湿地鱼类名录

| 序号 | 目 | 科 | 物种 | 七里海 | 北大港 | 大黄堡 | 团泊洼 |
|---|---|---|---|---|---|---|---|
| 01 | 鲱形目<br>Clupeiformes | 鳀科<br>Engraulidae | 鲚<br>*Coilia ectenes* | √ | √ | √ | √ |
| 02 | 鲑形目<br>Salmoniformes | 银鱼科<br>Salangidae | 前颌间银鱼<br>*Hemosalanx prognathus* | √ | √ | √ | √ |
| 03 | 鲑形目<br>Salmoniformes | 银鱼科<br>Salangidae | 大银鱼<br>*Protosalanx hyalocranius* | – | √ | – | – |
| 04 | 鳗鲡目<br>Anguilligormes | 鳗鲡科<br>Anguillidae | 日本鳗鲡<br>*Anguilla japonica* | – | √ | – | – |
| 05 | 鲇形目<br>Siluriformes | 鲇科<br>Siluridae | 鲇<br>*Silurus asotus* | √ | √ | √ | √ |
| 06 | 鲇形目<br>Siluriformes | 鲇科<br>Siluridae | 怀头鲇<br>*Silurus soldatovi* | – | √ | – | – |
| 07 | 鲇形目<br>Siluriformes | 鲿科<br>Bagridae | 黄颡鱼<br>*Pseudobagrus fulviraco* | √ | √ | √ | √ |
| 08 | 合鳃目<br>Synbranchiformes | 合鳃科<br>Synbranchidae | 黄鳝<br>*Monopterus albus* | √ | √ | √ | √ |
| 09 | 鲈形目<br>Perciformes | 真鲈科<br>Percichthyidae | 鳜<br>*Siniperca chuatsi* | √ | √ | √ | √ |
| 10 | 鲈形目<br>Perciformes | 虾虎鱼科<br>Gobiidae | 纹缟虾虎鱼<br>*Tridentiger trigonocephalus* | √ | √ | √ | √ |
| 11 | 鲈形目<br>Perciformes | 虾虎鱼科<br>Gobiidae | 裸项吻虾虎鱼<br>*Rhinogobius gumnauchen* | √ | – | – | – |
| 12 | 鲈形目<br>Perciformes | 虾虎鱼科<br>Gobiidae | 吻虾虎鱼<br>*Rhinogobius giurinus* | √ | √ | √ | √ |
| 13 | 鲈形目<br>Perciformes | 虾虎鱼科<br>Gobiidae | 斑尾刺虾虎鱼<br>*Acanthogobius ommaturus* | – | √ | – | – |
| 14 | 鲈形目<br>Perciformes | 虾虎鱼科<br>Gobiidae | 暗缟虾虎鱼<br>*Tridentiger obscurus* | – | √ | – | – |
| 15 | 鲈形目<br>Perciformes | 虾虎鱼科<br>Gobiidae | 波氏吻虾虎鱼<br>*Rhinogobius cliffordpoei* | – | √ | – | – |
| 16 | 鲈形目<br>Perciformes | 鳢科<br>Ophiocephalidae | 乌鳢<br>*Ophicephalus argus* | √ | √ | √ | √ |
| 17 | 鲈形目<br>Perciformes | 鮨科<br>Serranidae | 花鲈<br>*Lateolabrax japonicus* | – | √ | – | – |

续表

| 序号 | 目 | 科 | 物种 | 七里海 | 北大港 | 大黄堡 | 团泊洼 |
|---|---|---|---|---|---|---|---|
| 18 | 鲈形目 Perciformes | 塘鳢鱼科 Eleotridae | 小黄黝鱼 *Micropercops swinhonis* | – | √ | – | – |
| 19 | 鲈形目 Perciformes | 刺鳅科 Mastacembelidae | 中华刺鳅 *Sinobdella sinensis* | – | √ | – | – |
| 20 | 鳉形目 Cyprinodontiformes | 鳉鱼科 Cyprinodontidae | 中华青针鱼 *Oryzias sinensis* | – | √ | – | – |
| 21 | 鲻形目 Mugiligormes | 鲻科 Mugilidae | 鲻 *Mugil cephalus* | – | √ | – | – |
| 22 | 鲻形目 Mugiligormes | 鲻科 Mugilidae | 鲛 *Liza haematocheila* | – | √ | – | – |
| 23 | 鲤形目 Cypriniformes | 鲤科 Cyprinidae | 青鱼 *Mylopharyngodon piceus* | √ | √ | √ | √ |
| 24 | 鲤形目 Cypriniformes | 鲤科 Cyprinidae | 银鲴 *Xenocypris argentea* | √ | √ | √ | – |
| 25 | 鲤形目 Cypriniformes | 鲤科 Cyprinidae | 黄尾鲴 *Xenocypris divii* | √ | √ | √ | – |
| 26 | 鲤形目 Cypriniformes | 鲤科 Cyprinidae | 蛇鮈 *Saurogobio dabry* | √ | – | – | – |
| 27 | 鲤形目 Cypriniformes | 鲤科 Cyprinidae | 草鱼 *Ctenopharyngodon idellas* | √ | √ | √ | √ |
| 28 | 鲤形目 Cypriniformes | 鲤科 Cyprinidae | 赤眼鳟 *Squaliobarbus curriculus* | √ | √ | √ | √ |
| 29 | 鲤形目 Cypriniformes | 鲤科 Cyprinidae | 鳡 *Elopichthys bambusa* | √ | √ | √ | √ |
| 30 | 鲤形目 Cypriniformes | 鲤科 Cyprinidae | 餐条 *Hemiculter leucisculus* | √ | √ | √ | √ |
| 31 | 鲤形目 Cypriniformes | 鲤科 Cyprinidae | 油餐 *Hemiculter bleekeri* | √ | √ | √ | – |
| 32 | 鲤形目 Cypriniformes | 鲤科 Cyprinidae | 红鳍鲌 *Culter erythropterus* | √ | √ | √ | √ |
| 33 | 鲤形目 Cypriniformes | 鲤科 Cyprinidae | 翘嘴鲌 *Culter alburnus* | – | √ | – | – |
| 34 | 鲤形目 Cypriniformes | 鲤科 Cyprinidae | 翘嘴红鲌 *Erythroculeer ilishaeformis* | √ | √ | √ | √ |
| 35 | 鲤形目 Cypriniformes | 鲤科 Cyprinidae | 蒙古红鲌 *Erythroculeer mongolicus* | √ | √ | √ | – |
| 36 | 鲤形目 Cypriniformes | 鲤科 Cyprinidae | 青梢红鲌 *Erythroculeer dabryi* | √ | √ | √ | – |
| 37 | 鲤形目 Cypriniformes | 鲤科 Cyprinidae | 长春鳊 *Parabramis pekinensis* | √ | √ | – | – |

| 序号 | 目 | 科 | 物种 | 七里海 | 北大港 | 大黄堡 | 团泊洼 |
|---|---|---|---|---|---|---|---|
| 38 | 鲤形目<br>Cypriniformes | 鲤科<br>Cyprinidae | 三角鲂<br>*Megalobrama terminalis* | √ | – | – | – |
| 39 | 鲤形目<br>Cypriniformes | 鲤科<br>Cyprinidae | 团头鲂<br>*Megalobrama amblyceephala* | √ | √ | √ | √ |
| 40 | 鲤形目<br>Cypriniformes | 鲤科<br>Cyprinidae | 中华鳑鲏<br>*Rhodeus sinensis* | √ | √ | √ | – |
| 41 | 鲤形目<br>Cypriniformes | 鲤科<br>Cyprinidae | 白河刺鳑鲏<br>*Acanthorhodeus peihoensis* | √ | – | – | – |
| 42 | 鲤形目<br>Cypriniformes | 鲤科<br>Cyprinidae | 大鳍刺鳑鲏<br>*Acanthorhodeus macropterus* | √ | √ | – | – |
| 43 | 鲤形目<br>Cypriniformes | 鲤科<br>Cyprinidae | 兴凯刺鳑鲏<br>*Acanthorhodeus chkaensis* | √ | √ | – | √ |
| 44 | 鲤形目<br>Cypriniformes | 鲤科<br>Cyprinidae | 花鳍<br>*Hemibarbus maculates* | √ | √ | √ | √ |
| 45 | 鲤形目<br>Cypriniformes | 鲤科<br>Cyprinidae | 麦穗鱼<br>*Pseudorasbora parva* | √ | √ | √ | √ |
| 46 | 鲤形目<br>Cypriniformes | 鲤科<br>Cyprinidae | 棒花鱼<br>*Abbottina rivularis* | √ | √ | √ | √ |
| 47 | 鲤形目<br>Cypriniformes | 鲤科<br>Cyprinidae | 鲤<br>*Cyprinus carpio* | √ | √ | √ | √ |
| 48 | 鲤形目<br>Cypriniformes | 鲤科<br>Cyprinidae | 鲫<br>*Cauratus auratus* | √ | √ | √ | √ |
| 49 | 鲤形目<br>Cypriniformes | 鲤科<br>Cyprinidae | 鳙<br>*Aristichthys nobilis* | √ | √ | √ | √ |
| 50 | 鲤形目<br>Cypriniformes | 鲤科<br>Cyprinidae | 鲢<br>*Hypophthalmichthys molitrix* | √ | √ | √ | √ |
| 51 | 鲤形目<br>Cypriniformes | 鲤科<br>Cyprinidae | 似鳊<br>*Toxabramis swinhonis* | √ | – | – | – |
| 52 | 鲤形目<br>Cypriniformes | 鲤科<br>Cyprinidae | 银似鳊<br>*Toxabramis argentifer* | √ | – | – | – |
| 53 | 鲤形目<br>Cypriniformes | 鲤科<br>Cyprinidae | 黑鳍鳈<br>*Sarcocheilichthys nigripinnis* | √ | √ | √ | √ |
| 54 | 鲤形目<br>Cypriniformes | 鲤科<br>Cyprinidae | 鳡<br>*Ochetobius elongatus* | √ | – | – | – |
| 55 | 鲤形目<br>Cypriniformes | 鲤科<br>Cyprinidae | 南方马口鱼<br>*Opsariichthys uncirostris* | √ | √ | √ | √ |
| 56 | 鲤形目<br>Cypriniformes | 鲤科<br>Cyprinidae | 东北雅罗鱼<br>*Leuciscus waleckii* | √ | √ | √ | √ |
| 57 | 鲤形目<br>Cypriniformes | 鲤科<br>Cyprinidae | 中华细鲫<br>*Aphyocypris chinensis* | √ | √ | – | √ |

续表

| 序号 | 目 | 科 | 物种 | 七里海 | 北大港 | 大黄堡 | 团泊洼 |
|---|---|---|---|---|---|---|---|
| 58 | 鲤形目<br>Cypriniformes | 鳅科<br>Cobitidae | 泥鳅<br>*Misgurnus angillicaudatus* | √ | √ | √ | √ |
| 59 | 鲤形目<br>Cypriniformes | 鳅科<br>Cobitidae | 大鳞泥鳅<br>*Misgurnus mizolepis* | √ | √ | – | – |

# 6.6 七里海湿地昆虫

| 序号 | 目 | 种类 |
|------|------|------|
| 01 | 蜻蜓目 Odonata | 肩纹细蟌 *Cercion hieroglyphicum* |
| 02 | 蜻蜓目 Odonata | 东亚异痣蟌 *Ischnura asiatica* |
| 03 | 蜻蜓目 Odonata | 褐斑异痣蟌 *Ischnura sengalensis* |
| 04 | 蜻蜓目 Odonata | 长叶异痣蟌 *Ischnura elegans* |
| 05 | 蜻蜓目 Odonata | 异色多纹蜻 *Deielia phaon* |
| 06 | 蜻蜓目 Odonata | 白尾灰蜻 *Orthetrum albistylum* |
| 07 | 蜻蜓目 Odonata | 黄蜻 *Pantala flavescens* |
| 08 | 螳螂目 Mantodea | 大刀螂 *Tenodera aridifolia* |
| 09 | 直翅目 Orthoptera | 北京油葫芦 *Teleogryllus mitratus* |
| 10 | 直翅目 Orthoptera | 草螽 *Conocephalus glandiatus* |
| 11 | 直翅目 Orthoptera | 薄翅螽 *Phaneroptera nana* |
| 12 | 直翅目 Orthoptera | 中华螽蜥 *Tettigonia chinensis* |
| 13 | 直翅目 Orthoptera | 中华蚱蜢 *Acrida cinerea* |
| 14 | 直翅目 Orthoptera | 隆额网翅蝗 *Arcyptera coreana* |
| 15 | 直翅目 Orthoptera | 红胫牧草蝗 *Omocestus ventralis* |
| 16 | 直翅目 Orthoptera | 红褐斑腿蝗 *Catantops pinguia* |
| 17 | 直翅目 Orthoptera | 棉蝗 *Chondracris rosea* |
| 18 | 直翅目 Orthoptera | 中华稻蝗 *Oxya chinensis* |
| 19 | 直翅目 Orthoptera | 东亚飞蝗 *Locusta migratoria manilensis* |
| 20 | 直翅目 Orthoptera | 沼泽蝗 *Mecostethus grossus* |
| 21 | 直翅目 Orthoptera | 黄胫小车蝗 *Oedaleus infernalis* |
| 22 | 直翅目 Orthoptera | 疣蝗 *Trilophidia annulata* |
| 23 | 直翅目 Orthoptera | 长额负蝗 *Atractomorpha lata* |
| 24 | 半翅目 Hemiptera | 小叉额叉飞虱 *Dicranotropis nagaragawana* |
| 25 | 半翅目 Hemiptera | 白脊长跗飞虱 *Kakuna kuwayamai* |
| 26 | 半翅目 Hemiptera | 灰飞虱 *Laodelphax striatellus* |
| 27 | 半翅目 Hemiptera | 芦苇长突飞虱 *Stenocranus matsumurai* |
| 28 | 半翅目 Hemiptera | 条纹五脊飞虱 *Ugyops zoe* |
| 29 | 半翅目 Hemiptera | 榆四脉棉蚜 *Tetraneura ulmi* |
| 30 | 半翅目 Hemiptera | 黑头叉胸花蝽 *Amphiareus obscuriceps* |
| 31 | 半翅目 Hemiptera | 东亚小花蝽 *Orius sauteri* |
| 32 | 半翅目 Hemiptera | 扁跗夕划蝽 *Hesperocorixa mandshurica* |
| 33 | 半翅目 Hemiptera | 萨棘小划蝽 *Micronecta sahibergi* |

续表

| 序号 | 目 | 种类 |
|---|---|---|
| 34 | 半翅目 Hemiptera | 纹迹烁划蝽 Sigara lateralis |
| 35 | 半翅目 Hemiptera | 绿后丽盲蝽 Apolygus lucorum |
| 36 | 半翅目 Hemiptera | 食蚜齿爪盲蝽 Deraeocoris punctulatus |
| 37 | 半翅目 Hemiptera | 小长蝽 Nysius ericae |
| 38 | 半翅目 Hemiptera | 白斑地长蝽 Rhyparochromus albomaculatus |
| 39 | 半翅目 Hemiptera | 茶翅蝽 Halyomorpha picus |
| 40 | 半翅目 Hemiptera | 稻绿蝽 Nezara viridula |
| 41 | 半翅目 Hemiptera | 麻皮蝽 Erthesina fullo |
| 42 | 脉翅目 Neuroptera | 丽草蛉 Chrysopa formosa |
| 43 | 脉翅目 Neuroptera | 中华草蛉 Chrysopa sinica |
| 44 | 鞘翅目 Coleoptera | 黄鞘婪步甲 Harpalus pallidipenis |
| 45 | 鞘翅目 Coleoptera | 北方菜跳甲 Phyllotreta austriaca aligera |
| 46 | 鞘翅目 Coleoptera | 黄宽条菜跳甲 Phyllotreta humilis |
| 47 | 鞘翅目 Coleoptera | 榆绿毛萤叶甲 Pyrrhalta aenescens |
| 48 | 鞘翅目 Coleoptera | 展缘异点瓢虫 Anisosticta kobensis |
| 49 | 鞘翅目 Coleoptera | 日本丽瓢虫 Callicaria superba japonica |
| 50 | 鞘翅目 Coleoptera | 黄斑盘瓢虫 Coelophora saucia |
| 51 | 鞘翅目 Coleoptera | 异色瓢虫 Leis axyridis |
| 52 | 鞘翅目 Coleoptera | 黄缘巧瓢虫 Oenopia sauzeti |
| 53 | 鞘翅目 Coleoptera | 四斑毛瓢虫 Scymnus frontalis |
| 54 | 鞘翅目 Coleoptera | 黑胫突眼隐翅虫 Stenus macies |
| 55 | 双翅目 Diptera | 中华摇蚊 Chironomus sinicus |
| 56 | 双翅目 Diptera | 暗绿二叉摇蚊 Dicrotendipes pelochloris |
| 57 | 双翅目 Diptera | 德永雕翅摇蚊 Glyptotendipes tokunagai |
| 58 | 双翅目 Diptera | 毛跗球附器摇蚊 Kiefferulus barbatitarsis |
| 59 | 双翅目 Diptera | 软铗摇蚊 Microchironomus tener |
| 60 | 双翅目 Diptera | 花翅前突摇蚊 Procladius choreus |
| 61 | 双翅目 Diptera | 刺铗长足摇蚊 Tanypus punctipennis |
| 62 | 双翅目 Diptera | 台湾长跗摇蚊 Tanytarsus formosanus |
| 63 | 双翅目 Diptera | 白纹伊蚊 Aedes albopictus |
| 64 | 双翅目 Diptera | 三带喙库蚊 Culex tritaeniorhynchus |
| 65 | 双翅目 Diptera | 黑带食蚜蝇 Epistrophe balteata |
| 66 | 鳞翅目 Lepidoptera | 小褐木蠹蛾 Holcocerus insularis |
| 67 | 鳞翅目 Lepidoptera | 白块小卷蛾 Epiblema autolitha |
| 68 | 鳞翅目 Lepidoptera | 水稻多拟斑螟 Polyocha gensanalis |
| 69 | 鳞翅目 Lepidoptera | 灼叶峰斑螟 Acrobasis encaustella |
| 70 | 鳞翅目 Lepidoptera | 须裸斑螟 Gymanancyla barbatella |

续表

| 序号 | 目 | 种类 |
|---|---|---|
| 71 | 鳞翅目 Lepidoptera | 简裸斑螟 *Gymanancyla simplicivenia* |
| 72 | 鳞翅目 Lepidoptera | 山东云斑螟 *Nephopterix shantungella* |
| 73 | 鳞翅目 Lepidoptera | 黑褐类斑螟 *Phycitodes nipponella* |
| 74 | 鳞翅目 Lepidoptera | 前白类斑螟 *Phycitodes subcretacella* |
| 75 | 鳞翅目 Lepidoptera | 灰双纹螟 *Herculia glaucinalis* |
| 76 | 鳞翅目 Lepidoptera | 玉米螟 *Ostrinia furnacalis* |
| 77 | 鳞翅目 Lepidoptera | 菜粉蝶 *Pieris rapae* |
| 78 | 鳞翅目 Lepidoptera | 黄钩蛱蝶 *Polygonia c-aureum* |
| 79 | 鳞翅目 Lepidoptera | 红珠灰蝶 *Lycaeides argyrognomon* |
| 80 | 鳞翅目 Lepidoptera | 柑橘凤蝶 *Papilio xuthus* |
| 81 | 膜翅目 Hymenoptera | 稻螟小腹茧蜂 *Microgaster russata* |
| 82 | 膜翅目 Hymenoptera | 日本弓背蚁 *Camponotus japonicus* |
| 83 | 膜翅目 Hymenoptera | 夹色姬蜂 *Centeterus alternecoloratus* |
| 84 | 膜翅目 Hymenoptera | 夜蛾瘦姬蜂 *Ophion luteus* |
| 85 | 膜翅目 Hymenoptera | 中华蜜蜂 *Apis cerana* |

# 7 主要参考文献

1. Alexander H D, Dunton K H. Treated wastewater effluent as an alternative freshwater source in a hypersaline salt marsh: Impacts on salinity, inorganic nitrogen, and emergent vegetation[J]. Journal of Coastal Research, 2006, 222:377-392.

2. Assessment M E. Ecosystems and human well-being: Wetlands and water [M]. World Resources Institute, 2005.

3. Athaniel G G. A tentative list of Chinese Birds[M]. Peking: Peking Society of Natural History, 1948.

4. Axel M H. Observations on birds in north eastern China: Especially the migration at Pei-tai-ho Beach [M]. Copenhagen: Munksgaard, 1951.

5. Brazil M. Birds of East Asia. London: Christopher Helm, 2009.

6. Burkhard B, Kroll F, Nedkov S, Müller F. Mapping ecosystem service supply, demand and budgets[J]. Ecological indicators, 2012, 21:17-29.

7. Cheng T H. A Synopsis of the Avifauna of China [M]. Science Press, 1987.

8. Chu M J, Li X R, Lu J Z, Hou X M and Wang X G. Application of multiple indicators in environment evaluation of coastal restoration engineering: A case study in Bohai Bay in China[J]. Applied Mechanics and Materials, 2012:70-173, 2228-2232.

9. Cortinovis C, Geneletti D. A performance-based planning approach integrating supply and demand of urban ecosystem services[J]. Landscape and Urban Planning, 2020, 201:103842.

10. Costanza R, Darge R, Degroot R, Farber S, Grasso M, Hannon B, Limburg K, Naeem S, Oneill R V, Paruelo J, Raskin R G, Sutton P, Vandenbelt M. The value of the world's ecosystem services and natural capital[J]. Nature, 1997, 387(6630): 253-260.

11. Costanza R, De Groot R, Sutton P, Van Der Ploeg S, Anderson S J, Kubiszewski I, Farber S, Turner R K. Changes in the global value of ecosystem services[J]. Global environmental change, 2014, 26:152-158.

12. Davidson N C. How much wetland has the world lost? Long−term and recent trends in global wetland area[J]. Marine and Freshwater Research, 2014, 65 (10): 934−941.

13. De Steven D, Gramling J M. Diverse characteristics of wetlands restored under the wetlands reserve program in the Southeastern United States[J]. Wetlands, 2012, 32 (4), 593−604.

14. George D W. The breeding birds of Peking as related to the palearctic and oriental life regions[M]. The Auk, Quarterly Journal of Ornithology, 1930.

15. Grêt−Regamey A, Weibel B. Global assessment of mountain ecosystem services using earth observation data[J]. Ecosystem Services, 2020, 46: 101213.

16. Hanna D E, Roux D J, Currie B, Bennett E M. Identifying pathways to reduce discrepancies between desired and provided ecosystem services[J]. Ecosystem services, 2020, 43: 101119.

17. Holt P. Franklin's Gull Larus pipixcan at Tanggu, Tianjin: First record for China [J]. Forktail, 2005, (021), 171.

18. Index M T. Convention on biological diversity[J]. Science, 2004, 279: 860−863.

19. Kreuter U P, Harris H G, Matlock M D, Lacey R E. Change in ecosystem service values in the San Antonio area, Texas[J]. Ecological economics, 2001, 39 (3): 333−346.

20. La Touche J D D. A Handbook of the birds of Eastern China (Chihli, Shantung, Kiangsu, Anhwei, Kiangsi, Chekiang, Fohkien and Kwantung Provinces) [M]. London: Taylor and Francis, 1925.

21. Liu Z M, Lu X G, Yonghe S, Zhike C, Wu H T, Zhao Y B. Hydrological evolution of wetland in Naoli River Basin and its driving mechanism[J]. Water resources management, 2012, 26(6): 1455−1475.

22. Ma Z J, Cheng Y X, Wang J Y, Fu X H. The rapid development of birdwatching in mainland China: A new force for bird study and conservation[J]. Bird conservation international, 2013, 23(02): 259−269.

23. Mcinnes R J, Everard M. Rapid assessment of wetland ecosystem services (RAWES): An example from Colombo, Sri Lanka[J]. Ecosystem Services, 2017, 25: 89−105.

24. Mcneely J A, Miller K R, Reid W V. Conserving the world's biological diversity [M]. International Union for conservation of nature and natural resources, 1990.

25. Nellemann C, Corcoran E. Dead planet, living planet: Biodiversity and ecosystem

restoration for sustainable development[M]. United Nations Environment Programme(UNEP),2010.

26.Oecd W J. The economic appraisal of environmental projects and policies:A practical guide[M]. Paris,France:OECD,1995.

27. Oustalet E. Catalogue des Oiseaux provenant du Voyage de M Bonvalot et du Prince Henri dOrleans a travers le Turkestan,le Tibet,et la Chine Occidentale[M]. Nouvelles Archives Mus Paris,1893.

28.Outram B. Birds of western China obtained by the kelley−roosevelts expedition[M]. Chicago:Field Museum of Natural History,1932.

29.Palacios−Agundez I,Onaindia M,Barraqueta P,Madariaga I. Provisioning ecosystem services supply and demand:The role of landscape management to reinforce supply and promote synergies with other ecosystem services[J]. Land Use Policy, 2015,47:145−155.

30.Reid W V,Mcneely J A,Tunstall D B,Bryant D,Winograd M. Biodiversity indicators for policy−makers[J],1993.

31.Salim M A,Abed S A,Jabbar M T,Harbi Z S,Yassir W S,Al−Saffah S M and. Al-abd−Alrahman H A. Diversity of Avian Fauna of Al−Dalmaj Wetlands and the Surrounding Terrestrial Areas, Iraq[J]. Journal of Physics:Conference Series,2020, 1664:012105.

32.Setlhogile T,Arntzen J,Mabiza C,Mano R. Economic valuation of selected direct and indirect use values of the Makgadikgadi wetland system,Botswana[J]. Physics and Chemistry of the Earth,Parts A/B/C,2011,36(14−15):1071−1077.

33.Seys P G,Licent É. La collection d'oiseaux du Musée Hoangho Paiho de Tien Tsin [M]. Tien Tsin:Mission de Sien Hsien,1933.

34.Shaw T H. The birds of Hopei Province[M]. Peiping:Fan Memorial Institute of Biology,1936.

35.Song J J,Zhang Z P,Chen L,Wang D,Liu H J,Wang Q X,Wang M Q,Yu D D. Changes in ecosystem services values in the south and north Yellow Sea between 2000 and 2010[J]. Ocean & Coastal Management,2021,202:105497.

36.Wilder G D,Hubbard H W. List of the birds of the Chihli Province[M]. Royal Asiatic Society of Great Britain and Ireland,North China Branch,1924.

37.Xie G D,Liu J Y,Xu J,Xiao Y,Zhen L,Zhang C S,Wang Y Y,Qin K Y,Gan S,Jiang Y. A spatio−temporal delineation of trans−boundary ecosystem service flows from Inner Mongolia[J]. Environmental Research Letters,2019,14(6):065002.

38. Xu X B, Chen M K, Yang G S, Jiang B, Zhang J. Wetland ecosystem services research: A critical review[J]. Global Ecology and Conservation, 2020, 22: e01027.

39. Yu D D, Lu N, Fu B J. Establishment of a comprehensive indicator system for the assessment of biodiversity and ecosystem services[J]. Landscape Ecology, 2017, 32(8).

40. Yuan L, Liu D Y, Tian B, Yuan X, Bo S Q, Ma Q, Wu W, Zhao Z Y, Zhang L Q, Keesing J K. A solution for restoration of critical wetlands and waterbird habitats in coastal deltaic systems[J]. Journal of Environmental Management, 2022, 302: 113996.

41. 安娜, 高乃云, 刘长娥. 中国湿地的退化原因、评价及保护[J]. 生态学杂志, 2008, (05): 821-828.

42. 毕继锋. 北运河下游湿地浮游动物群落生态研究[D]. 山东师范大学, 2011.

43. 卞少伟, 赵文喜, 杨洪玲, 马丽娜, 梅鹏蔚. 天津独流减河8月浮游植物群落结构与水质评价[J]. 中国环境管理干部学院学报, 2017, 27(04): 44-47.

44. 蔡赫, 卞少伟. 天津古海岸与湿地保护区啮齿动物群落结构及其与环境因子关系[J]. 兽类学报, 2015, 35(03): 288-296.

45. 蔡在峰, 曲文馨, 洪宇薇, 刘雪梅. 天津市北大港湿地自然保护区植物多样性特征分析[J]. 西北农业学报, 2019, 28(08): 1326-1334.

46. 曹威, 刘婷, 吴鹏, 孙洪义, 宁浩, 赵广君, 闫春财. 北大港湿地昆虫多样性研究[C]. 2017年中国动物学会北方七省市区动物学学术研讨会论文集, 2017: 19.

47. 曹喆, 丁立强, 梅鹏蔚. 天津市湿地环境变迁及成因分析[J]. 湿地科学, 2004, (01): 74-79.

48. 曾朝辉, 覃雪波. 中新天津生态城夏季啮齿类的空间生态位[J]. 野生动物, 2012, 33(02): 64-66.

49. 柴子文, 雷维蟠, 莫训强, 阙品甲, 尚成海, 阳积文, 张正旺. 天津市北大港湿地自然保护区的鸟类多样性[J]. 湿地科学, 2020, 18(06): 667-678.

50. 陈峰, 李红波, 张安录. 基于生态系统服务的中国陆地生态风险评价[J]. 地理学报, 2019, 74(03): 432-445.

51. 陈潇. 利益集团与美国农业环境保护政策演变(1933-1996年)[J]. 沈阳师范大学学报(社会科学版), 2019, 43(06): 71-75.

52. 陈晓璠. 环渤海地区两栖爬行动物多样性及地理分布研究[D]. 沈阳师范大学, 2017.

53. 陈悦, 陈超美, 刘则渊, 胡志刚, 王贤文. CiteSpace知识图谱的方法论功能[J]. 科学学研究, 2015, 33(02): 242-253.

54. 崔玉珩,孙道元.渤海湾排污区底栖动物调查初步报告[J].海洋科学,1983（03）:29-35.

55. 杜志博.天津市滨海新区湿地生态恢复优先区域划定研究[D].南开大学,2019.

56. 杜志博,李洪远,孟伟庆.天津滨海新区湿地景观连接度距离阈值研究[J].生态学报,2019,39(17):6534-6544.

57. 段文科,张正旺.中国鸟类图志(上下卷)[M].北京:中国林业出版社,2017.

58. 房恩军,马维林,李军,陈卫,王麒麟.渤海湾天津近岸游泳动物初步调查报告[J].河北渔业,2006,(09):46-47.

59. 房恩军,马维林,李军,王麒麟,陈卫.渤海湾(天津)潮间带生物的初步研究[J].水产科学,2007,(01):48-50.

60. 冯剑丰,王秀明,孟伟庆,李洪远,朱琳.天津近岸海域夏季大型底栖生物群落结构变化特征[J].生态学报,2011,31(20):5875-5885.

61. 付梦娣,贾强,任月恒,周汉昌,李俊生,张渊媛,白加德,陈克林.环渤海滨海湿地鸻鹬类水鸟多样性及其环境影响因子[J].生态学报,2021,41(22):8882-8891.

62. 傅伯杰,于丹丹,吕楠.中国生物多样性与生态系统服务评估指标体系[J].生态学报,2017,37(02):341-348.

63. 傅娇艳,丁振华.湿地生态系统服务、功能和价值评价研究进展[J].应用生态学报,2007,(03):681-686.

64. 高金强,王潜,崔秀平.天津北大港湿地植物调查及区系分析[C].中国水利学会2021学术年会论文集第一分册,2021:431-438.

65. 高楠,邬超.基于CiteSpace的国内外案例教学研究可视化分析[J].管理案例研究与评论,2021,14(05):559-572.

66. 高颖楠,李丽平.欧盟在当前中国同等发展阶段时的环境保护经验[J].环境与可持续发展,2017,42(04):147-151.

67. 高越.基于生态系统服务时空演变的天津市湿地退化评价研究[D].南开大学,2022.

68. 高志伟,刘凡惠,贾美清,张国刚,黄静,吴光红,杨英花.基于Illumina高通量测序的天津北大港湿地沉积物细菌群落特征和多样性分析[J].天津师范大学学报(自然科学版),2021,41(04):45-52.

69. 耿世伟,陈晨,陈安,张彦.天津淡水生态系统大型底栖动物群落结构特征研究[J].环境科学与管理,2019,44(07):156-160.

70. 宫乐,张蕊,李瑞利,石福臣.天津滨海滩涂互花米草群落动态的研究[J].南开

大学学报(自然科学版),2016,49(02):43-51.

71. 谷德贤. 天津水域鱼类资源种类名录及原色图谱[M]. 北京:海洋出版社,2021.

72. 顾昌栋,崔贵海. 天津市郊秃鼻乌鸦的生态观察[J]. 动物学杂志,1965,(04):157-160.

73. 顾昌栋,马骅. 天津市郊冬春两季大嘴乌鸦与寒鸦的生态观察[J]. 动物学杂志,1963,(03):112-114.

74. 郭旗,王全来. 中新天津生态城生物资源调查[J]. 安徽农业科学,2008,36(33):14705-14706.

75. 郭婉婷,邓宇. 银川市生态系统服务价值评价及驱动力分析[J]. 中国环境管理干部学院学报,2019,29(06):26-29+41.

76. 郭燕华. 城市湿地生态保护与恢复:以广州海珠国家湿地公园为例[J]. 湿地科学与管理,2021,17(02):58-61.

77. 郭子良,邢韶华,崔国发. 自然保护区物种多样性保护价值评价方法[J]. 生物多样性,2017,25(03):312-324.

78. 国家发展改革委,自然资源部. 关于印发《全国重要生态系统保护和修复重大工程总体规划(2021-2035年)》的通知[EB/OL]. 2020,837号. http://www.gov.cn/zhengce/zhengceku/2020-06/12/content_5518982.htm

79. 国家环保总局. 关于印发《国家重点生态功能保护区规划纲要》的通知[EB/OL]. 2007,165号. http://mee.gov.cn/gkml/zj/wj/200910/t20091022_172483.html.

80. 国家林业和草原局. 广东湛江红树林碳汇项目入选中国生态修复典型案例[EB/OL]. 2021. http://www.forestry.gov.cn/main/102/20211026/103615214614011.html.

81. 国家林业局,农业部. 国家重点保护野生植物名录(第一批)[EB/OL]. 1999. http://www.gov.cn/gongbao/content/2000/content_60072.htm.

82. 国家林业局. GB/T 24708-2009 湿地分类[S]. 北京:中国标准出版社,2009. https://openstd.samr.gov.cn/bzgk/gb/newGbInfo?hcno=F01ACC268139897A3FC284E5ABD85793.

83. 国家林业局组织编写. 石会平,马洪兵,张明祥,孟伟庆,莫训强,高鑫,张小锟. 中国湿地资源·天津卷[M]. 北京:中国林业出版社,2015.

84. 韩超毅,赵佳,张红彦,潘宝平,闫春财. 天津市西青大学城区域鸟类资源的初步调查[J]. 天津师范大学学报(自然科学版),2015,35(01):79-83.

85. 韩国彬. 大黄堡湿地自然保护区昆虫类资源调查[J]. 天津农林科技,2008(06):28-29.

86. 韩桢锷, 张德珠, 梁素秀, 赵若卉. 天津市于桥水库的鱼类区系及其资源合理利用的探讨[J]. 水产科技情报, 1983(01): 10-12.

87. 杭馥兰, 常家传. 中国鸟类名称手册[M]. 北京: 中国林业出版社, 1997.

88. 郝翠, 李洪远. 天津滨海新区湿地植物群落特征及植被演替过程[J]. 南水北调与水利科技, 2012, 10(03): 77-81.

89. 何业恒. 中国珍稀鸟类的历史变迁[M]. 长沙: 湖南科学技术出版社, 1994.

90. 贺梦璇, 李洪远, 祁永, 王彬彬. 七里海古泻湖湿地植被群落分类与排序及多样性研究[J]. 南开大学学报(自然科学版), 2015, 48(03): 104-111.

91. 贺梦璇, 孟伟庆, 李洪远, 莫训强. 基于排序分析法的北大港古泻湖湿地植被成带现象研究[J]. 南开大学学报(自然科学版), 2015, 48(03): 99-103.

92. 洪宇薇, 曲文馨, 蔡在峰, 郑琦琳, 曹晖, 刘雪梅. 天津北大港湿地自然保护区植物区系多样性研究[J]. 山东林业科技, 2019, 49(01): 20-24.

93. 胡远东, 达良俊, 许大为, 缪丹, 马琳, 祝宁. 基于RS和GIS对龙凤湿地自然保护区景观格局变化特征定量分析[J]. 东北林业大学学报, 2011, 39(09): 57-61.

94. 环保总局, 中国科学院. 中国第一批外来入侵物种名单[EB/OL]. 2003. http:// www. gov. cn/gongbao/content/2003/content_62285. htm.

95. 环境保护部, 中国科学院. 中国外来入侵物种名单(第三批)[EB/OL]. 2014. https://www. mee. gov. cn/gkml/hbb/bgg/201408/t20140828_288367. htm.

96. 环境保护部, 中国科学院. 中国自然生态系统外来入侵物种名单(第四批)[EB/OL]. 2016. https://www. mee. gov. cn/gkml/hbb/bgg/201612/t20161226_373636. htm.

97. 环境保护部. 关于印发《中国生物多样性保护战略与行动计划》(2011-2030年)的通知[EB/OL]. 2010, 106号. https://www. mee. gov. cn/gkml/hbb/bwj/201009/t20100921_194841. htm.

98. 环境保护部. 中国第二批外来入侵物种名单[EB/OL]. 2010. https://www. mee. gov. cn/gkml/hbb/bwj/201001/t20100126_184831. htm.

99. 黄超. 国外湿地生态补偿法律制度与实践研究[C]. "决策论坛——管理决策模式应用与分析学术研讨会"论文集(下), 2016: 131-134.

100. 江文渊, 张征云, 张彦敏. 于桥水库大型水生植物生物多样性调查与分析[J]. 现代农业科技, 2018(05): 172-174.

101. 姜红梅, 王云龙, 沈新强. 天津大沽口冬季浮游植物生态学特征[J]. 海洋渔业, 2007, (02): 115-119.

102. 康佳鹏, 韩路, 冯春晖, 王海珍. 塔里木荒漠河岸林不同生境群落物种多度分布格局[J]. 生物多样性, 2021, 29(07): 875-886.

103. 雷金睿,陈宗铸,陈小花,李苑菱,吴庭天. 1980-2018年海南岛土地利用与生态系统服务价值时空变化[J]. 生态学报,2020,40(14):4760-4773.

104. 李百温. 天津地区主要资源鸟类调查[J]. 动物学杂志,1991,(02):17-20.

105. 李春燕,王思军,张庆东. 天津大黄堡湿地鸟类资源现状及保护对策[J]. 天津农林科技,2013,(05):29-30.

106. 李东,孙德超,胡艳玲. 提高盘锦湿地芦苇产量的对策分析[J]. 湿地科学与管理,2013,9(01):48-50.

107. 李海峰,孙易,郝泗城. 天津两栖爬行动物调查及分布聚类研究[J]. 南开大学学报(自然科学版),1995(04):32-38.

108. 李洪远,孟伟庆. 滨海湿地环境演变与生态恢复[M]. 北京:化学工业出版,2012.

109. 李洪远,孟伟庆. 湿地中的植物入侵及湿地植物的入侵性[J]. 生态学杂志,2006(05):577-580.

110. 李洪远,莫训强. 生态恢复的原理与实践(第二版)[M]. 北京:化学工业出版社,2016.

111. 李建平,张柏,张泠,王宗明,宋开山. 湿地遥感监测研究现状与展望[J]. 地理科学进展,2007,(01):33-43.

112. 李兰兰,莫训强,孟伟庆,李洪远. 七里海古泻湖湿地植被特征及其植物物种多样性研究[J]. 南开大学学报(自然科学版),2014,47(03):8-15.

113. 李兰兰,许诺,莫训强,李洪远. 七里海湿地植物种间关系的数量分析[J]. 水土保持通报,2014,34(04):70-75.

114. 李立嘉,刘馨,张华,田向玲,赵铁建,孙国明,朱金宝,赵大鹏. 基于红外相机技术的天津八仙山自然保护区核心区鸟类和哺乳动物资源初探[C]. 2017年中国动物学会北方七省市区动物学学术研讨会论文集,2017:5-6.

115. 李立嘉,田向玲,刘馨,张华,王媛,冯小梅,孙国明,朱金宝,赵大鹏. 天津八仙山国家级自然保护区核心区鸟类和哺乳动物资源初探[J]. 天津师范大学学报(自然科学版),2018,38(02),35-39.

116. 李莉,张征云,宋文华,宋兵魁. 中新天津生态城生物多样性现状调查及保护建议[J]. 中国人口·资源与环境,2013,23(S2):329-332.

117. 李明德,杨竹舫. 于桥水库鱼类年龄、生长与繁殖[J]. 生态学报,1991,(03):269-273.

118. 李明德. 天津鱼类志[M]. 天津:天津科学技术出版社,2011.

119. 李清雪,陶建华. 天津近岸海域浮游植物生态特征的研究[J]. 天津大学学报,2000,(04):464-469.

120. 李庆波,敖长林,袁伟,高琴.基于中国湿地CVM研究的Meta分析[J].资源科学,2018,40(08):1634-1644.

121. 李庆奎.天津八仙山国家级自然保护区生物多样性考察[M].天津:天津科学技术出版社,2008.

122. 李涛,杨喆.美国流域水环境保护规划制度分析与启示[J].青海社会科学,2018,(03):66-72.

123. 李象元,中国北部之鸟类[J],北京国立大学自然科学季刊,1930,1(3):283-296;1931,1(4):367-380;2:19-34;2:177-179.

124. 李勇.天津大黄堡自然保护区湿地维管植物区系研究[C].中国植物学会七十五周年年会论文摘要汇编(1933-2008年),2008:84-85.

125. 李勇.天津湿地植物图集[M].哈尔滨:东北林业大学出版社,2020.

126. 李勇.天津维管植物多样性编目[M].北京:中国林业出版社,2020.

127. 李中林,孟炜淇,楚克林,韩向楠,刘坤,秦卫华.天津大黄堡省级自然保护区外来入侵植物的调查与分析[J].杂草学报,2021,39(02):20-27.

128. 梁晨,李晓文,崔保山,马田田.中国滨海湿地优先保护格局构建[J].湿地科学,2015,13(06):660-666.

129. 梁鹏飞,张树林,张达娟,李琦,王泽斌,戴伟,毕相东.2020年天津近岸海域鱼类群落结构及多样性[J].广东海洋大学学报,2022,42(03):18-24.

130. 刘东云.天津湿地景观格局动态变化研究[D].北京林业大学,2012.

131. 刘峰,高云芳,李秀启.我国湿地退化研究概况[J].长江大学学报(自然科学版),2020,17(05):84-89+8.

132. 刘红磊,李艳英,周滨,马徐发,韩丁义,李慧,邢美楠,邹锋,顾修君.北方滨海人工湿地水生生物群落快速重建目标及适宜物种清单确定——以天津临港二期湿地为例[J].生态学报,2021,41(15):6091-6102.

133. 刘焕军,盛磊,于胜男,赵慧颖,高永刚,秦乐乐,王翔,张新乐.基于气候分区与遥感技术的大兴安岭湿地信息提取[J].生态学杂志,2017,36(07):2068-2076.

134. 刘家宜.天津水生维管束植物[M].天津:天津科学技术出版社,2010.

135. 刘家宜.天津植物名录[M].天津:天津教育出版社,1995.

136. 刘家宜.天津植物志[M].天津:天津科学技术出版社,2004.

137. 刘家宜.中国天津古海岸与湿地植物区系和植物资源开发利用与保护的研究[C].西部大开发 科教先行与可持续发展——中国科协2000年学术年会文集,2000:685.

138. 刘锦坤.论习近平生态文明思想对马克思生态观的传承与发展——基于习

近平系列重要讲话的生态视角[J]. 南方论刊,2019,(04):4-7+85.

139. 刘来顺,赵惠生. 天津地区鸟类新记录:金眶鹟莺[J]. 动物科学与动物医学,2002,(08):63-64.

140. 刘来顺,赵慧生. 天津鸟类新记录[J]. 动物科学与动物医学,2001,(06):25.

141. 刘爽. 基于InVEST模型的湿地生态系统服务功能评估[D]. 哈尔滨师范大学,2019.

142. 刘宪斌,张文亮,田胜艳,郭伟华,王轶博. 天津潮间带大型底栖动物特征[J]. 盐业与化工,2010,39(01):31-35.

143. 柳毅,徐焕然,袁红,何宾,赵树兰,多立安. 天津滨海国际机场鸟类群落结构及多样性特征[J]. 生态学杂志,2017,36(03):740-746.

144. 娄方洲,莫训强. 天津发现白额鹱[J]. 动物学杂志,2019,54(03),374.

145. 罗丹,廖辞霏,宋原吉,刘佳欣,殷瑞洁,李玥嘉,莫训强. 天津师范大学主校区鸟类组成初步研究[J]. 安徽林业科技,2021,(02):37-45.

146. 吕锦梅,郝淑莲,杨春旺. 中新天津生态城昆虫多样性调查[J]. 天津农林科技,2008,(06):30-31.

147. 马春华,马晓萱,刘欣,张良. 基于鸟类栖息地保护的天津湿地规划策略研究[C]. 城市时代,协同规划——2013中国城市规划年会论文集(09-绿色生态与低碳规划),2013:853-861.

148. 马香菊,徐慧韬,王丽平. 天津临港滨海湿地公园水体细菌种群特征[J]. 环境工程技术学报,2021,11(03):437-446.

149. 马秀娟,沈建忠,孙金辉,王海生,张凯. 天津于桥水库大型底栖动物群落结构及其水质生物学评价[J]. 生态学杂志,2012,31(09):2356-2364.

150. 马秀娟. 天津于桥水库大型底栖动物群落结构研究[D]. 华中农业大学,2012.

151. 马英杰,王晓强. 我国生物多样性法律保护研究[J]. 法制与社会,2009,(17):322-323.

152. 孟德荣,王保志. 天津北大港湿地鸭科鸟类调查[J]. 经济动物学报,2008,12(03),173-176.

153. 莫训强,贺梦璇,孟伟庆,李洪远. 北大港湿地植被与植物多样研究[M]. 北京:海洋出版社,2020.

154. 莫训强,李洪远,蔡喆,李端,郝翠,梁耀元. 天津滨海盐碱湿地土壤种子库特征研究[J]. 环境科学与技术,2010,33(01):52-57.

155. 莫训强,李洪远,郝翠,孟伟庆,梁耀元,李端. 天津市滨海新区湿地优势植物区系特征研究[J]. 水土保持通报,2009,29(06):79-83.

156. 莫训强,李龙沁,刘春光,李洪远. 天津4种外来植物新记录——西部苋、合被

苋、冠萼扁果葵和小花山桃草.南开大学学报(自然科学版),2020,(06):43-49.

157.莫训强,孟伟庆,李洪远.天津3种外来植物新记录——长芒苋、瘤梗甘薯和钻叶紫菀[J].天津师范大学学报(自然科学版),2017,(02):36-38+56.

158.莫训强,戚露露,贺梦璇,孟伟庆.天津市4个湿地保护区的鸟类物种多样性[J].天津师范大学学报(自然科学版),2021,41(05):24-37.

159.莫训强,阙品甲,王建华.中国鸟类新纪录——加拿大雁[J].动物学杂志,2017,52(06):1088-1089.

160.莫训强,王崇义.天津发现铜蓝鹟[J].动物学杂志,2018,53(06):962.

161.莫训强,王建华,王玉良.天津鸟类新纪录——水雉[J].四川动物,2015,34(003):388.

162.莫训强,王建民,董居会.国家一级保护鸟类——东方白鹳[J].生命世界,2013,(03):94-95.

163.莫训强,于增会,于伯军.天津发现北长尾山雀[J].动物学杂志,2020,55(02):255.

164.莫训强.土壤种子库应用于滨海地区植被恢复的研究[D].南开大学,2013.

165.莫训强.遗鸥——遗忘之鸥?[J].小学科学,2013,(05):18-19.

166.南开大学生物系,天津市水产研究所.于桥水库渔业生物学基础调查[J].天津水产,1979:40-43+45-71.

167.聂利红,刘宪斌,刘占广,张文亮,任健,王轶博.天津大沽沙航道水域浮游植物分布特征及富营养化评价[J].海洋湖沼通报,2009,(03):53-59.

168.牛娇.天津市湿地资源演变规律与退化风险研究[D].天津大学,2012.

169.彭士涛,赵益栋,张光玉,井亮,詹水芬,于航.七里海湿地生物多样性现状及其保护对策[J].水道港口,2009,30(02):135-138.

170.钱燕文.中国鸟类图鉴[M].河南:河南科技出版社,1995.

171.曲利明.中国鸟类图鉴(上中下卷)[M].福建:海峡书局,2013.

172.任建武,田翠杰,胡青,宾宇波,白伟岚.天津滨海新区湿地野生植物资源调查与分析[J].林业资源管理,2012(02):90-95.

173.尚东维,王庆泉,黄小霞,黄佳欣,李家鑫,孙金辉.北大港湿地保护区底栖生物群落调查[J].河北渔业,2018(09):29-32.

174.邵晓龙,陈晨,魏巍,王凤琴.夏、冬季水鸟对天津北大港万亩鱼塘栖息地的利用[J].天津师范大学学报(自然科学版),2015,35(03):145-148.

175.申佳可,王云才.基于多重生态系统服务能力指数的生态空间优先级识别[J].中国园林,2021,37(06):99-104.

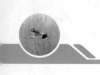 

176. 沈岩,郑秋旸,张建政,莫训强.天津发现小灰山椒鸟和灰冠鹟莺[J].动物学杂志.

177. 孙嘉徽.天津七里海湿地优先保护鸟种选择及其栖息地恢复研究[D].天津大学,2020.

178. 孙敬文,莫训强.天津发现灰林(即鸟)[J].动物学杂志,2019,54(06):824.

179. 孙万胜,白明,于洁,马丹,张玲,张萍.天津渤海湾渔业生物资源状况及变化分析[J].河北渔业,2022,(04):29-33.

180. 孙晓旺,李彤,白明,张萍,董学鹏.天津滨海旅游区大型底栖生物资源现状调查与分析[J].农业科技与信息,2016,(13):48-49.

181. 孙延斌,张树林,张达娟,毕相东.天津港附近海域浮游植物群落结构初探[J].水产科学,2016,35(06):702-707.

182. 覃雪波,韩琳琳.天津七里海湿地鼠类十年变化[J].野生动物学报,2018,39(04):782-787.

183. 覃雪波.天津大黄堡湿地自然保护区兽类组成及其多样性研究[J].自然博物,2014,(00):26-31.

184. 覃雪波.天津七里海湿地兽类组成及多样性变化[J].科学教育与博物馆,2015,1(06):405-410.

185. 唐延贵.天津植被[M].天津:天津市农业区划,1984.

186. 天津经济课题组.生态宝库 鸟类天堂——七里海国家湿地公园[J].天津经济,2013,(12),59-62.

187. 天津市农林局.天津鸟类[M].天津:天津人民美术出版社,1984.

188. 天津市水产学会编.天津鱼类[M].北京:海洋出版社,1990.

189. 万媛媛,李洪远,莫训强,吕铃钥,鲍海泳,杨佳楠.天津市临港城市湿地植物群落特征及多样性[J].水土保持通报,2016,36(06):326-332.

190. 王超,刘冬平,庆保平,丁海华,崔迎亚,叶元兴,路晋,闫鲁,柯立,丁长青.野生朱鹮的种群数量和分布现状[J].动物学杂志,2014,49(5):666-671.

191. 王凤琴,陈晨,刘威,刘亚洲,卢学强,魏巍,古远,伊剑锋.天津冬季水鸟多样性和优先保护区域分析[J].生态与农村环境学报,2021,37(04):509-517+1-2.

192. 王凤琴,陈建中.鸟类图志——天津野鸟欣赏[M].天津:天津科学技术出版社,2008.

193. 王凤琴,陈建中.天津鸟类新记录[J].天津农学院学报,2006,(01):37-38.

194. 王凤琴,陈建中.天津鸟类新记录[J].天津农学院学报,2007,(03):36-37.

195. 王凤琴,刘来顺,李春燕.天津鸟类新记录[J].天津农林科技,2006,(01):30.

196. 王凤琴,卢学强,邵晓龙,陈建中.天津野鸟[M].北京:化学工业出版社,2021.

197. 王凤琴,苏海潮,刘利华.天津七里海湿地鸟类区系及类群多样性研究[J].天津农学院学报,2003,10(03),16-22.

198. 王凤琴,覃雪波.天津地区鸟类组成及多样性分析[J].河北大学学报(自然科学版),2007,27(04):417-422.

199. 王凤琴,魏巍,邵晓龙.天津鸟类新记录[J].内蒙古大学学报(自然科学版),2017,48(03):310-311.

200. 王凤琴,袁良,刘来顺.天津鸟类新记录[J].动物科学与动物医学,2002,(05):12-13.

201. 王凤琴,赵欣如,周俊启,李春燕,吴学东,何建水,何瑞艳,杨晖.天津大黄堡湿地自然保护区春季鸟类资源的初步调查[J].天津农学院学报,2006,(02):11-16+51.

202. 王凤琴,赵欣如,周俊启,李春燕,吴学东,何建水,何瑞艳,杨晖.天津大黄堡湿地自然保护区的水鸟生态[J].河北大学学报(自然科学版),2008,(04):427-432.

203. 王凤琴,赵欣如,周俊启,李春燕,吴学东,何建水,何瑞艳,杨晖.天津大黄堡湿地自然保护区鸟类调查[J].动物学杂志,2006,41(05):72-81.

204. 王凤琴.天津地区湿地水鸟组成及多样性分析[J].安徽农业科学,2008,(20):8623-8625.

205. 王凤琴.天津鸟类(续完)[J].动物科学与动物医学,2000,(05):27-29.

206. 王凤琴.天津鸟类[J].动物科学与动物医学,2000,(04):24-25.

207. 王凤琴.天津七里海湿地保护区鸟类区系及生态分布[C].中国动物学会北方七省市动物学会学术研讨会论文集,2005:56-62.

208. 王凤琴.天津通志.鸟类志[M].天津:天津社会科学院出版社,2005.

209. 王凤琴.天津沿海水鸟群落格局分析[J].四川动物,2008,(05):899-901.

210. 孙景云.天津自然博物馆馆藏鸟类标本名录及修订[C].天津自然博物馆论文集17.北京:海潮出版社,2001:87-96.

211. 王凤琴.中新天津生态城鸟类区系及分布[C].第十二届全国鸟类学术研讨会暨第十届海峡两岸鸟类学术研讨会论文摘要集,2013:99.

212. 王宏鹏,王新华,纪炳纯.大黄堡湿地自然保护区底栖动物研究与水环境评价[J].南开大学学报(自然科学版),2011,44(02):49-56.

213. 王娇娇.天津港植物群落结构与植物多样性分析[D].河北农业大学,2015.

214. 王丽春,焦黎,来风兵,张乃明.基于遥感生态指数的新疆玛纳斯湖湿地生态变化评价[J].生态学报,2019,39(08):2963-2972.

215. 王宁,高珊,尚成海,吴鹏,田翠杰,孙洪义,姚庆峰,赵大鹏.天津北大港湿地东方白鹳和白琵鹭迁徙停歇期的种群动态[J].天津师范大学学报(自然科学版).2018,38(04),50-54.

216. 王宁,高珊,尚成海,阳积文,姚庆峰,赵大鹏.天津北大港湿地自然保护区东方白鹳(Ciconia boyciana)和白琵鹭(Platalea leucorodia)迁徙停歇期种群数量变化的初步研究[C].2017年中国动物学会北方七省市区动物学学术研讨会论文集,2017:8.

217. 王宁,李立嘉,吴自有,张丹,胡淑静,赵铁剑,冯小梅,孙国明,朱金宝,赵大鹏.天津八仙山国家级自然保护区鸟类新记录种——凤头蜂鹰[J].安徽农学通报,2018,24(07):120.

218. 王麒麟,王娜,吴宁,谷德贤,王刚,李文雯.渤海湾天津水域鱼卵和仔稚鱼的分布及其与环境因子的关系[J].科技资讯,2020,18(15):187-191.

219. 王盛,李文静.河北省生态系统服务价值时空变化格局分析[J].石河子大学学报(自然科学版),2020,38(02):225-232.

220. 王欣,宋燕平,陈天宇,李坦.中国农业绿色技术的发展现状与趋势——基于CiteSpace的知识图谱分析[J/OL].中国生态农业学报(中英文):1-10.

221. 王新华,王宏鹏,纪炳纯.大黄堡湿地自然保护区浮游动物研究与水环境评价[J].南开大学学报(自然科学版),2008(01):44-50+91.

222. 王学高,李国良,何森.天津地区湿地水禽区系的研究[J].动物科学与动物医学,1999,(05):14-19.

223. 王宇,房恩军,郭彪,高燕,侯纯强.渤海湾天津海域春季浮游动物群落结构及其与环境因子的关系[J].海洋渔业,2014,36(04):300-305.

224. 王泽斌,张树林,张达娟,张迎,许莹芳.天津近海鱼类群落结构及功能群组成初步研究[J].海洋科学,2019,43(09):78-87.

225. 王赵双.天津市海河两岸滨河植物景观调查研究[D].内蒙古农业大学,2013.

226. 王智,蒋明康,秦卫华.中国生物多样性重点保护区评价标准探讨[J].生态与农村环境学报,2007,(03):93-96.

227. 魏永久,郭子良,崔国发.国内外保护区生物多样性保护价值评价方法研究进展[J].世界林业研究,2014,27(05):37-43.

228. 文志,郑华,欧阳志云.生物多样性与生态系统服务关系研究进展[J].应用生态学报,2020,31(01):340-348.

229. 吴凤明,尚东维,王庆泉,毛亚宁,黄小霞,黄佳欣,李家鑫,孙金辉.天津北大港湿地浮游动物调查[J].河北渔业,2019,11:37-41+52.

230. 吴会民,姜巨峰,孟一耕,李文雯,蔡超,郭姝蕴,杨华,付志茹,王健,谷德贤.

　　于桥水库鱼类种类组成及其多样性[J].水产学杂志,2021,34(03):61-65.

231.吴征镒,周浙昆,李德铢,彭华,孙航.世界种子植物科的分布区类型系统[J].云南植物研究,2003,(03):245-257.

232.吴征镒.《世界种子植物科的分布区类型系统》的修订[J].云南植物研究,2003,(05):535-538.

233.吴征镒.中国植被[M].北京:科学出版社,1980.

234.吴征镒.中国种子植物属的分布区类型[J].植物多样性,1991,13(S4):1-3.

235.肖欢,杨悦,王子东,刘子牧,刘宪斌.天津大黄堡湿地自然保护区水鸟群落多样性及其生境变化分析[J].湿地科学,2021,19(02):208-217.

236.谢高地,鲁春霞,肖玉,郑度.青藏高原高寒草地生态系统服务价值评估[J].山地学报,2003,(01):50-55.

237.谢高地,张钇锂,鲁春霞,郑度,成升魁.中国自然草地生态系统服务价值[J].自然资源学报,2001,(01):47-53.

238.谢秋凌.美国生态环境保护法律制度简述[J].昆明理工大学学报(社会科学版),2008,(01):10-14.

239.徐海根.中国外来入侵物种的分布与传入路径分析[J].生物多样性,2004,(6):626-638.

240.徐基良,张正旺,张淑萍.天津地区鸟类市场调查[J].北京师范大学学报(自然科学版),2002,38(04):535-539.

241.徐基良,张正旺.天津地区鸟类市场状况及管理对策[C].中国鸟类学研究——第四届海峡两岸鸟类学术研讨会文集,2000:367.

242.徐永春.天津北大港湿地冬季野生鸟类影像观察[J].生命世界,2015,(05):34-39.

243.许宁.天津湿地[M].天津:天津科学技术出版社,2005.

244.许宁.天津市蓟县八仙桌子自然保护区综合调查[M].天津:天津科学技术出版社,1990.

245.许宁.天津首次发现珍禽——勺鸡[J].野生动物,1988,(02):41.

246.严岩,朱捷缘,吴钢,詹云军.生态系统服务需求、供给和消费研究进展[J].生态学报,2017,37(08):2489-2496.

247.杨洪燕,张正旺.在渤海湾地区越冬的三种鸻形目鸟类[C].第八届中国动物学会鸟类学分会全国代表大会暨第六届海峡两岸鸟类学研讨会论文集,2005:355.

248.杨永兴.从魁北克2000-世纪湿地大事件活动看21世纪国际湿地科学研究的热点与前沿[J].地理科学,2002,(02):150-155.

249. 衣丽霞,曹春晖.渤海湾天津附近海域的浮游动物研究[J].盐业与化工,2007 (03):39-41.

250. 尹翠玲,张秋丰,崔健,刘洋,徐玉山,马玉艳.2008-2012年渤海湾天津近岸 海域夏季浮游植物组成[J].海洋科学进展,2013,31(04):527-537.

251. 尤平,李后魂,王淑霞,徐家生.团泊洼鸟类自然保护区蛾类及其多样性的研 究[J].南开大学学报(自然科学版),2003(04):93-99.

252. 尤平,李后魂,王淑霞.天津北大港湿地自然保护区蛾类的多样性[J].生态学 报,2006,(04):999-1004.

253. 尤平,李后魂.天津湿地蛾类丰富度和多样性及其环境评价[J].生态学报, 2006,(03):629-637.

254. 于广琳,汪苏燕,马春,张光玉.天津古海岸与湿地国家级自然保护区综合科 学考察报告集[M].北京:化学工业出版社,2013.

255. 袁良,王嘉英.迁徙经过天津的雀形目鸟类的繁殖地初探[C].中国鸟类学研 究——第四届海峡两岸鸟类学术研讨会文集,2000:363.

256. 袁良,肖岩,张淑萍,徐基良.天津迁徙水鸟调查初报[C].中国鸟类学研 究——第四届海峡两岸鸟类学术研讨会文集,2000:364.

257. 袁良.2005年春季迁经天津的雀形目鸟类动态分析[C].第八届中国动物学 会鸟类学分会全国代表大会暨第六届海峡两岸鸟类学研讨会论文集,2005: 382-383.

258. 袁良.津唐鸟类研究和漫谈[M].未出版著作.

259. 袁泽亮.天津大黄堡湿地生物多样性及保护利用[J].林业资源管理,2005, (06):65-68.

260. 约翰·马敬能.中国鸟类野外手册(马敬能新编版)(上下册)[M].北京:商务 印书馆,2022.

261. 约翰·马敬能.中国鸟类野外手册[M].湖南:湖南教育出版社,2000.

262. 张般般,秦艳筠,黄唯子,杨静慧,刘海荣,刘艳军.天津官港湿地植物群落及 其种类分析[J].天津农林科技,2015,(06):6-9+16.

263. 张东方,杜嘉,陈智文,马学垚.20世纪60年代以来6个时期盐城滨海湿地变 化及其驱动因素研究[J].湿地科学,2018,16(03):313-321.

264. 张海燕.滨海复合湿地生态功能研究及评价[D].河北农业大学,2009.

265. 张良,闫维,莫训强,孟伟庆.鸟类栖息地保护对京津冀湿地保护规划的启示 [C].2017中国环境科学学会科学与技术年会论文集(第三卷),2017: 672-678.

266. 张蒙,殷培红.运用NbS推进应对气候变化与保护生物多样性协同治理[J].

环境生态学,2022,4(04):51-58+80.

267. 张萍,白明,王娟娟,于洁,缴建华.海河干流浮游动物群落结构的初步研究[J].渔业现代化,2011,38(04):60-65.

268. 张萍,缴建华,李彤,白明,马丹,张玲,李艳霞.天津大港滨海湿地海洋特别保护区春季大型底栖动物种类组成及其物种多样性[J].渔业研究,2017,39(02):114-119.

269. 张萍,缴建华,孙万胜,李彤,叶红梅.渤海湾天津近岸海域大型底栖动物群落结构及次级生产力的初步研究[J].大连海洋大学学报,2016,31(03):324-330.

270. 张青田,胡桂坤.塘沽潮间带大型底栖动物调查及群落结构分析[J].浙江海洋学院学报(自然科学版),2005,(01):16-21.

271. 张青田,胡桂坤.天津近海鱼类组成和分类学多样性的月变化[J].海洋湖沼通报,2017,(01):133-140.

272. 张荣祖.中国动物地理[M].北京:科学出版社,2011.

273. 张淑萍,张正旺,倪喜军,张国刚,袁良.天津若干重要湿地的水鸟调查及其评价[C].中国动物科学研究——中国动物学会第十四届会员代表大会及中国动物学会65周年年会论文集,1999:1219.

274. 张淑萍,张正旺,孙全辉,徐基良.在天津迁经和越冬的鹤类[C].国际鹤类学术研讨会论文摘要集,2002:70-71.

275. 张淑萍,张正旺,徐基良,孙全辉,刘冬平.天津地区迁徙水鸟群落的季节动态及种间相关性分析[J].生态学报,2004,24(04):666-673.

276. 张淑萍,张正旺,徐基良,孙全辉,刘冬平.天津地区水鸟区系组成及多样性分析[J].生物多样性,2002,10(03):280-285.

277. 张淑萍,张正旺,袁良.天津北大港水库发现大群东方白鹳[J].动物学杂志,2001,36(01),32-33.

278. 张文亮.天津高沙岭潮间带大型底栖动物群落特征[D].天津科技大学,2009.

279. 张新月,蔡鑫鹏,李塑,丁页,赵修青,卞少伟.天津子牙河浮游植物群落结构特征及水质评价[J].湖南生态科学学报,2022,9(01):70-76.

280. 张绪良,于冬梅,丰爱平,丁东.莱州湾南岸滨海湿地的退化及其生态恢复和重建对策[J].海洋科学,2004,(07):49-53.

281. 张雪,戴媛媛,侯纯强,高燕.天津近岸海域人工鱼礁区及其邻近海域浮游植物群落结构特征[C].现代海洋(淡水)牧场国际学术研讨会论文摘要集,2017:109-110.

282. 张雪飞,王传胜,李萌.国土空间规划中生态空间和生态保护红线的划定[J].

地理研究,2019,38(10):2430-2446.

283.张迎,张树林,张达娟,姚冬梅.基于广义加性模型的天津近海鱼卵、仔稚鱼群落结构研究[J].水产科学,2022,41(01):11-22.

284.张永泽,王烜.自然湿地生态恢复研究综述[J].生态学报,2001,21(2):309-314.

285.张峥,刘爽,朱琳,冯颖.湿地生物多样性评价研究——以天津古海岸与湿地自然保护区为例[J].中国生态农业学报,2002,(01):80-82.

286.张正旺,石会平,尚成海.北大港鸟类图鉴[M].北京:海洋出版社,2021.

287.张正旺,赵欣如,宋杰,王君治,张琨.天津团泊鸟类自然保护区春季鸟类资源的初步调查[C].湿地国际中国项目办事处主编.湿地与水禽保护东北亚国际研讨会文集.1998:174-176.

288.张子赫,马建武,侯禹升.湿地生态系统服务评估研究进展[J].现代园艺,2022,45(01):35-38+42.

289.赵惠生,刘来顺.天津地区鸟类新记录:牛背鹭[J].动物科学与动物医学,2002,(12):64.

290.赵宁,夏少霞,于秀波,段后浪,李瑾璞,陈亚恒.基于MaxEnt模型的渤海湾沿岸鸻鹬类栖息地适宜性评价[J].生态学杂志,2020,39(01):194-205.

291.赵兴贵,李雪丹,王子轩,张涛,邓毅,刘宪斌.2014年秋季天津港海域浮游植物群落结构[J].盐业与化工,2015,44(10):30-33.

292.赵正阶.中国鸟类志[M].长春:吉林科学技术出版社,2001.

293.浙江省自然资源厅.中国生态修复典型案例-温州洞头蓝色海湾整治行动[EB/OL].2021.http://zrzyt.zj.gov.cn/art/2021/10/19/art_1289955_58944893.html.

294.郑光美.世界鸟类分类与分布名录[M].北京:科学出版社,2002.

295.郑光美.中国鸟类分类与分布名录(第二版)[M].北京:科学出版社,2011.

296.郑光美.中国鸟类分类与分布名录(第三版)[M].北京:科学出版社,2017.

297.郑光美.中国鸟类分类与分布名录(第一版)[M].北京:科学出版社,2005.

298.郑吴柯,刘宪斌,赵兴贵,陈曦.于桥水库浮游植物群落特征[J].中国环境监测,2015,31(01):35-40.

299.郑作新.中国鸟类分布目录(非雀形目)[M].北京:科学出版社,1955.

300.郑作新.中国鸟类分布目录(雀形目)[M].北京:科学出版社,1958.

301.郑作新.中国鸟类系统检索(第3版)[M].北京:科学出版社,2002.

302.郑作新.中国鸟类种分布名录(第2版)[M].北京:科学出版社,1976

303.中国观鸟年报编辑.中国观鸟年报-中国鸟类名录1.0版[R],2010.

304. 中国观鸟年报编辑. 中国观鸟年报-中国鸟类名录 2.0 版[R], 2011.

305. 中国观鸟年报编辑. 中国观鸟年报-中国鸟类名录 3.0 版[R], 2013.

306. 中国观鸟年报编辑. 中国观鸟年报-中国鸟类名录 4.0 版[R], 2016.

307. 中国观鸟年报编辑. 中国观鸟年报-中国鸟类名录 5.0 版[R], 2017.

308. 中国观鸟年报编辑. 中国观鸟年报-中国鸟类名录 6.0 版[R], 2018.

309. 中国观鸟年报编辑. 中国观鸟年报-中国鸟类名录 7.0 版[R], 2019.

310. 中国观鸟年报编辑. 中国观鸟年报-中国鸟类名录 8.0 版[R], 2020.

311. 中国观鸟年报编辑. 中国观鸟年报-中国鸟类名录 9.0 版[R], 2021.

312. 中国鸟类学会. 中国观鸟年报 2004[R]. 北京: 中国鸟类学会. 2005.

313. 中国鸟类学会. 中国观鸟年报 2005[R]. 北京: 中国鸟类学会. 2006.

314. 中国鸟类学会. 中国观鸟年报 2006[R]. 北京: 中国鸟类学会. 2007.

315. 中国鸟类学会. 中国观鸟年报 2007[R]. 北京: 中国鸟类学会. 2008.

316. 中华人民共和国环境保护部, 中国科学院. 中国生物多样性红色名录-高等植物卷 [EB/OL]. 2013. https://www. mee. gov. cn/gkml/hbb/bgg/201309/t20130912_260061. htm.

317. 中华人民共和国农业部. 国家重点管理外来入侵物种名录(第一批)[EB/OL]. 2013. http://www. moa. gov. cn/nybgb/2013/dsanq/201712/t20171219_6119282. htm.

318. 周琛. 印度生物多样性保护的法律与实践[J]. 中共济南市委党校学报, 2007, (01): 37-38.

319. 周景博, 吴健, 于泽. 生物多样性价值研究再评估: 基于 Meta 分析的启示[J]. 生态与农村环境学报, 2016, 32(01): 143-149.

320. 周强, 胡奇, 杨静慧, 李雕, 黄唯子, 龚无缺. 天津官港湿地昆虫种类调查与分析[J]. 天津农林科技, 2016(01): 10-12+23.

321. 周绪申, 胡振, 崔文彦, 徐宁, 王立明. 永定河系鱼类资源调查分析[J]. 人民珠江, 2020, 41(07): 63-69.

322. 周绪申, 胡振, 孟宪智, 张浩, 王立明, 赵亚辉. 海河流域大清河水系的鱼类多样性[J]. 水生态学杂志, 2022, 43(04): 85-94.

323. 朱冰润, 刘逸侬, 阙品甲, 张建志, 郑佳, 张正旺. 大红鹳在中国的分布现状与潜在适宜分布区预测[J]. 北京师范大学学报(自然科学版), 2017, 53(05): 542-547.

324. 邹萍秀. 时空变化背景下天津湿地水鸟生境适宜性评价与修复研究[D]. 天津大学, 2022.